化学品实用技术丛书

化妆品配方设计与生产工艺

Huazhuangpin

peifangshejiyushengchangongyi

董银卯 / 主编

中国纺织出版社

内 容 提 要

本书主要论述了占据化妆品市场90%份额的乳化类化妆品的相关理论（包括乳化理论、防腐理论、抗氧化理论）、生产原料、生产工艺和设备以及产品质量控制，并按产品分类揭示了化妆品与人体皮肤的关系，阐述了功效化妆品的机理、设计原则及功效添加剂，包括洁肤、保温、美白、抗衰老、防晒、抗粉刺、抑汗祛臭及发用八大类化妆品，而且对每类化妆品的配方实例与生产工艺都进行了详细介绍，并给出了各类化妆品的功效评价方法与参考标准。

本书适合从事化妆品行业研制、开发和生产的专业技术人员使用，也可作为高等院校化学、化工专业的教材及教师参考用书。

图书在版编目（CIP）数据

化妆品配方设计与生产工艺/董银卯主编. —北京：中国纺织出版社，2007.4（2017.6重印）

（化学品实用技术丛书）

ISBN 978-7-5064-4289-3

Ⅰ.化…　Ⅱ.董…　Ⅲ.①化妆品-配方②化妆品-生产工艺　Ⅳ.TQ658

中国版本图书馆CIP数据核字（2007）第019373号

策划编辑：朱萍萍　　责任编辑：阮慧宁　　责任校对：陈　红

责任设计：李　然　　责任印制：何　艳

中国纺织出版社出版发行

地址：北京市朝阳区百子湾东里A407号楼　　邮政编码：100124

销售电话：010—87155894　　传真：010—87155801

http://www.c-textilep.com

E-mail:faxing@c-textilep.com

官方微博：http://weibo.com/2119887771

三河市宏盛印务有限公司印刷　　各地新华书店经销

2007年4月第1版　　2017年6月第7次印刷

开本：880×1230　1/32　印张：14.5

字数：324千字　定价：48.00元

前言

化妆品既是日常生活的必需品，又是顺应时代潮流的消费品。化妆品的内在、外在形式不断地更新换代，要求相应的原料也要不断地推陈出新。随着科学技术发展的日新月异，各种新型的、高效的、功能的、生物的、天然的、温和的原料层出不穷，新型化妆品也不断涌现，化妆品的研制与生产越来越人性化，越来越体现出时代的特征和高科技的含量。随着科学技术的发展和人民生活水平的不断提高，化妆品在人们生活中占据越来越重要的位置，从而带动了化妆品科学的发展，这就使得化妆品的研究人员和生产厂家不断地面临新的挑战。

化妆品的功能性，已经是业内人士和消费者追求的目标。据统计，功能性化妆品在欧美已占化妆品市场总额的25%，国内也占到10%。但在市场繁荣的背后，也隐藏着一种不和谐的音符：一方面，炒作概念、夸大功效、虚假宣传等现象，扰乱了正常的市场秩序，损害了消费者的利益；另一方面，科研人员在研发产品时也为缺乏化妆品功效评价手段而感到困惑。为了解决这一难题，北京工商大学充分利用生物技术，开展多学科交叉研究，建立化妆品及其原料的功效评价方法和评价平台，为研发人员提供开发产品的科学依据，为企业严把产品功效质量关提供了一条有效途径，为消费者提供了放心使用功效化妆品的标准。

本书是在北京工商大学化妆品科研工作者的教学、科研、生产实践经验基础上编写而成，既有理论介绍，又有生产实践经验的总结，同时结合科研成果总结了化妆品的功效评价方法，阐述了化妆品的配方工艺设计原则，适用于化妆品研制、开发和生产等行业的专业技术人员以及化学、化工专业的大学生参考使用。

本书共分为十二章，第一章介绍了化妆品的基础知识、现状以及发展前景；第二章介绍了化妆品的乳化理论、防腐理论和抗氧化理论；第三章介绍了目前常用的化妆品原料和新型添加剂；第四章结合实际情况介绍了化妆品生产过程中的质量控制和一些常见问题的处理；第五至第十二章分别介绍了不同功效的化妆品的设计原则、配方实例和功效评价方法。

本书由董银卯主编，王友升、王昌涛、任清、邱显荣、刘永国、赵华、何聪芬、兰社益共同参加了编写工作。第一章由董银卯编写，第二章由董银卯、王友升编写，第三章由邱显荣、刘永国编写，第四章由邱显荣、董银卯编写，第五章由任清、兰社益编写，第六章由王昌涛、董银卯编写，第七章由王昌涛编写，第八章由王友升编写，第九章由任清编写，第十章由王友升编写，第十一章由王友升、何聪芬编写，第十二章由王昌涛、赵华编写。

本书在编写过程中得到了北京工商大学化学与环境工程学院、北京市植物资源研究开发重点实验室和ISP国际特品公司的大力支持，在此向他们表示衷心的感谢。

由于编者水平有限，加之时间仓促，书中难免有疏漏和不妥之处，恳请读者批评指正。

编　者

2007年1月

目录

第一章

化妆品概论

第一节　化妆品基本知识

化妆品的使用历史源远流长，据记载可追溯到公元前几世纪的埃及、希腊和中国。现代化妆品工业是国民经济的重要组成部分，化妆品业已成为人民生活的必需品。随着精细化工、生命科学、分子生物学、高新技术的迅速发展，化妆品的科技内涵也随之提升，产品的质量和安全性已越来越受到社会民众与各国有关管理部门的关注。进入21世纪，现代生物技术、医学与传统精细化工技术相结合，必将给化妆品工业注入新的活力。

一、化妆品的历史

人类何时开始使用化妆品历史上无明确记载，但从出土文物的考察中可以追溯到旧石器时代。据考证，化妆品的应用最早发源于埃及，距今已有四千多年的历史。

公元前5世纪到公元7世纪期间，已有不少关于制作和使用化妆品的记载。14～16世纪，随着欧洲文艺复兴带来的文化繁荣，人们对化妆品的需求也越来越迫切。以后随着工业革命的深入发展，化妆品开始从医药中分离出来，逐渐成为单独的工业领域。近代迅速崛起的油脂工业、香料工业、化工原料工业、有机合成工业为化妆品工业奠定了扎实的基础，也为现代化妆品工业的迅猛发展创造了有利条件。

我国是文明古国，化妆品的生产和使用有着悠久的历史。在古籍《汉书》中就有画眉、点唇的记载。《齐民要术》中介绍了有丁香芬芳的香粉。晋朝张华所著《博物志》，有"纣烧铅作粉"涂面美容的记述。后唐《中华古今注》有胭脂的记载："起自纣，以红兰花汁凝成"，产自燕国，故称燕脂。历代帝王宫中，讲求美容玉面，不乏使用多种美容品。

我国化妆品工业的发展，经历了漫长的过程。早在南宋(1127～1279年)时，杭州已成为生产化妆品的重要基地。杭州生产的化妆用脂粉，被称为"杭粉"而久负盛名，到明末清初时更远销日本。清同治元年(1862年)，杭州清河坊富绅孔传鸿创建孔凤春香粉号，是我国最早的化妆品工业之一。与杭州孔凤春香粉齐名的是扬州谢馥春香号，其生产的香佩、香囊和宫粉，曾荣获巴拿马万国博览会的银质奖章。足见当时我国的化妆品工业已具有较高的水平，在国际上已占有一定的地位。

进入20世纪后，我国的化妆品工业有了长足的发展。1905年，香港创办了广生行，是我国率先从作坊生产发展到机械化生产的化妆品专业工厂。1916年广生行的双妹牌化妆品在美国赛会上荣获金奖。1911年中国化学工业社在上海建立，以后又相继建立了中华化妆品厂、上海明星花露水厂、上海家庭工业社、富贝康化妆品厂、宁波凤苞化妆品厂等，使我国的化妆品工业逐渐形成了一定的规模。

二、化妆品的定义

自改革开放以来，为维护人民身体健康，加强对化妆品的规范管理，我国先后颁布了《化妆品生产管理条例》(1987年)、《化妆品卫生标准》(1987年)、《化妆品卫生监督条例》(1989年)、《消费品使用说明　化妆品通用标签》(1995年)、《化妆品卫生规范》(1999年)、《化妆品卫生规范》(2002年)，其中均列出对化妆品的明确定义。

1.《化妆品卫生监督条例》对化妆品的定义

1989年9月26日，国务院发布(1989)62号文件，批准《化妆品卫生监督条例》，并由卫生部发布实施。

《化妆品卫生监督条例》所称的化妆品，是指“以涂擦、喷洒或者其他类似的方法，散布人体表面任何部位（皮肤、毛发、指甲、口唇等），以达到清洁、消除不良气味、护肤、美容和修饰目的的日用化学工业产品”。

2.《消费品使用说明　化妆品通用标签》对化妆品的定义

1995年7月7日，原国家技术监督局批准发布的化妆品强制性国家标准GB 5296.3—1995《消费品使用说明　化妆品通用标签》将化妆品定义为：“是以涂抹、喷洒或其他类似方法，施于人体表面（如表皮、毛发、指甲、口唇等），起到清洁、保养、美化或消除不良气味作用的产品，该产品对使用部分可以有缓和作用。”

它规定了化妆品的术语和功能，其主要作用可概括为：

(1)清洁作用。去除面部、体表、毛发的污垢。这类化妆品如清洁霜（蜜、水、面膜）、磨面膏、香波、护发素、洗面奶等。

(2)保养作用。保养面部、体表，保持皮肤角质层的含水量，使皮肤柔润光滑，延缓皮肤衰老。这类化妆品如各种润肤膏、霜、蜜、香脂以及添加氨基酸、维生素、微量元素、生物活性体等各种添加剂与化妆品的各种营养霜。

(3)美化作用。美化面部、体表及毛发，或散发香气。这类化妆品如香粉、粉饼、胭脂、眉笔、唇膏、眼线笔、眼影粉饼、睫毛膏、指甲油、香水、古龙水、焗油膏、摩丝、喷雾发胶等。

(4)特殊作用。具有特殊功效，介于药品和普通化妆品之间的产品，如祛斑霜、除臭剂、脱毛膏、健美苗条霜等。

此定义在《化妆品卫生监督条例》的基础上，增加了“对使用部位可以有缓和作用”的部分，这是限于普通化妆品给出的定义。而

“祛斑”、“脱毛”、“美乳”等介于药品和化妆品之间、具有一定的功效的产品，在《化妆品卫生监督条例》中，将其定义为“特殊用途的化妆品”。

3.《化妆品卫生规范》(2002年版)对化妆品的定义

2002年9月19日，卫生部卫生法制与监督司以卫法监发[2002]229号发布了《化妆品卫生规范》(2002年版)，要求各省、自治区、直辖市卫生厅局、卫生部卫生监督中心、中国疾病预防中心和有关单位，自2003年1月1日起，严格依照该规范进行化妆品审批和监督工作。

该规范对化妆品的定义是：“以涂抹、喷洒或其他类似的方法，施于人体表面任何部位(皮肤、指甲、口唇、口腔黏膜等)，以达到清洁、消除不良气味、护肤、美容和修饰目的的产品。”

该定义与《化妆品卫生监督条例》对化妆品定义的区别在于增加了对人体表面使用部位的描述——“口腔黏膜”，表明了卫生部门专家对涉及“口腔黏膜”产品安全性的关注。

三、化妆品的作用

(1)温和地清除皮肤和毛发的污垢以及人体新陈代谢过程中所产生的不洁物。

(2)保护皮肤表面，使之光滑、柔润、防燥、防裂，以抵御风寒和紫外线的辐射，保护毛发，使之光泽、柔顺、防枯、防断。

(3)维持皮肤水分平衡，补充易被皮肤吸收的营养物及清除致衰老因子，以延缓皮肤衰老。

(4)美化面部皮肤(包括口、唇、眼周)及毛发(包括眉毛、睫毛)和指(趾)甲，使之色彩耀人，富有立体感。

(5)用于治疗或抑制部分影响外表的病理现象，如粉刺、脱发、雀斑、痱子等。

四、化妆品的分类

化妆品种类繁多，形态交错，有各种各样的分类方法，目前国际上尚没有统一的分类方法，世界各国的分类方法也不尽相同。有根据产品使用目的和使用部位、剂型、生产工艺和配方特点、性别和年龄组分类等。这些分类方法各有利弊，以下为三种常用的化妆品分类方法。

（一）按用途（作用）分类

1. 清洁类化妆品

清洁类化妆品是以涂抹、喷洒或其他类似方法，施于人体表面如表皮、毛发、指甲、口唇等处，起到清洁卫生作用或消除不良气味的化妆品。如用于毛发部位的洗发液、洗发膏、剃须膏等；用于皮肤部位的洗面奶、清洁霜、卸妆水、浴液、面膜、花露水等；用于指甲部位的洗甲液等；用于口唇部位的唇用卸妆液等。

2. 护理类化妆品

护理类化妆品是以涂抹、喷洒或其他类似方法，施于人体表面如表皮、毛发、指甲、口唇等，起到保养作用的化妆品。如用于毛发部位的护发素、发乳、焗油膏等；用于皮肤部位的护肤膏霜或乳液、化妆水等；用于指甲部位的护甲水、指甲硬化剂等；用于口唇部位的润唇膏等。

3. 营养类化妆品

营养类化妆品给皮肤和毛发补充水分和养分，保持皮肤角质层含水量，增进血液循环，清除过剩的氧自由基，延缓皮肤、毛发老化。如添加各种营养成分的膏、霜、乳等，人参霜、维生素霜、珍珠霜、胎盘膏等。

4. 美容、修饰类化妆品

美容、修饰类化妆品是以涂抹、喷洒或其他类似方法，施于人体表面（如表皮、毛发、指甲、口唇等），起到美容、修饰、增加人体魅力作用的化妆品。如用于毛发部位的染发剂、烫发剂、定型摩丝、发胶、生发剂、脱毛剂、睫毛膏等；用于皮肤部位的粉饼、胭脂、眼影、眉笔、眼线笔、香水、古龙水等；用于指甲部位的指甲油等；用于口唇部位的唇膏、唇彩、唇线笔等。

5. 特殊用途类化妆品

根据我国《化妆品卫生监督条例》(1989)，特殊用途化妆品是指用于育发、染发、烫发、脱毛、美乳、健美、除臭、祛斑、防晒的化妆品。生产特殊用途的化妆品，必须经国务院卫生行政部门批准，取得批准文号后方可生产。

(二)按产品的形态分类

根据产品形态，对化妆品可作如下分类。

1. 液态化妆品

液态化妆品包括透明液态化妆品和多相液态化妆品。在室温下，产品呈完全溶解、澄清的液体状态的称为透明液态化妆品；由互不相溶的原料混合而成的两相或多相液体，静置后呈相分离，使用前需经过振荡均匀，称为多相液态化妆品。

透明液态化妆品包括水溶性化妆品，如透明香波、化妆水、冷烫液等；醇溶性化妆品，如香水、花露水、祛臭水、营养头水、啫哩水等；油溶性化妆品，如发油、防晒油、护唇油、浴油、按摩油等。

多相液态化妆品包括油—水混合液，如油香波、双层化妆水等；油—醇混合液，如皮肤软化剂、免洗护发水等；粉—水混合液，如湿粉、彩虹液、炉甘石花露水等。

2. 乳化体类化妆品

借助乳化体或物理方法使油、水两相呈均匀、乳白软膏状制品，按体系中的内外相特点可分为油包水型(W/O)和水包油型(O/W)，是种类最多的化妆品。

W/O 型：冷霜、清洁霜、发乳膏等。

O/W 型：雪花膏、剃须膏、营养霜、粉底霜、乳化香波等。

3. 粉状化妆品

由各种干粉末原料与各种功能化学原料混合而成,并以散布方法使用。如香粉、爽身粉、痱子粉、扑面粉、粉状香波、粉状染发剂等。

4. 粉状成型状(固体粉末状)化妆品

由各种粉末、着色剂和黏合剂等混合后,放入金属容器内,经过压缩成型的制品,有饼状、块状等不同形态。如眼影块、胭脂、粉饼等。

5. 固融体棒状化妆品

主要成分是一些高熔点的油性原料(如油、脂、蜡等),在制造时先将油性原料加热融化后,加入粉体、色料,倾入模具中冷却成型,多数美容化妆品属于此类。如口红、唇膏、防裂膏、眼影条、粉条、香水条。

6. 笔状化妆品

将化妆品制成笔状,多用作美容类化妆品。如眉笔、眼线笔、唇线笔。

7. 纸状化妆品

将化妆品涂在柔软的纸上制成。如香水纸、香粉纸、防晒纸巾。

8. 气雾剂型化妆品

在耐压密闭容器内,充入液体或流动性乳剂,甚至粉剂,再充入低压液化气体(或挥发性很高的液体)作为推进剂,借助各类阀门,把内容物以均匀、细雾状或泡沫状喷洒。如喷发胶、定型摩丝、剃须泡沫、喷雾香水、暂时性染发剂等。

9. 啫哩状化妆品

由水溶性高分子原料与水、酒精或多元醇配制成透明或半透明凝胶状(Jelly)制品。如定型啫哩、护肤啫哩、啫哩面膜等。

(三)按国家标准分类

我国化妆品分类原则是按产品的功能、使用部位划分,对于多功能、多使用部位的化妆品是以产品主要功能和主要使用部位来划分。按照中华人民共和国国家标准(GB/T 18670—2002)(2002 年 3 月 5 日发布，2002 年 9 月 1 日实施)，化妆品可分为：清洁类化妆品、护理类化妆品及美容/修饰类化妆品，见表 1－1。按照《化妆品产品生产许可证换(发)证实施细则》，化妆品可划分为一般液态单元、膏霜乳液单元、粉单元、气雾剂及有机溶剂单元、蜡基单元、其他单元，见表 1－2。

表 1－1　国家标准分类方法(GB/T 18670—2002)对化妆品的分类

部位＼功能	清洁类化妆品	护理类化妆品	美容/修饰类化妆品
皮肤	洗面奶、卸妆水(乳)、清洁霜(蜜)、面膜、花露水、痱子粉、爽身粉、浴液	护肤膏霜、乳液、化妆水	粉饼、胭脂、眼影、眼线笔(液)、眉笔、香水、古龙水
毛发	洗发液、洗发膏、剃须膏	护发素、发乳、发油、发蜡、焗油膏	定型摩丝、发胶、染发剂、烫发剂、睫毛液(膏)、生发剂、脱毛剂
指甲	洗甲液	护甲水(霜)、指甲硬化剂	指甲油
口唇	唇部卸妆液	润唇膏	唇膏、唇彩、唇线笔

表 1－2　《化妆品产品生产许可证换(发)证实施细则》对化妆品的分类

申证单元	申证小类	产品举例
一般液态单元	护发清洁类	洗发液、洗发膏、浴液、洗手液、发露、发油(不含推进剂)、摩丝(不含推进剂)、梳理剂、洗面奶、液体面膜等
	护肤水类	护肤水、紧肤水、化妆水、收敛水、卸妆水、眼部清洁液、按摩液、护唇液等
	染烫发类	染发剂、烫发剂等
	啫喱类	啫喱水、啫喱膏、美目胶等

续表

申证单元	申证小类	产品举例
膏霜乳液单元	护肤清洁类	膏、霜、蜜、香脂、奶液、洗面奶等
	发用类	发乳、焗油膏、染发膏、护发素等
粉单元	散　粉	香粉、爽身粉、痱子粉、定妆粉、面膜(粉)等
	块状粉	胭脂、眼影、粉饼等
气雾剂及有机溶剂单元	气雾剂类	摩丝、发胶、彩喷等
	有机溶剂类	香水、花露水、指甲油等
蜡基单元	—	唇膏、眉笔、唇线膏、发蜡、睫毛膏等
其他单元	—	—

除上述分类方法之外，还有许多分类方法，如：按使用部位分为肤用、毛发用、指甲用化妆品；按性别分为男用、女用化妆品；按适用年龄分为婴儿用、少年用、青年用、中老年用化妆品；按内容物分为 SOD(超氧化歧化酶)系列、果酸系列、芦荟系列、珍珠系列、蜂蜜系列化妆品等。

五、化妆品的特性

化妆品是由多种成分组成的混合物，虽然剂型和用途各不相同，但它们有共同的体系特性和质量特性。

(一)化妆品的体系特性

1. 胶体分散性

化妆品大都属于胶体分散体系，通常是将某些组分以极小的微粒(液、固体)分散在另一介质中，形成一种多相分散体系。其主要特征是多相不均匀性、组成的不确定性、多分散的结构和有聚结倾向的不稳定性，这些重要性质是化妆品的基本属性。

2. 流变性

化妆品的流变性主要表现在使用化妆品过程中的感觉，如“稠”、“稀”、“浓”、“淡”、“黏”、“弹性”、“润滑性”等。在外力作用下，如搅动或从瓶口倾出时，即变得易于流动，而静置时，又恢复到原有的黏稠状态。这种流变特性是来自化妆品本身所具有的黏弹性结构。

3. 表面活性

化妆品大都具有表面活性。一方面是因为化妆品属胶体分散体系，由于分散相微粒的比表面积大，表面与表面相吸附导致了物质表面性质的改变，从而使化妆品具有表面活性；另一方面，由于在大多数的化妆品中常含有具有表面活性的物质，如表面活性剂，它常用来作化妆品中的乳化剂、增溶剂、湿润剂和发泡去污剂等，因此也使化妆品具有相应的表面活性。

(二)化妆品的质量特性

1. 高度的安全性

化妆品是日常生活用品，因此，它的安全性居首要地位。化妆品与外用药物不同，外用药物即使具有某些暂时性的副作用，一旦停止使用，这些副作用即可消失，但化妆品是长期使用并长时间停留在皮肤、毛发等部位，所以，化妆品不应有任何影响健康的不良反应或有害作用。在原料阶段就要对化妆品的安全性提出严格的要求。

2. 相对稳定性

要求化妆品具有稳定性，是指一段时间内(保质期内)在其储存、使用过程中，即使是在气候炎热或寒冷的环境中，化妆品的胶体化学和微生物存活能保持长期的稳定性，其香气、颜色、形态均无变化。由于化妆品大都属胶体分散体系，该体系始终存在着分散与聚集两种相互对立的倾向，尽管体系中存在乳化稳定剂，但本质上是热力学不稳定的系统，即胶体系统只能获得暂时的稳定，所以化妆品的稳定性是相对的。对一般化妆品来说，要求其具有2～3年的稳定期限即可，而不是永久稳定。

3. 使用舒适性

化妆品的另一个特性是必须使人们乐意使用，不仅色、香兼备，而且必须有使用舒适感，它要求与皮肤的融合度、潮湿度和润滑度要适合。还应具有易使用性，即形状、大小、重量、结构、功能性和携带性合适。美容类化妆品强调美学上的润色，而芳香类产品则在整体上赋予身心舒适的感觉。

4. 有一定的功效性

化妆品使用对象是人，其有效性主要依赖于其中的活性成分和构成配方主体的基质的效果。化妆品除了具有柔和的作用，还要有助于保持皮肤正常的生理功能以及使人容光焕发的效果。功效性化妆品则根据功能不同，分别具有保湿、防紫外、美白效果等。

第二节　化妆品工业的发展状况及发展趋势

美化人民生活，促进人民身心健康，是化妆品工业发展的宗旨。化妆品的使用在某种程度上反映了人们的精神面貌，它是物质文明的重要组成部分，其发展态势日益受到各界的关注。化妆品的发展是建立在一个国家经济发展、科技水平、人们物质需求等综合因素的基础上。

1978年，改革开放政策为我国化妆品工业带来了新的发展机遇，化妆品企业犹如雨后春笋，蓬勃发展。二十多年来，化妆品工业的生产总值有了很大的提高。1982年化妆品工业生产总值约2亿元，而2005年化妆品的销售额为960亿元左右。截至2005年底生产企业达到3584家，产品品种达到2.5万余种。化妆品出口量的增长也很迅速,2001年出口化妆品为56354吨,出口金额为18659万美元,而2005年出口化妆品达264028吨,出口金额达84033万美元。化妆品发展的速度高于国民经济发展的速度。

当然,中国化妆品工业相对发达国家而言,仍处于发展阶段,且还有相当大的差距。目前,我国居民对化妆品的消费还处于一个较低水平,人均年消费仅为65元人民币(相当于8.3美元),而发达国家的人均年消费约为36~70美元。现在,中国用于农村的化妆品档次较低,品种也少,美容类产品所占比重更小。相信社会经济的发展及人民生活水平的提高,将为化妆品的生产和销售提供更广阔的市场。

护肤类化妆品是化妆品工业发展的主流产品,其在产品品种、质量和功能上都亟待开发和提高;美容类化妆品(彩妆和香水类等)在我国刚起步,并将保持上升的发展趋势;洗发、护发类化妆品目前基本适应需求,随着人民生活水平的提高,产品质量将越来越好,品种也将越来越多,特别应开发具有多功能性的产品;洗面类产品是近十几年才发展的产品,由于其产品特性、使用效果和使用方便等优点,深受消费者的青睐,相信今后将得到快速发展;沐浴类产品因其使用性能的优越及浴后效果显著,被广大消费者认可,有取代肥(香)皂的趋势。

化妆品的发展取决于新技术和新原料的开发和应用。新技术主要表现在新的生产技术和先进的装备和管理方式,生产技术主要取决于配方,配方取决于原料的质量和新原料的开发;产品品种的改变和增加,同样取决于原料的拓宽和新技术的发展;当然,对皮肤科学研究成果的应用也是化妆品发展的基础。以生命科学为基础的生物新原料的研究和应用、植物资源(包括中草药)新原料的研究、质脂体和微胶囊等新制剂的研究和应用、功效性化妆品以及化妆品功效评价,都是今后化妆品发展的基础和趋势。

21 世纪,基因工程技术成为生物工程技术的主体,利用基因重组技术生产的高活性生物制品,作为化妆品功能性添加剂,如超氧化物歧化酶(SOD)、透明质酸(HA)、表皮生长因子(EGF)、初乳活性营养因子、表皮营养因子、表皮润泽因子等正在化妆品中得到应用,人们发现这些天然高活性物质,具有延缓或抑制皮肤衰老、恢复或修复皮肤创伤等功能。从植物中提取胶原蛋白、植物激素、植物多糖、美白成分及杂环类成分等,添加到化妆品中,中国有其独到之处。人参皂苷应用于化妆品中对皮肤有明显的护肤功能,对皮肤角质层有很强的亲和性和"穿透"力,能促进细胞生长。我国开发的添加天然"茶多酚"的化妆品,具有易被皮肤吸收,活性稳定,在酸性和避光条件下,活性长期保持不变,无毒、无刺激性的良好功能,是具有前途的添加物化妆品。金属硫蛋白是 20 世纪末开发的良好生物添加剂,是从动物体内提纯的、具有生物活性及性能独特的低相对分子质量的蛋白质,有修复受损细胞的作用。纳米技术和纳米材料成为当今时代的热点,目前,国内已有少数化妆品企业和原料制造商已将纳米技术应用到化妆品中。

综观目前中国化妆品市场似乎琳琅满目,竞争激烈,国内市场已国际化,但是深入研究,会发现我国的化妆品行业尚处于消费低水平的阶段,品种尚不算多,产品质量尚不高,中低档产品在中国化妆品市场上尚为主打,同发达国家相比尚存在很大的差距。中国是一个人口众多的国家,又具有传统使用化妆品的良好习俗,因此,在这样的国度里生产和销售化妆品前途似锦。让我们为美化人民生活和身心健康做出努力。

总的来说,当今化妆品的发展趋势主要表现在以下几个方面。

一、趋向生物化

生物技术的发展对化妆品科学起到了极大的促进作用。生物技术时代的化妆品原料的开发应包括两大方面：一是生命科学的发展导致人们对某些生命现象科学的认识，如对皮肤的老化现象、色素形成过程、光毒性机理、饮食对皮肤的影响等的科学解释，使人们可以依据皮肤的内在作用机制，通过适当的体外模型有针对性地筛选原料，设计新型配方，改善或抑制某些不良过程；二是利用如大肠杆菌、酵母菌、动物细胞、植物细胞等来生产一些很昂贵而又很有效的物质作为化妆品的原料。

另外，以分子生物学为基础的现代皮肤生理学逐步揭示了皮肤受损和衰老的生物化学过程，使人类可以利用仿生的方法，设计和制造生物技术制剂，生产有效的抗衰老产品，延缓或抑制引起衰老的生化过程，恢复或加速保持皮肤健康的生化过程，引起对传统皮肤保护概念和方法的突破。从传统的油膜和保持皮肤水分、着重于物理作用的护肤方法，发展到利用细胞间的脂质等与生物体中新陈代谢过程相关的母体、中间体和最终产物具有相同结构的天然或合成物质以保持皮肤的健康状态。这些仿生方法开始成为发展高功能化妆品的主要方向，推动了化妆品科学的发展。如透明质酸、表皮生长因子、超氧化物歧化酶和聚氨基葡萄糖等生物技术产品在化妆品中得到了日益广泛的应用。生物型化妆品是21世纪化妆品开发的主攻方向。

二、赋予功能化

人们的美容观念随着时代的进步而发生着变化，已由“色彩美容”转向“健康美容”，要求化妆品在确保安全性的前提下，力求能在皮肤细胞的新陈代谢、保持皮肤生机、延缓衰老等方面取得效果，使化妆品具有一定的疗效性，如保湿、美白、防晒、抗衰老等。顾客对功效性化妆品的渴求和苛求，推动了化妆品的功效评价研究。这项研究有利于指导开发具有明确功效的化妆品，规范功效化妆品的商业宣传，保护消费者的权益。

三、回归天然性

现代化妆品顺应“回归自然”的世界潮流，尽可能选用无毒、具有疗效和营养的天然物质为原料，以减少或消除含有化学物质的化妆品对皮肤的副作用。

远在几千年前，人类已经知道用黄瓜水、丝瓜汁等搽肤搽脸，保持皮肤柔软白嫩。还有红花抹腮，指甲花染发等，这些是天然化妆品的起始。

化妆品原料经历了由天然物向合成品，继而又从合成品向天然物的二次转变。但现代的天然化妆品并不是简单的复旧，而是通过精细化工、生物化工技术，将具有独特功能和生物活性的化合物，从天然原料中提取、分离，再经纯化或改性，并通过和化妆品其他原料的合理配用制得。天然化妆品的关键在于天然活性物的选择及其在化妆品中的应用。

调制技术的研究和提高，已使现代天然化妆品的性状大为改观，不仅具有较好的稳定性和安全性，其使用性能、营养性和疗效性亦有明显提高，在世界范围内已开始进入一个崭新的发展阶段。

我国有许多中草药和天然动物制品具有防治皮肤病、防裂、防晒、增强皮肤营养等功能，对于多脂、干燥、龟裂、色斑、粉刺、皱纹等皮肤缺陷有弥补治疗功能，同时还有增强皮肤弹性、减少皮肤角化、色素沉着、防止皮脂分泌机能减退等多种作用。

天然活性物是一个相对纯化和富集的制品，这是与传统中药方剂的一大区别。以天然活性单体作为化妆品原料可大大提高有效活性物的浓度，针对性强，副作用小，疗效明显，并且在其纯化过程中除去了天然原料共有的无效、易腐部分，如淀粉、单糖、色素、油脂等，更便于化妆品的防腐。

四、应用高科技

高科技为化妆品的生物化和功能化提供了切实保证。如通过人体皮肤衰老机理的研究，建立人体老化模型，从而研制出抗衰老有效成分；中草药有效成分的鉴别、分离、提取技术，可以使化妆品原料进一步去除过敏源，使有效成分更好地发挥作用；超微乳化技术、多相乳化技术、脂质体技术、微胶囊、纳米技术等在化妆品中的应用，可以开发出易于人体吸收的高质量化妆品。发展中的化妆品工业，不是简单复配的物理混合，完全是一个多学科交叉的高科技产业。

第二章

化妆品的有关理论

第一节 乳化理论与乳化技术

一、乳状液

乳状液（Emulsion）是一种多相分散体系，是一种液体以极小的液滴形式分散在另一种与其不相溶的液体中所构成的，其分散度比典型的憎液溶胶低得多。分散相粒子直径一般在0.1～10μm之间，有的属于粗分散体系，甚至用肉眼即可观察到。它们是热力学不稳定的多相分散体系，有一定的动力稳定性，在界面电性质和聚结不稳定性等方面与胶体分散体系极为相似。乳状液同样存在巨大的相间界面，所以界面对它们的形成和应用起着重要的作用。

皮肤干燥是由于缺水和营养物质造成的，因此为皮肤补充水分和营养是化妆品的主要作用。若将水直接涂于皮肤表面，则很难被皮肤吸收，而且很快就会蒸发掉，无法为皮肤提供足够的水分，不能保证皮肤适宜的水分含量，也不能保持皮肤的柔润和健康。

如果在皮肤上直接涂上油膜，虽能抑制水的蒸发，但显得过分油腻，且过多的油会阻碍皮肤的正常呼吸和代谢，不利于皮肤的健康。同时，许多营养性成分是油溶性的，只有将其溶于油中，才能被皮肤吸收利用。

可见，单独地在皮肤上直接使用水分或油分都不利于皮肤的保湿和正常生理功能的进行。若在表面活性剂的辅助下，将油分和水分有效地混合制成乳状液，则既可以给皮肤补充水分，又可以在皮肤表面形成油膜，防止水分的过快蒸发，也不致过分油腻，且配制乳化体时添加表面活性剂，易于清洗。大部分化妆品是油和水的乳化体，如雪花膏、冷霜、润肤霜、营养霜和各种乳液等。因此乳化作用在化妆品生产中占有相当重要的地位。

通常，乳状液的一相是水，另一相是极性小的有机液体，习惯上统称为"油"。根据内相与外相的性质，乳状液主要有两种类型，一类是油分散在水中，如牛奶、雪花膏等，简称为水包油型乳状液，用 O/W 表示，另一类是水分散在油中，如原油、香脂等，简称为油包水型乳状液，用 W/O 表示。需要指出的是，这里的油、水两相不一定是单一的组分，每一相都可包含多种组分。除了上述两类基本乳状液外，还有一种复合乳状液，它的分散相本身就是一种乳状液，如将一个 W/O 型的乳状液分散到连续的水相中，而形成一种复合的(W/O)/W 型乳状液。

乳化体的外观和分散相的粒子大小有关。分散相粒子小于 60nm 的乳化体称为微乳化体，呈透明状；分散相粒子大于 1000nm 的乳化体呈现乳白色。

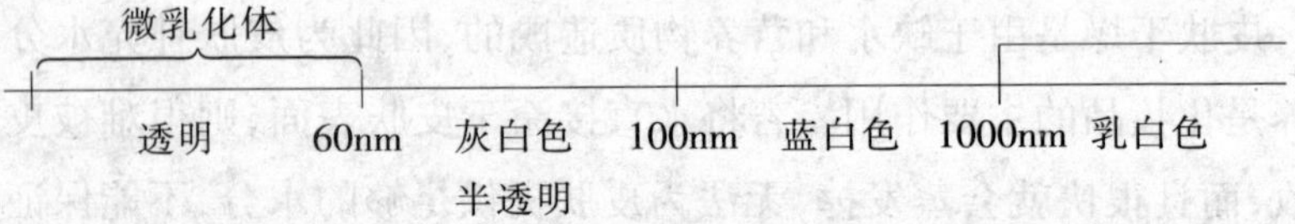

由胶体的光学性质可知，对于多分散体系，其分散相与分散介质的折光率一般不同，光照射在分散微粒(液滴)上可以发生折射、反射、散射等现象。当液滴直径远大于入射光的波长时，主要发生光的反射(也可能有折射、吸收)；当液滴直径远小于入射光波长时，则光可以完全透过，这时体系呈透明状；当液滴直径稍小于入射光波长时，则有光的散射现象发生，体系呈半透明状。一般乳状液的分散相液滴直径在 0.1～10μm(甚至更大)之间，可见光波长为 0.4～0.8μm，故乳状液中光的反射较显著，因而一般乳状液是不透明的乳白色液体。对于液滴的直径在 0.1μm 以下的液—液分散体系，其外观是半透明的和透明的，不呈乳液状，常称为“微乳状液”，它的性质与乳状液有很大不同。

二、乳化原理

（一）定向楔型理论

这是 1929 年哈金斯（W. D. Harkins）早期提出来的乳状液稳定理论。他认为在界面上乳化剂的密度最大，且乳化剂分子横截面较大的一端定向地指向分散介质。这完全是从几何学的概念出发的。因为大截面的部分在小液滴的外面，从几何空间结构来说比它在里面更为合适，以此可解释乳化剂为一价金属皂液及二价金属皂液时形成稳定乳化液的机理。乳化剂为一价金属皂在油—水界面上作定向排列时，具有较大极性的基团伸向水相，非极性的碳氢键伸入油相，这时不仅降低了界面张力，而且也形成了一层保护膜。由于一价金属皂极性部分的横截面比非极性碳氢链的横截面大，于是横截面大的一端排在外圈，这样外相水就把内相油完全包围起来，形成稳定的 O/W 型乳状液（图 2－1）。而乳化剂为二价金属皂液时，由于非极性碳氢键的横截面比极性基团的横截面大，于是极性基团（亲水的）伸向内相，所以内相是水，而非极性碳氢键伸向外相，外相是油相，这样就形成了稳定的

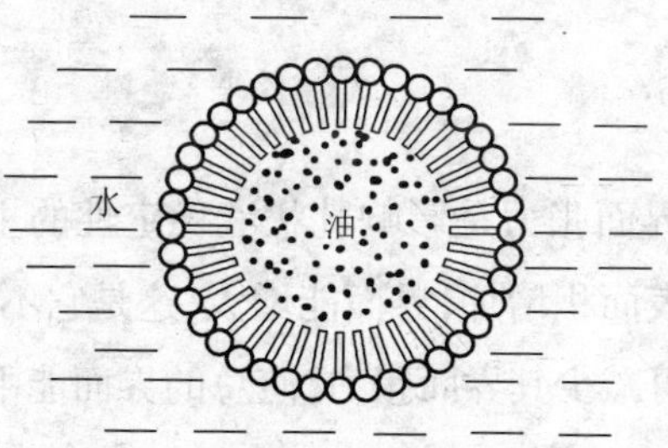

图 2－1　一价金属离子皂液乳化剂形成 O/W 型乳状液

W/O 型乳状液(图 2-2)。由此可见,碱金属皂类乳化剂易于形成O/W型乳化剂,而碱土金属或高价金属离子皂类的乳化剂则易于形成W/O 乳状液。

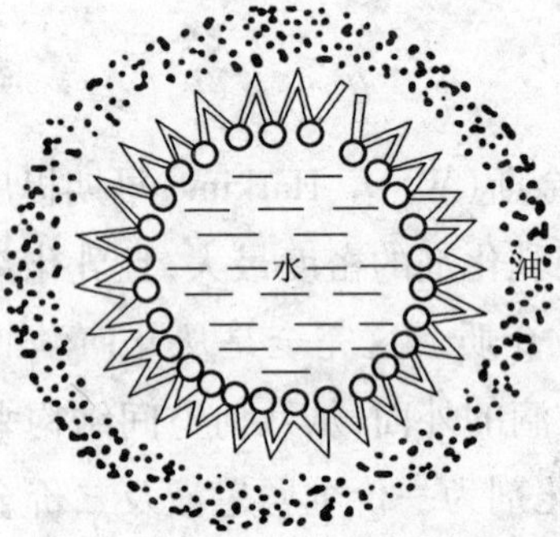

图 2-2　二价金属离子皂液乳化剂形成 W/O 型乳状液

在实际情况中有不少实例是符合这种理论的,而且当碱金属皂类乳化剂被碱土金属皂类乳化剂取代后,乳状液会从 O/W 型转变成 W/O 型。但是也发现不少不符合这一理论的实例。例如银皂是一价金属离子皂类,但它却是 W/O 型乳状液的乳化剂。因为这一理论只从空间几何结构考虑乳化液的稳定性,而实际上影响乳状液稳定性的因素是多方面的。

(二)界面张力理论

这种理论认为界面张力是影响乳状液稳定性的主要原因,因为乳状液的形成必然导致表面积增加,界面能增大,这是它不稳定的来源。要增加乳状液的稳定性可减少其界面张力,使总的界面能下降。例如,在 20℃时油酸对水的界面张力为 $2.29 \times 10N/m$,若 $10^{-5}m^3$ 的油酸乳化成半径为 $10^{-7}m$ 的小液滴,则其表面积增加 $300m^2$,相应的界面能增加6.87J。但是如果加入2%适当皂液,就可以将界面张力降低到0.2×10^{-2}N/m,这时界面能从6.87J降低到0.6J,这样乳状液便处于相对稳定的状态。

由于表面活性剂能够降低界面张力,因此它是良好的乳化剂。凡能降低界面张力的添加物都有利于乳状液的形成及稳定。在研究一系列的同族脂肪酸作乳化剂的效应时,也证明了这一点。随着碳链的增长,界面张力的降低逐渐增大,乳化效应也逐渐增强,形成较高稳定性的乳状液。另外,由于长碳链在吸附层内相互作用,使膜层具有足够的机械强度。这是乳状液稳定的另一重要原因。

班克罗夫特(W. D. Bancroft)和克洛斯(G. H. A. Clowes)认为,当加入乳化剂后,由于吸附作用,在界面处出现乳化剂的膜,它具有一定的厚度,膜两边界面张力的相对大小对乳状液的类型和稳定性是很重要的。设膜与油的界面张力为σ_{F-a},而膜与水的界面张力σ_{F-w},当$\sigma_{F-a} > \sigma_{F-w}$时,则会形成O/W型乳状液;而当$\sigma_{F-a} < \sigma_{F-w}$时,则会形成W/O型乳状液。膜总是向高界面张力的那一面弯去,使它成为内相,因为这样可以减少这个面的面积,使体系的自由能降低,形成稳定的乳状液。他们认为碱金属皂类的水溶性比油溶性更大,因此当它吸附在界面层时会使水—膜的界面张力低于油—膜的界面张力,这样便会形成O/W型的乳状液;相反,高价金属皂类的油溶性比水溶性更大,当它形成界面层时会使油—膜界面张力低于水—膜的界面张力,这样便形成W/O型乳状液。由此可见,这种理论与定向楔理论在这一问题上所得结论是一致的,仅从不同角度来考虑问题而已。

(三)界面膜的稳定作用

乳化剂加入后,在界面处形成一层吸附膜。吸附膜的性质,特别是其机械强度对乳状液的稳定性起着很大作用,因为它阻碍两个液滴碰撞而变大——粗化。膜的强度与乳化剂分子的吸附能力有密切关系。因为乳状液破坏过程必然首先粗化,即液滴变大,比表面减少,其结果必然将已被界面吸附的部分乳化剂脱附出来。如果乳化剂在界面上吸附能力很强,则它的逆过程——脱附必然困难。所以形成的吸附膜越牢固,乳状液也越稳定。

如果使用适当的混合乳化剂,则有可能形成更致密的吸附膜,甚至形成带电膜。如果在乳状液中加入一些水溶性的乳化剂,而油溶性的乳化剂又能与它在界面上发生作用,便形成更致密的吸附膜。

当乳化剂为非表面活性物质时,电效应往往起到重要作用,特别是 O/W 型乳状液。由于离解、吸附或者液滴与分散介质间的接触摩擦都有可能导致液滴带电。带电的液滴靠近时产生排斥力,导致它难以聚结,因而也就提高了它的稳定性。

(四)固体颗粒对乳状液的稳定效应

人们早已知道,分布在乳状液界面上的固体微粒能够起到稳定乳状液的作用,舒尔曼(Schulman)通过测定矿物粒子、水和烃之间的接触角(θ),证明当接触角接近 90°时,所得乳状液最稳定,而形成稳定乳状液的类型则取决于(θ)大于还是小于 90°。当 θ 略大于 90°时,利于形成 W/O 型乳状液;相反,当 θ 略小于 90°时,则有利于形成 O/W 型乳状液。随着 θ 的变化,固体微粒会从一相转移到另一相中去。固体微粒只有存在于油—水界面上才能起到乳化剂的作用。固体微粒存在于油相、水相还是它们的界面上取决于油、水对固体微粒润湿性的相对大小,若固体微粒完全被水润湿,则在水中悬浮,微粒完全被油润湿,则在油中悬浮,只有当固体微粒既被水也被油所润湿,才会停留在油—水界面上。此时,各界面张力与润湿角有如下关系:

$$\gamma_{SO} = \gamma_{SW} + \gamma_{WO}\cos\theta$$

式中:γ_{SO},γ_{SW},γ_{WO}分别为固—油、固—水及油—水的界面张力;θ 为两液与固体的接触角。当 $\gamma_{SO} > \gamma_{SW} + \gamma_{WO}$时,则固体微粒存在于水中;当 $\gamma_{SW} > \gamma_{SO} + \gamma_{WO}$,则固体微粒存在于油中;当 $\gamma_{WO} > \gamma_{SW} + \gamma_{SO}$时,或者 3

个界面张力中没有一个能大于其他两个之和时，则固体微粒存在于油水界面上。可见，只有第3种情况固体微粒才能在液滴界面上形成牢固的界面层（膜），而起到稳定作用。这种膜越牢固，乳状液越稳定。这种界面膜具有前述的表面活性剂吸附于界面的吸附膜类似的性质。

（五）液晶与乳状液的稳定性

在油、水两液相中加入表面活性剂作为乳化剂，随着表面活性剂的加入，当其浓度增大到一定程度时就会析出第三相——液晶相，它的结构和力学性质都处于液体和晶体之间，此时乳状液的稳定性会突然增加。这是由于液晶吸附在油—水界面上，形成一层稳定的保护层，阻碍液滴因碰撞而极化。同时液晶吸附层的存在会大大减少液滴之间的范德华吸引力，因而起到稳定作用。此外，液晶的存在会影响到体相及界面相的流变性，使黏度比分散介质的黏度增大2～3个数量级。所有这些因素，都会使乳状液变得更为稳定。

综上所述，提高乳状液的稳定性可以从以下几方面考虑：

（1）降低油—水的界面张力。加入的乳化剂会吸附在界面上，从而降低其界面张力，使乳状液处于较稳定状态。

（2）形成坚韧的界面膜。例如蛋白质类的乳化剂就是在分散液滴表面上形成一层机械保护膜，阻碍液滴破坏。

（3）液滴带电，产生静电斥力。

（4）分散相具有较高的分散度和较小的体积分数。

（5）分散介质具有较高的黏度，以减慢分散相聚结的速度。例如O/W型乳状液中加入羧甲基纤维素钠纤维能提高其稳定性。

三、乳化剂的HLB值

对于油—水体系而言，乳化剂的选择决定了是否可以得到性能最优的乳状液，这是制备乳状液的关键。最可靠的方法是通过实验筛选，但太费时费事，HLB 值可有助于对乳化剂的选择。

HLB 值是衡量乳化剂分子亲油亲水性相对强度的数值量度。HBL 值小，表示分子的亲油性强，是形成 W/O 型乳状液的乳化剂；HLB 值大，则亲水性强，是形成 O/W 型乳状液的乳化剂。O/W 型乳状液的乳化剂其 HLB 值常在 8 ~ 18 之间；W/O 型乳状液的乳化剂其 HLB 值常在 3 ~6 之间。表 2 –1 是通过实验确定的制取一些乳状液体系所需的乳化剂 HLB 值。

表 2 –1　制取某些乳状液体系所需乳化剂的 HLB 值

油相	HLB 值		油相	HLB 值	
	O/W 型	W/O 型		O/W 型	W/O 型
石蜡	10	4	蓖麻油	14	—
蜂蜡	9	5	油酸	17	—
石蜡油	7 ~8	4	十二醇	14	—
芳烃矿物油	12	4	硬脂酸	17	—
烷烃矿物油	10	4	四氯酸镁	16	—

选择乳化剂时，除了 HLB 值外，还应考虑以下因素。

1. 乳化剂与分散相的亲和性

据相似相溶原理，欲使油分散，要求乳化剂的憎水基团的结构和油的结构越相似越好。因为这样的乳化剂和分散相的亲和力强，分散效果好，乳化剂的用量也少。

2. 乳化剂的配伍作用

在某些特殊情况下必须使用特定的乳化剂，如果该乳化剂的 HLB 值与分散相所要求的 HLB 值差别很大，乳化效果一定不佳。这时可加入另一种乳化剂与其配伍使用，此种乳化剂应不影响体系的特殊要求,并且混合乳化剂的 HLB 值应接近分散相所要求的 HLB 值。人们经常将 HLB 值小的乳化剂与 HLB 值大的混合使用,可以取得较满意的效果。

四、乳状液的类型转化和破坏

(一)乳状液类型的判定

O/W 与 W/O 两种类型乳状液化妆品,在其使用的感觉和效果上均有较大的差别。目前市场上大部分护肤品是 O/W 型的,这类化妆品因水为外相,易在皮肤上涂敷,无油腻感觉,少黏性;而 W/O 型乳状液的化妆品,如香脂、按摩油等多含重油成分,适用于干性皮肤。

在制备乳状液时,需区分和判断乳状液的类型,常用的方法有以下 3 种。

1. 稀释法

此法是依据应用水性或油性稀释剂是否可稀释乳状液外相而无法稀释内相,来判断乳状液的类型。其具体方法是:取两滴乳状液分别涂于玻片上,然后在这两液滴处分别滴入水和油,若液滴在水中呈均匀的扩散,而在油中不起变化,则为 O/W 型乳状液;反之,若在油中渐渐溶化,而在水中不起变化,则为 W/O 型乳状液。

一种类似但更容易观察的方法是,使用事先浸了 20% 氯化钴溶液并烤干的滤纸,W/O 型乳状液的液滴在滤纸上迅速展开并呈红色,而 O/W 型乳状液不展开,滤纸保持蓝色。

2. 染色法

选择一种只溶于油相而不溶于水相的染料,如 Sudan Ⅲ(苏丹Ⅲ,红色),取其少量加入乳状液中,并摇荡。若整个乳状液皆被染色,则油相是外相,乳状液就为 W/O 型。若只有液珠呈现染料的颜色,则油相是内相,这时乳状液为 O/W 型。反之,选择水溶性(不溶于油)的染料,直接染于乳状液,若乳状液呈有色,则为 O/W 型的,若不呈色,则为 W/O 型的。上述染色试验在显微镜下进行，效果更为明显而易于判断。

3. 电导法

依据多数油相是不良导体，而水相是良导体进行判断。对O/W型乳状液，其外相（水相）电导高，电阻较低；W/O 型则相反。电导法虽简便，但对于有些体系却须注意，若 O/W 型乳状液的乳化剂是非离子型的，则其水相的电导并不高。另外，若 W/O 型乳状液中分散相的相体积较高（如60%），则其电导可能并不太小。

此外，还有其他方法可判定乳状液的类型，如利用油、水的屈折率不同的光学方法，从乳状液所使用的乳化剂来进行判定等。总之，可利用乳状液的油相与水相对电、光、药剂等不同的物理、化学特性来予以判定。

（二）乳状液类型的转化

变型也叫反相，是指 O/W 型（W/O 型）乳状液变成 W/O 型（O/W 型）的现象。在显微镜下观察变型过程，如图 2－3 所示。由图可见，处于变型过程中的（b）和（c）是一种过渡状态，它表示一种乳状液类型的结束及另一种类型的开始。在变型过程中，很难区别分散相和分散介质。

Schulman 曾研究过负电荷的 O/W 型乳状液，在其中加入多价阳

(a) O/W型乳状液　(b) 过渡态　(c) 过渡态　(d) W/O型乳状液

图 2－3　乳状液变型示意图

离子用以中和液滴上的电荷，这时液滴聚结，水相被包在油滴中，油相逐渐成为连续相，最后变成 W/O 型乳状液。此变型过程的机理可用图 2－4 示意。

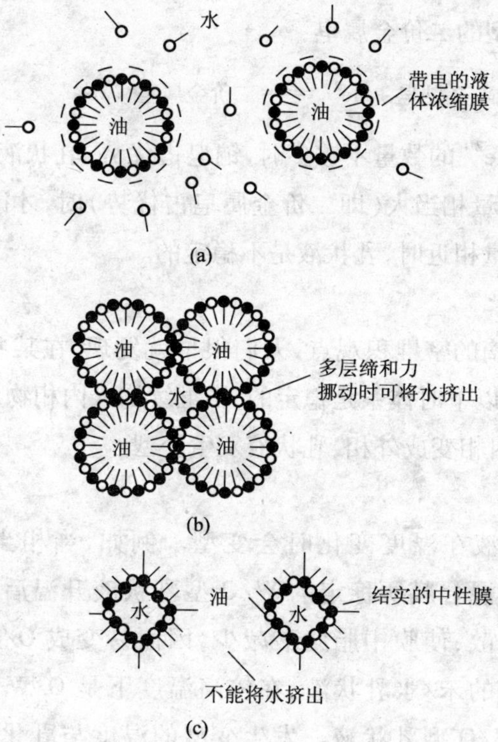

图 2－4　O/W 型乳状液变型机理示意图

○— 十六烷基硫酸钠　●— 胆甾醇

图 2－4 中，(a) 为乳状液被胆甾醇和十六烷基硫酸钠所成的混合膜所稳定，表面的负电荷使乳状液更加稳定；(b) 为表面电荷被高价离子中和，界面膜的重新排列导致形成不规整的水滴；(c) 为油滴聚结成连续相，完成变型过程。

影响乳状液变型主要有以下 4 个方面的因素。

1. 乳化剂类型

在钠皂稳定的 O/W 型乳状液中加入钙、镁和钡等二价正离子(Me^{2+}),便能使乳状液变型成 W/O 型乳状液,因为钠皂和 Me^{2+} 反应生成另一种构型的二价金属皂:

$$2\text{钠皂} + Me^{2+} \rightleftharpoons \text{二价金属皂} + 2Na^{+}$$

显然,当 Me^{2+} 的数量不够多时,钠皂占优势,乳状液不会变型,只有当 Me^{2+} 的数量相当大(即二价金属皂占优势)时,才能使乳状液变型。当二者数量相近时,乳状液是不稳定的。

2. 相体积比

据球形液滴的密堆积观点,人们很早就发现,在某些体系中当内相体积在 74% 以下时体系是稳定的,当继续加入内相物质使其体积超过 74% 时,则内相变成外相,乳状液发生变型。

3. 温度

有些乳状液在温度变化时会变型。例如,当相当多的脂肪酸和脂肪酸钠的混合膜所稳定的 W/O 型乳状液升温后,会加速脂肪酸向油相中扩散,使膜中脂肪酸减少,因而易变成 O/W 型乳状液。用皂作乳化剂的苯/水乳状液,在较高温度下是 O/W 型乳状液,降低温度可得 W/O 型乳状液。发生变型的温度与乳化剂浓度有关。浓度低时,变型温度随浓度增加变化很大,当浓度达到一定值后,变型温度就不再改变。这种现象实质上涉及了乳化剂分子的水化程度。

4. 电解质

在用油酸钠乳化的苯/水乳状液中加入适量 NaCl 后变为水/苯乳状液,这是由于加入电解质后减少了分散相粒子的电势,使表面活性剂离子和反离子之间的相互作用增强,降低了亲水性,有利于变为 W/

O型乳状液。在上述实验中加入电解质时，在水相和油相中都有部分皂以固体状态析出，析出量小于20%时乳状液不发生变型，析出量大于20%时发生变型。将水相和油相中析出的皂过滤掉，得到苯/水乳状液，说明在电解质作用下固体皂析出，而且只有在固体皂参加下才能形成水/苯型乳状液。

（三）乳状液的破坏

在许多生产过程中，往往遇到如何破坏乳状液的问题。例如，原油加工前必须将其中的乳化水尽可能除去，否则设备会严重腐蚀。油和水分离，称为破乳。

乳状液的破坏表示乳状液不稳定。乳状液的不稳定有多种表现形式：分层（creaming），较轻的油滴上浮但并不改变分散度（如浮在新鲜牛奶上的奶油粒子轻轻摇动后仍可分散到牛奶中去）；聚集（aggregation），此时液滴聚集成团，但各液滴仍然存在并不合并；破乳，使油水完全分离。当然，乳状液不稳定的这几种情况，有时很难完全分开，因为聚集之后往往会导致其中的小液滴相互合并，并不断长大，最后甚至引起破坏。

乳状液稳定的主要因素是具有足够机械强度的保护膜。因此，只要是能使保护膜减弱的因素原则上都有利于破坏乳状液。以下为几种常用的破乳方法。

1. 化学法

在乳状液中加入反型乳化剂，会使原来的乳状液变得不稳定而破坏，因此，反型乳化剂即是破乳剂。例如，在用钠皂稳定的O/W型乳状液中加入少量$CaCl_2$（加多了将会变为W/O型乳状液），可使原来的乳状液破坏。

在用金属皂稳定的乳状液中加酸亦可破乳，这是因为所生成的脂肪酸的乳化能力远小于皂类。此法常称为酸化破乳法。在橡胶汁中加酸得到橡胶即为应用实例之一。

在稀乳状液中加入电解质能降低其 ζ 电位,并减少乳化剂在相中的水化度,亦能促使乳状液破坏。

2. 顶替法

在乳状液中加入表面活性更大的物质,它们能吸附到油—水界面上,将原来的乳化剂顶走。它们本身由于碳氢键太短,不能形成坚固的膜,导致破乳。常用的顶替剂有戊醇、辛醇、乙醚等。

3. 电破乳法

此法常用于 W/O 型乳状液的破乳,由于油的电阻率很大,工业上常用高压交流电破乳(电场强度 2000V/cm 以上)。高压电场的作用为:

(1)极性的乳化剂分子在电场中随电场转向,从而能削弱其保护膜的强度。

(2)水滴极化(偶极分子的定向极化)后,水滴相互吸引,使水滴排成一串,成珍珠项链式,当电压升至某一值时,这些小水滴瞬间聚集成大水滴,在重力作用下分离出来。

4. 加热法

升温一方面可以增加乳化剂的溶解度,从而降低它在界面上的吸附量,削弱了保护膜;另一方面,升温可以降低外相的黏度,从而有利于增加液滴相碰的机会,所以升温有利于破乳。冷冻也能破乳,但只要是由足够量的乳化剂制得的乳状液,或者用效率较高的乳化剂制得的乳状液,一般在低温下都可保持稳定。

5. 机械法

机械法破乳包括离心分离、泡沫分离、蒸馏和过滤等。通常先将乳状液加热再经离心分离或过滤。过滤时,一般是在加压下将乳状液通过吸附剂(干草、木屑、砂土或活性炭等)或多孔滤器(微孔塑料、素烧陶瓷),由于油和水对固体的润湿性不同,或是吸附剂吸附了乳化剂等,都可以使乳状液破乳。

泡沫分离是利用起泡的方法,使分散的油滴附在泡沫上而被带到水面并得到分离,此法通常适用于 O/W 型乳状液的破乳。

总之,破乳的方法多种多样,究竟采用哪种方法,需根据乳状液的具体情况来确定,在许多情况下常联合使用几种方法。

五、乳状液的制备

(一)混合方式

1. 机械搅拌

用较高速度(4000 ~ 8000r/min)螺旋桨搅拌器制备乳状液是实验室和工业化生产中经常使用的一种方式。此法的优点是设备简单、操作方便,缺点是分散度低、不均匀,且易混入空气。

2. 胶体磨

将待分散的体系由进料斗加到胶体磨中,在磨盘间切力的作用下使待分散物料分散为极细的液滴,乳状液由出料口放出。上下磨盘间的隙缝可以调节,国产胶体磨可以制取 10μm 左右的液滴。

3. 超声波乳化器

用超声波乳化器制备乳状液是实验室中常用的乳化方式,它是靠压电晶体或磁致伸缩方法产生的超声波破碎待分散的液体。大规模制备乳状液的方法则是用哨子形喷头,将待分散液体从一小孔中喷出,射在一极薄的刀刃上,刀刃发生共振,其振幅和频率由刀的大小、厚薄以及其他物理因素来控制。

4. 均质器(Homogenizer)

均质器实际是机械加超声波的复合装置。将待分散的液体加压,从可调节的狭缝中喷出,在喷出过程中超声波也在起作用。均质器设备简单,操作方便,其核心是一台泵,可加压到 60MPa,一般在 20 ~ 40MPa 下操作。均质器的优点是分散度高,均匀,空气不易混入。

(二)乳化剂的加入方式

1. 转相乳化法

将乳化剂溶于油中,在剧烈搅拌下慢慢加水,加入的水开始以细小的液滴分散在油中,是 W/O 型乳状液。再继续加水,随着水量增多,乳状液变稠,最后转相变成 O/W 型乳状液。也可将乳化剂直接溶于水中,在剧烈搅拌下将油加入,可得 O/W 型乳状液。如欲制取W/O型乳状液,则可继续加油,直至发生变型。用这种方法制得的乳状液液滴大小不匀,且偏大,但方法简单。若用胶体磨或均质器处理一次,可得均匀而又较稳定的乳状液。

2. 瞬间成皂法

将脂肪酸加入油相,碱加入水相,两相混合,在界面上即可瞬间生成作为乳化剂的脂肪酸盐。用这种方法只需要稍微搅拌(甚至不搅拌)即可制得液滴小且稳定的乳状液。但此法只限于用皂作乳化剂的体系。

3. 自然乳化法

将乳化剂加入油中,制成乳油溶液,使用时,把乳油直接倒入水中并搅拌,就形成 O/W 型乳状液。

4. 界面复合物生成法

在油相中溶入一种乳化剂,在水相中溶入另一种乳化剂。当水和油相混并剧烈搅拌时,两种乳化剂在界面上形成稳定的复合物,所得乳状液虽然十分稳定,但使用上有一定局限性。

5. 轮流加液法

将水和油轮流加入乳化剂中,每次少量加入,形成 W/O 型或O/W型乳状液。

(三)影响乳化的因素

1. 乳化设备

制备乳状液的机械设备主要是乳化机,它是一种使油、水两相混合均匀的乳化设备，目前乳化机的类型主要有3种：乳化搅拌机、胶体磨和均质器。乳化机的类型及结构、性能等与乳状液微粒的大小（分散性）及乳状液的质量（稳定性）有很大的关系。与搅拌式乳化机相比，胶体磨和均质器是较好的乳化设备。近年来乳化机械有很大的进步，如真空乳化机制备出的乳状液的分散性和稳定性极佳。

2. 乳化时间

乳化时间也对乳状液的质量有影响，而乳化时间的确定，要根据油相、水相的容积比，两相的黏度及生成乳状液的黏度，乳化剂的种类及用量，以及乳化温度来确定。乳化时间的多少与乳化设备的效率紧密相连，为使体系进行充分的乳化，可依据经验和实验来确定乳化时间。一般而言，如用均质器（3000r/min）进行乳化，仅需3～10min。

3. 乳化温度

乳化温度对乳状液有很大的影响，但对温度并无严格的要求，当油、水两相均为液体时，在室温下借助搅拌，就可达到乳化。一般情况下，乳化温度取决于两相中所含有高熔点物质的熔点，同时还要考虑乳化剂种类及油相与水相的溶解度等因素。此外，两相的温度需保持相同，尤其是对含有较高熔点（70℃以上）的蜡、脂油相成分，进行乳化时，勿将低温的水相加入，以防止乳化前蜡、脂结晶析出，造成块状或粗糙不匀乳状液。一般来说，在进行乳化时，油、水两相的温度皆可控制在75～85℃之间，如油相中有高熔点的蜡等成分，则此时乳化温度就要高一些。另外，在乳化过程中如黏度增加很大，而影响搅拌，则可适当提高乳化温度。若使用的乳化剂具有一定的转相温度，则乳化温度也最好选在转相温度左右。

乳化温度对乳状液微粒大小也有影响。如一般用脂肪酸皂阴离子作乳化剂，用初生皂法进行乳化时，乳化温度控制在80℃，乳状液微粒大小约1.8～2μm，若在60℃进行乳化，微粒大小约为6μm，而当用非离子乳化剂进行乳化时，乳化温度对微粒大小影响较小。

4. 搅拌速度

乳化设备对乳化有很大影响的原因之一是搅拌速度对乳化的影响。搅拌速度适中可以使油相与水相充分混合，搅拌速度过低达不到充分混合的目的，搅拌速度过高会将气泡带入体系，使之成为三相体系，使乳状液不稳定。因此搅拌中为避免空气的进入，应使用真空乳化机。

第二节　化妆品的防腐理论与技术

由于化妆品中富含各种有效成分，为微生物的生长提供了一个良好的环境，而且化妆品生产和使用过程中难免会有微生物的侵入，这就使其极易腐败变质，对使用者的健康构成威胁，因此化妆品中必须加入防腐剂。防腐剂是指用于抑制或防止微生物在含水产品中生长，并以此防止该产品腐败的一种抗微生物的化合物和/或复合成分。化妆品的防腐体系要求具有广谱抗菌性和范围广泛性，一般是由若干种防腐剂（和助剂）按一定比例构建而成，其抑菌效能大小又与防腐剂的种类和用量，化妆品的特性、组成、pH 值等密切相关。

一、化妆品中的微生物

（一）微生物对化妆品污染的表现

化妆品中的原料、添加剂中含有大量的营养物质和水分，其中有微生物生长、繁殖所必需的碳源、氮源和水，在适宜的温度、湿度下，微生物在化妆品中将会大量生长繁殖，吸收、分解和破坏化妆品中的有效成分，使其发生变质、发霉和腐败。化妆品的变质很容易从其色泽、气味和组织的显著变化觉察出来。

(1)色泽的变化。有色和无色的微生物生长,将其代谢产物中的色素分泌在化妆品中,如最常见的由于霉菌的作用,使得化妆品产生黄色、黑色或白色的霉斑以至发霉。

(2)气味的变化。微生物作用产生的挥发物质,如胺、硫化物挥发的臭气,及由于微生物可使化妆品中的有机酸分解产生酸气,这些使得经微生物污染的化妆品散发着一股酸臭味。

(3)微生物中酶(如脱羧酶),可使化妆品中的脂类、蛋白质等水解,使乳状液破乳,出现分层、变稀、渗水等现象,液状化妆品则出现混浊等多种结构性的变化。

化妆品的变质不仅会导致色、香、味发生变化,质量下降,而且变质时分解的产物会对皮肤产生刺激作用,繁殖的病原菌还会引起人体疾病。

(二)污染化妆品的主要微生物

引起化妆品质量问题的微生物主要是致病菌,其中又以病原细菌和致病真菌为主。

1.病原细菌

(1)革兰氏阳性菌。

①葡萄球菌:为兼性细菌。人体感染金黄色葡萄球菌时引起生化脓性炎症、麦粒肿、结膜炎等。

②链球菌:为兼性细菌。化脓性链球菌可引起猩红热、急性咽喉炎、风湿热和急性肾炎。

③双球菌:肺炎双球菌能引起大叶肺炎、结膜炎。

④芽孢杆菌:炭疽杆菌能引起炭疽病。

⑤梭状芽孢杆菌:破伤风梭状芽孢杆菌是破伤风的病原体。

⑥棒状杆菌:白喉棒状杆菌是白喉病的病原菌。

(2)革兰氏阴性菌。

①奈瑟氏菌:脑膜炎奈瑟氏菌引起脑膜炎,而淋病奈瑟氏菌能引起淋病。

②假单胞菌:绿脓杆菌使烧伤病人感染,该菌还可引起肺炎。

③弧菌:霍乱弧菌能引起霍乱病。

④嗜血杆菌:流感嗜血杆菌能引起流感、小儿脑膜炎、慢性支气管炎。

⑤埃希氏杆菌:大肠杆菌是检验化妆品的一个重要生物指标,这种病菌引起腹泻、肾盂肾炎和膀胱炎。

⑥老贺氏杆菌:老贺氏痢疾杆菌是菌痢的病原菌。

⑦分支杆菌:结核杆菌是结核病的病原菌,还有麻风病分支杆菌能引起麻风病。

2. 螺旋体

螺旋体和螺菌不同,它是介于细菌与原生动物(原虫)之间的单细胞原核生物,具有特殊的形状、结构和运动方式,用普通染色方法不易着色,用显微镜可以看见。

(1)疏螺旋体属。回归热螺旋体能引起回归热病,而文森氏螺旋体能引起咽炎和牙龈溃疡。

(2)钩端螺旋体属。黄疳型出血性钩端螺旋体是黄疳病的病原体。

(3)密螺旋体属。梅毒螺旋体是引起梅毒病的病原体。

3. 致病真菌

真菌微生物包括霉菌和酵母菌,在化妆品中能致病的真菌有:

(1)表皮癣菌。引起人或动物表皮生癣。

(2)白色念球菌。它可以进入人体呼吸道、胃肠道黏膜,当人身体虚弱时,可引起感染。

(3)新型隐球菌。它是一种酵母型杆菌,可以引起脑膜炎。

此外,真菌也可以引起过敏性反应,其作用与灰尘和花粉所引起的过敏反应相似。

在化妆品中对金黄色葡萄球菌、大肠杆菌、绿脓杆菌和沙门氏菌4种致病菌特别要进行专门的检测。

另外化妆品会受到霉菌的污染，常见的霉菌为青霉、曲霉、根霉、毛霉等。

(三)微生物对化妆品污染的途径

微生物对化妆品的污染一般是通过下列途径发生的。

(1)原料。化妆品的许多原料(包括水)是微生物生长繁殖所需要的营养物质，受微生物污染的原料直接影响化妆品的卫生状况。

(2)生产设备。化妆品的生产设备如搅拌机、灌装机等设备的角落、接头处，极易隐藏微生物，使化妆品受到污染。

(3)生产过程。若在生产过程中，工艺要求的消毒温度和时间不够，未能将微生物全部灭除，以及上岗操作工人卫生状况不良等都可使微生物污染化妆品。

(4)包装容器和环境。化妆品的包装物，如瓶、盖等若清洗、消毒不彻底，很易藏有微生物；生产、包装场所不符合卫生净化空气要求，都会使微生物污染化妆品。

微生物对化妆品在制备过程中的上述几种污染称为化妆品的微生物一次污染；而在化妆品使用过程中，由于使用不当等造成的微生物污染称为化妆品的微生物二次污染。

(四)化妆品中微生物的控制指标

微生物不仅影响化妆品本身的质量，更严重的是它危及消费者的健康和安全。因此世界各国都制定了化妆品中微生物的卫生标准，将化妆品中微生物污染的状况作为产品的一个质量指标，以防止和控制微生物对化妆品的污染，这对提高化妆品的质量和保证化妆品的安全具有重要意义。

化妆品中微生物的控制指标，世界上并无统一标准，各国都是依据本国的情况自己制定。

二、化妆品防腐体系的建立

为了消除化妆品的微生物二次污染，在化妆品中加入防腐剂(杀菌剂)，以杀死和抑制微生物及其繁殖，起着防止化妆品腐败变质的作用。

(一)常用防腐剂的种类和特性

许多化学物质具有抗菌效果，但用于化妆品的并不多，根据美国食品药品监督局(Food & Drug Administration, FDA)和化妆品、洗漱用品与香精香料协会(Cosmetic, Toiletry and Fragrance Association, CTFA)提供的数据，用于化妆品防腐剂的种类有110～120种，其中化合物40多种，衍生物20多种，复合防腐剂约50种使用最多的是对羟基苯甲酸酯类，化妆品常用防腐剂及其特征见表2－2。通常，防腐剂使用的浓度越高，效果越好。防腐剂用量高时可以直接杀死微生物，用量适当则可抑制微生物的生长，但用量过高会导致人体产生过敏反应。防腐剂加入产品时还应考虑它是否在新体系中有良好的稳定性和长效性，因此，在化妆品配方中，需要考虑影响防腐剂效能的诸多因素。

在这些防腐剂中，尼泊金酯类、咪唑烷基脲、脱氢醋酸、山梨酸、甘油单月桂酸酯、布罗波尔、Germall Ⅱ、二羟甲基二甲基海因、季胺－15等都是化妆品高效防腐剂，目前最常用的有对羟基苯甲酸酯类、咪唑烷基脲、苯氧基乙醇和卡松。

我国《化妆品卫生标准》中对66种防腐剂在化妆品组分中的含量和种类及条件都做了相应规定。

表 2－2　化妆品常用防腐剂及其特性

名　称	作用范围	使用浓度	溶 解 性	最佳 pH 值	稳 定 性	共容性/钝化作用
对羟基苯甲酸（甲、乙、丙、丁）酯（尼泊金酯）	主要抗真菌和革兰氏阳性细菌，对假单胞菌的作用差	按最大的溶解度使用	水溶性差	约 8.0	好	与非离子和阳离子表面活性剂不共容
苯甲醇	抗细菌	1.0% ~3.0%	溶解度为 1g/25g 水	5 以上	缓慢氧化苯甲醛；低 pH 值时脱水	可能被非离子表面活性剂钝化
对氯间二甲酚	抗细菌、真菌和酵母	0.2% ~0.8%	水溶性差，溶于醇	4 ~9	在广泛的物理、化学条件下稳定	与一些阳离子不共容；被某些非离子所钝化
苯氧基乙醇	作用范围广，对革兰氏阴性菌特别有效	0.5% ~2.0%	在水中溶解度为 2.4%；可与醇混合	pH 值容限广	完全稳定	可能稍微被非离子表面活性剂钝化；与阴离子表面活性剂、阳离子表面活性剂共容
2－溴－2－硝基丙烷－1,3－丙二醇（布罗波尔，Bronopol）	对革兰氏阴、阳性菌均有效	0.01% ~0.05%	水溶性极佳	4 ~8	对碱、光、热不稳定	与非离子表面活性剂和蛋白质相容，与金属接触有失活、着色现象
六亚甲基四胺衍生物（季胺－15，Dowicil 200）	对革兰氏阴、阳性菌均有效	0.1% ~0.2%	溶于水	4 ~10	好	与阴离子表面活性剂、非离子表面活性剂、蛋白质及许多化妆品原料配伍性好

续表

名称	作用范围	使用浓度	溶解性	最佳pH值	稳定性	共容性/钝化作用
咪唑烷基脲（杰马115，Germall 115）	对革兰氏阴、阳性菌均有效（包括绿脓杆菌）	0.1%～0.5%	溶于水	4～9	不挥发，储藏稳定	与各种原料的相容性好，能与非离子表面活性剂、阴离子表面活性剂和蛋白质配伍
脱氢醋酸	抗细菌、酵母、真菌	0.02%～0.2%	钠盐很溶于水；酸不溶于水	5～6.5	pH值高时，活动性降低	遇铁化物褪色
山梨酸	抗霉菌和酵母	0.03%～0.10%	稍溶于水；溶于很多有机物	2.5～6.0	稳定	pH值在6.2以上不活动
卡松	对细菌、真菌和酵母均有效	0.003%～0.1%	易溶于水、醇，不溶于油	1～9	室温稳定期为一年	可与其他原料配伍
甘油单月桂酸酯	抗革兰氏阳性菌、酵母菌、真菌和包有类酯的病毒	0.1%～1.0%	溶于植物油、丙二醇和异丙醇；不溶于水和矿物油	小于6.0和大于7.5的范围内功效最好	在通常储存条件下稳定	与大多数乳化剂共容；乙氧基化非离子和丙氧基化非离子可使其钝化
重氮烷基脲	对假单胞菌、细菌、霉菌、酵母菌及变异革兰氏阴性菌均有效	0.03%～0.3%	易溶于水	3～9	40℃以下稳定	能与所有化妆品拌料共容
羟甲基海因	使用范围广，对酵母不太有效	0.25%	溶于水	4.5～9.5	温度稳定性达85℃	未发现不共容性
二羟甲基二甲基海因	使用范围广，对酵母不太有效	0.15%～0.4%	溶于水、乙醇	3～9	在广泛pH值范围内，以及温度在80℃以下均稳定	未发现不共容性

(二)防腐剂作用的一般机理

防腐剂对微生物的作用在于它能选择性地作用于微生物新陈代谢的某个环节,使其生长受到抑制或致死,而对人体细胞无害。

1. 抑制微生物细胞壁的形成

防腐剂抑制微生物细胞壁的形成是通过阻碍形成细胞壁的物质的合成来实现的,如有的防腐剂可抑制构成细胞壁的重要组分肽聚糖的合成,有的可阻碍细胞壁中凡丁质的合成,有的则破坏细胞壁的结构,使细胞破裂或失去其保护作用,从而抑制微生物生长以至死亡。

2. 影响细胞膜的功能

防腐剂破坏细胞膜,可使细胞窒息和新陈代谢紊乱,损伤的细胞膜导致细胞物质的泄漏而使微生物致死。如苯甲醇、苯甲酸、水杨酸等物质,通过损害正常细胞的蛋白质结构而使细菌死亡。

3. 抑制蛋白质合成和致使蛋白质改性

防腐剂在透过细胞膜后与细胞内的蛋白质发生作用,通过干扰蛋白质的合成或使之变性,致使细菌死亡。如链霉素、庆大霉素等可干扰细菌蛋白质合成,是一种优良的抗菌素。硼酸、苯甲酸、山梨酸等可使细胞内蛋白质变性,醇类、醛类易使蛋白质凝固沉淀,而具有抗菌作用。

(三)防腐体系的建立

1. 防腐剂的选择原则

虽然防腐剂在化妆品中的用量很少,但却起着重要的作用。因此在确定使用何种防腐剂时,必须考虑化妆品组成原料的物理、化学性质以及微生物和其他多种因素。化妆品的理想防腐剂,应具有以下性能:

(1)广谱的抗菌活性。防腐剂的抗菌效率一般以最低抑菌浓度(Minimal Inhibition Concentration)来衡量,简称 MIC,MIC 越小,抗菌活性越大。防腐剂的 MIC 由实验方法获得，具体操作为将防腐剂加入液体培养基中，用等系列稀释法稀释防腐剂成不同浓度的液体，注入管中，然后接种微生物并进行培养。观察微生物生长情况，选择微生物未生长的各管中含防腐剂最低的管的浓度，即为最低抑菌浓度。最低抑菌浓度较小的防腐剂具有较强的抑菌效能。同一防腐剂对不同菌种有不同的 MIC。表 2-3 为一些常见防腐剂的最低抑菌浓度。

表 2-3　一些常见防腐剂的最低抑菌浓度

防腐剂	MIC 值（μg/mL）			
	葡萄球菌	假单胞菌	其他革兰氏菌	霉菌和酵母菌
苯甲醇	>3200	3200	>3200	>3200
苯甲酸	100	1600	1600	800
甲　醛	100	200	100	200
尼泊金甲酯	>3200	3200	800	1600
尼泊金乙酯	700	1000	1000	400
尼泊金丙酯	500	800	1000	200
尼泊金丁酯	150	200	200	200
Bronidox	50	100	50	200
Bronopol	25	25	25	3200
Dowicil 200	200	>1600	400	>1600
Germall 115	800	>1600	800	>3200
Germall Ⅱ	100	250	200	400
Kathon CG	12.5	12.5	6.25	12.5
Glydant	291	291	727	>3200
Glydant plus	188	250	188	125
Oletron	0.01	>1000	0.25	30
玉洁新 DP300	0.01	>1000	1.0	30
Germall B	200	200	300	800

续表

防腐剂	MIC值(μg/mL)			
	葡萄球菌	假单胞菌	其他革兰氏菌	霉菌和酵母菌
Germall B－E	200	250	350	600
Germall C	200	200	200	80
桑普 G	150	200	300	800
桑普 HG	250	100	250	800
桑普 LGP	150	150	150	150
桑普 MIT	100	150	200	900

(2)良好的配伍性。在化妆品中,防腐剂与各种类型的表面活性剂和其他组分配伍时,应有良好的互容性,并保持其活性,防腐剂的添加不会引起乳状液黏稠度改变,也不会分离出水相而有利于微生物生长。例如,一些早期的防腐剂,酚类衍生物和季铵化合物等与非离子表面活性剂配用时,就会失去活性,而起不到防腐效果。

(3)良好的安全性。防腐剂应是无毒性、无过敏性和对皮肤无刺激性的,即防腐剂在使用浓度下对消费者保证安全。

(4)良好的水溶性。因为微生物在水相中生长繁殖,故防腐剂只有在水相中溶解的部分才起到抗菌作用,所以防腐剂应是水溶性的,即在有效浓度下防腐剂应易溶于水。

(5)稳定性。防腐剂对温度、酸和碱稳定。

(6)防腐剂在使用浓度下为无色、无臭和无味。

(7)成本低。防腐剂应较容易制得且价格低廉。

2. 影响化妆品防腐剂活性的因素

(1)浓度。防腐剂浓度越高,活性越强。各种防腐剂均有不同的有效浓度,一般要求产品中防腐剂的浓度略高于其在水中的溶解度。

(2)溶解度。防腐剂在水中的溶解度越低,其活性越强,因为微生物表面的亲水性一般低于溶剂系统,这样有利于微生物表面防腐剂浓度的增加。

(3)pH 值。通常认为防腐剂的作用是在分子状态下而不是在离子状态下。pH 值低时防腐剂处于分子状态,所以活性强。如苯甲酸,只有在 pH 值低于 4 时才保持酸的状态,其有效 pH 值在 4 以下,酚类化合物的酸性较弱,所以能适用较广的 pH 值范围。

(4)种类和数量。微生物种类越多,数量越大,需要防腐剂浓度也越高。

(5)拮抗作用。

① 化学作用:即防腐剂与配方中某一成分发生化学反应而降低以至消失其活性,如氨对甲醛,硫醇对汞化物,金属盐对硫化合物,磷脂、蛋白质、镁、钙、铁盐等对季铵化合物。

② 物理作用:即配方中某一成分影响了防腐剂在水中的溶解性,从而消弱其作用。例如,少量的表面活性剂可增加防腐剂透过细胞膜的能力,有增效作用,但表面活性剂量大而形成胶束时,可对防腐剂增溶,降低了防腐效能。另外表面活性剂可与防腐剂形成氢键等结构,也会改变防腐剂溶解性能。

③ 生理作用:即配方中某一成分所起作用恰好与防腐剂的作用相反。

(四)化妆品防腐剂的复配

由于造成化妆品腐败的微生物种类繁多,化妆品的抑菌效能大小又与防腐剂种类和用量、化妆品的特性、组成、pH 值等密切相关,而单一防腐剂的适宜 pH 值、最小抑制浓度、抑菌范围都有一定的限制,因此,单一防腐剂不可能达到万能效果。为提高防腐剂的功效,一般几种防腐剂配合使用,这样在扩大防腐剂抗菌广谱性的同时,可以减小使用浓度。

防腐剂复合使用时，首要考虑的因素是 pH 值，因为 pH 值的改变影响有机酸防腐剂的离解从而影响防腐剂的活性。例如，季铵化合物只在 pH >7 时有效；2－溴－2－硝基－1,3－丙二醇，在 pH =4 时十分稳定，pH =6 其活性可保持一年，pH =7 活性只有几个月。除了 pH 值影响外，复合型防腐剂还受化妆品的种类、用途、组分等产品特点影响。

防腐剂复合使用的目的主要有两个方面：

(1)相同抑菌谱的防腐剂，复合使用能减少每种防腐剂的用量。如布罗波尔和对羟基苯甲酸酯配合使用，对羟基苯甲酸酯即使是在 0.01% 浓度也能达到很好的抑菌效果，同时扩大了抗菌谱。

(2)不同抑菌谱的防腐剂，复合使用能扩大抑菌谱范围。如对羟基苯甲酸酯对革兰氏阴性菌和假单胞菌属无效，而加入二唑烷基脲或者其他化合物，则可以弥补这个缺点。

一般说来，复配防腐剂具有以下优点：扩大抗菌谱，增强有效抑菌能力；增效作用，两种杀菌作用机制不同的防腐剂共用，其效果往往不是简单的叠加，而是相乘，这种所谓增效作用常在降低使用量的情况下，仍能保持足够的防腐效果；抗二次污染，有些防腐剂对霉腐微生物抑菌较好。

三、化妆品防腐体系的检测

(一)防腐体系(剂)的定性定量测定

大多数防腐剂对人体均有一定毒性。因此，防腐剂在化妆品中的使用受到一定限制，我国《化妆品卫生标准》规定了化妆品中防腐剂的使用浓度及使用范围。

目前对化妆品中防腐剂多采用高效液相色谱法(HPLC)、气相色谱法(GC)、气相色谱—质谱法(GC－MS)进行定性定量测定

(表2-4)。一般说来,高效液相色谱法操作简便,分离效果好,回收率高,精密度比较满意;气相色谱法和气相色谱—质谱法则以简单、快速、准确备受青睐。

表2-4　防腐剂定性定量测定的3种方法比较

实验方法	优　点	缺　点	检测物质
高效液相色谱法(HPLC)	操作简便,分离效果好,回收率高,检出限低,精密度比较满意	使用仪器昂贵,且分析过程中使用大量有机溶剂,分析成本高,因此使用范围受到一定的限制	对羟基苯甲酸甲酯(乙、丙、丁酯)、水杨酸、咪唑烷基脲等
气相色谱法(GC)	操作简单,快速;分离效果好,抗干扰能力强,检出限低,回收率和精密度比较满意	因为是气相分析,受到受检物质属性的限制	苯甲醇、苯氧基乙醇、对羟基苯甲酸甲酯(乙、丙、丁酯)等
气相色谱—质谱法(GC-MS)	操作简单,快速,准确;可有效排除由于化妆品成分复杂所带来的杂质干扰,提高被测组分的灵敏度	使用仪器昂贵	对羟基苯甲酸甲酯(乙、丙、丁酯)、2-苄基-4-氯酚、2-苯酚、3-甲基-4-异丙基苯酚、苯甲酸苯酯、氯甲酚、2-苯氧基乙醇、苯甲醇等

化妆品中防腐剂的定性、定量测定的操作步骤为:

(1)对不同基质的化妆品进行预处理,为了去除杂质,必要时进行离心,预处理主要有甲醇、四氢呋喃和超声抽提法。

(2)选择合适的色谱操作条件。

(3)对测试防腐剂做线性实验并测定回收率,计算精密度。

(4)样品测定及分析。

(二)防腐体系(剂)的功效学检验

在化妆品防腐剂的检测中,分为对单一防腐剂防腐效果的检测和对加入化妆品的防腐体系防腐效果的检测。当一种新开发或已应用的单一或复配的防腐剂应用之前,应对其防腐效果进行检测,检验其效果并确定其用量。选定使用防腐剂种类和复配组合后,可进行化妆品中防腐剂体系效果的检测,进一步对整个化妆品体系的防腐效果进行评定。

1. 防腐剂的检测方法

(1)抑菌圈试验。抑菌圈试验是评判防腐剂抑菌作用的最简单的方法。试验细菌或霉菌在适合的培养基上,经培养后能旺盛生长。若培养基平板中央放有经防腐剂处理的滤纸圆片,防腐剂向四周渗透,可形成抑菌圈。测量抑菌圈的直径,可以判断防腐剂的效力。纸片法抑菌圈直径≥10mm 为有效。

(2)最低抑菌浓度(MIC)实验。MIC 实验同样可以反映防腐剂的效力,MIC 即测定防腐剂抑制微生物生长的最低浓度。MIC 值越小,表明防腐剂抑菌能力越大。

(3)D 值检验法。D 值表示微生物数量每减少一个对数级所需的时间(例如减少活的微生物从 10^6 到 10^5 数量所需的时间)。

2. 防腐体系的检测方法

目前国际上并未对化妆品防腐体系的评价提出有效而统一的检测方法。但公认的适用广泛的方法为微生物挑战性试验,也称为防腐挑战试验,即人为地在测试的化妆品中加入高浓度的微生物,在适宜条件下培养定期进行检测,测试时间为 28 天,通过化妆品中菌落数的多少判断其防腐能力。

一般说来,指示菌的选择需要具有一定的广泛性,表 2-5 列出了不同类型指示菌的选择方法。

表 2-5　化妆品防腐挑战试验不同类型指示菌的选择

种类	菌株	数量
革兰氏阳性菌	金黄色葡萄球菌(*Staphulococcua aureus*)	至少选一种
	表皮葡萄球菌(*Staphulococcua epidermidis*)	
发酵革兰氏阴性杆菌	肺炎克雷伯氏菌(*Klebsiella pneumoniae*)	至少选两种
	阴沟肠杆菌(*Ent. cloacae*)	
	大肠希埃氏菌(*Escherichia coli*)	
	日勾维肠杆菌(*Ent. gergoviae*)	
	变形菌属(*Proteus sp.*)	
非发酵革兰氏阴性杆菌	绿脓杆菌(*Pseudomonas aeruginosa*)	至少选一种
	洋葱假单胞菌(*Pseudomonas cepacia*)	
	荧光假单胞菌(*Pseudomonas fluorescens*)	
	恶臭假单胞菌(*Pseudomona sputida*)	
	黄杆菌属(*Flavobatcterium sp.*)	
	不动杆菌属(*Acinetobacter sp.*)	
酵母	白色假丝酵母(*Candida albicans*)	至少选一种
	近平滑假丝酵母(*Candida parapsilosis*)	
霉菌	黑曲霉(*Aspergillus niger*)	至少选一种
	黄绿青霉(*Penicillium luteum*)	

(1)防腐单次挑战实验。目前较为常用的是 CTFA 推荐的经典的为期 28 天的防腐单次挑战实验。首先在实验检测前,检测一下化妆品中的细菌总数,一般出厂的化妆品中不带菌,这是为了避免由于人为操作所带来的微生物污染。

选择挑战所用指示菌时应使用正规引进的菌种;如果有必要可从污染产品中分离到由环境或使用引入的菌株进行实验,因为直接从生活中分离的菌种更能准确地反映我们所需测定的指标,更接近实际需要。

一般取样量至少为 20g(mL),选择适合的破乳剂对样品进行破乳等预处理。在对接种数量的确定上,一般初始的(混合)霉菌和(混合）细菌的接种量分别为 10^5CFU（菌落数）/g（mL）和 10^6CFU/g（mL）。接种后的样品在特定时间分离检测：第 0 天（即接种后立刻取样）、1 天、3 天、7 天、14 天、21 天和 28 天。要求在第 7 天时霉菌降低 90%，细菌降低 99.9%，并且在 28 天内菌落数持续下降。之后通过防腐体系的效能评价标准进行评定：若单菌接种的三个平行实验中任何一种微生物数量的平均值在第 7 天时下降到 100CFU/g（mL）以下，28 天全部为 0，则视为效果优良；通过挑战实验若第 7 天时下降到 1000CFU/g（mL）以下，则视为勉强通过；若单菌接种的任何一种微生物，任何一个平行样达不到上述标准，也达不到 CTFA 的要求，防腐体系则评定为无效。

（2）重复挑战实验。为了更有效、全面地模拟化妆品中微生物侵染及防腐体系的效果，可采用更为严格有效的多次重复挑战性实验。因为在实际应用中，化妆品每天都要被使用，所以单次的微生物挑战并不能全面地说明防腐问题，而多次重复的微生物挑战性实验则更为贴切地反映了实际应用情况。

（3）混合接种法。接种方式可以采用单菌接种或混合接种。单菌接种工作量大、费时，但是有助于研究各特定挑战用菌株的单独数据，混合接种工作量相对较小，而且因为自然界的微生物有混生杂居的特点，所以混合接种更符合实际污染情况。美国药典改良的另一种防腐效力试验法是将所有的试验微生物混合接种培养，这种方法更切合实际，因为化妆品易受多种微生物污染，并可发现化妆品中的优势菌。

四、化妆品中的微生物检验

（一）微生物的检测标准

我国颁布的化妆品卫生标准，是我国化妆品的卫生法规，全国化妆品生产和销售企业等部门必须执行，卫生监督部门应进行严格监督。为了执行和监督标准的实施，对化妆品进行微生物检验必不可少,我国公布了一系列微生物检验标准方法,包括化妆品微生物标准检验方法——总则、细菌总数测定、粪大肠菌群、绿脓杆菌、金黄色葡萄球菌五项标准(GB 7918.1—3.87)。这些标准的实施,使我国化妆品的微生物污染状况有明显改善,但化妆品的微生物污染仍是影响我国化妆品产品质量和安全性的一个重要因素。

(二)细菌总数的检测

化妆品中细菌总数是指 1g 或 1mL 化妆品中所含的活的细菌数量。通过检测这个指标,可以判断化妆品被细菌污染的程度,从而了解和核查该化妆品所选用的原料、生产设备、生产工艺及操作人员的卫生状况,故该检测指标是对化妆品进行卫生学评价的综合依据,它是进行微生物检测中首先且必须进行的内容,通过检测得到的量化数据,可立即判断该化妆品是否符合卫生标准。

(三)粪大肠菌群的检测

粪大肠菌群是生长于人和温血动物肠道中的一组肠道细菌,随粪便排出体外,约占粪便干重的 1/3 以上,故称为粪大肠菌群。受粪便污染的化妆品含有大量的这类菌群,因此粪大肠菌群可以作为化妆品被粪便污染的卫生标志,我国化妆品卫生标准规定,在化妆品中不得检出粪大肠菌群。被粪便污染的化妆品中可能有肠道致病菌存在,经消费者使用等途径进入人体后,可引起肠道性疾病,对消费者存在潜在的危险性。从化妆品微生物污染状况检测表明,在三种微生物(粪大肠菌群、绿脓杆菌和金黄色葡萄球菌)对化妆品污染中,以粪大肠菌群超标比例最高,可见在对化妆品进行卫生监督时,检测粪大肠菌群具有重要意义。

(四)绿脓杆菌的检测

绿脓杆菌为革兰氏阴性细菌,属假单胞菌属。它在自然界分布甚广,空气、水、土壤中均有存在,在潮湿处可长期生存,对外环境的抵抗力比其他菌强,抗干燥的能力也强。含水分较多的原料、化妆品易受污染。绿脓杆菌对人类有致病力,常引起眼、皮肤等处感染,特别是烧伤、烫伤及外伤患者感染上绿脓杆菌常使病情恶化,严重时可引起败血病,眼睛受伤感染后可使角膜溃疡并穿孔,严重可致失明。目前,该菌已是化妆品生产中必须严加控制的重要病原菌之一。我国化妆品卫生标准规定:在化妆品中不得检出绿脓杆菌。

(五)金黄色葡萄球菌的检测

金黄色葡萄球菌因能产生金黄色色素而得名。它为革兰氏阳性球菌,广泛分布于自然界、空气、土壤及水中,可在人体皮肤、鼻腔、咽喉等处生存,耐热性强,对于干燥和紫外线光的抵抗力亦较大。为一种致病菌,可通过多种途径侵入机体,导致各种疾病和可引起皮肤或器官的多种化脓性感染(故又名为化脓性葡萄球菌),严重时可导致败血症。国内外膏霜类化妆品中曾检出此种细菌,因此,在化妆品中检测葡萄球菌具有重要的卫生意义,我国化妆品卫生标准中规定:在化妆品中不得检出葡萄球菌。

(六)霉菌的检测

霉菌在自然界分布极广,土壤、水域、空气、动植物体内外都可生长霉菌。霉菌同人类的生产、生活有着密切的关系,它在食品、医药、农业等部门得到了广泛应用,但霉菌对人类危害越来越引起人们的重视。

化妆品的基质所富有的营养成分及酸碱度、温度等都适宜霉菌的生长繁殖,化妆品的生产环境、生产设备、生产过程及产品都易受到霉菌的污染。据对部分化妆品的质量卫生检查表明,霉菌对化妆品的污染相当严重,霉菌污染所引起的化妆品霉变,是化妆品变质的一个主要原因。因此,在化妆品中霉菌的检测很重要。目前,对于化妆品中霉菌的检测,我国尚未制定统一标准,有的国家如阿根廷规定:在1g或1mL化妆品中,霉菌和酵母菌不超过100CFU(菌落数)。

第三节　化妆品的抗氧化理论与技术

一、化妆品中容易氧化的原料

油性原料是化妆品的主要基质原料,一般可以分为油脂、蜡类、脂肪酸、脂肪醇和酯类。油脂和蜡类根据来源和化学成分不同,可分为植物性、动物性和矿物性油脂以及合成油脂、蜡等。

动植物油脂、蜡主要是由各种脂肪酸以不同的比例构成的脂肪酸甘油酯。这些脂肪酸的混合比例不同和生成脂肪酸甘油酯的结构也不同(包括α、β位,不饱和脂肪酸顺式、反式异构体),使构成天然油脂、蜡类的脂肪酸三甘油酯呈多样性。其中,由于脂肪酸甘油酯中的不饱和脂肪酸含有不饱和键,容易被氧化。表2-6和表2-7分别为动物油脂和植物油脂中含有的一些不饱和脂肪酸种类。

表2-6　一些动物油脂中含有的不饱和脂肪酸(%)

动物油脂	油　酸	亚油酸	亚麻酸	棕榈油酸	二十碳五烯酸	二十二碳六烯酸
鲨鱼肝油	30.0	6.0	5	7.0	—	10
步鱼油	11.0	—	—	10.0	15.0	12.0
鱼　油	56.0	2.0	—	12.0	—	—
牛　脂	44.0	2.0	—	—	—	—
豚　脂	58.0	3.5	—	—	—	—

表 2-7　一些植物油脂中含有的不饱和脂肪酸(%)

植物油脂	油　酸	亚油酸	亚麻酸	棕榈油酸	荠　酸	十六烯酸	木焦油酸	山嵛酸	蓖麻油酸
橄榄油	80	7	—	—	—	—	—	—	—
蓖麻油	8.0	3.0	—	—	—	—	—	—	86
杏仁油	77.0	17.3	—	—	—	—	—	—	—
棉籽油	33	43	—	—	—	—	—	—	—
花生油	57	26	—	—	—	—	1	3	—
茶籽油	83	8	—	—	—	—	—	—	—
玉米胚芽油	19~49	39~62	—	—	—	—	—	—	—
沙棘油	25~31	6~7	1.3~3.3	28~33	—	—	—	—	—
椰子油	6.0	2.5	—	—	—	—	—	—	—
棕榈油	39	10	0.5	0.2	—	—	—	—	—
棕榈仁油	10~29	2~3	—	—	—	—	—	—	—
鳄梨油	59.8	5.8	微量	—	—	—	—	—	—
大豆油	29	51	7	—	—	—	—	—	—
米糠油	44	39	—	—	—	—	—	—	—
葵花油	29	52	—	—	—	—	—	—	—
芝麻油	37~49	35~47	—	—	—	<1	—	—	—
澳洲坚果油	57.8	2.7	3.4	21.4	—	—	—	—	—
石栗子油	19.8	41.8	28.9	0.1	—	—	—	—	—
水蒜芥子油	10~14	15~18	32~40	4~8	—	—	—	—	—
亚麻荠油	13~16	14~20	33~40	—	10~18	—	—	—	—
可可脂	38.1	2.1	—	—	—	—	—	—	—
牛油树脂	49	4.3	—	—	—	—	—	—	—

二、物质的氧化机理

(一)油脂的酸败

化妆品含有的油脂中不饱和脂肪酸的不饱和键被氧化而发生变质,这种氧化变质称为酸败。酸败的化学本质是由于油脂水解而产生游离的脂肪酸,其中不饱和脂肪酸的双键部分受到空气中氧的作用,发生加成反应而生成过氧化物,此过氧化物继续分解或氧化,生成低级醛和羧酸。其过程如下:

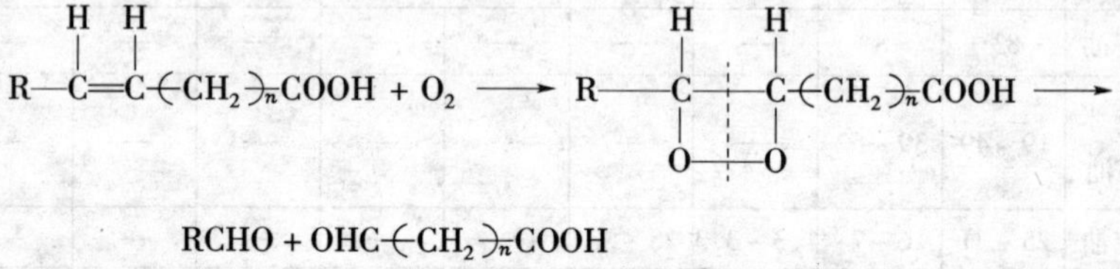

氧化反应生成的过氧化物、醛和羧酸等会引起产品颜色的改变,释放出酸败的臭味,使产品的 pH 值降低等,从而使产品质量下降,也会对皮肤产生刺激性,甚至引起炎症。因此,在化妆品的生产、使用和储存过程中,应尽量避免油脂酸败现象的发生。

(二)影响油脂酸败的因素

1. 油脂的脂肪酸组成

一般饱和脂肪酸是最稳定的,油脂中的饱和脂肪酸必须在酶的作用或霉菌的繁殖以及氢过氧化物存在的条件下才能发生 β 碳位氧化反应,生成酮酸和甲基酮。相比之下,不饱和脂肪酸的氧化率要大得多,约 10 倍。油脂的氧化变质是从不饱和脂肪酸的氧化开始的,这主要由于不饱和脂肪酸的不饱和碳碳双键是结构中的“弱点”,极容易被氧化而断键。分子结构内的不饱和键越多,就越容易被氧化。如果油脂中原来存在的不皂化物部分的天然抗氧剂,如维生素 E 等,在精制过程中被除去,也使氧化反应容易发生。另外,油脂中常存在能促进氧化作用的氧化酶,在适宜的温度、水分、光和热情况下,也会加速氧化酸败的发生。

2. 氧气

氧作为酸败反应底物之一,起着重要的影响,氧含量越大,酸败越快,因此氧气是造成酸败的主要因素,在化妆品的生产、使用和储存过程中都可能接触空气中的氧,因而氧化反应的发生是不可避免的。

3. 温度

温度每升高10℃,酸败反应速度增大2~4倍。此外,高温会加速脂肪酸的水解反应,提供了微生物的生长条件,可以加剧酸败,因此在低温条件下有利于减缓氧化酸败。

4. 光照

不饱和脂肪酸的共轭双键强烈吸收紫外线后,引发连锁反应,并加速过氧化物的分解。可见光虽然不能直接引起氧化作用,但其中某些波长的光对氧化有促进作用。所以,避免直接光照或用有颜色的包装容器可以消除不利波长的光的影响。

5. 水分

水分活度对油脂的氧化作用影响很复杂,水分活度过高或过低时,酸败都会发生得很快,而且较大水分活度还会使微生物的生长旺盛,它们产生的酶如脂肪酶可水解油脂,而氧化酶则可氧化脂肪酸和甘油酯。因此,过多的水分可能会引起油脂的水解,加速自动氧化反应,也会降低抗氧剂如酚、胺等的活性。

6. 金属离子

某些金属离子能使原有的或加入的抗氧剂作用大大降低,还有的金属离子可能成为自动氧化反应的催化剂,大大提高氢过氧化物的分解速度,表现出对酸败的强烈促进作用。另外,金属离子的存在,使得抗氧化剂对油脂的抗氧化性能大大地降低。如2mg/kg Fe^{3+} 可使酚类和醌类抗氧化剂的抗氧化活性几乎完全丧失。这些金属离子主要有铜、铅、锌、铝、铁、镍等。所以，制造化妆品的原料、设备和包装容器等应尽量避免使用金属制品或含有金属离子。

7. 微生物

霉菌、酵母菌和细菌等微生物都能在油脂性介质中生长，并能将油脂分解为脂肪酸和甘油，然后再进一步分解，加速油脂的酸败。这也是化妆品的原料、生产、使用和储存过程中要保持无菌条件的重要原因。

三、抗氧化机理

(一)主抗氧剂

抗氧剂的作用在于它能抑制自由基链式反应的进行，即阻止链增长阶段的进行。这种抗氧剂称为主抗氧剂，也称为链终止剂，以 AH 表示。链终止剂能与活性自由基 R· 、ROO· 等结合，生成稳定的化合物或低活性自由基 A· ,从而阻止链的传递和增长。

$$R\cdot + AH \longrightarrow RH + A\cdot$$

$$ROO\cdot + AH \longrightarrow ROOH + A\cdot$$

胺类、酚类、氢醌类化合物作为抗氧剂都是较好的主抗氧剂，起到链终止剂的作用。

(二)辅助抗氧剂

为了能更好地阻断链式反应，还要阻止分子过氧化氢的分解反应，则需要加入能够分解过氧化氢的抗氧剂，使之生成稳定的化合物，从而阻止链式反应的发展。这类抗氧剂称为辅助抗氧剂，或称为过氧化氢分解剂，它们的作用是能与过氧化氢反应，转变为稳定的非自由基产物，从而消除自由基的来源。属于这一类抗氧剂的有硫醇、硫化物、亚磷酸酯等，它们的反应如下：

$$ArO\cdot + ROO\cdot \longrightarrow ROOArO$$

(三)抗氧化增效剂

羟基酸等如酒石酸、柠檬酸、苹果酸、葡萄糖醛酸、乙二胺四乙酸(EDTA)等，其作用是增强抗氧化剂的效能，特别是增强阻滞自氧化反应的抗氧化剂效力。同时，还能与金属离子作用形成稳定的螯合物，而使金属离子不能催化氧化反应，对促进氧化的金属离子起钝化作用，从而也达到抑制氧化反应的作用。

(四)有效抗氧剂的结构特征

一般说来，有效的抗氧剂应该具有下列结构特征：

(1)分子内具有活泼氢原子，而且比被氧化分子的部位上的活泼氢原子更容易脱出，胺类、酚类、氢醌类分子都含有这样的氢原子。

(2)在氨基、羟基所连的苯环上的邻、对位引进一个供电子基团，如烷基、烷氧基等，则可使胺类、酚类等抗氧剂 N—H、O—H 键的极性减弱，容易释放出氢原子，而提高链终止反应的能力。

另外，从结构上来看，对于酚类抗氧剂，由于邻位取代数目的增加或其分支的增加，可以增大空间位阻效应。这样可使酚氧自由基受到相邻较大体积基团的保护，降低了它受氧进攻而发生反应的概率，既可以提高酚氧自由基的稳定性，又可以提高它的抗氧性能。

(3)抗氧自由基的活性要低，以减少对链引发的可能性，但又要有可能参加链终止反应。

(4)随着抗氧剂分子中共轭体系的增大，使抗氧剂的效果提高。因为共轭体系增大，自由基电子的离域程度增大，自由基就越稳定，而不致成为引发性自由基。

(5)抗氧剂本身应难以被氧化,否则它自身受氧化作用而被破坏,起不到应有的抗氧作用。

(6)抗氧剂应无色、无臭、无味,不会影响化妆品的质量。另外,无毒、无刺激、无过敏性更是必要的。与其他成分相容性好,可达到分散均匀而起到抗氧的作用。

第三章

化妆品原料

第一节　基础润肤原料

一、植物油类

1. 橄榄油(Olive oil)

橄榄油一般是将常绿树橄榄的果实经机械冷榨或用溶剂抽提制得。产品为淡黄或黄绿色透明油状液体,有特殊的香味和滋味。不溶于水,微溶于乙醇,可溶于乙醚、氯仿和轻质矿物油等,相对密度为0.914~0.919(15℃时),酸值<2.0,皂化值186~196,碘值80~88,不皂化物0.5%~1.8%,折光率(n_D^{25})为1.466~1.467。

橄榄油的甘油酯中,不饱和脂肪酸成分类似人乳,其中亚油酸和亚麻酸含量几乎与人乳相同,因而易被皮肤吸收。橄榄油中还富含维生素A、维生素D、维生素B、维生素E和维生素K,故有促进皮肤细胞及毛囊新陈代谢的作用。橄榄油用于化妆品中,具有优良的润肤养肤和一定的防晒作用,具有较强的皮肤渗透能力,是制造按摩油、发油、防晒油及口红等和W/O型香脂的重要原料。

2. 杏仁油(Almond oil)

它是从甜杏仁中提取的,具有特殊的芳香气味,为无色或淡黄色透明油状液体,不溶于水,微溶于乙醇,能溶于乙醚、氯仿。相对密度为0.915~0.920,酸值<4.0,皂化值190~196,碘值93~105。

杏仁油的主要成分为油酸酯。杏仁油性能与橄榄油极其相似，但不饱和度稍高，凝固点稍低，常作为橄榄油代用品，是按摩油、发油、膏霜中的油性成分，欧美国家常用在乳液制品中。

3. 棉籽油(Cotton seed oil)

由棉花种子经压榨、溶剂萃取所精制得到的半干性油，为淡黄色油状液体，不溶于水，微溶于乙醇，可溶于乙醚、氯仿、苯、石油醚等。相对密度为0.913～0.930，皂化值189～199，碘值99～113，不皂化物0.6%～1.6%，凝固点3～6℃，折光率(n_D^{25})1.463～1.472。

精制的棉籽油可替代杏仁油、橄榄油等应用于化妆品中，作为香脂、发油、香皂等的原料。

4. 花生油(Peanut oil)

花生油为淡黄色油状液体，不溶于水，微溶于乙醇，可溶于乙醚、氯仿等。相对密度0.916～0.920，酸值<4.0，皂化值188～196，碘值84～100，不皂化物0.2%～1.0%，凝固点0～3℃，折射率(n_D^{25})1.467～1.470。

花生油可替代橄榄油应用于化妆品的膏霜等乳化制品及发用化妆品中，也可用于制造按摩油等油剂化妆品。

5. 霍霍巴油(Jojoba oil)

霍霍巴油是将其种子经压榨后，再用有机溶剂萃取的方法精制而得的，它为无色、无味透明的油状液体。相对密度0.865～0.869，酸值0.1～5.2，碘值81.8～85.7，皂化值90.1～101.3，不皂化物48%～51%，折光率(n_D^{25})1.4578～1.4658。

霍霍巴油对皮肤有非常好的渗透性，常用作按摩油的基础油。用于化妆品中，可以取代鲸蜡油等。

6. 茶籽油(Tea seed oil)

以浸出法由油茶的种子中得到的无色或淡黄色液体，味微苦，不溶于水，可溶于乙醇、氯仿，不会氧化变质，热稳定性好。相对密度

0.910～0.918，酸值 <2.0，皂化值 188～198，碘值 84～93，不皂化物 0.5%～0.8%。

茶籽油的性能优于白油，因其中含有一定的氨基酸、维生素和杀菌（解毒）成分，利于皮肤吸收，可用作香脂、中性膏霜、乳液等中的油基原料，有滋润、护发功能，还具有营养、杀菌、止痒的作用。

7. 鳄梨油（Avocado oil）

它是将鳄梨树（主要产地为以色列、南美、美国、英国等）的果肉脱水后用压榨法或溶剂萃取法而制得的，外观有荧光，光反射呈深红色，光透射呈强绿色，有轻微的榛子味，不易酸败。相对密度 0.9121～0.9230，酸值 2.6～2.8，皂化值 185～192.6，碘值 28～94，不皂化物 1.5%～1.6%，折光率（n_D^{25}）1.4200～1.4610。

鳄梨油含有各种维生素、甾醇、卵磷脂等有效成分，具有较好的润滑性、温和性、乳化性，稳定性也好，对皮肤的渗透力要比羊毛脂强，可作为乳液、膏霜、香波及香皂等的原料，对炎症、粉刺有一定的疗效。

8. 杏核油（Apricot kernel oil）

杏核油亦称桃仁油，取自杏树的干果仁，为淡黄色油状液体，不溶于水，相对密度 0.912～0.916，皂化值 188～200，碘值 97～109，熔点低于 -10℃。脂肪酸组成为油酸（60%～79%）、亚油酸（18%～32%）、饱和脂肪酸（2%～7%）、亚麻酸和其他高不饱和脂肪酸约 3.5%。

杏核油被广泛地应用于护肤制品，有助于增加皮肤弹性和柔度。它的熔点低，寒冷气候下稳定性好，制品能保持透明。它是优质润肤剂，没有油腻感，很润滑，有润湿剂作用，可以阻止水分通过表皮过分损失。它的维生素 E 含量较高，可保护细胞膜，延长循环系统中血液红细胞的生存，有助于人体充分利用维生素 A，这对保持皮肤洁净、健康和抵抗疾病传染起到重要的作用。

9. 山茶油(Camellia oil)

山茶油是由山茶的种子经压榨制备的脂肪油。脂肪酸构成中以油酸为最多(82% ~88%),其他为棕榈酸等饱和酸(8% ~10%)、亚油酸(1% ~4%)。山茶油的性状和橄榄油相似,在膏霜和乳液制品中使用。

10. 胡桃油(Macadamia nut oil)

胡桃油是由原产澳大利亚的胡桃种子经压榨制备的脂肪油。脂肪酸构成中虽然以油酸为主要成分(50% ~65%),但是也含有较多的珍稀的棕榈烯酸(20% ~27%)。胡桃油主要用于膏霜、乳液制品和口红中。

11. 石栗子油(Kukui nut oil)

石栗子油取自石栗子核,主要产自夏威夷、澳大利亚和菲律宾等地,为淡黄色至橙色油状液体。相对密度 0.920 ~ 0.930,凝固点 -15℃,皂化值 185 ~ 195,碘值 155 ~ 175。

石栗子油含较多的亚油酸和亚麻酸,这都是人体必需的脂肪酸。由于它的碘值较高,需要添加抗氧化剂如维生素 A 棕榈酸酯、维生素 C 棕榈酸酯和维生素 E 乙酸酯等以增加其稳定性。它能很好地与一般化妆品用油脂匹配,很容易乳化。

石栗子油是渗透性很强的植物油,易被皮肤吸收,当涂于皮肤表面时,可使皮肤软化,减少通过表皮的水分损失,舒缓晒斑和减轻刺激。对表皮烧伤、皮肤龟裂、轻度皮肤病变和伤口愈合有良好的恢复作用。可用于护肤和护发制品,如润肤乳液、防晒乳液和膏霜、调理香波以及沐浴液。

12. 水蒜芥子油(Sisymbrium irio oil)

水蒜芥子油取自十字花科植物水蒜芥种子,产于欧洲和印度,为浅金黄色油状液体。碘值 96 ~ 103,不皂化物约 1.6%。

古罗马人用水蒜芥子油按摩身体,印度人用它处理皮肤疾病,亦用于美容。现在多用于面膜和按摩膏。

13. 亚麻荠油(Gold of pleasure oil)

亚麻荠油为黄色透明油状液体，取自亚麻荠，亚麻荠产于英格兰东西部和中亚地区，已是半商业化规模种植的作物。相对密度0.922~0.928，皂化值184~190，碘值127~154。

亚麻荠油可用作皮肤滋润剂、护肤膏霜的油性原料。

14. 月见草油(Evening primrose oil)

月见草油为天然植物油经过提纯精制而成，属亚麻油种，为淡黄色无味透明油状液体。相对密度0.921~0.928，皂化值190~200，碘值147~154。

月见草油富含γ-亚麻酸，对人体有重要生理活性。在人体内可转化为前列腺素E，能抑制血小板的聚集和血栓素A_2的形成，有明显的抗血栓及抗动脉粥样斑块形成的作用，能有效地降低低密度脂蛋白，达到明显的减肥效果。可作为减肥膏添加剂，还可作高级化妆品原料。

15. 牛油树脂(Shea butter)

牛油树脂取自非洲酪脂树果实。未精炼牛油树脂是灰白色软蜡状物质，精炼脂的颜色和稠度较恒定。相对密度(100℃/25℃)0.859~0.869，酸值1~30，皂化值178~190，碘值53~65，不皂化物3%~10%，熔点32~45℃。

牛油树脂易被皮肤吸收，可改进皮肤柔软性，用于处理干裂皮肤，能使由于晒斑、湿疹和皮炎引起的皮肤失调康复。它可应用于护手霜、润肤乳液、防晒和抗皱产品、晚霜、润肤霜和婴儿护肤品。它对275nm的紫外线有最大吸收，故可作防晒制品的辅助添加剂。

16. 芝麻油(Sesame oil)

芝麻油取自芝麻的种子，芝麻主产于我国、印度、缅甸、墨西哥和苏丹。芝麻油为无色或黄色透明油状液体，带有特殊芝麻香气味和滋味，冷却到0℃也不凝固，微溶于乙醇，溶于乙醚、氯仿和轻质矿物油。相对密度 0.914～0.919，凝固点 20～25℃，皂化值 188～195，碘值103～116。

芝麻油中含有其他油脂中没有的不皂化物，如芝麻明（Sesamin）、芝麻酚（Sesamol）和芝麻酚林（Sesamolin），它非凡的抗氧化稳定性就是由于这几种成分，特别是芝麻酚起了主要作用。芝麻油主要可以替代橄榄油用作膏霜类、乳液类的油脂成分和按摩油。

二、蜡类

蜡类是高碳脂肪酸和高碳脂肪醇构成的酯。这种酯在化妆品中起到增加稳定性、调节黏度、减少油腻感等作用。主要用于化妆品的蜡类有：棕榈蜡、小烛树蜡、霍霍巴蜡、木蜡、羊毛脂、蜂蜡等。

1. 棕榈蜡（Palm wax）

精致棕榈蜡为白色或淡黄色脆硬固体，具有愉悦的气味。主要成分为蜡酸蜂花醇酯和蜡酸蜡酯。在化妆品中主要提高蜡酯的熔点，增加硬度、韧性和光泽，也可降低黏性、塑性和结晶的倾向。主要用于唇膏、睫毛膏、脱毛蜡等制品。

2. 小烛树蜡（Candelilla wax）

小烛树蜡是一种淡黄色半透明或者不透明的固体，精致产品有光泽和芳香气味，略带黏性。主要成分为碳水化合物、蜡酯、高级脂肪酸、高级醇等。应用于唇膏等锭状化妆品中。

3. 霍霍巴蜡（Jojoba wax）

霍霍巴蜡是一种透明无臭的浅黄液体，主要成分为十二碳以上脂肪酸和脂肪醇构成的蜡酯。其特点为不易氧化和酸败，无毒、无刺激，易于被皮肤吸收以及具有良好的保湿等作用。因此，广泛应用于润肤膏、面霜、香波、头发调理剂、唇膏、指甲油、婴儿护肤用品以及清洁剂等用品。

4. 木蜡（Japan wax）

木蜡又叫日本蜡，为淡奶色蜡状物，具有酸涩气味，不硬，具有韧性、延展性和黏性。主要成分为棕榈酸的甘油三酯，为植物性脂肪或高熔性脂肪。易于与蜂蜡、可可脂和其他甘油三酯配伍，易被碱皂化形成乳液。用于乳液和膏霜类化妆品中。

5. 蜂蜡(Bees wax)

蜂蜡又叫蜜蜡，它具有熔点高的特点，为冷霜原料，还是制造发蜡、胭脂、唇膏、眼影棒、睫毛膏等美容修饰类化妆品的原料。此外，它具有抗细菌和真菌、愈合创伤的功能，还用于香波、洗发剂、高效去头屑洗发剂等。

三、烃类

烃沸点高，多在300℃以上，无动、植物油脂的皂化值与酸值。按其性质和结构，可分为脂肪烃、脂环烃和芳香烃三大类。在化妆品中，主要起溶剂作用，用来防止皮肤表面水分的蒸发，提高化妆品的保湿效果。通常用于化妆品的烃类有液体石蜡、固体石蜡、微晶石蜡、地蜡、凡士林等。

1. 液体石蜡(Paraffinum liquidum)

液体石蜡又叫白油或者蜡油，是一种无色透明、无味、无臭的黏稠液体。广泛用在发油、发蜡、发乳、雪花膏、冷霜、剃须膏等化妆品中。

2. 凡士林(Vaseline)

凡士林又称矿物脂，为白色或淡黄色均匀膏状物。主要为C_{16}～C_{32}高碳烷烃和高碳烯烃的混合物，具有无味、无臭、化学惰性好、黏附性好、价格低廉、亲油性和高密度等特点。用于护肤膏霜、发用、美容修饰类等化妆品，如清洁霜、美容霜、发蜡、唇膏、眼影膏、睫毛膏以及染发膏等，也是含药物化妆品的重要成分。

3. 固体石蜡(Paraffinum solid)

由于对皮肤无不良反应，主要作为发蜡、香脂、胭脂膏、唇膏等油脂原料。

4. 地蜡(Ceresin)

地蜡在化妆品中分为两个等级，一级品熔点在74～78℃，主要作为乳液制品的原料；二级品熔点在66～68℃，主要作为发蜡等的重要原料。

5. 微晶蜡（Microcrystalline wax）

微晶蜡又称无定形蜡，为无臭、无味的白色无定形非晶性固体蜡。它是一种高沸点的长链烃类，其相对分子质量一般是580～700，具有较高的熔点。它略溶于热酒精，可溶于苯、氯仿、乙醚。微晶蜡的黏性较大，且具有延展性，在低温下不脆，在与液体油混合时具有防止油分分离析出的特性。较广泛应用于化妆品中，可作为香脂、唇膏、发蜡等的油质原料。

6. 褐煤蜡（Montan wax）

褐煤蜡也称蒙旦蜡，为白色或淡褐色的蜡状固体，质硬，断面有贝壳状纹理。可溶于苯、四氯化碳、氯仿、二氯乙烯、异丙醚、萘、二甲苯、三氯乙烷和四氢化萘，含有蜡酸和蜡酸酯、酮类、树脂等。在化妆品中，主要应用于唇膏、发蜡条和固融体油膏制品。它的熔点较高，与各类蜡匹配良好，与石蜡复配的熔点为54～87℃，常用于锭状化妆品。

四、合成油脂

合成油脂原料指由各种油脂或原料经过加工合成的改性的油脂和蜡，其组成与原料油脂相似，并保持了其优点，而且在纯度、物理形状、化学稳定性、微生物稳定性以及对皮肤的刺激性和皮肤吸收性等方面都有明显的改善和提高，已广泛用于各类化妆品中。常用的合成油脂原料有角鲨烷、羊毛脂衍生物、聚硅氧烷、脂肪酸、脂肪醇、脂肪酸脂等。

1. 角鲨烷（Squalane）

角鲨烷为深海纹鲨鱼肝油中取得的角鲨烯加氢反应制得，为无色、透明、无味、无臭、无毒的油状液体，产品中含有肉豆蔻酸、肉豆蔻脂、角鲨烯、角鲨烷等成分。角鲨烷对皮肤的刺激性较低，能使皮肤柔软，具有良好的渗透性、润滑性和安全性，它本身或与其他原料配合，惰性很强，是极其稳定的油性原料。与矿物油系烷烃相比，油腻感弱，并且具有良好的皮肤浸透性、润滑性及安全性，在化妆品中可用作膏霜、乳液、化妆水、口红及护发制品的油性原料。

2. 羊毛脂衍生物(Lanolin ramification)

羊毛脂衍生物包括羊毛醇、羊毛脂酸、纯羊毛蜡、乙酰化羊毛蜡、乙酰化羊毛醇、聚氧乙烯氢化羊毛脂等。羊毛醇为淡黄色至浅棕色蜡状固体，略有气味，不溶于水，性能比羊毛脂好，广泛用于各类化妆品中，如婴儿制品、干性皮肤护肤品、膏霜、乳液等。羊毛脂酸对皮肤具有良好的滋润作用，常用于剃须膏。纯羊毛蜡有较好的稳定性，易于吸收，润肤较好，主要用于乳化制品，如膏霜和油膏。乙酰化羊毛蜡性能温和，安全可靠，在乳液、膏霜类护肤产品和防晒化妆品中常常使用，与矿物油混合，用于婴儿油、浴液、唇膏、发油和发胶等。聚氧乙烯氢化羊毛脂是氢化羊毛脂与环氧乙烷加成反应制得的乳白色微带气味的蜡状固体。稳定性高，吸水性好，适于烫发剂、双氧水油膏等，还用于唇膏、护发素和各种膏霜及其乳液制品。

3. 聚硅氧烷(Polysilicone)

聚硅氧烷又称硅油或硅酮。它与其衍生物是化妆品的一种优质的原料，具有生理惰性和良好的化学稳定性，无臭、无毒，对皮肤无刺激性，有良好的护肤功能。具有润滑性能、抗紫外线辐射作用，透气性好，对香精香料有缓释放作用；抗静电性好，具有明显的防尘功能；稳定性高，可与其他成分匹配。常用的有聚二甲基硅氧烷、聚甲基苯基硅氧烷、环状聚硅氧烷等。聚二甲基硅氧烷具有较好的柔软性，在化妆品中常取代传统的油性原料，如石蜡、凡士林等，可用于膏霜、乳液、唇膏、眼影膏、睫毛膏、香波等。聚甲基苯基硅氧烷为无色或浅黄色透明液体，对皮肤渗透性好，用后肤感良好，可增加皮肤的柔软性，加深头发的颜色，保持自然光泽，常用在高级护肤制品以及美容化妆品中。环状聚硅氧烷黏度低，挥发性好，主要用于膏霜、乳液、浴油、香波、古龙水、棒状化妆品、抑汗产品等。氨基改性硅油是聚二甲基硅氧烷中的甲基被氨烷基所取代的有机硅化合物。这类硅油能改进润湿和润滑性,与阳离子型、非离子型乳化剂相容性甚好,在化妆品中常用于发乳、护发素等制品,可增加头发的光泽和柔软性、梳理性,改善固发效果,也易于洗去。

五、脂肪酸、脂肪醇和酯类

1. 脂肪酸(Fatty acid)

作为化妆品原料的脂肪酸有多种,如月桂酸、肉豆蔻酸、棕榈酸、硬脂酸、异硬脂酸、油脂等。脂肪酸为化妆品的原料,主要和氢氧化钾或三乙醇胺等作用,生成肥皂作为乳化剂。月桂酸又叫十二烷酸,为白色结晶蜡状固体,一般和氢氧化钠、氢氧化钾或三乙醇胺中和生成肥皂,作为制造化妆品的乳化剂和分散剂。它起泡性好,泡沫稳定,主要用于香波、洗面奶及剃须膏等制品。肉豆蔻酸和月桂酸应用范围一样,主要用于洗面奶及剃须膏的原料。棕榈酸为膏霜、乳液、表面活性剂、油脂的原料。硬脂酸、油脂是膏霜、发乳、化妆水和唇膏以及表面活性剂的原料。

2. 脂肪醇(Fatty alcohol)

脂肪醇作为油脂原料,主要为 $C_{12} \sim C_{18}$ 的高级脂肪醇,如月桂醇、鲸醇、硬脂醇等,可作为增稠剂;丙二醇、丙三醇、山梨醇等可以作为黏度剂、降低剂(黏度调节剂)、定性剂和香料的溶剂。月桂醇很少直接用在化妆品中,多用作表面活性剂;鲸醇作为膏霜、乳液的基本油脂原料,广泛应用于化妆品中。硬脂醇是制备膏霜、乳液的基本原料,与十六醇匹配使用于唇膏产品的生产。

3. 脂肪酸酯类(Acid ester)

脂肪酸酯多为高级脂肪酸与相对分子质量小的一元醇或多元醇脂化生成。其特点是与油脂有互溶性,且黏度低,延展性好,对皮肤渗透性好,在化妆品中应用较广。以下为化妆品中常用的几种脂肪酸酯。

(1)硬脂酸丁酯(Butyl stearate)。硬脂酸丁酯的分子式为$C_{17}H_{35}COOC_4H_9$,相对密度为0.865~0.875,凝固点18~20℃,酸值<1.0,碘值<1.0,皂化值169~176,为无色或淡黄色透明油状液体或结晶。微溶于水,可溶于醇、醚、丙酮、苯、氯仿等,不溶于甘油,能与矿物油及植物油相混。在化妆品中可作为指甲油、口红等美容化妆品的可塑剂、溶剂、润滑剂。

(2)异硬脂酸异丙酯(Isopropyl isostearate)。它是异硬脂酸的一种主要衍生物,有极优的铺展性,为浊点低的液体。可以替代肉豆蔻酸异丙酯,在化妆品中用于膏霜、乳液和浴油等制品。

(3)肉豆蔻酸异丙酯(Isopropyl myristate)。化学名称为十四酸异丙酯,简称为IPM,其分子式为$C_{13}H_{27}COOC_3H_7$,相对密度0.847~0.853,凝固点<9℃,酸值<1.0,碘值<1.0,皂化值205~212,为无色透明油状液体,可溶于丙酮、蓖麻油、棉籽油、醋酸乙酯、无水酒精、矿物油、苯等,但不溶于水和甘油。具有良好的延展性,与皮肤相容性好,能赋予皮肤适当油性,不易水解与腐败,对皮肤无刺激。在化妆品中作为油性原料,可用于制造护发、护肤及美容化妆品。

(4)棕榈酸异丙酯(Isopropyl palmitate)。化学名称为十六酸异丙酯,简称为IPP,其分子式为$C_{16}H_{33}COOCH(CH_3)_2$,相对密度0.845~0.855,凝固点8~15℃,酸值<1.0,碘值<1.0,皂化值180~193,为无色或淡黄色的无臭、无毒透明液体。不溶于水,能与有机溶剂混合。具有良好的渗透性,对皮肤有很好的相容性、延展性,是油脂类物质的良好溶剂。不易水解及氧化酸败,是化妆品中极为有用的辅助原料,是高级化妆品的重要添加剂,加入膏霜中,可使膏体细腻、光亮、无油腻感,可用于各种护肤、护发及美容化妆品(如口红)。

(5)棕榈酸-硬脂酸异丙酯(Isopropyl palmitate - stearate)。又称十六-十八酸异丙酯,相对密度0.851~0.855,酸值<1.0,碘值<

2.0，为淡黄色液体。对皮肤有极好的渗透、滋润和软化效果，无刺激性和致敏性，与矿物油、植物油完全互溶，可改善油腻感，与香精香料也能很好共溶，在化妆品中可用于各种护肤、护发及美容化妆品作为油性原料，也可用于制作唇膏的稳定剂，是高级化妆品的重要添加剂。

(6)硬脂酸异辛酯(2－Ethylhexyl stearate)。为无色至淡黄色透明液体，酸值<1.5，碘值<2.0，皂化值145～155，它与皮肤相容性好，具有很好的触变性、延展性和流动性。在化妆品中可用于膏霜类制品。

(7)棕榈酸异辛酯(2－Ethylhexyl palmitate)。为无色至微黄色液体，化学稳定性和热稳定性好，不氧化、变色。具有良好的润肤性、延展性和渗透性，对皮肤无刺激性和致敏性。棕榈酸异辛酯是优良润肤剂，可增加化妆品的涂敷性，使皮肤柔润而无油腻感，用于膏霜、粉底霜、口红、防晒油、发油、睫毛膏、眼影膏等配方中。

(8)辛酸/癸酸三甘油酯(Caprylic/Cappric triglyceride)。为几乎无色、无臭，低黏度的透明油状液体。相对密度0.945～0.949。易与多种溶剂混合，如乙醇、异丙酯、三氯甲烷、甘油等，还可溶解于许多类脂物质中。在低温状态下稳定，低于0℃时仍呈透明状态(凝固点低于－10℃)。可用作O/W型和W/O型膏霜、O/W型乳液、皮肤油和浴用油、香波、唇膏和其他棒状产品，及含醇量高的化妆水、气溶胶产品。

(9)油酸甲酯(Methyl oleate)。分子式为$C_{17}H_{33}COOCH_3$，相对密度0.871～0.874，酸值<2.0，在常温下为透明油状液体，无毒、无臭，对皮肤无刺激性，无过敏反应，凝固点低，温度对黏度的影响小。它能与矿物油或动植物油互溶，可用于油、香料及水溶性物质的共溶剂。在化妆品中可用作头发光亮剂及油类化妆品的添加剂。

(10)油酸癸酯(Decyl oleate)。分子式为$C_{17}H_{33}COOC_{10}H_{21}$，常温下为微黄色的透明液体，稍有特殊气味，折光率1.455～1.457，闪点240～260℃，相对密度0.86～0.87。可以与大多数常用的脂肪类原料相混溶。从生物学角度来说，它是一种类似皮肤脂肪的物质，且无刺激性，流动性好，扩展性强，具有很强的渗透作用，能耐高温。油酸癸酯是广泛使用的油性原料，由于它的强渗透力和溶解能力，成为许多酯溶性活性组分的载体。作为润肤油它可单独使用，或与其他油类配合使用。主要用于化妆品膏霜、乳化类型的乳液中。

第二节　乳化剂

乳化剂是具有表面活性的物质，能降低液体间的界面张力，使互不相溶的液体易于乳化。乳化时，分散相以很小的液珠形式（直径在0.1μm 至几十微米之间）均匀地分布在连续相中，乳化剂在这些液珠的表面形成薄膜或双电层，以阻止它们的相互凝聚，保持乳状液的稳定。要配制稳定的乳状液，可以加入单一组分的乳化剂，也可同时加入几种乳化剂。

乳化剂分子中有亲水和亲油两个部分。根据其亲水部分的特性，可分以下几类：

（1）阴离子型乳化剂。在水中电离生成带有烷基或芳基的阴离子亲水基团的乳化剂，如羧酸盐、硫酸盐和磺酸盐等。这类乳化剂最常用，常见的商品有：肥皂、硬脂酸钠盐、十二烷基硫酸钠盐和十二烷基苯磺酸钙盐等。阴离子型乳化剂要求在碱性或中性条件下使用。在使用多种乳化剂配制乳状液时，阴离子型乳化剂可以互相混合使用，也可与非离子型乳化剂混配使用。阴离子型和阳离子型乳化剂不能同时使用在一个乳状液中，否则会破坏乳状液的稳定性。

（2）阳离子型乳化剂。在水中电离生成带有烷基或芳基的阳离子亲水基团的乳化剂。这类乳化剂品种较少，都是胺的衍生物，例如*N*－十二烷基二甲胺，可用于聚合反应。

（3）非离子型乳化剂。其特点是在水中不电离。它的亲水部分是各种极性基团，常见的有聚氧乙烯醚类和聚氧丙烯醚类，亲油部分（烷基或芳基）直接与氧乙烯醚键结合。典型产品为对辛基苯酚聚氧乙烯醚。非离子型乳化剂的聚醚链上的氧原子可以与水产生氢键缔合，因而可以溶解在水中。它既可在酸性条件下使用，也可在碱性条件下使用，而且乳化效果很好。

常用的乳化剂品种见表3－1及表3－2。

表3－1　几种常用的乳化剂

商品名	INCI命名	简介
Arlacel 165 / Cithrol GMSA/S	硬脂酸甘油酯和PEG－100硬脂酸（Stearate glyceride and PEG－100 stearic acid）	可用作单一的自乳化剂，用于非极性油类含量较高的产品，适用pH值范围广泛，耐高电解质
Arlatone 2121	失水山梨醇硬脂酸酯及椰油酸糖酯（Sorbitan stearate and cocoate）	液体
Brij 721 / Cromul EM 1207/S21	硬脂基醚－21（Stearyl ether－21）	白色颗粒
Cutina E24 PEG－20	硬脂酸甘油酯（Stearate glyceride）	锭状
Cremophor A25/Volpo CS 25	鲸蜡硬脂醇醚 PEG－25（Ceteareth－25）	白色固体
MSE	PEG（20）－甲基葡萄糖苷倍半硬脂酸酯［PEG（20）Methyl glucose sesquistearte］	淡黄色软固体
PUEMUSIFER C02	蓖麻油酰 MEA－磺基琥珀酸酯钠（Disodium ricinoleamido MEA sulfosuccinate）	温和的阴离子乳化型O/W乳化剂，无色至淡黄色液体，用于乳霜、洗面奶
PUEMUSIFER 37	月桂醇磺基琥珀酸酯二钠（Disodium lauryl sulfosuccinate）	温和的阴离子乳化型O/W乳化剂，白色膏状，用于乳霜、洗面奶
PUEN C03	甘油、脂肪酸乙氧基聚氧乙烯酯（Glyceryl and polyethylene glycol with an ethoxylated fatty alcohol）	非离子自乳化型O/W乳化剂，蜡状固体，用于乳液、乳霜、粉底霜

续表

商品名	INCI命名	简介
PUEN 6020 Behenreth－20	二十二碳醇醚－20(PEG－20 Behenyl alcohol)	非离子自乳化型O/W乳化剂，白色片状固体，用于乳液、乳霜
PUEN 6049	饱和脂肪酸、饱和脂肪酸甘油酯(Saturated fatty acid and glyceride of saturated fatty acid)	白色片状固体
PUEN 6080	聚乙二醇(8)蜂蜡(PEG－8 Bees wax)	非离子自乳化型O/W乳化剂，油相含量高(20%～50%)，蜡状固体
PUEN 6103	PEG－30十六醇醚(Ceteareth－30)	O/W型非离子乳化剂，用量极低，稳定性好。象牙白色固体，用于膏霜、乳液、药膏
PUEN 6265	脂肪醇聚氧乙烯、脂肪醇(Fatty alcohol with an ethoxylated fatty alcohol)	复合O/W型乳化剂，可作为主乳化剂，即使有难以乳化的添加剂，亦可形成稳定的乳化形态，具有良好的热稳定性，用于睫毛膏、身体乳液、发用品
PUEN S40	聚乙烯－40－硬脂酸酯(Polyethylene－40－stearate)	非离子乳化型O/W乳化剂，白色片状固体，用于乳液、乳霜
PUEN GMS40	硬脂酸甘油酯(Glyceryl stearate)	非离子型O/W乳化剂，亦可作为增稠剂及遮光剂。白色片状、块状，用于乳液、乳霜、体香剂、抑汗剂、护发品、防晒品
PUEN TW61	脱水山梨醇单硬脂酸酯－61(Polysorbate 61)	非离子型O/W乳化剂，黄色液体，用于皮肤及头发保养制品、儿童产品

续表

商　品　名	INCI 命名	简　介
PUEN TW20	PEG－20 脱水山梨醇单月桂酸酯(Polysorbate 20)	非离子型 O/W 乳化剂、助溶剂,可制作低或中黏度的乳液,耐盐性好,广用于头发保湿产品、婴儿香波、漱口水
RH－10,25,40,60,80,90	蓖麻油聚氧乙烯(10,25,40,60,80,90)醚[Acetylated castor oil(10,25,40,60,80,90)]	乳化剂、增溶剂、润湿剂、软化剂、抗静电剂,广泛用于化妆品中,可使精油增溶
OP－4,7,10,15,20,30,70	壬基酚聚氧乙烯(4,7,10,15,20,30,70)醚[Nonoxynol with an ethoxylated(4,7,10,15,20,30,70)]	广泛的 HLB 值可调性,优良的抗硬水性和耐酸碱性,是优良的乳化剂、润湿剂、分散剂、增溶剂、渗透剂、洗涤剂
AEO－3,7,9,15,20,30	脂肪醇聚氧乙烯(3,7,9,15,20,30)醚[Fatty alcohol with an ethoxylated(3,7,9,15,20,30)]	优良的洗净剂、乳化剂、均染剂、发泡剂、润湿剂、渗透剂、洗涤剂
Brij 72	聚氧乙烯(2)硬脂醇醚(PEG－2 steareth)	高效、用途广泛的乳化剂,与 Brij 721 配合使用
Brij 721	聚氧乙烯(21)硬脂醇醚(PEG－21 steareth)	极好的发泡剂、高效广泛的乳化剂。在较大 pH 值范围内稳定,高电解质含量和高乙醇含量,外观细腻光亮,适于果酸配方及复杂体系
Croduret 7	乙氧基氢化蓖麻油(Special-PEG－7)	W/O 乳化剂,特别适于乳露
Cithnol 2621	聚甘油－3 双异硬脂酸酯(PEG－3 glyceryl dllsostearate)	W/O 乳化剂、分散剂,用于膏霜、无水的彩妆。是 SE－110 高效微乳化剂新型纳米级的水包油型(O/W)乳液和膏霜专用的新型乳化剂

续表

商品名	INCI 命名	简介
Arlacel P135	聚乙二醇(30)二聚羟基硬脂酸酯(PEG-30 Diolyhydroxy stearate)	全新的高分子 W/O 乳化剂,可乳化各种油类,耐高电解质和乙醇,可制备 90% 水相的 W/O 型乳化体,并可加入高含量固体粉
DC 5200	聚二甲基硅氧烷月桂基醚(Dimethicone lauryl ether)	高效 W/O 乳化剂,适用于白油体系,不油腻。是 DC 3225C 环甲基硅氧烷和二甲基硅氧烷共聚多元醇高效油包水乳化剂
Eumulgin® BA25	二十二醇醚-25(PEG-25 Behenyl alcohol)	O/W 非离子乳化剂,用其制备的乳化体系可形成层状液晶结构,具有极佳的保湿性能,皮肤亲和性非常好,膏体外观亮泽。适合制备各类乳液产品尤其是黏度很小的奶液和修颜液。建议添加量为 2.0% ~3.0%
Emulgade® PL68/50	十六-十八烷基葡糖苷/十六-十八醇[Cetearyl glucoside (and) cetearyl alcohol]	O/W 乳化剂,具有优异的自稠化、乳化性能以及良好的铺展性和渗透性,对功能性活性添加剂有缓释效果。适合制备各类护肤产品,尤其是敏感性皮肤用品、高安全性产品和婴儿用品。建议添加量:乳液 0.7% ~1.5%,膏霜 1.0% ~2.5%

续表

商品名	INCI命名	简介
Emulgade® 1000Ni	自乳化蜡(鲸蜡硬脂醇及鲸蜡硬脂醇醚-20)[Cetearyl alcohol (and) ceteareth-20]	白色蜡状颗粒,高性能自乳化和自稠化的非离子型乳化基质,广泛应用于O/W型的膏霜和乳液,耐氧化,性能稳定,刺激性小,适合大剂量使用。耐酸碱体系,适合各种pH值配方,与阴离子、阳离子乳化剂配伍
Dehymuls® PGPH	聚甘油基-2-聚羟基硬脂酸酯(Polyglyceryl-2 polyhydroxy stearate)	W/O乳化剂,雾状液体,具有良好的生物降解性,生理毒性低。不受体系油脂极性的影响,适合于生产亲脂性的乳液和膏霜。建议添加量为3.0%~5.0%
TEGO CARE 450	聚甘油-3-甲基葡糖二硬脂酸脂(Polyglyceryl-3 methyl glucose distearate)	非离子型,来源于植物,不含聚乙二醇,温和性好,具有保湿效果且具有独特的防水性能

表3-2 ISP公司乳化剂产品

商品名	INCI命名	简介
Cerasynt 945	硬脂酸甘油酯和月桂醚-23(Glyceryl stearate and laureth-23)	可用作单一的O/W乳化剂
Cerasynt SD	硬脂酸甘油酯(Glyceryl stearate)	
Emulsynt 1055	聚甘油-4油酸酯和聚氧乙烯-8丙二醇椰油酸酯(Polyglyceryl-4 oleate and PEG-8 propylene gylcol cocoate)	W/O乳化剂

续表

商品名	INCI命名	简介
Prolipid 161	羟乙基十六－十八酰胺丙基二甲基氯化铵和山嵛醇和十六－十八醇（Hydroxyethyl cetearamidopropyl dimonium chloride and behenyl alcohol and cetearyl alcohol）	能在皮肤脂质上形成模拟层状凝胶结构，防止皮肤失水、渗入环境毒物和化学刺激品
Cerasynt 840	聚氧乙烯（20）硬脂醇醚（PE－20 steareth）	O/W乳化剂，外观洁白、细腻

第三节 增稠剂

增稠剂通过与表面活性剂形成棒状胶束、与水作用形成三维水化网络结构或利用自身的大分子长链结构等使体系达到增稠的目的。能够作为增稠剂的物质很多，从相对分子质量来分有低分子增稠剂，也有高分子增稠剂；从功能团来分有电解质类、醇类、酰胺类、羧酸类和酯类等。下面按化妆品原料的分类方法对增稠剂进行分类。

一、低分子增稠剂

常见的低分子增稠剂见表3－3。

表3－3 低分子增稠剂

类别	举例
无机盐	氯化钠、氯化钾、氯化铵、单乙醇胺氯化物、二乙醇胺氯化物、硫酸钠、磷酸钠、磷酸氢二钠和三磷酸钠等
脂肪醇和脂肪酸	月桂醇、肉豆蔻醇、(8)醇、C_{12}～C_{16}醇、癸醇、己醇、辛醇、鲸蜡醇、硬脂醇、山嵛醇、月桂酸、C_{18}～C_{36}酸、亚油酸、亚麻酸、肉豆蔻酸、硬脂酸、山嵛酸等

续表

类别	举例
烷基酰胺类	椰油二乙醇酰胺、椰油单乙醇酰胺、椰油单异丙醇酰胺、椰油酰胺、月桂酰-亚油酰二乙醇酰胺、月桂酰-豆蔻酰二乙醇酰胺、异硬脂二乙醇酰胺、亚油二乙醇酰胺、豆蔻二乙醇酰胺、豆蔻单乙醇酰胺、油二乙醇酰胺、棕榈单乙醇酰胺、蓖麻油单乙醇酰胺、芝麻二乙醇酰胺、大豆二乙醇酰胺、硬脂二乙醇酰胺、硬脂单乙醇酰胺、硬脂单乙醇酰胺硬脂酸酯、硬脂酰胺、牛脂单乙醇酰胺、小麦胚芽二乙醇酰胺、PEG(聚乙二醇)-3 月桂酰胺、PEG-4 油酰胺、PEG-50 牛脂酰胺等
醚类	鲸蜡醇聚氧乙烯(3)醚、异鲸蜡醇聚氧乙烯(10)醚、月桂醇聚氧乙烯(3)醚、月桂醇聚氧乙烯(10)醚、Poloxamer-n(乙氧基化聚氧丙烯醚)(n=105,124,185,237,238,338,407)等
酯类	PEG-80 甘油基牛油脂、PEC-8PPG(聚丙二醇)-3 二异硬脂酸酯、PEG-200 氢化甘油基棕榈酸酯、PEG-n(n=6,8,12)蜂蜡、PEG-4 异硬脂酸酯、PEG-n(n=3,4,8,150)二硬脂酸酯、PEG-18 甘油基油酸酯/椰油酸酯、PEG-8 二油酸酯、PEG-200 甘油基硬脂酸酯、PEG-n(n=28,200)甘油基牛油脂、PEG-7 氢化蓖麻油、PEG-40 霍霍巴油、PEG-2 月桂酸酯、PEG-120 甲基葡萄糖二油酸酯、PEG-150 季戊四硬脂酸酯、PEG-55丙二醇油酸酯、PEG-160 山梨聚糖三异硬脂酸酯、PEG-n(n=8,75,100)硬脂酸酯、PEG-150/癸基/SMDI 共聚物(聚乙二醇-150/癸基/甲基丙烯酸酯共聚物)、PEG-150/硬脂基/SMDI 共聚物、PEG-90 异硬脂酸酯、PEG-8PPG-3 二月桂酸酯、鲸蜡豆蔻酯、鲸蜡棕榈酯、C_{18}-C_{36}酸乙二醇酯、季戊四硬脂酸酯、季戊四山嵛酸酯、丙二醇硬脂酸酯、山嵛酯、鲸蜡酯、三山嵛酸甘油酯、三羟基硬脂酸甘油酯等
氧化胺	肉豆蔻氧化胺、异硬脂氨基丙基氧化胺、椰油氨基丙基氧化胺、小麦胚芽氨基丙基氧化胺、大豆氨基丙基氧化胺、PEG-3 月桂氧化胺等
两性离子	鲸蜡甜菜碱、椰油氨基羟磺基甜菜碱等
阴离子	油酸钾、硬脂酸钾等

二、有机天然水溶性聚合物

1. 植物性胶质类

(1)淀粉(Starch)。淀粉的主要成分是碳水化合物,为白色无味细粉。它不溶于冷水,可在热水中形成凝胶。在化妆品中可作为香粉类制品中的一部分粉剂原料以及胭脂中的黏合剂和增稠剂。

(2)黄耆胶(Gum tragacanth)。黄耆胶为白色、微黄或微红色粉末或片状固体,是一种很好的黏合剂及增稠剂,常与阿拉伯树胶配合使用,在化妆粉底制品中作为黏合剂,也用于发乳等制品。

(3)阿拉伯树胶(Gum arabic)。阿拉伯树胶为淡黄色、无色或琥珀色不透明、形状大小不一的树脂状固体,遇铁、硼砂、硅酸钠等产生沉淀或凝胶。在化妆品中可作为助乳化剂和增稠剂,常用于指甲油中作为成膜剂,在发用制品中作为固发剂,在面膜、扑面粉中作为黏合剂。

(4)黄原胶(Xanthan gum)。黄原胶又名汉生胶,为乳白色粉末,是一种较好的多糖类胶质。黄原胶在化妆品中多用于发乳的原料,以及作为酸性或碱性制品的黏合剂或增稠剂。

(5)果胶(Pectin)。果胶是一种多糖类胶,一般为白色粉末或糖浆状的浓缩物,在适当的条件下能凝结成胶冻状。在化妆品中可用作乳化制品的稳定剂,也可作为化妆水、面膜、酸性牙膏等的黏合剂。

(6)鹿角菜胶(Cartageenin)。鹿角菜胶为黄色或棕色粉末,水溶液呈碱性。在化妆品中主要作为粉饼的黏合剂,也可在乳液制品中作为增稠剂和悬浮剂。

(7)琼脂(Agar)。琼脂为无气味或稍有特征气味的半透明白色至浅黄色的薄膜带状或碎片,也可呈颗粒及粉末状。它不溶于冷水,可溶于热水。琼脂主要用作胶凝剂、乳化剂、分散剂、胶体稳定剂和絮凝剂,在化妆品中用于制备防止皮肤干裂的甘油啫哩和凝胶类制品,也可用作增稠剂。在化妆品微生物检验中,琼脂用以制备培养基。

(8)褐藻酸钠(Sodium alginate)。褐藻酸钠(海藻酸钠)为白色、淡黄色的无味、无臭粉末，其溶液干燥后形成透明的薄膜。在化妆品中主要作为增稠剂、稳定剂和成膜剂。

(9)瓜耳豆胶(Guar gum)。瓜耳豆胶为白色至浅黄褐色自由流动的粉末，接近无臭。其能分散在热或冷的水中形成黏稠液，加热则迅速达到最高黏度。水溶液为中性，pH 值为 6～8 时黏度最高，化妆品乳状液中用作稳定剂和黏度调节剂。

(10)紫胶(Shellac)。紫胶是暗褐色透明薄片或粉末，不溶于水，但溶于碱性水溶液。制品有含蜡品和脱蜡品两种。

2. 动物性胶质类

(1)明胶(Gelatin)。明胶或称为白明胶，为无色或淡黄色、无臭、无味的胶体。几乎不溶于冷水，可溶于温水及冷甘油与水的混合液中，亦可溶于醋酸。明胶在化妆品中可用作乳状液乳化剂，亦可用于发乳等制品。

(2)水解网硬蛋白(Hydrolysed reticulin)。化妆品使用的是高聚的网蛋白纤维降解后的相对分子质量低的网硬蛋白，可溶于水，与糖蛋白很相近。水溶性网硬蛋白有吸湿性，有助于皮肤表面的平滑和增加含水量。水溶性网硬蛋白还具有成膜性质，可使皮肤绷紧，使皱纹暂时消失。

三、半合成水溶性聚合物

1. 甲基纤维素(Methyl cellulose)

甲基纤维素(MC)是一种纤维素醚，主要成分是纤维素的甲醚，是由纤维素的羟基衍生得到的，甲基纤维素结构为：

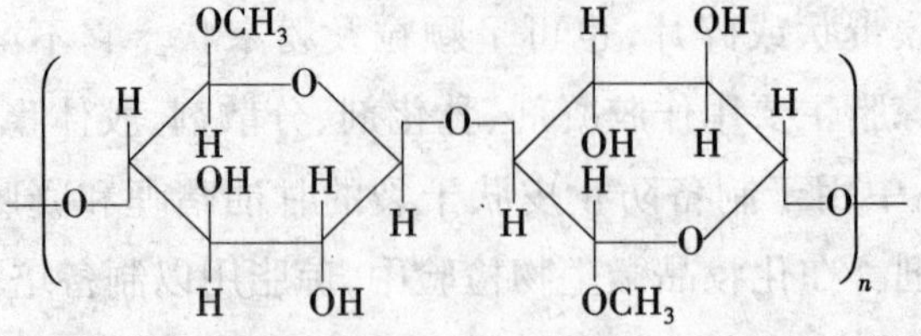

MC 为白色、无味、无臭纤维状固体（粉末），可溶于冷水，但不溶于热水。MC 不溶于多数有机溶剂，亦不受油脂的作用，在 225℃以下时甚为安全，对光线也极安全，遇火则会燃烧。对于 MC 的溶解，要先在低于凝胶温度时将其分散在一定量的水中，然后再加入冷水。如果将 MC 粉末骤然加入冷水中，在粉末的表面就会形成一层凝胶膜，妨碍溶解过程的进行，造成所谓"面疙瘩"。另外，MC 溶液黏度不因 pH 值变化而有很大的改变。MC 在化妆品中常作为黏合剂、增稠剂、成膜剂等使用。

2. 乙基纤维素（Ethyl cellulose，EC）

乙基纤维素是甲基纤维素的同系物，为白色、无味、无臭的微细粉末，化学性质稳定，不溶于水，但可溶于各种有机溶剂。其成膜坚韧。在化妆品中可用作增稠剂、成膜剂。

3. 羧甲基纤维素钠（Sodium carboxy methyl cellulose，CMC）

羧甲基纤维素钠主要成分是纤维素的多羧甲基醚的钠盐。其结构式为：

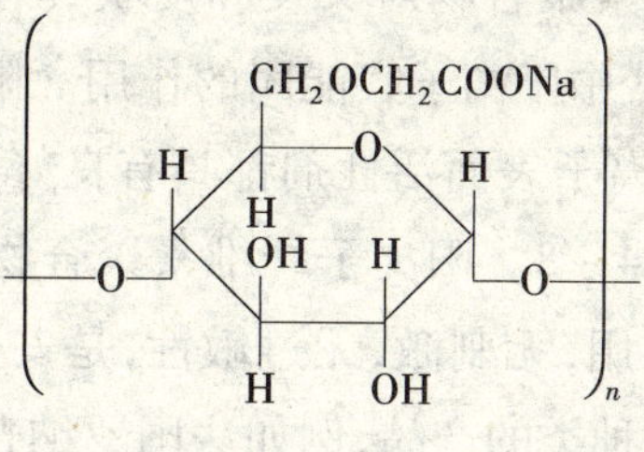

CMC 为白色、无臭、无味的粉末，一般含钠量在 6.98% ~8.50% 之间。CMC 在冷、热水中都能分散形成黏稠胶态溶液，在 pH =2 ~10 的范围内是稳定的。CMC 遇酒精即凝析，与多元醇有相容性，但黏度会受影响。CMC 的吸湿性相当强，对人体无毒，对重金属离子非常敏感，在重金属离子的存在下，易被细菌氧化或降解。在化妆品中可作为黏合剂、增稠剂、乳化稳定剂、分散剂等。

4. 羟乙基纤维素(Hydroxy ethyl cellulose,HEC)

羟乙基纤维素是一种非离子的水溶性高分子化合物,为淡黄色、无臭的颗粒状粉末。它无须加热,在长时间搅拌下即可溶于水。温度升高会降低溶液的黏度,但将溶液冷却到常温即恢复原有的黏度。对 pH 值的变化及重金属离子的适应性优于 CMC,是一种性能优良的黏合剂。HEC 对皮肤和眼睛几乎无毒性、无刺激性。它能与各种表面活性剂、溶剂相溶,在化妆品中有着广泛的应用。

5. 羟丙基纤维素(Hydroxypropyl cellulose,HPC)

羟丙基纤维素是一种非离子纤维素醚,为无味、无臭的白色粉末。它在室温或提高温度时的较宽 pH 值范围内,在水及极性有机溶剂中都有良好的溶解性。另外,HPC 的热塑性、成膜性均好,在化妆品中可用作分散剂、稳定剂、成膜剂等,如应用到香波、浴液及乳液和固发胶等制品。

6. 阳离子纤维素聚合物(Cation cellulose polymers)

阳离子纤维素聚合物又称聚纤维素醚季铵盐,是一类阳离子表面活性剂。阳离子纤维素聚合物对头发和皮肤具有很好的护理调节作用,这是由于聚季铵盐中阳离子官能团的作用。阳离子纤维素聚合物与阴离子、两性和非离子表面活性剂都具有良好的配伍性和相容性,适用的 pH 值范围为 4 ~ 8。阳离子纤维素聚合物对人体的皮肤和眼睛无任何急性毒性作用,无刺激,无过敏性,是安全的。目前,阳离子纤维素聚合物有许多种类的产品,例如法国罗纳普朗克公司的聚季铵盐 - 2、聚季铵盐 - 7、聚季铵盐 - 17、聚季铵盐 - 18(商品名为 Mirapol),日本的 Leoguard - GP 等产品。在化妆品中,阳离子纤维素聚合物广泛用于护肤和护发制品,如二合一香波、护发素、润肤乳等。

7. 微晶纤维素(Microcrystalline cellulose)

这是以 β - 1,4 葡萄糖苷基结合的直链式多糖类,为微白色细小结晶性粉末,无臭,无味,由可自由流动的、非纤维颗粒组成,通过自身的黏合作用，压缩成可在水中迅速分散的片剂。它不溶于水、稀酸、稀碱溶液和大多数有机溶剂，但可吸水膨胀。在化妆品中可用作抗结剂、乳化剂、黏合剂、分散剂等。

8. 瓜耳胶及其衍生物(Jaguar)

瓜耳胶是一种天然胶，它来自瓜耳树(如生长在印巴边境)的瓜耳豆，其结构为天然聚糖，类似于纤维素胶，可溶于水。对瓜耳胶分子链进行改性，可以产生一系列的衍生物，主要有两类。

(1)阴离子瓜耳胶(Anion jaguar)。如羟丙基瓜耳胶，依据不同的取代度(0.40～1.20)可有系列的羟丙基瓜耳胶。其主要成分是羟丙基半乳甘露聚糖，略带有特别气味，外观为淡黄色粉末，具有增稠、稳泡作用，可以与其他表面活性剂或电解质氯化钠(氯化钾、氯化钙)配伍，用作 O/W 型乳状液的稳定剂。在化妆品中常用于香波、润肤露、护发素、霜乳等制品。

(2)阳离子瓜耳胶(Cation jaguar)。它是将瓜耳胶季铵化后得到的，其主要组分为瓜耳胶丙基三甲基氯化铵，取代度为0.1～0.2，外观为浅黄色粉末。它具有增稠和调理、抗静电作用，可与阴离子、两性和非离子表面活性剂配伍，无毒、无刺激、无副作用，对 pH 值稳定。它对头发具有良好的调理性，可改善头发梳理性，使其柔软具有光泽。在化妆品中多用在二合一香波、护发素、护手霜等产品中。

四、有机合成水溶性聚合物

有机合成类水溶性聚合物是由单体聚合而制得的。单体一般来自石油工业的乙烯型烯烃及其含有羧基、羧酸酯、酰氨基或氨基的衍生物。

1. 乙烯类

(1)聚乙烯醇(Polyvinyl alcohol，PVA)。聚乙烯醇的结构式为：

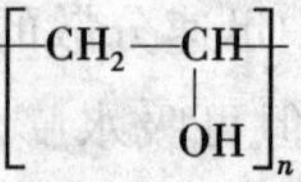

它是将聚醋酸乙烯酯皂化而制得的。为白色或淡黄色粉末，化妆品用聚乙烯醇均为其水溶液。一般聚合度低的 PVA 其黏度低，但溶解性佳；聚合度高，则黏度高，但溶解性差，须以水浴法加热才能溶解。在 PVA 溶液中加入硼酸钠或硅酸盐，其黏度会有显著增加，但在碱性介质中则有凝胶现象。利用 PVA 的成膜性，在化妆品中可用作润肤剂面膜和喷发胶等的原料，也可用作乳液的稳定剂。

（2）聚乙烯吡咯烷酮（Polyvinyl pyrrolidone，PVP）。聚乙烯吡咯烷酮的结构为：

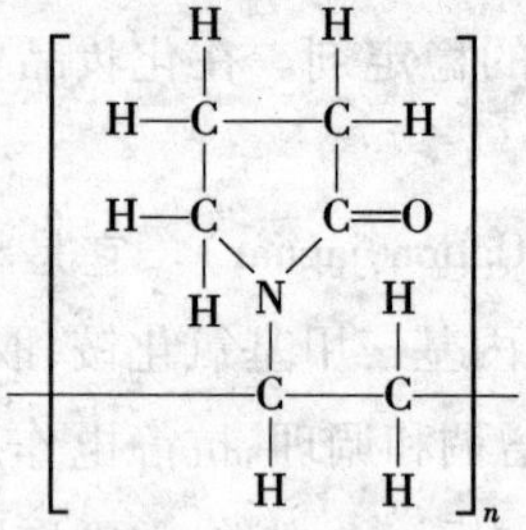

它为白色或淡黄色无臭、无味粉末或透明溶液，可溶于水、甲醇、乙醇、丙二醇、甘油、氯仿，但不溶于甲苯、丙酮及四氯化碳。其具有良好的成膜性，薄膜为无色透明，硬且光亮。它的吸湿性很强，黏度不高，但黏着力很强，为 MC 的 18 倍。它的水溶液为酸性时尚稳定，但黏着力会降低，当 $pH > 10$ 时，溶液不稳定。聚乙烯吡咯烷酮在化妆品中的应用广泛，可用在固定发型产品中作成膜剂，如摩丝、喷发胶、凝胶等，也可用在膏霜及乳液制品中作稳定剂，还可作为分散剂、泡沫稳定剂、去污剂等。

（3）聚乙烯甲基醚及其共聚物（Polyethylene methyl ether）。这类产品有聚［甲基乙烯基醚/顺式丁烯二酸（马来酸）］单烷基酯。其分子结构为：

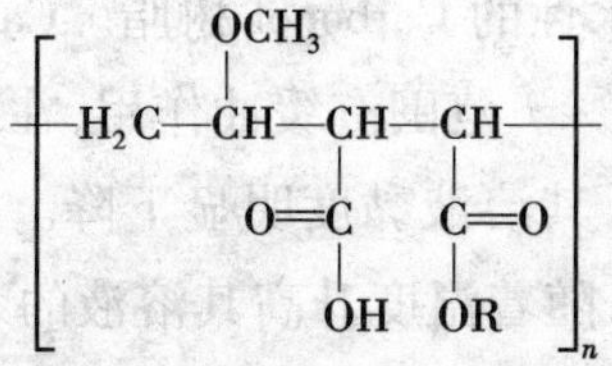

CTFA 定名为：Esters of PVM/MA copylymer。美国 GAF 公司的商品名称为 Gantrez ES 的阴离子型共聚物产品有：Gantrez ES－225，R＝乙基，50% 的乙醇溶液；Gantrez ES－335，R＝异丙基，50% 的异丙醇溶液；Gantrez ES－425，R＝丁基，50% 的乙醇溶液。这类水溶性高分子化合物能形成坚韧、透明、光泽的薄膜，无黏性，可溶于乙醇、酯类、酮类及乙二醇醚类，在化妆品中可作喷发胶、摩丝、凝胶的成膜剂，还可用在唇膏、指甲油及面膜等产品中，也可作膏霜及乳液的稳定剂。

（4）季铵化聚乙烯醇（Quaternized polyvinyl alcohol）。季铵化聚乙烯醇结构式为：

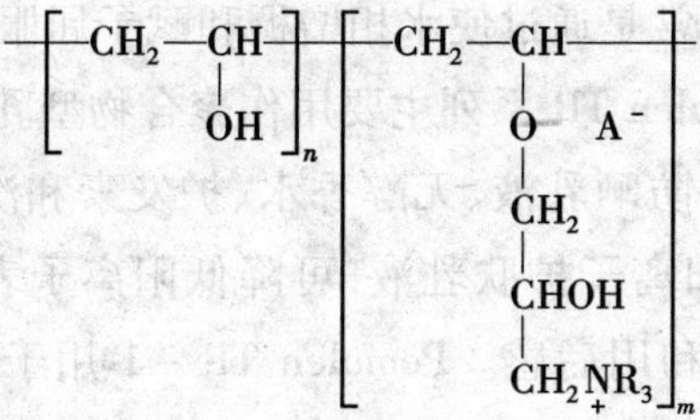

季铵化聚乙烯醇 CTFA 定名为 Polyquaternim－19，商品名为 Arlatone PQ220。为无色至淡黄色黏液，溶于水，可形成亲和性较强的保水膜，有抗静电性。使用时加至水相，推荐用量为：膏霜、乳液类为 0.10%（质量分数），护发素为 0.25%（质量分数）。

2. 丙烯酸二元共聚物

（1）丙烯酸/C_{10}～C_{30}烷基甲基丙烯酸酯共聚物（Acrylic acid/Long

chain alkyl methacrylate copolymer，CTFA 定名为 Carbomer 1342）。Carbomer 1342 是改善疏水性的 Carbopol 树脂。Carbomer 1342 酸的强度比丙烯酸弱，在 pH = 5 ~ 7 范围有缓冲作用，在 pH = 7.0 附近黏度最高，以后随 pH 值增加，其溶液黏度明显下降。温度对 Carbomer 1342 水溶液黏度影响较小，随着温度升高其溶液的黏度稍有下降，当温度下降后又回复到原有黏度。高速搅拌和强切变力会使 Carbomer 1342 降解，黏度下降，特别是已中和的溶液降解得更严重。它具有两亲性，能被吸附在油水界面上，表现出较好的表面活性。Carbomer 1342 主要用于香波和护肤乳液，作为增稠剂和乳化剂。一般用量（质量分数）：香波 0.5% ~1.5%，乳液 0.05% ~0.6%。

（2）丙烯酸盐/C_{10} ~ C_{30}烷基丙烯酸酯共聚物乳化剂［Acrylates/$C_{10\sim30}$ alkyl acrylate copolymer，商品名 Pemulen TR－1，TR－2（BF Goodrich）］。市售的 Pemulen TR 系列产品是稍带醋酸气味的白色粉末。Pemulen TR－1 为高黏度产品，TR－2 为低黏度产品。为了确保乳液良好的稳定性，必须控制好油相和表面活性剂相的亲水亲油平衡值。高聚物型乳化剂通常是通过使水相增稠和赋予屈服值来增加 O/W 乳液的稳定性。Pemulen TR 系列主要用作聚合物型乳化剂，可用于润肤乳液、洗面奶、防水防晒乳液、无醇香水、护发素和洗手液等。特别适用于无醇香水和阳离子护肤乳液，可降低阳离子表面活性剂的刺激性，改善产品外观和用后感。Pemulen TR－1 用于黏度较高的乳液，TR－2 用于低黏度乳液，也可用于气雾剂。

（3）丙烯酸酯/*t*－辛基丙烯酰胺共聚物（CTFA 定名为 Acylates/*t*－Octylpropenamide copolymer，商品名 Dermacryl－79）。其商品名为 Dermacryl－79。市售的 Dermacryl－79 是白色粉末，略带特别气味。产品挥发物含量为 3%（质量分数），酸值 2.4。溶于乙醇和异丙醇，不溶于水。用 TEA、AMP、NH_4OH 和 KOH 中和羧基后，可成为水溶性或水可分散的产物。

Dermacryl - 79 所成的膜具有较好的吸留性、防水性、保湿性、抗擦性、留香性和调理作用。它是一种不油腻的润滑剂，成膜后能减少摩擦，改善触感，使干裂皮肤平滑和柔软，有助于恢复其正常状态。它还具有表面活性，使颜料悬浮。它的耐摩和耐洗性质，使颜料能较牢固地粘附在皮肤上。它形成的膜是三维的网络，能保护皮肤上的活性制剂，使它们能渗透、伸延和逐渐释放，从而透过皮肤表面。Dermacryl - 79主要用于润肤乳液和膏霜、防晒剂（防水）、防水美容化妆品、眼线液（防污/防水）、皮肤调理剂、睫毛油和唇膏等。

（4）丙烯酸酯/聚氧乙烯硬脂醇醚甲基丙烯酸酯［Acrylates/Steareth - 20 methacrylate copolymer，商品名称 Acrysol ICS - 1（Rohm&Haas Co）］。市售的 Acrysol ICS - 1 是水乳液，活性物含量为30%（质量分数）。由于分子链上含有乙氧基和烷基，其水溶性和增稠性都很好，也具有表面活性，可直接用于水剂的配方，制得透明产品。一般在 pH >7.0 的范围使用，主要用作增稠剂，用于各类化妆品和家用清洁剂。一般用量（质量分数）：香波 1.5%，护手霜 1.0%，凝胶制品 3.5%。

（5）丙烯酸/二甲基二丙烯基氯化铵的共聚物［Acrylic acid/Dimethyldiallyammonium chloride，DTFA 定名为 Polyquaternium - 22，商品名 Merquat 280］。市售的 Merquat 280 是透明至稍混浊的淡黄色黏液，略带醛气味。含固量为 39% ~41%（质量分数）的水溶液内，含 0.1%（质量分数）对羟基苯甲酸甲酯和 0.02%（质量分数）丙酯作为防腐剂。它是对角蛋白有很高亲和作用的聚合物，有抗静电的性质和很好的调理性。可用于香波、护发素、润丝、头发漂白剂、染发剂和喷发胶，作为调理剂和抗静电剂，它使头发润滑，不缠绕，易于湿梳，洗后柔软并带有光泽。在护肤品中，它能赋予产品润滑、柔软和耐擦性。它也用于泡沫浴的增稠剂，能增泡、改善泡沫稳定性和用后感。

3. 聚氧乙烯(Polyethlene oxide)

聚氧乙烯结构式为：

$$\mathrm{\lbrack O-CH_2-CH_2 \rbrack_n}$$

它又可称为聚环氧乙烷，当 $n=1$ 时，称为环氧乙烷，$n=200\sim300$ 时，称为聚乙二醇，$n>300$ 时，才称为聚氧乙烯。

美国联合碳化物化学品公司生产的这类产品的商品名称为Polyox，为水溶性树脂，是一种灰白色颗粒状粉末，有轻微的氨气味，含水量<1%。在稍低于水的沸点时可完全溶解，在溶解聚氧乙烯时应注意确保粉末很好的分散，才能得到最佳效果。其溶液 pH 值为 8 ~ 10，是极有效的增稠剂，水溶液具有高黏性，作为黏合剂用途广泛。水溶液是假塑性的，且具有润滑性，由于它是非离子的，故能快速地溶于淡水及咸水，且均能产生同样的增稠和减低摩擦的效果。

聚氧乙烯粉末或水溶液对皮肤和眼睛都无刺激，在化妆品中可作为黏合剂、增稠剂和成膜剂用于乳霜、剃须膏等制品。

4. 聚乙二醇(Polyethylene glycol)

聚乙二醇(PEG)结构式为：

$$\mathrm{HO\lbrack C_2H_4O\rbrack_nH}$$

聚乙二醇是由环氧乙烷与水或乙二醇逐步加成制得的一种水溶性聚合物。它也称聚乙二醇醚，有一系列从低到中等相对分子质量的产品。

聚乙二醇可溶于大多数高极性的有机溶剂，不溶于脂肪烃、环烷烃和其他低极性的有机溶剂。此外，聚乙二醇还可溶于低级醛、胺、有机酸、酸酐和聚合物的单体，但不溶于菜子油、矿物油等含有长碳链的化合物。

由于聚乙二醇有很多优良的性质：水溶性、不挥发性、生理惰性、温和性、润滑性和使皮肤润湿、柔软、有愉快用后感等,因而在化妆品中的应用很广泛。选取不同相对分子质量级分的聚乙二醇可改变制品的黏度、吸湿性和组织结构。相对分子质量低的聚乙二醇(M_r < 2000)适于用作润湿剂和稠度调节剂,用于膏霜、乳液、牙膏和剃须膏等,也适用于不清洗的护发制品,赋予头发丝般光泽。相对分子质量高的聚乙二醇(M_r > 2000)适用于唇膏、除臭棒、香皂、剃须膏、粉底和美容化妆品等。在清洗剂中,聚乙二醇也用于悬浮剂和增稠剂。市售符合食品和药物使用的聚乙二醇(如 Polyethylene Glycol NF, Dow chemicals Co.)更适于化妆品使用。聚乙二醇酯、甲氧基聚乙二醇(MPEG)和聚丙二醇(PPG)的应用与聚乙二醇相近。

五、无机水溶性聚合物

1. 胶性硅酸镁铝(Colloidal magnesium aluminium silicate)

它是一种天然的无机黏合剂,由含硅酸镁铝的矿石精制而得。矿物凝胶为无臭、不燃、质地软滑的白色粉末,略带涩味,安全无毒。水分散体无黏性和油腻感,不溶于水和醇类,但在水溶液中高度分散,搭接成网络结构,并使多重自由水转变为网络结构中的束缚水,形成非牛顿液体类型的触变性凝胶,具有在外力作用下悬浮液与凝胶无限可逆转化的触变性,即矿物凝胶具有高度的亲水性、触变性和成胶性,还具有较好的增稠性、扩散性、悬浮性和保湿性。它的化学稳定性和配伍性好,不氧化,不发酵,并具有一定的抗热能力和热稳定性。

矿物凝胶在化妆品中可用于香波、乳液等制品,可以作 CMC 的替代品,价格比 CMC 低廉,故有较好的经济效益。

2. 胶性氧化硅(Silicone jelly)

胶性氧化硅可由四氯化硅用氢—氯火焰水解方法制成。其比表面积大,有亲水和疏水品级。微粒极细,化学纯度很高,无定形 X 射线结构，无矽肺病危险。折射率1.45，在相似折射率的介质中呈透明状，在非极性和低极性介质中为有效的增稠剂，吸水率达自身质量40%时仍保持粉末状。可用作无机胶体，并可控制折射率制成透明的产品。

3. 硅酸镁钠[Sodium magnesium silicate，商品名 Laponite RD. RDS. B，S，D，DF，XLG，XLS（Laporate Industries Ltd.）]

市售的Laponite系列是由纯化合物合成的、具有层状结构的硅酸镁钠，合成时掺入聚磷酸盐胶化剂。它在水中水合和溶胀，形成无色透明、低黏度的胶体悬浮液（溶胶），当添加少量电解质时，溶液便很快地形成高触变性的凝胶。

Laponite系列有很高的比表面，使得它具有很好的吸附特性。它的溶胶对温度稳定性好，有较高的电解质容忍度，能形成具有黏性的抗静电的平滑薄膜。由于它是由纯的化合物制得的，因此，纯度高、粒子小，形成的溶胶清澈透明。

Laponite主要用于牙膏、香波、护发素、膏霜、乳液、止汗剂，用作增稠剂、悬浮剂和流变性改进剂。Laponite特别适用于有粉体的制剂，如去头屑香波、液体美容化妆品、牙膏和面膜等。Laponite有不同的型号，一般用量：高固体含量的配方为0.1%～0.3%，低固体含量的配方为0.5%～2.0%。

第四节　抗氧化剂

一、酚类抗氧剂

1. 丁基羟基茴香醚（Butyl hydroxyanisol，BHA）

丁基羟基茴香醚是3－叔丁基－4－羟基苯甲醚和2－叔丁基－4－羟基苯甲醚两种异构体的混合物。结构式为：

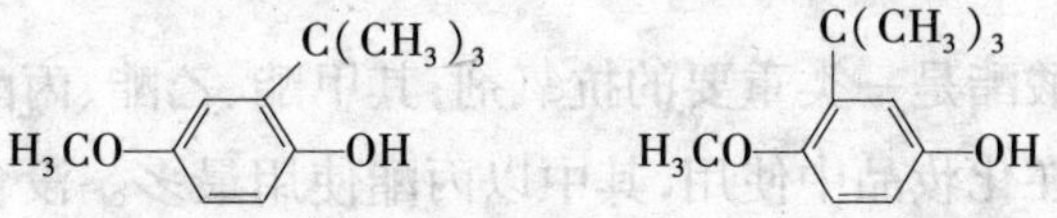

BHA 为稳定的白色蜡状固体，长期储存会逐渐变成黄色，略带有石炭酸刺激性气味。易溶于油脂，不溶于水。在有效浓度内无毒性，允许用于食品中，是一种较好的抗氧剂，其用量浓度很低（0.005% ~ 0.05%），限用量为 0.15%。BHA 在化妆品中很少单独使用，常与 BHT 配合使用，与没食子酸丙酯、柠檬酸、丙二醇等配合使用抗氧效果更佳，但它对敏感性皮肤仍有刺激性，且遇铁离子会变色。

2. 二叔丁基对甲酚（Butylated hydroxy toluene，BHT）

二叔丁基对甲酚也称为二丁基羟基甲苯（Dibutyl hydroxy toluene），其结构式为：

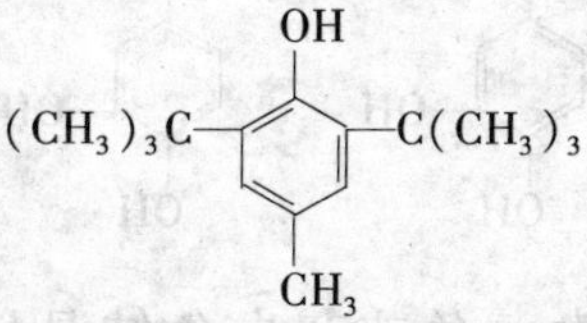

它是一种酚的烷基衍生物抗氧剂，为油溶性。BHT 为无臭（或微弱）、无味、无色或白色结晶（或粉末），不溶于水、甘油、丙二醇、碱等，可溶于无水酒精等，无毒，对光、热稳定。熔点为 68.5 ~ 70.5℃，价格低廉，是一种很有效的抗氧剂，可单独应用于含有油脂、蜡的化妆品中，用量一般为 0.02%，也可与其他抗氧剂配合使用。

3. 没食子酸酯（Gallic acid ester）

没食子酸酯的结构式为：

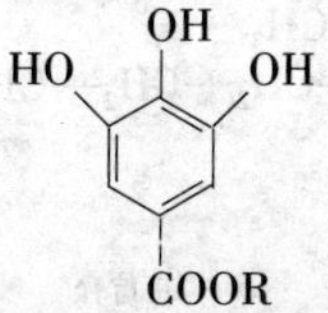

$R = C_3H_7, C_5H_{11}, C_8H_{17}, C_{12}H_{25}, C_{16}H_{33}$ 等

没食子酸酯是一类重要的抗氧剂,其甲酯、乙酯、丙酯、戊酯、辛酯和月桂酯已在化妆品中使用,其中以丙酯使用最多。没食子酸丙酯为白色或微浅黄色结晶粉末,熔点 146 ~150℃,无臭,稍有苦味,无毒,易溶于醇和醚,在水中的溶解度约为 0.1%,对热相当稳定,但光线能促进其分解,最大允许浓度为 0.1%(质量分数)。一般与 BHT、BHA 和柠檬酸等复配使用,起增效作用。

4. 去甲二氢愈创木酸(Nordihydroquaiaretic acid, NDQA)

去甲二氢愈创木酸又可称为原二氢化愈创木脂酸,其化学结构式为:

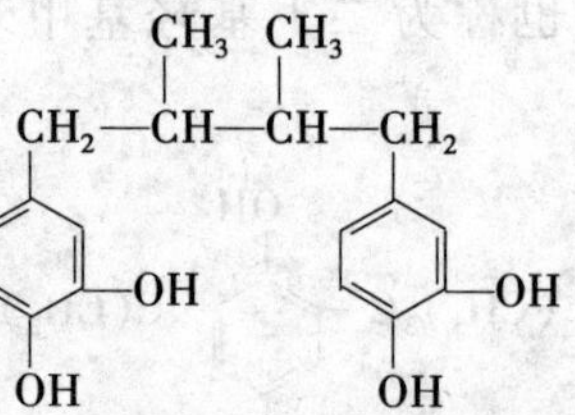

NDQA 为白色或微黄色或灰白色结晶性粉末,熔点为 184 ~185℃,可溶于酒精、乙醚、丙酮、丙二醇、甘油等有机溶剂,能溶于稀碱液,变为深红色。NDQA 可作为各种肝油及油溶性维生素的抗氧剂,也可用来稳定精油,用量是在 0.01% 以下。NDQA 常与 0.005% 的柠檬酸、磷酸等抗氧助剂协同使用。

5. 生育酚(Tocopherol)

生育酚的结构式为:

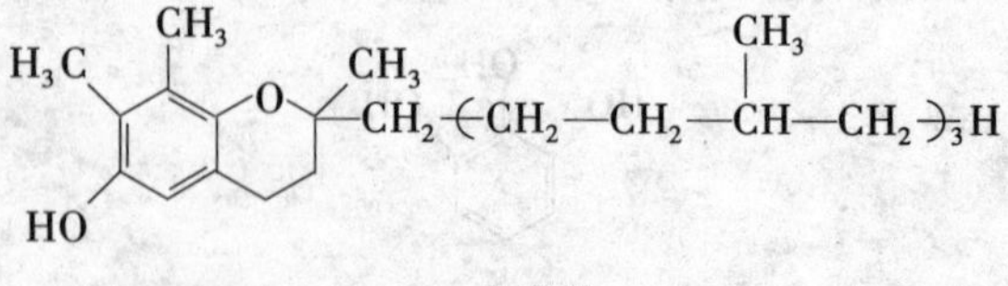

α-生育酚

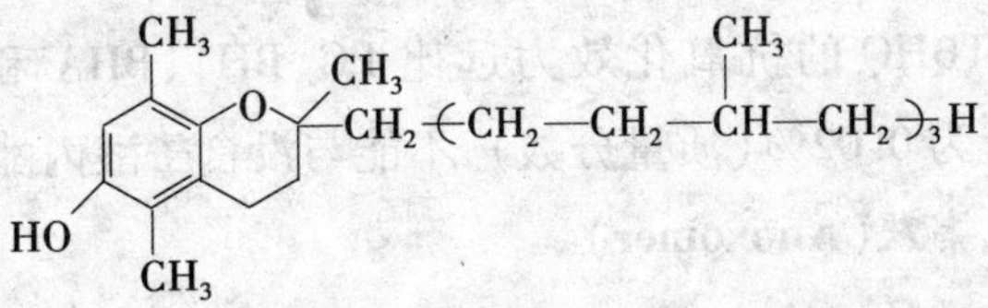

β－生育酚

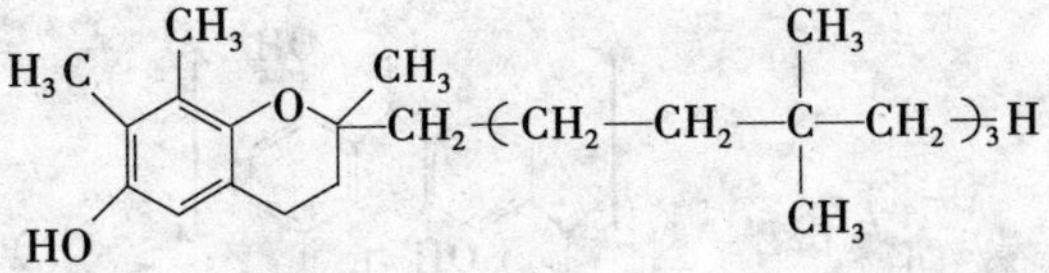

γ－生育酚

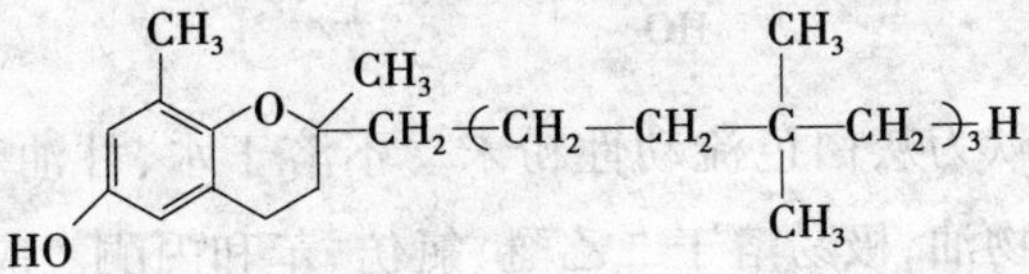

δ－生育酚

生育酚又称为维生素 E，为红色至红棕色黏液，略有气味，不溶于水，溶于乙醇、丙酮和植物油，对热和光照均稳定，耐热性好，还具有耐酸性，但不耐碱。生育酚是一种理想的天然抗氧剂，具有防止油脂及维生素 A 被氧化的作用。它为矿物油脂如白（石）蜡油、凡士林等的最佳抗氧剂。柠檬酸和抗坏血酸对生育酚的抗氧化有增效作用。生育酚一般用量为 0.01% ~0.1%（质量分数）。

二、醌类抗氧剂

1. 叔丁基氢醌（Tertiary butyl hydroquinone，TBHQ）

叔丁基氢醌的结构式为：

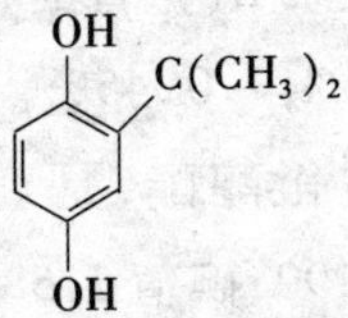

TBHQ 为白色至淡棕色结晶，稍有气味。熔点 126.5 ~ 128.5℃，沸点 300℃。TBHQ 的抗氧化效力远比 PG、BHT、BHA 和生育酚强。最高使用限量为 0.02%（质量分数），不能与没食子酸丙酯复配使用。

2. 阿诺克索默（Anoxomer）

阿诺克索默的结构式为：

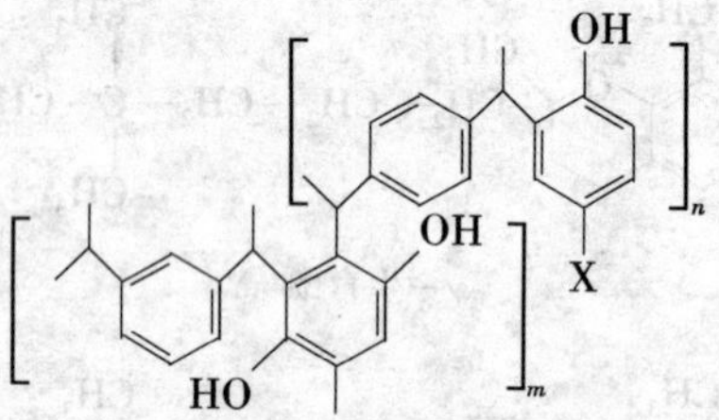

阿诺克索默为灰白色流动性粉末。不溶于水、甘油和丙二醇，易溶于乙醇和植物油，极易溶于二乙醚、氯仿、苯和丙酮。应用于化妆品中，一般用量为 0.005% ~ 0.01%（质量分数）。

三、其他抗氧剂

1. 硫代琥珀酸单十八酯（简称 Metsa）、羧基甲巯基代琥珀酸单十八酯（Mecsa）

这是近年发现的新的化学抗氧剂，浓度在 0.005% 时已有抗氧效果。这类化合物能代替氧气和金属杂质相结合，从而保护油脂不被酸败，但这两种化合物遇热易分解。

2. 小麦胚芽油（Wheat germ oil）

小麦胚芽油属亚油酸油种，由天然植物油经提纯精制而成，为微黄色透明油状液体，富含维生素 E（生育酚），是含 β - 生育酚的唯一油种，生育酚的总含量达 0.40% ~ 0.45%。还含有另一种抗氧化物质——二羟 - γ - 阿魏酸古甾醇酯，是理想的抗氧剂。相对密度 0.925 ~ 0.933，皂化值 179 ~ 190，碘值 115 ~ 129。因含有多种氨基酸及多种不饱和脂肪酸、维生素 E 等营养成分，可用作皮肤及发用化妆品的油性原料，能护肤并防止皮肤、头发衰老，还可作为天然抗氧剂。

第五节　防腐杀菌剂

化妆品中使用防腐剂、杀菌剂的目的是抑制微生物在化妆品中的生长繁殖，起到防止制品劣化变质的作用。

一、防腐剂

1. 苯氧基乙醇（2 - phenoxyethanol 或 phenoxetol）

苯氧基乙醇的结构式为：

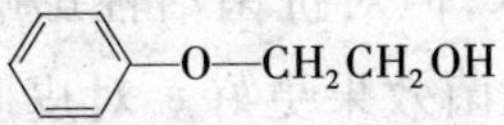

苯氧基乙醇为油状液体，稍有芳香气味和火辣味。苯氧基乙醇不会引起化妆品稳定性的改变，但对黏度的影响较大。GB 7916—1987 和 EEC 规定化妆品中最大允许浓度为 1.0%（质量分数）。常与对羟基苯甲酸酯类、脱氧乙酸和山梨酸复配使用，常用丙二醇来增加它的溶解度。它可用作杀菌剂，也用作杀虫剂。

2. 苯乙醇（Phenethyl alcohol）

苯乙醇的结构式为：

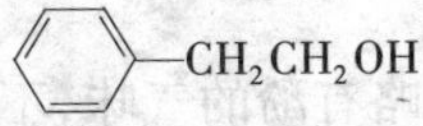

苯乙醇为无色液体，带有玫瑰花香气味。其使用的最佳 pH 值在酸性范围，对氧化剂不稳定。非离子表面活性剂和吐温 80 会使它部分失活。它对革兰氏阳性和阴性细菌的活性高，对酵母菌和霉菌活性小，但可增加细菌细胞膜的渗透性。常与季铵盐、洗必泰、对羟基苯甲酸酯类、三氯叔丁基和氯甲酚等复配混用。EEC 规定用量为 0.5%（质量分数），眼用美容化妆品用量为 1%（质量分数）。

3.2－溴－2－硝基－1,3－丙二醇（2－bromo－2－nitro－1,3－propanediol）

2－溴－2 硝基－1,3－丙二醇商品名称为布罗波尔（Bronopol），其结构式为：

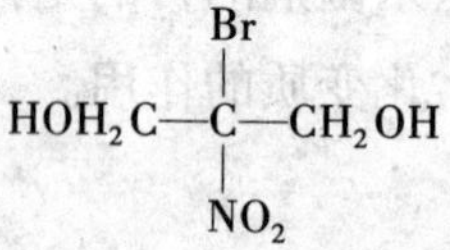

它是白色结晶或结晶状粉末，易溶于水，最佳使用 pH 值范围为 5～7。在 pH 值为 4 时最稳定，随 pH 值升高稳定性下降。在碱性条件下，溶液颜色容易变深，但对抗菌活性影响不大。与尼泊金酯配伍使用，要比单独使用抗菌效果更好。对皮肤一般无刺激性和过敏性。在低浓度下就是一种广谱抗菌剂，按规定最大允许用量为 0.1%。常用于膏霜、奶液、香波、牙膏等化妆品中。需要注意避免与胺接触。

4.2－苯基苯酚（2－phenylphenol）

2－苯基苯酚结构式为：

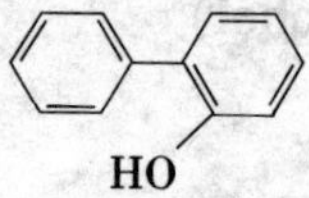

它是白色的片状晶体，略有酚的气味，不溶于水，能溶于碱溶液及大部分有机溶剂。它的防腐活性很高，在低浓度（0.005%～0.006%）时显示出很好的杀菌效果，较苯甲酸和对羟基苯甲酸甲酯、乙酯活性高，化妆品中一般用量为 0.05%～0.2%，按规定最大允许用量 0.2%。

5. 六氯酚（Hexachlorophenol）

六氯酚的结构式：

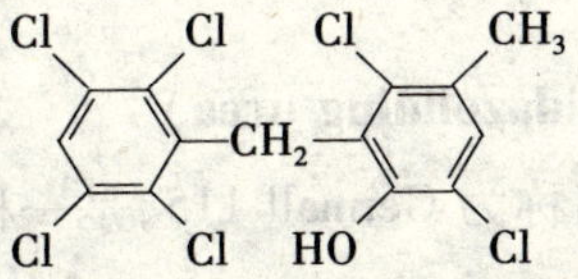

它是白色可流动性粉末，无臭、无味，可溶于乙醇、乙醚、丙酮和氯仿中，不溶于水。对革兰氏阳性菌有很好的杀菌作用，可用作皮肤杀菌剂，一般用于皂类、油膏类化妆品。因在较高浓度（1% ~3%）时才对霉菌有作用，所以在化妆品中应用受到限制，其最大允许浓度为0.1%。与其具有相似作用还有双氯酚，化学名称为2,2′-亚甲基双(4-氯苯酚)，也有较好的抗霉菌作用。

6. 对羟基苯甲酸酯类（Esters of *p*-hydroxybenzic acid）

对羟基苯甲酸酯类商品名为尼泊金酯，结构式为：

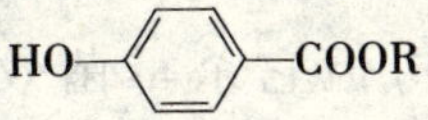

其酯类包括甲酯、乙酯、丙酯、异丙酯和丁酯等，这一系列酯均为无臭、无味、白色晶体或结晶性粉末。该类物质用作化妆品防腐剂已有很久历史，因具有不易挥发、无毒、稳定性好等特点，现仍广泛使用。对羟基苯甲酸酯的有效 pH 值范围为4~8。其活性随酯基碳链数目的增加而增强，但在水中的溶解度降低。其酯类混合使用比单独使用效果更佳。非离子表面活性剂对其活性影响较大。

7. *N*-羟甲基甘氨酸钠（Sodium *N*-hydroxymethyl aminoacetate）

N-羟甲基甘氨酸钠的结构式为：

$$HOH_2C—NH—CH_2COONa$$

商品名为 Suttocide A,是一种广谱抗菌剂,在 pH = 8 ~ 12 的范围内防腐活性高,一般使用浓度为 0.003% ~0.3%,主要用于香波、护发素等化妆品。

8. 咪唑烷基脲(Imidazoliding urea)

咪唑烷基脲商品名称为 Germall 115,是一种尿囊素的羟甲基衍生物,其结构式为:

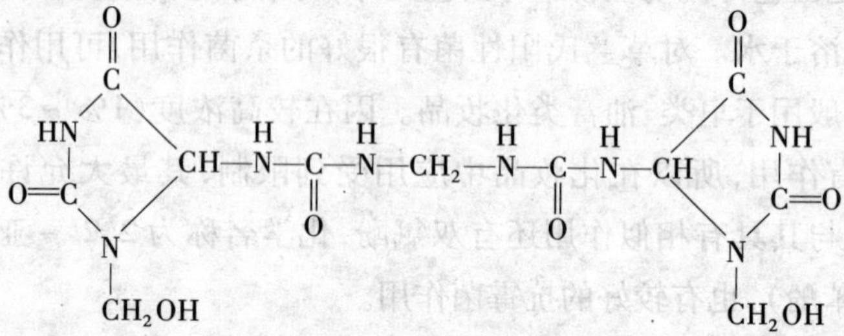

Germall 115 是无臭、无味的白色粉状固体,对热稳定,极易溶于水,能溶于丙二醇和酒精(70%),不溶于无水酒精和油中。Germall 115 的一般用量为 0.2%,但它杀霉菌效力差,常与尼泊金甲酯(0.2%)和尼泊金丙酯(0.1%)配合使用,可达到较好的防腐抑菌效果。Germall 115 应用范围广,可用于儿童化妆品、眼用化妆品、护肤品、防晒霜等,但乳化时需在 80℃以下加入。

9. *N* -(羟甲基) - *N* -(1,3 - 二羟甲基 -2,5 - 二氧 -4 - 咪唑啉基) - *N′* -(羟甲基)脲[*N* -(hydroxymethyl) - *N* -(1,3 - dihydroxymethyl -2,5 - dioxo -4 - imidazolidinyl) - *N′* -(hydroxymethyl)urea]

其商品名为 Germall Ⅱ,结构式为:

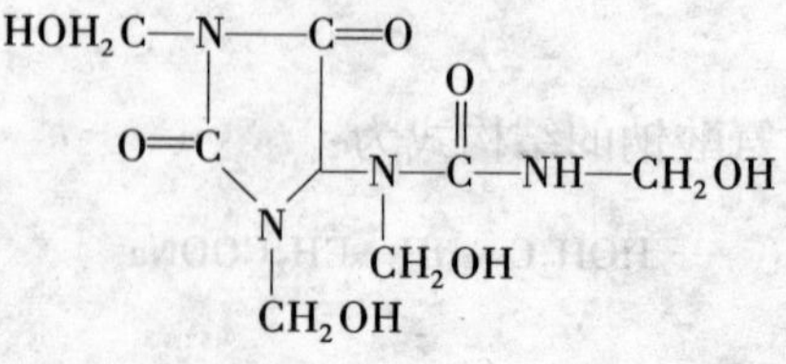

它是白色流动吸湿性粉末，无味或略有特征气味。可在较宽的 pH 值范围内（4 ~ 8）使用，稳定性好。可与所有离子型和非离子型表面活性剂配伍，也可与大多数化妆品成分配伍。其抗细菌活性较咪唑烷基脲好，但抗霉菌活性较咪唑烷基脲差。与对羟基苯甲酸酯类配伍使用，可增强抗霉菌的活性。化妆品中常以 Germall Ⅱ 0.2%、对羟基苯甲酸甲酯 0.2% 和对羟基苯甲酸丙酯 0.1% 混合使用。

10. 5 - 氯 -2 - 甲基 -4 - 异噻唑啉 -3 - 酮和 2 - 甲基 -4 - 异噻唑啉 -3 - 酮的混合物（Mixture of 5 - chloro - 2 - methyl - 4 - isothiazol - 3 - one and 2 - methyl - 4 - isothiazol - 3 - one）

其商品名为凯松（Kathon），结构式为：

Kathon 是一种淡黄色或琥珀色水溶性液体，稍带有蒜味。它是 1.5% 的 5 - 氯 - 2 - 甲基 - 异噻唑啉 - 3 - 酮和 2 - 甲基 - 4 异噻唑啉 - 3 - 酮的混合物水溶液，两者的混合比例是 3∶1。Kathon 安全，低毒，对皮肤无刺激性、无致敏性，稳定性好。极易溶于水、低分子醇和乙二醇中，但在油中溶解性差。它使用的 pH 值范围为 2 ~ 9，但在碱性介质中或在高温下保存的制品常会分解。它的抗菌作用范围广，对革兰氏阴性、阳性菌及霉菌或酵母菌都有杀菌作用，是一种广谱抗菌剂，且用量少，使用浓度为 0.01% ~ 0.05%。

11. 1 - 羟甲基 -5,5 - 二甲基 - 乙内酰脲（CTFA 定名为 MDM）和 1,3 - 双（羟甲基）-5,5 - 二甲基 - 乙内酰脲（CTFA 定名为 DMDM）的混合物 [Mixture of 1 - hydroxymethyl - 5,5 - dimethyl - hydantoin and 1,3 - bis (hydroxymethyl) - 5,5 - dimethyl - hydantoin]

其结构式为：

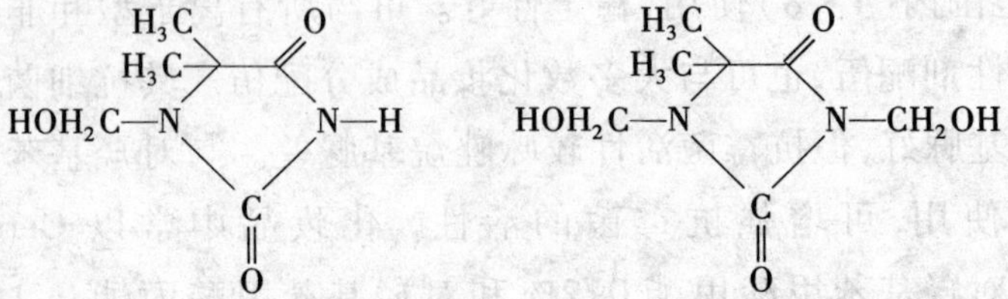

它是白色可自由流动性粉末。可与所有离子型和非离子型表面活性剂配伍。在80℃以下及pH值为4～9范围内使用。一般使用浓度为0.04%～0.25%，适用于膏霜、乳液、香波、婴儿用品、眼部化妆品和防晒化妆品等。

12. 1－(3－氯烯丙基)－3,5,7－三氮杂－1－氮鎓金刚烷氯[1－(3－chloropropenyl) urotopinum chloride]

其结构式为：

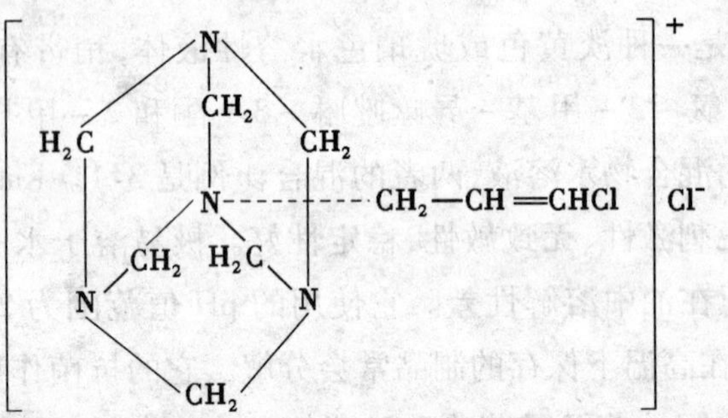

其商品名称是Dowicil 200，为白色或淡黄色粉末，无臭、无味，对皮肤无刺激、无致敏，易溶于水。Dowicil 200对阴离子、非离子表面活性剂、蛋白质和其他化妆品原料具有良好的配伍性，具有广谱抗菌活性，抗细菌比霉菌更有效。故常与其他防腐剂如尼伯金酯、DHA等配合使用，用量一般为0.1%。应用的pH值范围宽(4～9)，可广泛应用于化妆品中。其不足之处是热稳定性较差。

13. 苯扎氯铵(Benzalkonium chloride)

其结构式为:

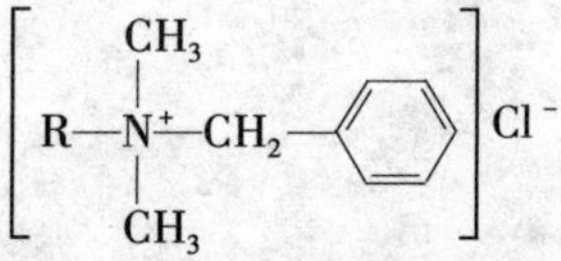

$R = C_8 \sim C_{18}$烷基,C_{12}烷基称洁而灭

苯扎氯铵为有芳香气味、带苦味、白色或淡黄色无定型粉末。热稳定性好,易溶于水和乙醇,最佳使用 pH 值范围为 4.0 ~ 10.0。阴离子表面活性剂、皂类、硝酸盐、重金属、草酸盐、四聚磷酸钠、六偏硫酸钠、氧化剂、蛋白质和血液。与其不配伍,并能使它失去抗菌活性添加 0.1%(质量分数)的 EDTA 钠盐或非离子表面活性剂,可使苯扎氯铵活化。一般祛臭剂中添加量为 0.05% ~0.1%。

二、杀菌剂

1. 四甲基秋兰姆二硫化物(Thiram)

四甲基秋兰姆二硫化物的结构式为:

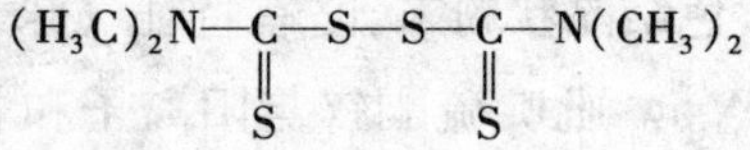

白色晶体粉末,熔点为 155 ~156℃,不溶于水,微溶于稀氢氧化钠溶液,溶于乙醇、乙醚、苯、氯仿、四氯化碳和二氯乙烷等有机溶剂,会变色,稳定性差,分解时带有硫气味。对革兰氏阳性菌抗菌活性高,主要用于肥皂等洗涤类产品的杀菌剂。

2. 氯已定(洗必泰)

氯已定的结构式为:

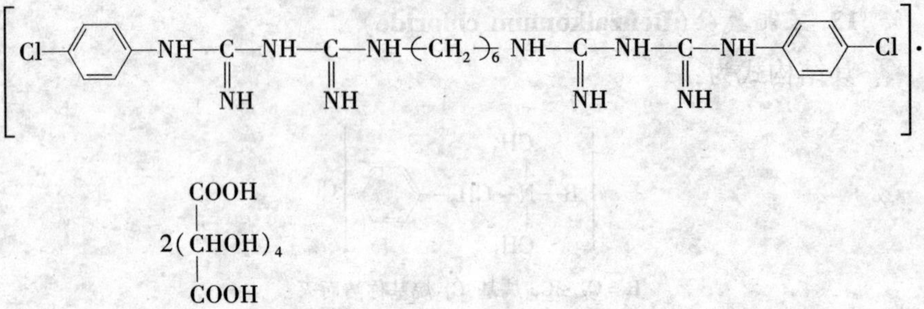

它是淡黄色结晶性粉末，无臭、有苦味，溶于乙醇、水。具有相当强的广谱抑菌、杀菌作用，无毒、无刺激性、无致敏性，最大允许浓度为0.3%。

3. 吡啶硫酮锌(Pyrithione zinc，简称 ZPT)

吡啶硫酮锌结构式为：

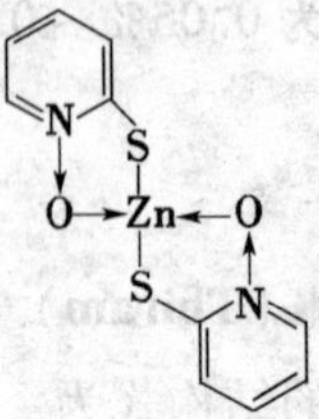

ZPT 为白色至黄色结晶状粉末，略有特征气味，不溶于水，最佳使用 pH 值范围 4.5～9.5。吡啶硫酮锌与阳离子和非离子表面活性剂形成不溶的沉淀物，对光和氧化剂不稳定，较高温度时对酸和碱不稳定。它与 EDTA 不配伍，且在重金属存在时，会发生螯合作用或反螯合作用，这些螯合物难溶于水。

吡啶硫酮锌是很有效的抗霉和抗细菌的化合物，可作防腐剂。同时，也是有效的止痒去屑剂，广泛用于香波、护发素等制品中，其用量一般不超过 2%。

4. 甘宝素(Climbazole)

甘宝素化学名称为 1 -（4 - 氯苯氧基）- 1 -（4,5 - 二氢咪唑基）-3,3-二甲基-2-丁酮。结构式为：

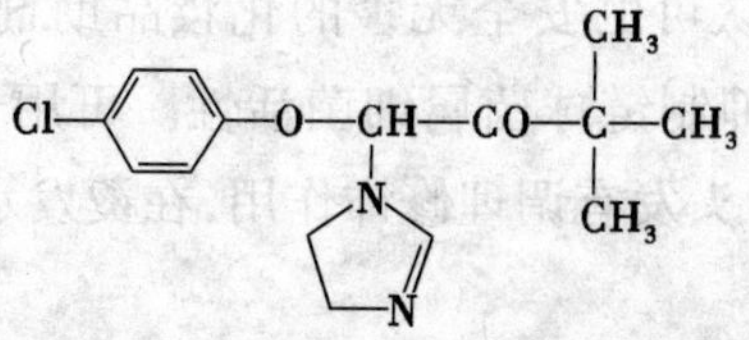

甘宝素为白色至微黄色结晶粉末，气味淡薄，有特征香气，能耐高温，热稳定性好，其活性组分在20～40℃时6个月内不失活性，耐光照，与金属不产生络合物。几乎不溶于水，可溶于乙醇及表面活性剂，在酸性及中性溶液中有效且稳定。对皮肤安全、无刺激，但误吞有害。它对水生生物有毒，可使水生环境受到污染。在香波中用量为0.5%～1.5%。

甘宝素是用咪唑类物质制成的杀真菌剂，具有抗霉菌、酵母菌以及皮真菌的良好效能，且抗卵状糠疹癣菌的性能特别良好，故有良好的去头皮屑作用。

5. 谷甾醇（Sitosterol）

谷甾醇是植物界存在最普遍的甾醇，来源有数百种之多，主要有豆油、棉籽油、玉米油等，在多种中药如黄柏、天门冬、蒲黄中都有存在。谷甾醇为片状结晶，难溶于水、甲醇和乙醚，易溶于苯和氯仿。谷甾醇无毒，对皮肤无刺激，具有显著抗炎作用，可用于治疗皮肤癌及皮肤溃疡。在抑制汗腺分泌方面有辅助作用。与维生素类物质配伍加入护肤品中，有调理功效，使皮肤柔滑湿润，治疗或延缓皮肤的角质化。亦可用作护发品的助剂。

6. 松香酸（Abietic acid）

松香酸又名枞酸，为三环二萜类化合物，广泛存在于松科类植物中，加氢后为四氢松香酸。松香酸多为黄色似玻璃状的透明块。不溶于水，溶于常见的有机溶剂，也溶于氢氧化钠水溶液成为钠盐，有类似肥皂的性质。对热稳定,在空气中缓慢变为黄色。松香酸、四氢松香酸及其盐为 CTFA 认可的安全无害的化妆品助剂,有极强的抗菌作用,3mg/kg 可有效抑制链球菌属细菌活性。可用于防止粉刺的面部用品和药效牙膏,对头发有调理修饰作用,在烫发水中用作助剂,可避免发丝受到损害。

7. 松萝酸(Usnic acid)

酚类化合物松萝酸在地衣中含量丰富,在松萝科、梅衣科和石蕊科地衣中含量一般占地衣干重的 0.1% ~4% ,在金黄树发中含量为 8% 。松萝酸为淡黄色丝针状结晶,为 CTFA 认可的化妆品助剂,是一种广谱的抗菌素,对多数革兰氏阳性菌具有强大的抑制作用,浓度 50μg/mL 可完全抑制细菌生长。在化妆品中用作高效防腐剂,对引起口腔疾病、龋齿的主要细菌链球菌有选择性抑制作用。

8. 茜草素(Alizarin)

羟基蒽醌类化合物在茜草科植物茜草根中大量存在,茜草在我国大部分地区都有分布。茜草素为斜方橙色针状结晶。能升华,易溶于热醇、苯,溶于碱性溶液中为蓝色,稍溶于冷醇和沸水(1:300),不溶于冷水。茜草素对金黄色葡萄球菌的生长有抑制作用,能抑制大鼠皮肤结缔组织的通透性,与芦丁相似,有抗炎作用。可安全用作化妆品色素和唇膏色素,无任何副作用。

9. 柠檬烯(Limonene)

柠檬烯又名柠烯,为单萜类化合物,广泛存在于植物界中,以柠檬油、桂皮油、佛手油中含量较高。橙皮油中含 90% α - 柠烯。柠檬烯为淡黄色液体,有柠檬香味,几乎不溶于水,与乙醇可互溶。柠檬烯对金黄色葡萄球菌、卡他双球菌、甲型链球菌等有很强的抑制作用。对皮肤无副作用,对皮肤的渗透力较强,有活血功效,可防治冻疮。与一些营养活性物质如芦荟、胎盘提取物配合,能显著促进头发生长,同时减少头屑。

10. 黄芪黄素(Baicalein)

黄酮化合物黄芪黄素是唇形科植物黄芪根中的主要有效成分，同时伴存的有葡萄糖醛酸的糖苷。黄芪黄素为黄色针状结晶。溶于乙醇、甲醇、乙醚、丙酮、乙酸乙酯和热冰醋酸，微溶于氯仿和硝基苯，几乎不溶于水。黄芪黄素能抗炎和抗变态反应，抑制皮肤过敏反应、组织胺皮肤反应，在增白用品中应用可减少黑色素生成。有广谱抗菌作用，对多种皮肤致病性真菌有不同程度的抑制作用。

11. 愈创木薁(Guaiazulene)

倍半萜化合物愈创木薁可见于老鹳草油和蒿草油及兴安杜鹃等植物的挥发油中。愈创木薁室温下为蓝色针状晶体。易溶于液体石蜡，能溶于热的乙醇和醚，极难溶于水。见光后由蓝变绿最后为黄色，对热、弱酸、弱碱均稳定。愈创木薁为CTFA认可的化妆品助剂，可以缓解其他物质对皮肤的刺激和过敏反应，为常见的外用抗过敏剂。有明显的抗炎作用，在防晒制品中用作预防或治疗阳光灼伤。可抗菌，口腔卫生用品中加入0.1%可抑制微生物生长。愈创木薁也可用作化妆品色素。

12. 蜂胶(Propolis)

蜂胶是蜜蜂采集植物芽芯、树干上的黏胶与自身上腭腺的分泌物和蜂蜡等混合加工而成的复杂化合物。它的化学成分相当复杂，主要是树脂类、多酚类、多糖类和蜂蜡的混合物，经分离测定，蜂胶含有黄酮类化合物(20余种)、酸、醇、酚、醛、酯及烯、烃、萜、甾类化合物，还含有维生素B_1、维生素A原，多种氨基酸、酶及20多种微量元素等，可以认为，蜂胶中含有生物生存所必需的大部分物质。

蜂胶为黄、棕褐色胶状固体，粗蜂胶在水中的溶解性很差，但能部分溶于酒精中。具有芳香味，有黏性，15℃以下变硬脆，36℃质变软，可拉出丝，在60~70℃熔化。蜂胶具有广谱抗菌作用，它能抑制和杀灭100多种细菌，还可促进生物肌体防护能力，改善血液循环、促进肉芽生长、加速伤口愈合,并具有滋润、止痒、除臭、防晒等功能。在化妆品中,蜂胶有着广泛的应用,可添加到膏霜、乳液、发乳、香波、生发水等制品中。

第六节 感官修饰体系原料

一、香精

香精又称为调和香料,它是一种由人工调配出来的、含有数种乃至数十种香料的混合物,且具有某种香气或香型和一定的用途。设计香精配方和调制香精称为"调香"。一个比较完整的香精配方基本上由主香剂、合香剂、修饰剂、定香剂和稀释剂5部分构成。

主香剂又称主剂或打底原料。它是构成香精香气的基本原料,因此起主香剂作用的香料其香型必须与所配制的香精香型相一致。

合香剂又叫调和剂或协调剂。它的作用是调和各种香料的香气,使之挥发出的香气能协调一致,因此,合香剂的香型应与主香剂的香型类似,使主香剂的香气更加明显突出。

修饰剂亦称为变调剂或矫香剂。它的作用是用某种香料的香气去修饰另一种香料的香气,使香精格调发生变化,从而使之别具风韵。

定香剂又叫保香剂或保留剂。香精的质量除了与香韵有关外,还与香气的持久性和稳定性有关。定香剂既能使香精中各种香料成分挥发度均匀,又能防止整个香精的快速挥发,有一定的持久性,能保证加香产品在使用中香型不变。

稀释剂的作用是将香精的香味调淡,它本身应该完全无味,且易于溶解所有香料,安全性和稳定性良好,价格低廉。水溶性香精一般使用乙醇作稀释剂,也有使用苄醇、甘油、二辛基己二酸酯等溶剂的。

油溶性香精一般选用核桃油、茶籽油、橄榄油等精炼过的植物油和矿物油作为稀释剂。

二、色素

色素也称着色剂或色料，即可以用来改变其他物质或制品颜色的物质的总称。在化妆品中添加各种色素的作用是使化妆品起到美化、修饰的作用，或为了掩盖化妆品中某些有色组分的不悦色感，以增加化妆产品的颜色美感。

化妆品用色素按其来源分类可分为合成色素、无机色素和动植物天然色素3大类。

合成色素也称有机合成色素或焦油色素。这是由于这类色素是以石油化工、煤化工得到的苯、甲苯、二甲苯、萘等芳香烃为基本原料，再经系列有机合成反应而制得。合成色素按其化学结构可分为偶氮系、三苯甲烷系、呫吨系、喹啉系、蒽醌系、硝基系、靛蓝系等色素（有机染料和颜料）。

无机色素也称矿物性色素，它是以天然矿物为原料制得的。因对色素纯度的要求，现多以合成无机化合物为主。用于化妆品的主要有白色颜料，如滑石粉、锌白（氧化锌）、钛白粉（二氧化钛）、高岭土、碳酸钙、碳酸镁、磷酸氢钙等；有色颜料，如氧化铁、炭黑、氧化铬氯、氢氧化铬氯、群青等。

天然色素的优点是安全性高，色调鲜艳而不刺目，赋有天然感，很多天然色素同时也有营养或兼备药理效果。但是，由于天然色素的原料不稳定，价格高，纯度低，多种成分共存，有异味，耐光、耐热性较差，易受pH值和金属离子影响等，在化妆品中的应用比较少。

另外，还有广泛用于化妆品的珠光颜料，如合成珠光颜料、天然鱼鳞片、无机合成珠光颜料，如氯氧化铋、二氧化钛—云母等。

第四章

化妆品的生产技术

第一节　化妆品生产设备简介

化妆品属于精细化工范畴。化妆品生产绝大多数采用复配技术，具有化学反应少、卫生要求严的特点，生产设备大体可分为产品的制造设备和成型填充包装设备两大类，生产设备的材质多选用不锈钢、陶瓷等稳定性能好的材料。

化妆品的生产操作单元一般是不连续的，可分为粉碎、研磨、粉末制品混合、乳化和分散、分离和分级、物料输送、加热和冷却、灭菌和消毒、产品的成型和包装、容器的清洗等。

表 4-1 列出了各种类型化妆品的生产设备及其应用范围。

表 4-1　化妆品生产设备及其应用范围

操作单元	生产设备	应用					
		乳液膏霜	含粉乳液、膏霜	化妆水类制品	固体粉末制品	唇膏类棒状制品	气雾剂制品
粉碎	各类粉碎机				○		
粉体混合	V 型混合器		○		○	○	
	螺旋式锥型混合器						
	双圆锥型混合器						
	螺旋带式混合器						
	球磨机						

续表

操作单元	生产设备	应用					
		乳液膏霜	含粉乳液、膏霜	化妆水类制品	固体粉末制品	唇膏类棒状制品	气雾剂制品
溶解	各类搅拌设备	○	○	○		○	○
乳化和分散	各类搅拌设备	○	○			○	○
	真空乳化机						
	胶体磨						
	均浆机						
	砂磨机						
	超声波乳化机						
固/液分离	压滤机			○			○
固体粉末分级	电磁振动筛		○		○	○	
	空气流粉末分离器						
物料输送	隔离泵	○	○				
	不锈钢离心泵			○			○
热交换	蒸汽夹层锅	○	○			○	
	冷却浴(低于0℃)			○			○
无菌、消毒	紫外线消毒器		○		○	○	
	环氧乙烷消毒器		○		○	○	
	超滤去菌			○			
灌装	各种灌装机	○	○	○			
	压力灌装机						○
压制	成型机				○	○	
打码和包装	打码机	○	○	○	○	○	○
	打包机	○	○	○	○	○	○
计量和检测	各种计量检测设备	○	○	○	○	○	○

在上述的各种操作单元中,混合操作单元是最重要的,它不仅包括溶液的混合,还包括粉体的混合,溶液是分子或离子水平的混合物,膏霜和乳液是某一颗粒度水平的混合物。

第二节　乳剂类化妆品

一、乳化体制备技术

在乳剂类化妆品的实际生产过程中,产品的稳定性、外观和物理性质与生产时操作温度、乳化时间、加料方法和搅拌条件等工艺条件密切相关,所以在生产过程中,严格控制工艺条件,是保证产品质量的一个重要环节。

(一)乳化方法

1. 油、水混合法

通常是水、油两相分别在两个容器内进行升温处理,而乳化在第三个容器内进行。可将油相加入水相,也可将水相加入油相,然后进行均质乳化,最后再冷却降温。整个体系变化比较复杂,根据选择的乳化剂和加入相不同,存在转相过程。转相过程对乳化体的粒径和稳定有很大的影响。

2. 低能乳化法

低能乳化法(LEE),由林约瑟夫研究成功。通常的乳化方法大都是将外相、内相加热到 80℃左右(75 ~ 90℃)进行乳化,然后进行搅拌、冷却,在此过程中需要消耗大量的能量。但从理论上看,乳化并不需要这么多的能量。低能乳化法其原理与乳化一致,只是不将外相全部加热。将外相分成 α 相和 β 相两部分,α 和 β 分别表示被分成两相的质量分数($\alpha+\beta=1$),只对 β 相加热,由内相和 β 相进行乳化,制成浓缩乳状液,然后用常温的 α 相进行稀释,最终得到乳状液。低能乳化工艺流程如图 4－1 所示。

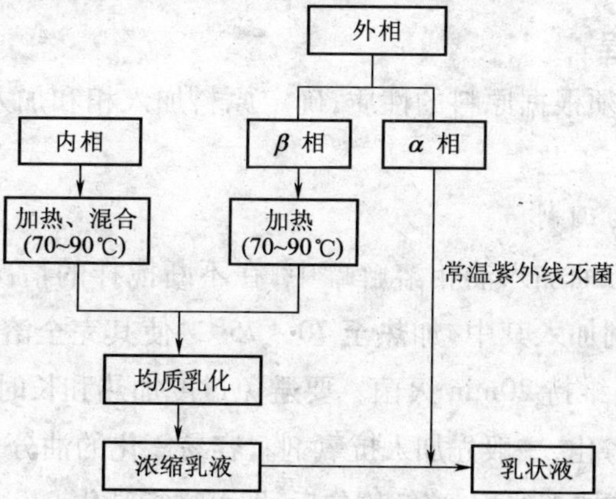

图 4－1 低能乳化流程图

低能乳化法的优点为：

(1)节约能源、节约冷却水。

(2)生产周期缩短，设备利用率提高。

(3)不会影响乳化体的稳定性、物理性质和外观。

低能乳化法乳化过程中应注意的问题：

(1)β 相的温度不但影响浓缩乳化体的黏度，而且涉及相变型，当 β 相水的量较少时，温度一般应适当高一些。

(2)均质机搅拌的速率会影响乳化体颗粒大小的分布，最好使用超声设备、均化器或胶体磨等高效乳化设备。

(3)α 相和 β 相的比率（表4－2）一定要选择适当，一般来说，低

表 4－2 外相中 α 相和 β 相的比率

乳化剂 HLB 值	油脂比率(%)	搅拌条件	β 相含量(%)	α 相含量(%)
10～12	20～25	弱	20～30	70～80
6～8	25～35	弱	40～50	50～70

黏度的浓缩乳化体会使 α 相的加入容易进行。

(二) 生产过程

首先,必须根据原料的性质,确定原料加入相和加入温度,然后再确定其他生产工艺。

1. 油相的调制

先将液态油加入油相溶解罐中,在不断搅拌的情况下,将固态和半固态油分别加入其中,加热至 70～75℃,使其完全溶解混合并保持在 90℃左右,维持 20min 灭菌。要避免过度加热和长时间加热而使原料成分变质劣化,一般先加入抗氧剂。容易氧化的油分、防腐剂和乳化剂可在乳化前加入油相,溶解均匀后,即可进行乳化。

2. 水相的调制

先把亲水性成分如甘油、丙二醇、山梨醇等保湿剂加入去离子水中(如需皂化,乳化时增加碱类等),加热至约 85～95℃,维持 20min 灭菌。

若配方中含有水溶性聚合物,这类胶黏质需另外单独配制,浓度约为 0.1%～2%(质量分数),在室温下搅拌,使其均匀溶胀,防止结团。如有需要,可进行均质。在乳化前加热至约 70℃,要避免长时间加热,以免引起黏度变化。

3. 乳化

油相和水相的添加方法(油相→水相或水相→油相)、添加速度、搅拌条件、乳化温度和时间、乳化器的种类、均质的速度和时间等对乳化体系粒子的性状及其分布状态、对膏霜的质量都有很大影响。

乳化温度约为 70～80℃,一般比最高熔点的油分的熔化温度高 5～10℃较合适。切忌在尚有未熔化固体油分时开始乳化;或水相温度过低,混合后发生高熔点油分结晶析出的现象。如发生这样的情况，需将体系重新加热至70～80℃进行乳化。均质、搅拌乳化3～15min后启动刮板搅拌，在降温过程中加入各种添加剂，一般温度降至40～45℃，停止搅拌。

均质的速度和时间因不同的乳化体系而异。含有水溶性聚合物的体系，均质的速度和时间要较严格控制，以免过度剪切，破坏聚合物的结构，造成不可逆的变化，改变体系的流变性质。

维生素、天然提取物及各种生物活性物质等由于高温会使其失去活性，故不要将其加热，待乳化完成后降温至50℃以下时再加入，如遇到对温度敏感的活性物，应在更低的温度下添加，以确保其活性。香精及防腐剂也应在低温时加入，但尼泊金酯类防腐剂除外。

4. 冷却

乳化后，乳化体系要冷却到接近室温。出膏温度取决于乳化体系的软化温度，一般应使其借助于自身的重力，从乳化罐内流出为宜。当然，也可用泵抽出。冷却方式一般是将冷却介质通入反应釜的夹套内，边搅拌，边冷却。

冷却条件，如冷却速度、冷却时的剪切应力、终点温度等对乳化体系的粒子大小和分布都有影响，必须根据不同乳化体系，选择最优化的条件。特别是从实验室小试转入大规模生产时，尤为重要。

5. 灌装

一般是储存1天或几天后再用灌装机进行灌装。灌装前需对产品的质量进行评价。

6. 添加剂的加入

（1）香精。香精是易挥发性物质，并且其组成十分复杂，在温度较高时，不但容易损失，而且会发生一些化学反应，使香味变化，也可能引起颜色变深。因此一般化妆品中香精的加入都是在后期进行。对乳剂类化妆品，一般待乳化已经完成并冷却至50～60℃时加入香精。

如在真空乳化锅中加香,不应开启真空泵,而只维持原来的真空度即可,吸入香精后搅拌均匀。对敞口的乳化锅而言,由于温度高,香精易挥发,因此加香温度要控制得低些,但温度过低使香精不易分布均匀。

(2)防腐剂。微生物的生存离不开水。因此水相中防腐剂的浓度是影响微生物生长的关键。

乳剂类化妆品含有水相、油相和表面活性剂,而常用的防腐剂往往是油溶性的,在水中溶解度较低。若把防腐剂加入油相中然后乳化,这样分配在油相中防腐剂的浓度较大,而水相中的浓度就小。更主要的是非离子表面活性剂往往也加在油相中,它对防腐剂具有增溶作用,而被表面活性剂胶束增溶的防腐剂对微生物是没有作用的。因此,防腐剂最好在油水混合乳化完毕后加入,这样可使防腐剂在水中溶解度最大,杀菌效果达到最佳。

(3)营养添加剂。提取液及营养添加剂等需在加香前加入,以免温度过高时分解失效和温度过低时分散不匀。

(三)生产工艺

1. 间歇式乳化

如图 4-2 所示,这是最为常用的操作方法,国内大部分厂家均采用此法。分别准确称量油相和水相原料至专用锅内(油相罐及水相罐),加热至一定温度,按设定次序投料,并保温搅拌一定时间,再逐步冷却至50℃左右,加香搅拌后出料即可。

2. 半连续式乳化

如图 4-3 所示,油相和水相原料分别计量,在原料溶解罐内加热到所需温度之后,加到预乳化罐内进行预乳化搅拌,再经搅拌冷却筒进行冷却。此搅拌冷却筒称为骚动式热交换器,按产品的黏度不同,中间的转轴及刮板有各种形式,经快速冷却和筒内绞龙的刮壁推进输送,冷却器的出口就是产品,即可送去包装。

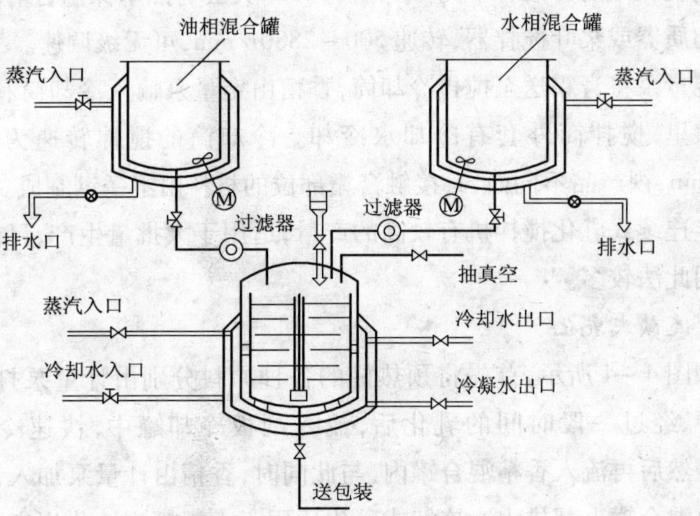

图 4－2　间歇式乳化工艺流程图

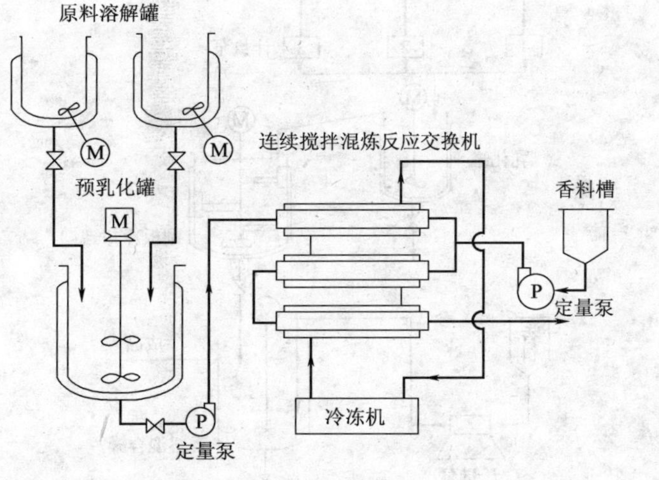

图 4－3　半连续式乳化工艺流程图

预乳化罐的有效容积为1000～5000L,夹套有热水保温,搅拌器可安装均质器或桨叶搅拌器,转速500～2880r/min,可无级调速。

定量泵将膏霜送至搅拌冷却筒,香精由定量泵输入冷却筒和串联的管道里,搅拌筒外套有冷却水冷却。冷却筒的搅拌转速为60～100r/min,视产品不同而异,接触膏霜部位的材料由不锈钢制成。

半连续式乳化搅拌机有较高的产量,适用于大批量生产,目前,日本采用此法较多。

3. 连续式乳化

如图4－4所示,首先将预热好的各种原料分别由计量泵打到乳化罐中,经过一段时间的乳化后,流入刮板冷却罐中,快速冷却到60℃。然后再流入香精混合罐内,与此同时,香精由计量泵加入,最终产品由混合罐上部排出。连续式乳化适用于大规模连续化生产,其优点为节约动力,可提高设备利用率,质量稳定。

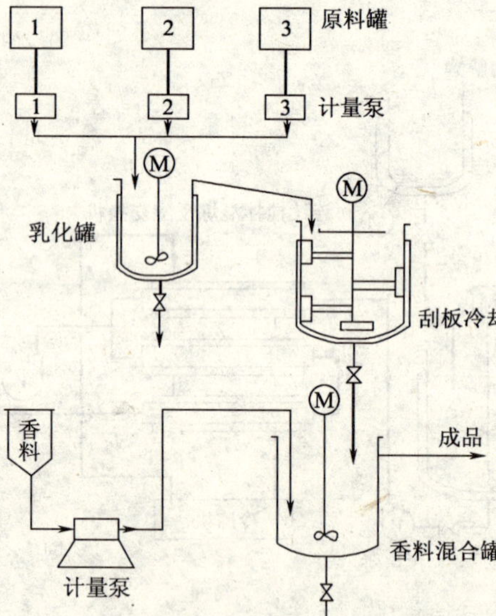

图4－4　连续式乳化工艺流程图

二、乳剂类化妆品的生产设备

(一)混合搅拌设备

混合搅拌设备(搅拌机)是化妆品生产最常用的设备。根据混合的物性不同,可分为固—固、固—液和液—液混合设备。

搅拌机的结构如图4-5所示。它由装料容器、叶轮搅拌器、传动装置以及轴封等组成。

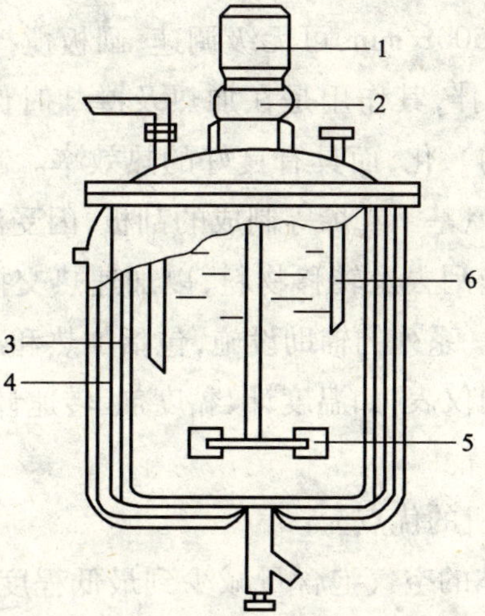

图4-5　搅拌机的结构示意图

1—电动机　2—减速器　3—挡板　4—夹套　5—搅拌器　6—温度计套管

搅拌机的重要参数包括搅拌速度、搅拌效率和容积等。搅拌效率与搅拌机的桨叶设计有关。根据桨叶的不同,可分为:桨式搅拌器、推进式搅拌器、涡轮搅拌器。这类设备一般用于油相、水相预混合。

(二)乳化设备

在乳剂类化妆品的生产过程中,乳化搅拌设备是最重要的生产设备之一,它适用于异相液—液相混合,如油在水中分散(O/W)或水在油中分散(W/O)。由于化妆品中乳剂类占有极重要的地位,所以乳化设备成为化妆品的生产设备中的一种主要设备,它对提高乳剂类化妆品的质量有着重要的作用。

乳化设备品种较多,如胶体磨、超声波均质乳化器和真空均质乳化设备。其中,真空均质乳化设备是最常用的乳化设备。

真空均质乳化机由密封的抽真空容器部分和搅拌部分组成。搅拌部分由均质搅拌器和带有刮板的框式搅拌器组成,均质搅拌器的搅拌速度多为350~3500r/min,可无级调速;刮板搅拌器的转速为10~100r/min,为慢速搅拌,其作用是在加热及冷却时促进传热面的热传递,使容器内温度均一化,而具有良好的热效率。刮板搅拌器的前端装有由聚氟乙烯及氰基丁二烯等制成的刮板,因受液压使它接触容器内壁,有效地从内壁刮去及转移物料,以加速热交换的效果。真空均质乳化机还安装有一系列的辅助设施,包括加热和冷却用的夹层及保温层,以及各种检测仪表,如温度计、黏度剂、转速计、真空计及物料流量传感器等计量装置。

真空均质乳化机的优点为:

(1)可将乳化体的空气泡含量减少到最低程度,增加乳化体的表面光洁度。

(2)由于在真空状态下进行搅拌和乳化,物料不再因为蒸发而受到损失,并且减少和避免了乳化体与空气的接触,减少了细菌对产品的污染,也不会因氧化而变质。

(3)在真空条件下,搅拌器的转速加快,提高了乳化效率。

生产膏霜、乳液等乳化体的真空均质乳化机见图4-6。

(三)灌装设备

灌装作用原理大都是采用泵(活塞式、柱塞式或旋转式等)将灌装物推进容器内,并用活塞行程等实行对容积的定量控制。根据罐装物

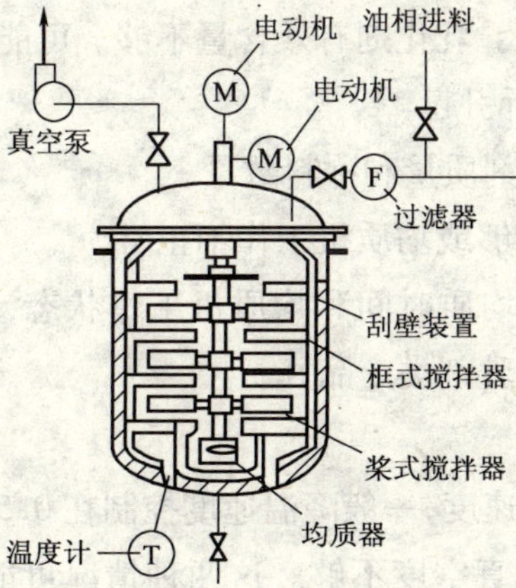

图 4-6 真空均质乳化装置

料特性，可在料斗及灌装头部位加有加热恒温装置。

经常使用的灌装设备有立式活塞式填充机和卧式活塞式填充机。

三、乳剂类化妆品的质量控制

（一）质量指标

润肤膏霜类化妆品的质量应符合 QB/T 1857 所规定的质量标准，润肤乳液应符合 QB/T 2286 所规定的质量标准。

（二）主要质量问题和控制方法

1. 膏体外观粗糙不细腻

可能原因有：

（1）原料未充分溶解。油相固体原料未充分溶解；水相高分子原料预分散不充分；后序添加原料又不溶解外相成分。

控制方法：提高油相原料溶解温度，增加保温时间；增加水相高分子原料预分散时间；再乳化前，必须检查油、水相的溶解情况；检查后序添加原料,排除又不溶解外相成分。

(2)乳化剂质量问题。乳化剂有效含量不够。可能称料过程出现问题或乳化剂原料变质所引起。

控制方法:核实乳化剂质量和称料数量。

(3)均质乳化时间不够或均质机工作不正常。

控制方法:核实乳化均质时间和均质机工作状态,一般均质时间控制在 3~8min(O/W 型乳剂类产品)。

(4)降温速度过快。

控制方法:核实降温速度,一般降温速度控制在 0.5~1℃/min。

(5)搅拌速度过快或真空度不够。这两种情况可能产生气泡,导致膏体不细腻。

控制方法:搅拌速度一般控制在 40~60r/min。真空度在 -0.05~0.1MPa,如果真空达不到要求,应该检测真空系统工作是否正常。

2. 油水分层

可能是乳化剂质量问题、均质乳化时间不够、均质机工作不正常和降温速度过快。控制方法参见 1 中各方法。

3. 黏度异常

黏度过大或过小,此种情况与增稠剂或固体油相原料有关。

控制方法:若过大时,将增稠剂或油相固相原料减量;若黏度过小,则反之。

4. 膏体变色

可能的原因有:

(1)主要是香精或活性成分不稳定所引起。若香精成分中含有不稳定香料,如葵子麝香、洋茉莉醛等,其日久或日光照射后色泽变黄。部分活性成分也如此。

控制方法:将同样用量单体香料(或活性成分)分别加入膏体试样中,做耐温试验。在 40℃恒温箱中放置 15~30 天,观察膏体的变色程度,同时做一空白对照。也可做耐紫外线灯照射试验。可以通过添加抗氧剂等稳定成分,来达到改善的目的。

(2)油脂加热温度过高。加热温度超过110℃,造成油脂颜色泛黄。

控制方法:不使油脂加热温度过高,加热时间过长。

5. 刺激皮肤

可能的原因有:

(1)香精。香精中含有某些刺激性较强的组分,或为了掩盖硬脂酸的气味,加入过多的(超过1%)香精。

控制方法:选择刺激性低的香精。另外,不必为掩盖硬脂酸的油脂气味而多加香精。一般情况下,加入0.5%香精已足够,而且香气应纯净不混杂。

(2)原料。选用原料不纯,含有刺激皮肤的有害物质,敷用后虽然短时间内没有感觉,但长时间使用就会有各种不良反应,例如原料中铅、砷、汞等重金属超过允许范围,就会引起皮肤瘙痒和产生潜在的危害。

控制方法:选用纯净的优质原料,加强原料检验。

(3)膏体的pH值。若膏体pH值过大或过小,都可能刺激皮肤。

控制方法:pH值必须控制在4.0~10.0(必须符合国家产品行业标准对pH值的规定)。

6. 菌落总数超标

可能的原因有:

(1)容器污染。容器储存不当或预处理时消毒不彻底,导致产品被微生物污染。储存若干时间后,在气温适宜时表面发霉或因细菌繁殖产生二氧化碳气体而发胀变质,膏体香气变差、变酸等,也可刺激皮肤,引起过敏。

控制方法:严控包装材料质量,入库前,对包装材料进行严格的卫生检测;妥善储存容器,空容器装入密封的纸板箱内或用热吸塑包装,不使灰尘进入;装灌膏体前必须做好消毒预处理工作,方可装灌。

(2)原料污染。原料被外部环境污染或水质差,被水中含有的微生物污染。

控制方法:妥善保管原料,避免沾上灰尘和水分;可以适当延长有水相保温时间;采用去离子水,并用紫外线灯灭菌。

(3)环境卫生和周围环境条件。制造设备、容器、工具不卫生;场地周围环境不良,附近的工厂产生尘埃、烟灰或距离水沟、厕所较近等。

控制方法:制造工段每天工作完毕后,用水冲洗场地,接触膏体的容器、工具清洗后用蒸汽或沸水灭菌20min,制造和包装过程都要注意环境卫生和个人卫生。

(4)出料温度过高。当半成品出料温度过高,盖上桶盖后,冷凝水在桶盖聚集较多,然后回落膏体表面,使表面的膏体所含防腐剂浓度降低,从而降低防腐能力,时间稍长,就可能导致膏体表面部分菌落总数超标。

控制办法:降低出料温度。一般膏霜出料温度为38~40℃,乳液出料温度为33~35℃。

(三)生产管理质量控制办法

技术监督局和药品监督管理局(部分卫生部门)对化妆品企业的审查和监督逐步规范化,以《中华人民共和国工业产品生产许可证管理条例实施办法》、《化妆品卫生规范》、《化妆品卫生监督条例》作为依据,主要包括以下几方面的审查和监督。

1. 生产硬件设施要求

生产硬件设施要求主要包括生产车间布局要求、卫生设施要求、设备及计量要求、安全设施要求、检测实验室计量分析仪器要求、周围环境要求。

2. 生产及人员要求

(1)生产及相关人员健康要求。所有生产和检测人员必须有健康证。

(2)生产及相关人员技术技能要求。生产及相关人员必须定期培训,定期考核,持证上岗。检测人员必须经过专业的培训,并取得相关单位的培训证书,经考核合格方能上岗。

3. 供应商要求

供应商要求包括供应商资格审查、供应商档案建立和供应商考核。

4. 生产相关过程的质量记录及控制

需要在如图 4 -7 所示的生产相关过程中做好质量记录及控制。

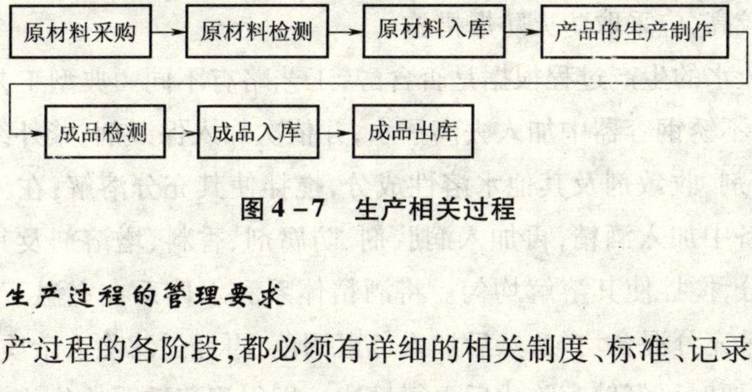

图 4 -7　生产相关过程

5. 生产过程的管理要求

生产过程的各阶段,都必须有详细的相关制度、标准、记录及监督检查。

第三节　水状类化妆品

水状类化妆品是指以水、酒精或水—酒精溶液为基质的透明液体类产品,如香水类、化妆水类、冷烫水、祛臭水等。这里主要介绍以酒精或水—酒精溶液为基质的化妆水类。这类产品必须保持清晰透明,即使在5℃左右的低温，也不能产生混浊和沉淀，香气纯净无杂味。因此对这类产品所用原料、包装容器和设备的要求是极严格的。包装容器必须是优质的玻璃及与内容物不会发生作用的材料。所用色素必须耐光、稳定性好，不会变色，或采用有色玻璃瓶包装。生产设备最好采用不锈钢或耐酸搪瓷材料。另外，酒精易燃易爆，生产车间和生产设备等必须采取防火防爆措施，以保证安全生产。

一、化妆水类化妆品的生产工艺

化妆水包括洁肤化妆水、收敛化妆水、柔软化妆水、平衡化妆水、多层化妆水、须后水等。

生产化妆水最好在不锈钢设备内进行。由于化妆水的黏度低，较易混合，因此各种形式的搅拌桨均可采用。另外某些种类的化妆水酒精含量较高，应采取防火防爆措施。

化妆水的生产过程根据是否含醇，工艺略有不同。典型工艺过程为：在一不锈钢容器中加入去离子水，并依次加入保湿剂、紫外线吸收剂、杀菌剂、收敛剂及其他水溶性成分，搅拌使其充分溶解；在另一不锈钢设备中加入酒精，再加入润肤剂、防腐剂、香料、增溶剂及其他水溶性成分，搅拌使其溶解均匀。将酒精体系和水体系在室温下混合，搅拌使其充分混合均匀；然后加入色素调色，再经过滤除去杂质、不溶物等（必要时可经储存陈化后再行过滤），即得澄清透明的化妆水。过滤材料可用素陶、滤纸、滤筒等。滤渣过多则说明增溶和溶解过程不完全，应重新考虑配方及工艺。用不影响组成的助滤剂（如硅藻土、漂土、粉状石棉等），可完全除去不溶物。

上述过程中，香精一般加在酒精溶液中，若配方中酒精的含量较少，且加有一些增溶剂（表面活性剂）时，可将香精先加入增溶剂中混合均匀，在最后阶段缓缓地加入制品中，不断地搅拌直至成为均匀透明的溶液，再经过陈储和过滤后，即可灌装。

为了加速溶解，水溶液可略加热，但温度切勿太高，以免有些成分变色或变质。

二、化妆水类化妆品的生产设备

(一)混合设备

由于是液体简单混合，对设备要求程度不高。设备材质为不锈钢，搅拌桨叶以螺旋推进式，电动机和开关等电器设备均需有较好的防燃防爆措施。

(二)过滤设备

过滤效果直接影响产品的澄清度。工业上应用的过滤设备称为过滤机，过滤机的类型很多，板框式压滤机是应用较广泛的过滤机，具有立式和卧式两种。另外，还有叶片式压滤机、筒式精密过滤器。

板框式压滤机由许多顺序交替的滤板和滤框构成。滤板和滤框支承在压滤机机座的两个平行的横梁上，可用压紧装置压紧或拉开，每块滤板与滤框之间夹有过滤介质(滤布或滤纸等)。压滤机的滤板表面周边平滑，在中间部分有沟槽，滤板的沟槽部和下部通道联通，通道的末端有旋塞用以排放滤液。滤板的上边缘有三个孔，中间孔通过悬浮液，旁边的孔通过清洗用的洗涤液。滤板上包有滤布，滤布上应开有孔，并要与滤板上的孔相吻合，如图4－8所示。

滤框位于两滤板之间，三者形成一个滤渣室，被滤布、滤纸等阻挡的固体粒子就沉积在滤框侧的滤布上。滤框上有同滤板相吻合的孔，当滤板与滤框装配在一起时，就形成输送液体的三条通道。

过滤过程是悬浮液滤浆在规定的压强下由泵送入过滤机，沿各滤框上的垂直通道进入滤框，滤液受压分别穿过两侧滤布再沿滤板的沟槽流出去，滤液由出口排出，固体则被截留于框内，当滤渣充满框后，则停止过滤。之后可打开压滤机取出滤渣，清洗滤布，整理滤板、滤

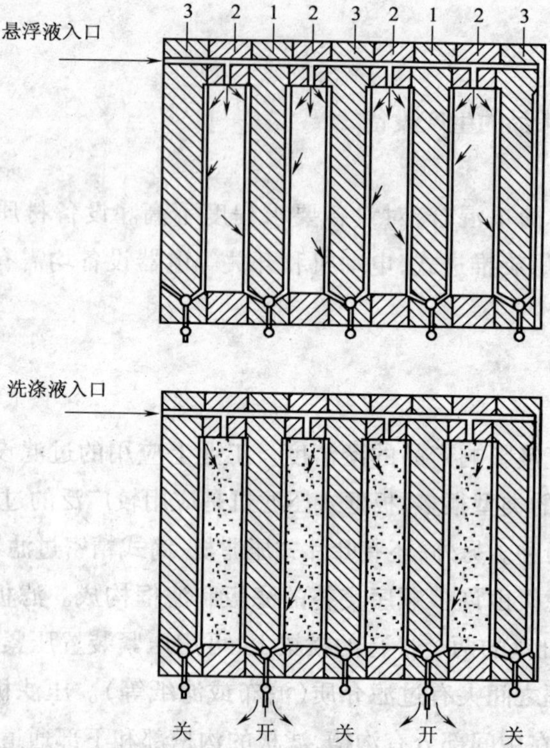

图 4-8　板框式压滤机

1—滤板　2—滤框　3—洗涤滤板

框，以便进行下一次过滤。

板框式压滤机的优点是占地面积小、推动力大、易于检查过滤机的操作、没有运动部分、操作简单、使用可靠。缺点是滤板、滤框装拆用人工进行，劳动强度大；滤渣洗涤不彻底；由于经常拆卸和在压力下操作，滤布磨损严重；另外，板框式压滤机是间歇操作，效率较低。

板框式压滤机适用于含较黏的悬浮颗粒，温度在 100℃ 以上和过滤压力大于 0.1MPa 的情况。

(三)液体灌装(充填)设备

1. 定量杯充填机

这是一种采用较广的设备(图 4－9)。充填的工作过程:在充填器下面没有灌装瓶时,定量杯由于弹簧的作用而下降,浸没在储液相中,则定量杯内充满液体。当瓶子进入充填器下面后,瓶子向上升起,上升机构用凸轮或压缩气缸均可,此时,瓶口被送进喇叭口内,压缩弹簧,使定量杯上升超出液面。这时杯内的液体通过容量调节到阀体的环形槽内,由于进液管的上下两段是隔开的,在下段管子上的小孔进入阀体的环形槽内,液体方可进入进液管的下段流入瓶内,液内的空气则由喇叭口上的排气孔中逸出。

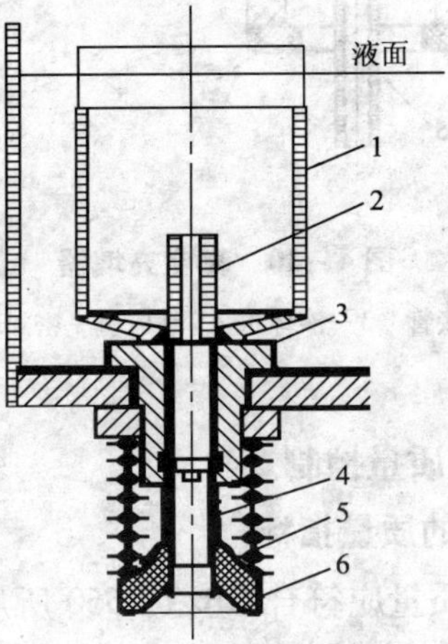

图 4－9　定量杯充填机

1—定量杯　2—调节器　3—刚体　4—进样管　5—弹簧　6—喇叭口

定量杯中的容量,是通过调节容量调节管的高低达到调节容量杯内流出液体的多少。

2. 真空充填器

真空充填器的结构比较简单(图4-10)。当瓶口与密封填料接触密封后,瓶内的空气通过真空吸管从真空接管内抽出,瓶内减压,液体在大气压力的作用下,通过液体进入管口进入瓶内。当瓶口的密封被破坏后,液体就自动停止流入瓶内。瓶内液面的高度,可由真空吸入管的长度调节控制。多余的液体可通过真空吸管流入中间容器内回收。

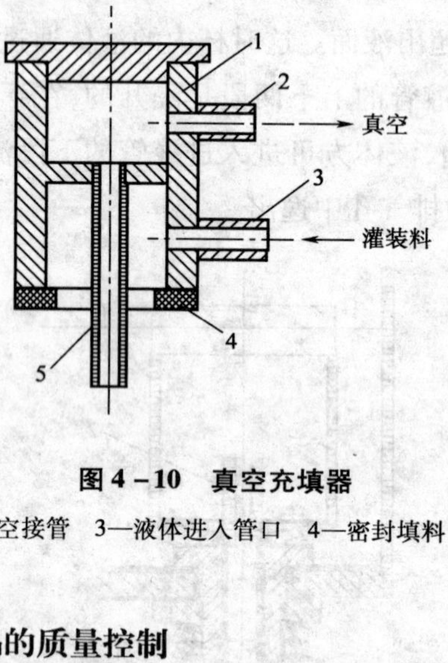

图4-10 真空充填器

1—壳体 2—真空接管 3—液体进入管口 4—密封填料 5—真空吸管

三、化妆水类化妆品的质量控制

(一)化妆水类化妆品的质量指标

化妆水类化妆品质量应符合GB/T 2660所规定的质量标准。

(二)化妆水类化妆品的质量问题及其控制方法

化妆水类制品的主要质量问题是混浊、变色、变味等现象,有时在生产过程中即可发觉,但有时需经过一段时间或不同条件下储存后才能发现,必须加以注意。

1. 混浊和沉淀

化妆水类制品通常为清晰透明的液体，即使在低温(5℃左右)也不应产生混浊和沉淀现象。引起制品混浊和沉淀的主要原因可归纳为如下两个方面。

(1)配方不合理或所用原料不合要求。此类产品主要考虑复配物溶解性。化妆水类化妆品中酒精的用量较大，其主要作用是溶解香精或其他水不溶性成分，需考虑酒精/水的比例，比例不同，对物质溶解度也不同。如果酒精用量不足，或所用香料含蜡等不溶物过多，都有可能在生产、储存过程中产生混浊和沉淀现象。根据加入原料特性，有时还需加入增溶剂(表面活性剂)。如加入水不溶性成分过多，增溶剂选择不当或用量不足，也会导致混浊和沉淀现象发生。

控制方法：合理选择配方，生产中严格按配方配料，对原料严格要求。

(2)生产工艺和生产设备的影响。为除去制品中的不溶性成分，生产中采用静置陈化和冷冻过滤等措施。如静置陈化时间不够，冷冻温度偏低，过滤温度偏高或压滤机失效等，都会使部分不溶解的沉淀物不能析出，在储存过程中产生混浊和沉淀现象。

控制方法：应适当延长静置陈化时间；检查冷冻温度和过滤温度是否控制在规定温度下；检查压滤机滤布或滤纸是否平整，有无破损等。

2. 变色、变味

(1)酒精质量不好。

控制方法：由于在化妆水类制品中大量使用酒精，因此，酒精质量的好坏直接影响产品的质量，所用酒精应经过适当的加工处理，以除去杂醇油和醛类等杂质。

(2)水质处理不好。

控制方法：化妆水制品除加入酒精外，为降低成本，还加有部分水，要求采用新鲜蒸馏水或经灭菌处理的去离子水，不允许有微生物或铜、铁等金属离子存在。铜、铁等金属离子对不饱和芳香物质会发生催化氧化作用，导致产品变色、变味；微生物虽会被酒精杀灭而沉淀，但会产生令人不愉快的气味而损害制品的气味，因此应严格控制水质，避免上述不良现象的发生。

(3)空气、热或光的作用。化妆水类制品中含有易变色的原料如葵子麝香、洋茉莉醛、醛类、酚类等，在空气、光和热的作用下会使色泽变深，甚至变味。

控制方法：在配方时应注意原料的选用或增用防腐剂或抗氧剂以及紫外线吸收剂；应注意包装容器，避免产品与空气接触；配制好的产品应存放在阴凉处，尽量避免光线的照射。

(4)碱的作用。

控制方法：化妆水类制品的包装容器要求中性，不可有游离碱，否则会使香料中的醛类等起聚合作用而造成离析或混浊，致使产品变色、变味。

3. 刺激皮肤

主要原因：发生变色、变味现象时，必然导致制品刺激性增大。另外，香精中含有某些刺激性成分较高的香料或有刺激性成分的香料用量太高，或者含有某些对皮肤有害的物质，经长期使用，会与皮肤产生各种不良反应。

控制方法：应注意选用刺激性低的香料和选用纯净的原料，加强质量检验。对新原料的选用，更要慎重，要事先做各种安全性试验。

4. 严重干缩甚至香精析出

主要原因：由于化妆水类制品中含有大量酒精，易于气化挥发，如包装容器密封不好，经过一定时间的储存，就有可能发生因酒精挥发而严重干缩甚至香精析出现象。

控制方法：应加强管理，严格检测瓶、盖以及内衬密封垫的密封程度。包装时要盖紧瓶盖。

第四节　发类制品(香波)

一、香波类化妆品的制备技术

香波类化妆品生产的特点是生产工艺简单,产品品种繁多,因此一般采用间歇式批量化生产工艺,而不宜采用投资多、控制难的连续化生产线。另外,其他香波类化妆品即以表面活性剂为主的均匀水溶液,例如浴液、洗手液等产品的制品制备与香波也是相同的。

香波类化妆品的生产工艺流程如图 4 - 11 所示,其设备主要包括带搅拌的混合罐、高效乳化或均质设备、物料输送泵和真空泵、计量泵、物料储罐和计量罐、加热和冷却设备、过滤设备、包装和灌装设备。

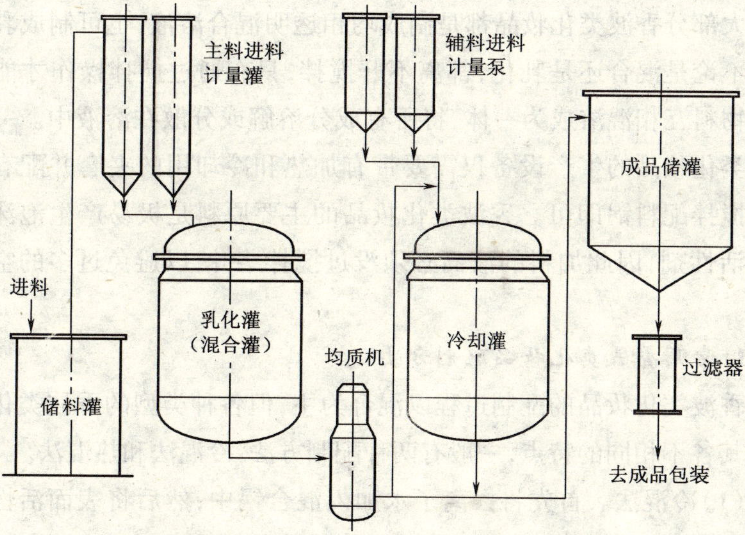

图 4 - 11　香波类化妆品生产工艺流程示意图

(一)原料准备

香波类化妆品实际上是多种原料的混合物,因此,熟悉所使用的各种原料的物理化学特性,确定合适的物料配比及加料顺序至关重要。

应按照工艺要求选择原料,并做好原料的预处理,如有些原料应预先在暖房中熔化,有些原料应用溶剂预溶,然后才能在主配料罐中混合。应按加料量确定称量物料的准确度和计量方式、计量单位,然后选择工艺设备。如用高位槽计量用量较多的液体物料,用定量泵输送并计量水等原料,用天平或秤称量固体物料,用量筒计量少量的液体物料,一定要注意计量单位。有些粗制原料要求预先处理,如某些物料应预先滤去机械杂质,使用的主要溶剂水,应进行去离子处理等。另外,为保证每批产品质量一致,所用原料应经化验合格后方可使用。

(二)混合或乳化

大部分香波类化妆品都是制成均相透明混合溶液,也可制成乳状液。不论是混合还是乳化,都离不开搅拌,只有通过搅拌操作才能使多种物料互相混溶成为一体,将所有成分溶解或分散在溶液中。一般香波类化妆品的生产设备仅需要带有加热和冷却用的夹套并配有适当的搅拌配料锅即可。香波类化妆品的主要原料是极易产生泡沫的表面活性剂,因此加料的液面必须没过搅拌桨叶,以避免过多的空气混入。

1. 常用香波类化妆品配制方法

香波类化妆品的配制过程以混合为主,但各种类型的香波类化妆品有其各不相同的特点,一般有两种配制方法:冷混法和热混法。

(1)冷混法。首先将去离子水加入混合锅中,然后将表面活性剂溶解于水中,再加入其他助洗剂。待形成均匀溶液后,加入其他成分,如香料、色素、防腐剂、络合剂等。最后用柠檬酸或其他酸类调节至所需的 pH 值，黏度用无机盐（氯化钠或氯化铵）来调整。若遇到加香料后不能完全溶解的，可先将它同少量助洗剂混合后再投入溶液，或者使用香料增溶剂来解决。冷混法适用于不含蜡状固体或难溶物质的配方。

（2）热混法。当配方中含有蜡状固体或难溶物质时，如珠光或乳浊制品等，一般采用热混法。首先将表面活性剂溶解于热水或冷水中，在不断搅拌下加热到 70℃，然后加入要溶解的固体原料，继续搅拌，直到溶液呈透明为止。当温度下降至 35℃左右时，加色素、香料和防腐剂等。pH 值的调节和黏度的调节一般都应在较低的温度下进行。采用热混法温度不宜过高（一般不超过 70℃），以免破坏配方中的某些成分。

2. 香波类化妆品配制注意事项

在各种香波类化妆品制备过程中，除按照上述一般工艺条件进行操作外还应注意如下问题：

（1）高浓度表面活性剂（如 AES 等）的溶解。必须把表面活性剂慢慢加入水中，而不是把水加入到表面活性剂中，否则会形成黏性极大的团状物，导致溶解困难。适当加热可加速溶解。

（2）水溶性高分子。水溶性高分子物质如调理剂 JR—400、阳离子瓜耳胶等，大都是固体粉末或颗粒，它们虽然溶于水，但溶解速度很慢。传统的制备工艺是长期浸泡或加热浸泡，造成能量消耗大，设备利用率低，某些天然产品还会在此期间变质。新的制备工艺是在高分子粉料中加入适量甘油，它能快速渗透使粉料溶解。方法是在甘油存在下，将高分子物质加入水相，室温搅拌 15min，即能彻底溶解；若加热，则溶解更快。当然，加入其他助溶剂也可起到相同的效果。

（3）珠光剂的使用。香波类化妆品中，制成外观非常漂亮的珠光产品是高档产品的象征，现在一般是加入硬脂酸乙二醇酯。珠光效果的好坏，不仅与珠光剂用量有关，而且与搅拌速度和冷却速度（采用片状珠光剂时)有联系。快速冷却和相当迅速的搅拌,会使体系暗淡无光。通常是在70℃左右加入,待溶解后控制一定的冷却速度,可使珠光剂结晶增大,获得闪烁晶莹的珍珠光泽。若采用珠光浆,则在常温下加入搅匀即可。

(4)加香。香波类化妆品的加香除考虑香精与其他原料的配伍性、刺激性、毒性、稳定性、留香性、香型、用量等问题外,加香过程中的温度控制也非常重要。在较高温度下加香不仅会使易挥发香料挥发,造成香精流失,同时也会因高温产生化学变化,使香精变质、香气变坏。所以一般在较低温度下(<50℃)加入。

(5)加色。对于大多数香波类化妆品,色素的用量都应在千分之几的范围甚至更少。因为这种加色只是使产品更加美观,而不是洗涤后使被洗物着色。因此,不应将香波类化妆品的色调调配得太浓太深。尤其是透明产品,必须保持产品应有的透明度,切忌使被洗物着色。

应选择对香波类化妆品中某些成分有较好溶解性的色素。这样就可以将选定的色素预先与这种成分混溶在一起,然后再进行液体洗涤剂的复配。如果这种染料能溶于水,加色工艺最简单。如色素易溶于乙醇,即可在配方设计时加乙醇,将色素溶解后再加入水中。有些色素在脂肪酸存在下有较好溶解性,则应将色素、脂肪酸同时混溶后配料。

实际上,香波类化妆品中有各种表面活性剂成分,用它来分散微量染料是很容易的。尤其是乳化产品,在乳化过程中,微量染料通过乳化就很容易分散在产品中。

(6)黏度的调整。香波类化妆品的黏度是成品的主要物理指标之一,按国内消费者的习惯,多数喜欢黏度高的产品。产品的黏度取决于配方中表面活性剂、助洗剂和无机盐的用量。表面活性剂、助洗剂(如烷醇酰胺、氧化胺等)用量高,产品黏度也相应提高。为提高产品黏度，通常还加入增稠剂如水溶性高分子化合物、无机盐等。水溶性高分子化合物通常在前期加入，而无机盐（氯化铵、氯化钠等）则在后期加入，其加入量视实验结果而定，一般不超过3%。过多的盐不仅会影响产品的低温稳定性，增加制品的刺激性，而且当黏度达到一定值时，再增加盐的用量反而会使体系黏度降低。

（7）pH值的调整。pH值调节剂（如柠檬酸、酒石酸、磷酸和磷酸二氢钠等）通常在配制后期加入。当体系降温至35℃左右，加完香精、香料和防腐剂后，即可进行pH值调节。首先测定其pH值，估算缓冲剂加入量，然后投入，搅拌均匀，再测pH值。未达到要求时再补加，直到满意为止。对于一定容量的设备或加料量，测定的pH值后可以凭经验估算缓冲剂用量，制成表格指导生产。

另外，产品配制后立即测定的pH值并不完全真实，长期储存后产品pH值将发生明显变化，这些在控制生产时都应考虑到。

（三）混合物料的后处理

无论是生产透明溶液还是乳液，在包装前还要经过一些后处理以提高产品的稳定性。这些处理可包括以下内容。

1. 过滤

在混合或乳化操作时，要加入各种物料，难免带入或残留一些机械杂质，或产生一些絮状物，这些都直接影响产品外观。所以物料包装前的过滤是必要的。

2. 均质

经过乳化的液体，其乳液稳定性较差，最好再经过均质工艺，使乳液中分散相的颗粒更细小、均匀，得到高度稳定的产品。

3. 排气

在搅拌的作用下，各种物料可以充分混合，但不可避免地将大量气体带入产品。由于搅拌的作用和产品中表面活性剂等的作用，有大量的微小气泡混合在成品中。气泡不断冲向液面的作用力,可造成溶液稳定性变差,包装时计量不准。一般可采用抽真空排气工艺,快速将液体中的气泡排出。

4 陈放

也可称为老化。将物料在老化罐中静置储存几个小时,待其性能稳定后再进行包装。

(四)包装

对于绝大部分香波类化妆品,都使用塑料瓶小包装。因此,在生产过程的最后一道包装工序的包装质量是非常重要的。正规生产应使用灌装机、包装流水线,小批量生产可用高位槽手工灌装。严格控制灌装量,做好封盖、贴标签、装箱和记载批号、合格证等工作。袋装产品通常应使用灌装机灌装封口。

二、香波类化妆品的质量控制

(一)香波类化妆品的质量指标

香波的种类繁多,生产复杂,如果在生产过程中控制得不好,极易产生一些问题,进而影响产品的质量。例如:透明香波变混浊,珠光香波出现沉淀,稠厚香波变稀,膏霜体香波的发硬以及破乳现象。此外,香波还可能受到细菌的侵入败坏,产生不良的气味。因此,必须在生产过程中严格控制,以确保成品的均一性和稳定性。

香波的许多特性是可以测定的,如 pH 值、黏度、浊点、泡沫、耐湿性、气味等,这些指标应符合 QB 11432—1989 所规定的质量标准。

1. pH 值

pH 值应在每批香波制成后立即测定。不同类型的香波,它的 pH 值也各不相同。将香波做成各种需要的 pH 值是可能的,但是不能保证在储存的过程中没有变动。香波的 pH 值应与皮肤的 pH 值相近似，这样不致损伤头皮。

2. 黏度

黏度的测定可用黏度计，但许多香波都有触变的特性，因此具有搅拌桨的黏度计会使香波的黏度暂时变低。测定香波黏度的最好方法是采用具有规定小孔的黏度杯，用定量的香波（50～60mL）从杯内流下时所需要的时间（s）来表示香波的黏度。

3. 浊点

浊点即为当升温至样品出现混浊时的温度。透明液体香波变混浊是生产过程中的一大问题，必须设法解决。准确的浊点测定必须有精密的仪器和操作技巧，但同一样品第一次测定和第二次测定也往往有些差别。

浊点的测定可以在装有加热、冷却以及搅拌装置的普通水浴中进行。

4. 泡沫

细腻而丰富的泡沫是香波的主要性质之一，较标准的测定方法是采用罗氏泡沫测定仪，简单的测定方法如下：吸取香波 1mL 在具有玻璃塞的 1000mL 刻度量筒中，加蒸馏水至 100mL，将量筒颠倒 10 次后静置，1min 记录泡沫量，3min 第二次记录泡沫量，5min 第三次记录泡沫量，将三次记录的泡沫量和标准样比较。

5. 耐温性

将样品分成两份，一份在 40℃烘 15 天，另一份在 －10℃冰 15 天，观察香波在较高和较低的温度影响时质量的变化。

6. 香气

香气对香波是十分重要的，外观美观、清香扑鼻的香波令人愉快。必须注意香波的 3 个阶段的香气——香波装在瓶中时的香味，在使用时的香味和洗去香波后头发留下的香味。香波在这 3 个阶段的香气直接影响消费者对这种香波的喜欢程度。

(二)香波的质量问题和控制方法

香波属于生产工艺比较简单的一类化妆品,但在其生产、储存和使用过程中,也和其他产品一样,由于原料、生产操作、环境、湿度等的变化而出现一些质量问题。

1. 黏度变化

黏度是洗发剂的一项主要质量指标,生产中应控制每批产品黏度基本一致,但在生产过程中,同一个配方,有时制品黏度偏高,而有时偏低。造成黏度波动的原因有许多。多数香波都是单纯的物理混合,因此某种原料规格的变动,如活性物含量、无机盐含量等,都可能在成品中表现出来。操作规程控制不严,称量不准等都会造成严重的质量事故。

出现上述质量问题应对制品进行分析,包括活性剂含量、无机盐含量等,不足时应补充或增加有机增稠剂用量,如黏度偏高,可加入减黏剂如丙二醇、丁二醇等,或减少增稠剂用量。必须注意,不论需提高或降低黏度,都必须先做小试,然后才可批量生产,否则会导致不合格产品出现。另外,必须加强全面质量管理,以确保产品质量稳定。所以原料的质量控制对保证成品质量至关重要。原料进厂后,必须经过取样化验,合格后方能投入生产。

有时香波刚生产出来时黏度正常,但经一段时间放置后黏度会发生波动,其主要原因有:

(1)制品 pH 值过高或过低,导致某些原料(如琥珀酸酯磺酸盐类)水解,影响制品黏度,应调整至适宜 pH 值、加入缓冲剂。

(2)单用无机盐或皂类作增稠剂,体系黏度随温度变化而变化,可加入适量水溶性高分子化合物增稠剂,以避免此种现象的发生。

2. 珠光效果不良或消失

珠光效果的好坏,与珠光剂的用量、加入温度、冷却速度、配方中原料组成等均有关系。在采用珠光块或珠光片时,可能有如下一些影响:体系缺少成核剂(如氯化钠、柠檬酸);珠光剂用量过少;表面活性剂增溶效果好;体系油性成分过多,形成乳化体;加入温度过低,溶解不好;加入温度过高或制品 pH 值过低,导致珠光剂水解;冷却速度过快,或搅拌速度过快,未形成良好结晶。

为保证制品珠光效果一致,可采用珠光浆(可自制也可外购),只要控制好加入量,在较低温度下加入搅匀,一般珠光效果不会有大的变化。

3. 混浊、分层

香波刚生产出来各项指标均良好,但经一段时间放置,出现混浊甚至分层现象,有如下几方面原因:

(1)体系黏度过低,其不溶性成分分散不好。

(2)体系中高熔点原料含量过高,低温下放置结晶析出。

(3)体系中原料之间发生化学反应,破坏了表面活性剂胶体结构。

(4)微生物污染。

(5)制品 pH 值过低,某些原料水解。

(6)无机盐含量过高,低温下出现混浊。

4. 变色、变味

(1)所用原料中含有氧化剂或还原剂,使有色制品变色。

(2)某些色素在日光照射下发生褪色反应。

(3)防腐剂用量少,防腐效果不好,使制品霉变。

(4)香精与配方中其他原料发生化学反应,使制品变味。

(5)所加原料本身气味过浓,香精无法遮盖。

(6)制品中铜、铁等金属离子含量高,与配方中某些原料如 ZPT 等发生变色反应。

5. 刺激性大,产生头皮屑

(1)表面活性剂用量过多,脱脂力过强,一般以 12% ~25% 为宜。

(2)防腐剂用量过多或品种不好,刺激头皮。

(3)防腐效果差,微生物污染。

(4)产品 pH 值过高,碱性过强,刺激头皮。

(5)无机盐含量过高,刺激头皮。

上述现象往往同时发生,因此必须严格控制。除上述质量问题外,还有直接关系香波内在质量的问题,如梳理性、光滑性、光泽性等,在配方设计时必须引起足够的重视,才能确保产品质量稳定,提高产品的市场竞争能力。

第五章

洁肤化妆品

第一节　皮肤的新陈代谢

皮肤不仅是人体内部器官和组织的保护者，还担负着调节体温、吸收、分泌和排泄以及感受、代谢、免疫等生理功能。保护和修饰皮肤是化妆品最主要的功能，尤其是洁肤化妆品，其功效发挥与皮肤的新陈代谢密切相关。因此，在论述洁肤化妆品的内容之前，有必要对皮肤的基本生理功能进行介绍。

一、皮肤的结构

皮肤位于人体表面，是人体的第一道防线，尤其是角质层，具有十分重要的功能。成人的皮肤面积约为 $1.5 \sim 2.0m^2$，厚度一般为 1 ~ 4mm。一般来说，男性的皮肤比女性的要厚一些，眼睑、颊部和四肢曲侧等处皮肤较薄，脚跟最厚，为 2 ~ 5mm。人体皮肤质量约为体重的 5%，若包括皮下组织，总质量达体重的 16%，所以它是人体最大的器官。皮肤分表皮、真皮及皮下组织三部分，见图 5 - 1。

（一）表皮（Epidermis）

表皮是皮肤的最外层组织，主要由角朊细胞（Kerationocyte）组成，根据角朊细胞的形态，由外向内又可分为角质层、透明层、颗粒层、棘层和基底层五个层次。

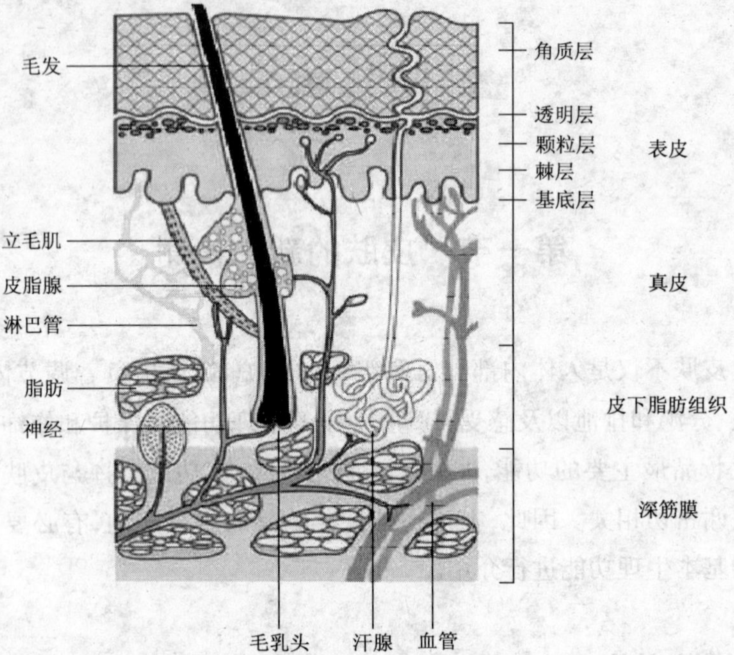

图 5-1　皮肤的结构

1. 角质层(Stratum croneum)

角质层是表皮的最外层部分,是由 4~8 层已经死亡的扁平、无核细胞所组成的保护层。角质层细胞内充满了角蛋白纤维,是一种非水溶性硬蛋白,对酸、碱和有机溶剂均有一定的抵抗力,也可抵抗摩擦。角质层中的角蛋白吸水能力很强,角质层不仅能防止体内水分的散发,还能从外界环境中获得一定的水。角质层细胞一般脂肪含量约7%,水分含量约10%~20%,使皮肤保持柔润。如果水分降至10%以下,皮肤就会干燥发皱,产生肉眼可见的裂纹甚至鳞片。

2. 透明层(Stratum lucidum)

透明层稍有细胞结构，但界限不明显，无核，无色透明，仅见于手掌和脚掌的表皮。透明层含有角质蛋白和磷脂类物质，能防止水及电解质透过皮肤，起到生理屏障作用。

3. 颗粒层(Stratum granulosum)

颗粒层含有2~4层扁平细胞，纺锤形或棱形，有细胞核。颗粒层是表皮内层细胞向表层角质层过渡的细胞层，可以防止水分渗透，对储存水分有重要作用。

4. 棘层(Stratum spinosum)

棘层由5~10层多角形、有棘突的细胞组成，棘细胞之间有许多棘刺互相连接，故称为棘细胞层。棘细胞越靠表皮越扁，里面的长，有间桥连结。间桥间有淋巴液通过，以供给细胞营养。棘层是表皮中最厚的一层，里层的棘细胞具有分裂功能，参与创伤的修复。如果棘刺发生病变、松解，就会发生痢性皮肤病。

5. 基底层(Stratum germinativum)

基底层又名生发层，是表皮的最下层，与真皮相接，由一列呈栅形排列的圆柱状细胞构成。基底层中有黑素细胞，黑素细胞分泌黑素以吸收紫外线，防止紫外线过度照射(这种细胞的多少决定人类皮肤的颜色。白种人黑素细胞较少，黑种人极多，黄种人居中。正常人如果黑素细胞过多就会出现雀斑、黄褐斑、黑变病等，如果黑素细胞消失就会得白癜风，它们都属于色素皮肤病)。基底层细胞分裂繁殖细胞时，部分分裂的新细胞逐渐向上层推移，最后变成角质层的死亡细胞脱落。

(二)真皮(Dermis)

真皮在表皮下面，一般分为两层：乳头层和网状层。主要由蛋白纤维结缔组织和含有黏多糖的基质(ground substance)组成。真皮结缔组织中主要成分为胶原纤维(collagenous fibers)、网状纤维(reticular fibers)和弹力纤维(elactic fibers),这些纤维的存在对维持正常皮肤的韧性、弹性和充盈饱满程度具有关键作用。真皮中含水量的下降可影响弹力纤维的弹性,胶原纤维也易于断裂。纤维间基质主要是多种黏多糖和蛋白质复合体,在皮肤中分布广泛,可以结合大量水分,是真皮组织保持水分的重要物质基础。例如透明质酸就是真皮中含量最多的氨基多糖。所以,在化妆品中常把生物提取的透明质酸作为保湿原料添加到化妆品中。

人体皮肤的含水量为体重的18% ~20%,皮肤内75%的水在细胞外,主要贮存在真皮内。若真皮基质中透明质酸减少,黏多糖变性,真皮上层的血管伸缩性和血管壁通透性减弱,就会导致真皮内含水量下降,使皮肤出现干燥、无光泽、弹性降低、皱纹增多等皮肤老化现象。

真皮里有血管、神经、毛、立毛肌、汗腺、皮脂腺。皮脂腺分泌皮脂,形成脂膜,保护皮肤和毛发。

(三)皮下组织(Subcutaneous tissue)

皮下组织含有大量的血管、淋巴管、神经、毛囊、皮脂腺、汗腺等,是皮肤的附属器官。

皮脂细胞核随着细胞的陈旧、脂肪量增加而萎缩,细胞更新时,细胞膜破裂排到皮肤表面,扩散并与水分乳化形成皮脂膜。皮脂膜呈弱酸性,有抑菌、中和碱的作用,并能使皮肤及毛发光滑、柔润,防止皮肤水分蒸发。如果皮脂分泌不正常,就会引起各种皮肤病。皮脂的主要成分见表5-1。

表5-1　皮脂的成分

成　　分	含量(%,质量分数)	成　　分	含量(%,质量分数)
角鲨烯(30C的烯烃类)	11.8	甘油三酸酯	51.8
蜡	15.7	甘油一酸酯	0.7
胆固醇	1.0	游离脂肪酸	12.8
胆固醇酯	1.4		

(四)小汗腺(Eccrine glands)

小汗腺是分泌汗液的腺体,它借助肌上皮细胞的收缩将汗液输送到皮肤表面,平时分泌量较小,以肉眼看不见的蒸汽形式发散,慢慢蒸发而没有明显感觉。分泌量增加时在皮肤表面形成水滴状。汗液是不断分泌的,可起保湿作用,防止皮肤干燥,还有助于调节体温和排出体内的部分代谢产物。除通过小汗腺外,还有部分水可以通过表皮散失,即水分尚未达到表皮时,就已变成蒸汽形式,再从表皮逸出,为表皮的不自觉失水。目前失水的机理尚不清楚,有人认为与表皮角质化过程有关,是表皮细胞的生理功能之一,在病理情况下如表皮增生,角质化速度加快或大量脱屑时,经表皮失水量会增加。

二、皮肤的渗透和吸收作用

皮肤是人体的天然屏障和净化器,一方面,皮肤对机体具有各个方面的保护作用;另一方面,皮肤具有一定的渗透能力和吸收作用。有些物质可以通过表皮渗透入真皮,被真皮吸收,影响全身。

外界物质对皮肤的渗透是皮肤吸收小分子物质的主要渠道,物质可能进入皮肤的途径通常有以下几种:软化角质层,经角质层细胞膜渗透进入角质层细胞,继而可能再透过表皮进入真皮层;少量大分子和不易透过的水溶性物质,可以通过皮肤毛囊,经皮脂腺和毛囊管壁进入皮肤深层真皮内,再由真皮向四处扩散;某些超细的分子物质经过角质层细胞间隙渗透进入真皮。

角质层是影响皮肤渗透吸收最重要的部位,角质层的生物学特征直接关系到皮肤的吸收性能。不同身体部位角质层的厚度不一样,直接影响皮肤的吸收程度。如掌趾部位角质层较厚,吸收作用弱;黏膜组织无角质层,吸收作用较强;软化的皮肤可以增加渗透吸收;婴幼儿和儿童皮肤的角质层较薄,吸收作用比成人强。

皮肤的渗透和吸收作用是一个非常复杂的生理过程,受很多因素的影响。动物脂肪、酸类化合物、激素等,比较容易被皮肤吸收;植物油较动物油难被吸收;矿物油、水和固体物质不易被吸收;而气体则可以进入皮肤内部;特别是有些物质浓度高时反而吸收减少,如酸类物质浓度大时,会和皮肤蛋白结合形成薄膜,阻止皮肤吸收。

研究证实,皮肤表皮角质层可以吸收较多的水分,特别在皮肤被水浸润后,或采用包敷的办法,多会使皮肤的水分增加,提高皮肤的吸收作用;受损伤或有病变的皮肤吸收较多,如皮肤充血损害处,湿疹等皮肤病会增加吸收。不同基质影响皮肤吸收:粉剂、水溶液和悬浮体系的吸收一般较差;软膏可以浸软皮肤,阻止水分挥发,因而能够增大吸收;有机溶剂由于对皮肤渗透性强,也可以增加吸收。

三、皮肤的主要代谢作用

作为人体整个机体的组成部分,皮肤和其他器官一样,基础代谢活动是必不可少的,如糖、脂肪、水、电解质和蛋白质的代谢。同时,调节人体代谢的方式,如神经调节、内分泌调节及酶系统调节等,同样也调节皮肤的代谢活动。皮肤的主要代谢包括糖、脂肪、水、电解质和蛋白质的代谢等。

四、皮肤的分泌和排泄作用

皮肤还具有分泌和排泄功能,主要通过汗腺和皮脂进行。汗液是皮脂排泄作用的结果,而皮脂通过皮肤的分泌作用产生。

第二节　洗涤用表面活性剂

一、阴离子表面活性剂

1. 十二烷基硫酸钠(Sodium lauryl sulfate,SLS)

十二烷基硫酸钠为去脂力极强的表面活性剂，是目前强调油性肌肤或男性专用洗面乳最常用的清洁成分。其缺点是对皮肤具有潜在的刺激性，与其他表面活性剂比较，属于刺激性大者。因具有过强的去脂力，会过度去除皮肤自然生成的皮脂膜，长期使用，将使得皮肤自身的防御能力降低，引起皮肤炎、皮肤老化等现象。因此，这一类产品不适合过敏及干性肌肤者。

2. 聚氧乙烯烷基硫酸钠（Sodium laureth sulfate，Sodium lauryl ether sulfate，Sodium laureth-2 sulfate，Sodium trideceth sulfate，SLES）

聚氧乙烯烷基硫酸钠亦属于去脂力佳的表面活性剂。其对皮肤及眼黏膜的刺激性稍小于SLS。这类清洁剂应用广泛，除了洗脸产品，还大量用于沐浴乳及洗发精的配方中。

3. 酰基磺酸钠（Sodium cocoyl isethionate）

酰基磺酸钠具有优良的洗净力，且对皮肤的刺激性低。此外，有极佳的亲肤性，洗时及洗后的触感较好，皮肤不会过于干涩且柔嫩。以此成分为主要配方的洗面乳，酸碱值通常控制在pH =5 ~7之间，十分适合正常肌肤使用。

4. 磺基琥珀酸酯类（Disodium laureht sulfosuccinate，Disiodium lauramido MEA-sulfosuccinate）

磺基琥珀酸酯类属于中度去脂力的表面活性剂，较少作为主要清洁成分。具有极佳的起泡力，因此常与其他洗净成分搭配使用，以调节泡沫。当与AES以1:2（活性物含量）复配时，能有效降低AES的刺激性，其缺点是比较难增稠，需要使用一些特殊的增稠剂，如DOE—120。除了洗面乳之外，常用于泡沫沐浴露及儿童沐浴露，或在发泡性较差的洗净成分中作为增泡剂使用。其本身对皮肤及眼黏膜的刺激性均很小，是温和的洗净成分。

5. 烷基磷酸酯类（Mono alkyl phosphate，MAP）

烷基磷酸酯类属于温和、中度去脂力的表面活性剂。这一类制品须在中性或微酸性的环境,才能有效发挥洗净效果。其亲肤性好,洗时或洗后触感均佳,但不适用于对碱性过敏的肤质。

6. 酰基肌氨酸及其盐类(Sarcosinate)

酰基肌氨酸及其盐类对皮肤和头发十分温和,泡沫丰富,调理性能好,并有抗静电效应,它们对多种表面活性剂还有广泛的相容性,故在化妆品中具有很大的应用潜力。

气溶胶剃须泡沫可用月桂酰基肌氨酸钠盐为基料,因为它具有很好的润湿性,并对剃刀和产品容器有抗腐蚀性。在脱毛产品中它可用作乳化剂和泡沫剂。由于其良好的温和性和调理性能,使其成为泡沫浴、泡沫浴油和身体用清洁剂理想的原料。在香波中月桂酰基肌氨酸钠盐可显示出良好的去污性能、泡沫性能和调理性能,并能使头发柔软和有丝质状触感,还可减少静电。

月桂酰基肌氨酸铵盐(油酰基肌氨酸钠盐)可用于凝胶状无水洗手膏中。

月桂酰基肌氨酸三乙醇胺盐对人体皮肤具有特殊的温和性能,是清洁品和粉刺皮肤清洗剂的最佳原料。

7. 氨基酸系表面活性剂(Acylglutamates, Sodium *N*-lauryl-l-glutamate, Sodium *N*-cocoyl glutamate, *N*-cocoyl glutamic acid, TEA *N*-cocoyl glutamate, Potassium *N*-cocoyl glutamate)

氨基酸系的表面活性剂采用天然成分为原料制造。成分本身可调整为弱酸性,所以对皮肤的刺激性很小,亲肤性又特别好,是目前高级洗面乳清洁成分的主流,价格较为昂贵。

二、两性表面活性剂(Laurl betaine, Cocoamidopropyl betaine, Lauramidopropyl betaine)

常见的两性表面活性剂有甜菜碱、氧化胺和咪唑啉。一般来说,这类清洁刺激性均低，且起泡性好，去脂力方面属中等，所以较适于干性肌肤或婴儿清洁制品配方，目前以婴儿洗发精用得最多。用在洗面乳中，经常搭配去脂力较强的表面活性剂使用。

三、阳离子表面活性剂

洗涤类产品使用的阳离子表面活性剂主要有两个用途：在洗发、护发产品中作调理剂；用于消毒，如十二烷基二甲基苄基氯化铵，简称为1227，国内商品名称为洁尔灭。具有良好的抗静电、乳化、杀菌灭藻及消毒性能，万分之几浓度的溶液即可用于消毒，其1%水溶液的pH值为6~8，化妆品中用作调理剂和消毒灭菌剂。

四、非离子表面活性剂

1. 烷基醇酰胺(Alkyl alcohol amide)

烷基醇酰胺由脂肪酸和单乙醇胺或二乙醇胺缩合制得，它是一类多功能的非离子表面活性剂，其性能取决于组成的脂肪酸和烷醇胺的种类、两者之间的比例和制备方法。以前多用二乙醇胺来制备，但由于游离的二乙醇胺可能与体内的亚硝酸反应生成亚硝胺而有潜在的致癌性，现多用烷基醇单乙醇酰胺。

2. 烷基聚葡萄糖苷(Alkyl polyglucoside，AGPS)

此表面活性剂是以天然植物为原料制造得到，对皮肤及环境没有任何的毒性或刺激性。清洁力适中，为新流行的低敏性清洁成分。目前有一种洗碗精使用AGPS，温和无刺激性，价格稍贵。但以AGPS为主要成分的洗面乳仍不多见。

五、天然表面活性剂

天然表面活性剂是以植物或动物组织(如植物种子、根、茎、叶和分泌物，动物组织和分泌物等)，通过物理过程或物理化学的方法提取而得到的、具有表面活性的物质。常见的有茶皂素和绞股蓝。

第三节 面部清洁用品的设计原则与配方实例

一、清洁霜

清洁霜又称洁肤霜，是一种半固体膏状的洁肤化妆品，兼有护肤的作用。常用于使用化妆品后和油脂过多时的皮肤清洁。

清洁霜和冷霜基本属于同一类型的产品，所不同的是清洁霜的主要作用是清除皮肤上的积聚异物，如皮屑、油污、化妆品等，特别是皮肤上的化妆品的油性成分及油性污垢。用水来清除难以达到清洁效果，因为水只能从皮肤表面清除水溶性污垢；用皂类等清洁剂虽然能使油性污垢在水中乳化而被清除，但必须用大量水才能洗净；用油溶性溶剂，如矿物油等，对油性污垢溶解性虽好，但单独作用会在皮肤上留下一层油膜，使人有过分油腻的感觉。使用清洁霜，除了利用表面活性剂的润湿、渗透、乳化作用进行去污外，还同时利用产品中的油性成分（白油、凡士林等）作为溶剂，对皮肤上的污垢、油彩、色素等进行浸透和溶解，尤其利于渗透清除藏于毛孔深处的油污。清洁霜是综合去污作用，洁肤效果优于香皂，适宜于化妆卸妆。

清洁霜采用干洗的方法使用，用手指将清洁霜均匀地涂敷于面部，并施以适度按摩，溶解毛孔油污，使油污、脂粉、皮屑及其他异物被移入清洁霜内，然后用软纸、毛巾或其他易吸收的柔软织物将清洁霜擦去除净。洁净后的面部皮肤感觉光滑、滋润、舒适。

(一)清洁霜的特点

理想的清洁霜应具备如下特点：

(1)能在体温时液化或借助缓和的按摩即能液化,黏度适中,易于涂抹。

(2)应是中性或弱酸性,在皮肤的 pH 值范围内进行去污,使用时对皮肤无刺激性等。

(3)含有足够的油分,对唇膏、香粉及其他油污有优异的溶解性和去除效能,能迅速经皮肤表面渗入毛孔,清除毛孔污垢,并易于擦拭。

(4)使用后能使皮肤感觉舒适、柔软,无油腻感。

(二)清洁霜的分类

清洁霜分为无水型清洁霜、乳化型清洁霜等。乳化型清洁霜又分为水/油(W/O)型和油/水(O/W)型清洁霜。可根据需要选择不同乳化型清洁霜,如戏剧妆或浓妆,多为油性化妆品,卸妆时多选用水/油型清洁霜,主要是为了使油性化妆成分从皮肤表面清除。对于一般淡妆,则选用清洁能力弱但使用后感觉爽滑的油/水型清洁霜。

1. 无水清洁霜

无水清洁霜是一类全油性组分混合而制成的产品,使用时将它涂抹在皮肤上,它能随皮肤温度而触变液化流动,将皮肤上的油性污垢和化妆品残留油渍等溶解,其后即用软纸将其擦去,使皮肤清洁,达到卸妆目的。主要含有白油、凡士林、羊毛脂、植物油和一些酯类等。面部或颈部的防水性美容化妆品和油性污垢往往油性过大,不容易清洗,为此,配方中常常添加中等至高含量的酯类或温和的油溶性表面活性剂,使其油腻感减少,肤感更舒适,有时也较易清洗。有些配方制成凝胶制品,易于分散,可用纸巾擦除。

无水清洁霜典型配方见表 5 - 2 ~ 表 5 - 5。

表5－2　配方1(卸妆油)

组　　分	含量(%,质量分数)	组　　分	含量(%,质量分数)
石蜡	10.0	肉豆蔻酸异丙酯	6.0
凡士林	20.0	防腐剂	适量
鲸蜡醇	6.0	香精	适量
白油	约58.0		

表5－3　配方2(无水洁肤油)

组　　分	含量(%,质量分数)
癸酸/辛酸三甘油酸酯	12.0
PEG－400 二月桂酸酯	6.0
白油	82.0

表5－4　配方3(卸妆油膏)

组　　分	含量(%,质量分数)
蓖麻油	57.0
月桂醇	20.0
聚氧乙烯月桂醇醚异硬脂酸酯	20.0
乙醇	3.0

表5－5　配方4(无水洁肤油)

组　　分	含量(%,质量分数)
地蜡(Ceresin,64℃)	6
地蜡(Ozokerite,73℃)	8
凡士林	6
白油	约80
香精、抗氧化剂、着色剂	适量

这类产品制造工艺简单，只需将全部组分在室温或加热情况下(90℃)熔化，至45℃加入香精，混合均匀后，即可灌装。

2. W/O 型清洁霜

根据乳化方式的不同，此类清洁霜可以分为蜂蜡—硼砂乳化体系（反应式乳化和混用式乳化）和非反应式乳化体系。

(1)蜂蜡—硼砂乳化体系。蜂蜡是最古老的化妆品原料之一，在化妆品中的作用主要是乳化和稠度调节。蜂蜡中的硼酸与硼砂反应生成的蜡酸皂作为主要的乳化剂，游离蜂酸和羟基棕榈酸蜡醇酯作为辅助乳化剂，构成完整的乳化剂体系。蜂蜡—硼砂乳化体系可单独使用，也可与其他乳化剂配合使用，此时的乳化方式为混用式乳化。蜂蜡不仅可以使皮肤柔软和富有弹性，而且还是天然抗菌剂、防酶菌和抗氧剂。蜂蜡具有两方面的缺点，首先，蜂蜡具有特别的气味，必须添加适当的香精掩盖其气味；其次，蜂蜡是一种天然产物，其质量和组分随原料的来源和收成季节的变化而有所变化。

一般情况下，蜂蜡在膏霜中的含量为5%～6%（质量分数），而硼砂含量可依蜂蜡的含量与酸值计算求得。如所用蜂蜡的酸值为20（经化学分析或查阅蜂蜡的产品标准），即中和1g蜂蜡游离酸需20mg的KOH，则10g的蜂蜡需0.2g KOH才能中和蜂蜡的游离脂肪酸成皂。已知KOH的摩尔质量为56，含有10分子结晶水的硼砂摩尔质量为190.8。所以中和蜂蜡中的游离脂肪酸所需硼砂量为：$10\times20\times190.8/56=681(mg)=0.68(g)$，故配方中硼砂含量选定为0.7。若硼砂用量不足以中和蜂蜡中的游离脂肪酸，则产品没有光泽，稳定性差；若硼砂过量，则有硼酸或硼砂结晶析出。

传统的反应式乳化体系有许多不足，如膏霜微粒粗大，稳定性差，因此在多种表面活性剂作为乳化剂应用之后，往往再加入另外一些表面活性剂作为辅助的乳化剂，这样就成为所谓混用式乳化。

(2)非反应式乳化体系。这类膏霜乳化体形成过程中不发生化学反应,乳化是通过直接加入表面活性剂实现的。非反应式乳化体系是目前主要的乳化方式。此乳化体系中有时也会添加少量的蜂蜡作为稠度调节剂。

W/O 型清洁霜典型配方见表 5 - 6 ~ 表 5 - 12。

表 5 - 6 配方 1(蜂蜡—硼砂乳化体系)

组　分	含量(%,质量分数)	组　分	含量(%,质量分数)
蜂蜡	5.0	微晶蜡	7.0
白油	45.0	香精、防腐剂、抗氧剂	适量
白蜡	10.0	去离子水	加至 100.0
硼砂	0.2		

配方 1 生产工艺为:将油相组分置于油相锅内,加热至 90℃ 灭菌且熔化,将水相组分置于另一锅内加热至相同温度,然后降温至 80℃,将水相缓缓加入油相内,由均质乳化机搅拌达到均质乳化,继续搅拌冷却至 55℃ 时,加入防腐剂和香精。

表 5 - 7 配方 2(混用式乳化体系)

组　分	含量(%,质量分数)	组　分	含量(%,质量分数)
蜂蜡	6.0	硼砂	0.6
白油	50.0	丙二醇	3.0
鲸蜡醇	2.4	防腐剂、香精	适量
单硬脂酸甘油酯	1.0	水	加至 100.0
Span - 65	2.0		

配方 2 生产工艺为:蜂蜡—硼砂生成皂基乳化剂,与非离子表面活性剂单硬脂酸甘油酯、Span - 65 非反应式乳化剂一起,构成混用式乳化方式。配方中的丙二醇属多元醇类,它是一种保湿剂,具有使 W/O 型清洁霜保持湿润、防止干缩的作用。其制法与配方 1 相同。

表 5－8　配方 3(非反应式乳化体系)

组　分	含量(%,质量分数)	组　分	含量(%,质量分数)
蜂蜡	3.0	失水山梨醇倍半油酸酯	4.2
石蜡	10.0	Tween－80	0.8
凡士林	15.0	防腐剂、香精	适量
白油	41.0	去离子水	加至 100.0

配方 3 的制备工艺与前两个配方相同。

表 5－9　配方 4(蜂蜡—硼砂乳化体系)

组　分	含量(%,质量分数)	组　分	含量(%,质量分数)
蜂蜡	8.0	硼砂	0.4
白油	49.0	香精、防腐剂、抗氧剂	适量
白蜡	7.0	去离子水	加至 100.0
十六醇	1.0		

表 5－10　配方 5(混用式乳化体系)

组　分	含量(%,质量分数)	组　分	含量(%,质量分数)
蜂蜡	4.0	硼砂	0.4
液体石蜡	8.0	皂粉	0.1
凡士林	0.8	防腐剂、香精	适量
聚氧乙烯(20)单油酸酯	0.5	水	加至 100.0
甘油单油酸酯	3.5		

表 5－11　配方 6(非反应式乳化体系)

组　分	含量(%,质量分数)	组　分	含量(%,质量分数)
凡士林	35.0	白蜡	5.0
白油	15.0	羊毛脂	1.0

续表

组　分	含量(%,质量分数)	组　分	含量(%,质量分数)
地蜡	5.0	POE-20 山梨醇羊毛脂衍生物	4.0
失水山梨醇倍半油酸酯	2.0	香精、防腐剂、抗氧剂	适量
山梨醇(70%溶液)	2.5	去离子水	加至100.0
硫酸镁	0.2		

表5-12　配方7(非反应式乳化体系)

组　分	含量(%,质量分数)	组　分	含量(%,质量分数)
PEG-22/癸基乙二醇共聚物	4.0	混合对羟基苯甲酸酯	0.2
羟基二十八醇羟基硬脂酸酯	14.0	防腐剂、香精	适量
肉豆蔻酸异丙酯	5.0	去离子水	加至100.0
白油	36.0		

3. O/W 型清洁霜

O/W 型清洁霜是一类含油量中等轻型的洁肤制品,油腻感小,是目前较为流行的一类清洁霜,适于油性皮肤者使用。这类产品也可以按照乳化方式的不同分为蜂蜡—硼砂乳化体系和非反应式乳化体系。

(1)蜂蜡—硼砂乳化体系。蜂蜡—硼砂乳化体系 O/W 型清洁霜典型配方见表5-13~表5-16。

表5-13　配方1(蜂蜡—硼砂乳化体系)

组　分	含量(%,质量分数)	组　分	含量(%,质量分数)
蜂蜡	8.0	硼砂	0.4
白油	49.0	聚丙烯酸树脂	0.2
十六醇	1.0	去离子水	加至100.0
PEG-15 椰子油基胺	1.0		

配方1生产工艺为:蜂蜡—硼砂乳化体系的O/W型清洁霜的生产工艺与硼砂—蜂蜡乳化体系的W/O型清洁霜的工艺相同。

表5-14　配方2(硬脂酸—三乙醇胺乳化体系)

组　分	含量(%,质量分数)	组　分	含量(%,质量分数)
硬脂酸	15.0	甘油	5.0
羊毛脂	4.0	香精、防腐剂	适量
矿物油	25.0	去离子水	加至100.0
三乙醇胺(TEA)	1.9		

配方2生产工艺为:水相组分含量较多,作为外相。硬脂酸—三乙醇胺乳化体系的乳化方式是由硬脂酸与三乙醇胺发生反应,生成的皂作为乳化剂进行乳化而制得的。其制法仍是将油相、水相组分分别在两锅内加热,采用转相乳化法,将水相加入熔化的油相中,随着水量的增加而发生转相,由W/O型变成O/W型,从而制得O/W型清洁霜。

表5-15　配方3(混用式乳化体系)

组　分	含量(%,质量分数)	组　分	含量(%,质量分数)
蜂蜡	8.0	硼砂	0.4
石蜡	7.0	汉生胶	0.2
白油	49.0	防腐剂、香精	适量
十六醇	1.0	去离子水	加至100.0
烷基磷酸酯	1.0		

配方3生产工艺为:以烷基磷酸酯为配合乳化剂,同时为了使其具有较好的稳定性,配方中添加了水溶性胶质汉生胶。在配制时,首先将汉生胶分散到水中,加入硼砂,混合均匀构成水相。油相组分和水相组分高温灭菌后分别降温至75℃,将油相加到水相中,同时均质

搅拌，后慢搅，并冷却至55℃加入香精，再冷却至45℃放料。

表5－16　配方4（非离子乳化体系）

组　分	含量（%，质量分数）	组　分	含量（%，质量分数）
凡士林	7.5	PEG－20甲基葡萄糖苷	2.5
十六醇	7.0	肉豆蔻酸异丙酯	7.5
PEG－75羊毛脂	2.0	丙二醇	2.5
硬脂酸单甘油酯	7.0	去离子水	63.0
Tween－60	1.0	香精、防腐剂、抗氧剂	适量

（2）非反应式乳化体系。非反应式清洁霜的制法与反应式清洁霜的制法相同。此类产品的生产工艺流程可用图5－2表示。

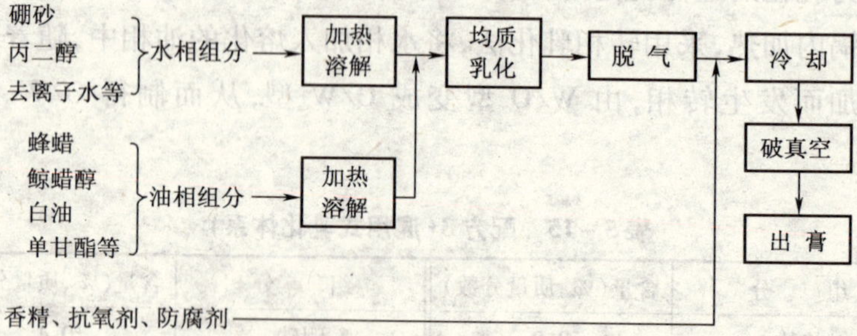

图5－2　非反应式清洁霜生产工艺流程

在水相罐中加入去离子水、硼砂、丙二醇等水相组分，搅拌加热至90～95℃，维持20min灭菌。在油相罐中加入白油、蜂蜡、鲸蜡醇、硬脂酸、混合醇、单硬脂酸甘油酯、羊毛脂等油相成分，搅拌、加热，使其熔化均匀，加热至90～95℃。将水相、油相分别经过滤器抽至乳化罐中，维持温度70～85℃，均质乳化，同时刮边搅拌，均质5～8min，停止均质，通冷却水冷却。脱气、降温至45℃，加入香精、抗氧剂、防腐剂和热敏性营养添加剂等。

配方实例见表5-17~表5-19。

表5-17　配方1(硬脂酸—三乙醇胺乳化体系)

组　分	含量(%,质量分数)	组　分	含量(%,质量分数)
甘油单硬脂酸酯	6.0	丙二醇	5.5
硬脂酸	4.0	三乙醇胺	0.7
凡士林	10.0	维生素E乙酸酯	0.3
液态石蜡	10.0	香精、防腐剂	适量
肉豆蔻酸异丙酯	10.0	去离子水	加至100.0
聚二甲基硅氧烷	2.0		

表5-18　配方2(混用式乳化O/W型清洁霜)

组　分	含量(%,质量分数)	组　分	含量(%,质量分数)
蜂蜡	8.0	硼砂	0.4
白油	49.0	Carbopol 941	0.2
石蜡	7.0	防腐剂、香精、色素	适量
十六醇	1.0	去离子水	加至100.0
聚乙二醇(400)硬脂酸酯	1.0		

配方2中除了使用蜂蜡—硼砂皂和聚乙二醇(400)硬脂酸酯混用进行乳化外,还利用了Carbopol树脂的助乳化、增稠作用,可使膏霜更为稳定。其制法是先将Carbopol 941充分分散于水中,加入硼砂混匀成为水相,加热至75℃,同时将油相原料加热至75℃后加入水相,在激烈搅拌下混合均匀,冷却至45℃加入香精等,至常温即制得。

表5-19　配方3

组　分	含量(%,质量分数)
Chemical 39 Base(脂肪酰胺—脂肪胺类)	2.00
Chemical Base 6532(硬脂基酰胺乙基—二乙基胺)	0.60

续表

组　　分	含量(%,质量分数)
Adol 62 脂肪醇(脂肪酰醇)	6.50
合成鲸蜡醇	1.00
聚氧乙烯(10)硬脂酰醚	1.00
聚氧乙烯(20)硬脂酰醚	1.00
凡士林	1.50
尼泊金丙酯	0.13
丙二醇	6.00
尼泊金甲酯	0.13
去离子水	59.21
Lanasan CL 胶原	0.60
去离子水	20.00
乳酸(85%)	0.33

二、洗面奶

洗面奶又称为洁面乳或清洁乳液,其使用方法一般多为水洗,先将洁面乳少许倒入手心,加入少量水展开,再涂敷于面部轻轻揉擦片刻,后用水冲洗掉。洁面乳中常添加各种营养成分,如蜂蜜、丝肽、水解蛋白、胶原蛋白、黄瓜汁、柠檬汁、果酸、木瓜酶及维生素 C 衍生物等天然动植物提取物,使这些洁面乳还具有深层洁肤和养肤的作用。目前洁面乳已逐渐成为人们日常使用的洁面产品,尤其是在化妆前和卸妆时,大都使用洁面乳洁肤。

根据洁肤产品的化学组成和亲水亲油性质的不同,可将此类产品分为两种类型,其去污机理也不相同。一种是以表面活性剂为主的表面活性剂型;另一种是以油性成分和保湿剂以及酒精和水等溶剂起作用的溶剂型。

表面活性剂型的去污机理是通过表面活性剂的亲水、亲油基分别和水溶性污垢、油溶性污垢结合，产生乳化作用，除去污垢。显然，此类产品是以去除混杂油溶性和水溶性等一般污垢为对象的，其去污力较强，脱脂力和刺激性都较大，其使用越来越受到局限。

溶剂型的去污机理是通过产品中油性成分和水性成分分别溶解掉皮肤上的油溶、水溶污垢，达到去污目的。此种产品使用过程中不产生脱脂现象。

现在人们普遍使用的洗面奶通常是介于两者之间，两种作用都会产生，单纯产生一种作用的洁面产品已逐渐退出市场。

（一）普通洗面奶

普通洗面奶根据乳化方式的不同，分为皂基洗面奶、混合式洗面奶和非反应式洗面奶。

皂基洗面奶的特点是具有丰富的泡沫，优良的洗涤力，在配方中加入适量软化剂和保湿剂后，使用起来没有肥皂的“紧绷感”，而具有良好的润湿感。其配方中应含有以下几种成分：

（1）肥皂。由高级脂肪酸与碱发生酯化反应制得。皂类使洗面奶具有较强的去污性和丰富的泡沫。高级脂肪酸可选用 $C_{12} \sim C_{18}$ 脂肪酸、油酸、异硬脂酸、12－羟基脂肪酸、动植物油脂脂肪酸；可用来酯化的碱有氢氧化钠、氢氧化钾、三乙醇胺，还可选用蜂蜡—硼砂型皂基。

（2）其他表面活性剂。在配方中起到进一步清洁皮肤和助乳化作用，可供选择的品种为氨基酸类表面活性剂、甘油脂肪酸酯、POE 烷基醚、POE 烷醚磷酸盐、*N*－酰基－*N*－甲基牛磺酸盐等。

（3）软化剂。将皮肤和毛孔中的污垢乳化或溶解，并可营养皮肤。洁肤后在皮肤上形成一层薄的护肤膜，防止皮肤过分脱脂。可选用的软化剂有脂肪酸、高级醇、羊毛脂衍生物、蜂蜡、橄榄油、椰子油、霍霍巴油等。

(4)保湿剂。起到皮肤保湿、柔软、润滑作用,可选用各种类型的保湿剂,较常用的是甘油、丙二醇等。

(5)金属螯合剂。螯合硬水中金属离子,多选用 EDTA 及其盐、六偏磷酸钠。

(6)防腐剂、香精。

(7)其他辅助成分。可根据设计需要加入其他辅助成分。如美白洗面奶可加入美白成分,去粉刺洗面奶可加入杀菌剂、抑菌剂等。

(8)去离子水。保持和补充角质层(皮肤最外层)中的水分,溶解水溶性污垢,赋予洗面奶以乳液的形态。

非反应式洗面奶具有良好的去污效果。由于其性质温和,对皮肤刺激性小,有油性但无油腻感,使用后有清爽、润湿的感觉,尤其适宜混合性和干性皮肤者使用。通常选用非离子表面活性剂作为乳化剂,包括脂肪酸甘油酯、脂肪酸聚甘油酯、脂肪酸聚乙二醇酯、PEG 羊毛脂、Span 系列和 Tween 系列、甲基葡萄糖脂肪酸酯、脂肪醇醚等。这些非离子表面活性剂作用温和,其 HLB 值分布广泛,可按需要配伍使用。

普通洗面奶典型配方见表 5-20~表 5-27。

表 5-20　配方 1(蜂蜡—硼砂体系 O/W 型)

组	分	含量(%,质量分数)
油相组分	白油	37.6
	蜂蜡	3.0
	羊毛醇	5.0
	失水山梨醇单硬脂酸酯	3.2
水相成分	硼砂	0.15
	去离子水	50.75
其他成分	香精、防腐剂	适量

配方 1 生产工艺为:将油相各组分加热至 80℃,水相各组分在

95℃下溶解后冷却至80℃,然后将水相加入油相中,搅拌下冷却至40℃,加入香精、防腐剂,搅拌均匀即可。

表5-21 配方2(皂基乳化方式)

组 分	含量(%,质量分数)	组 分	含量(%,质量分数)
硬脂酸	10.0	甘油单硬脂酸酯	2.0
氢氧化钾	4.0	*N*-酰基-*N*-甲基牛磺酸盐	2.0
棕榈酸	10.0	EDTA-Na_2	适量
羊毛脂	2.0	香精、防腐剂	适量
椰子油	2.0	去离子水	加至100.0
甘 油	10.0		

配方2生产工艺为:在油相罐中加入硬脂酸、棕榈酸、羊毛脂、椰子油、甘油及防腐剂加热搅拌至70℃,经过滤抽至乳化罐中并保持其温度在70℃,将预先在水相罐中溶解了氢氧化钾的去离子水,经过滤抽至乳化罐,并保持70℃进行中和反应。加入其他原料,搅拌混合,抽真空、脱泡,冷却,根据所要求的硬度,选择冷却条件。

表5-22 配方3(非反应乳化方式)

组 分	含量(%,质量分数)	组 分	含量(%,质量分数)
白油	20.0	丙二醇	4.0
辛酸/癸酸甘油酯	8.0	防腐剂、香精	适量
单硬脂酸甘油酯	3.0	去离子水	加至100.0
聚乙二醇椰油甘油酯	3.0		

配方3生产工艺为:非离子表面活性剂单硬脂酸甘油酯和聚乙二醇椰油甘油酯作乳化剂,配方中的辛酸/癸酸甘油酯是一种性质优良的润肤剂,柔润性好,与皮肤有良好的亲和性。其生产工艺与前清洁

霜的制法类同。

表 5-23　配方 4(反应乳化方式)

组　分	含量(%,质量分数)	组　分	含量(%,质量分数)
白油	6.0	Sepigel 501	2.8
聚山梨醇油酸酯	0.3	防腐剂、香精	适量
聚山梨醇酯	1.7	乳酸	适量
肉豆蔻酸肉豆蔻酯	2.0	去离子水	加至 100.0
异壬基异壬醇酯	4.0		

配方 4 生产工艺为:利用新型乳化剂 Sepigel 501 进行乳化,其制法是先将白油等油、酯加热至 70℃,使其混溶,另将水加热至 75℃,将油相组分加入水中,至 60℃时加入 Sepigel 501 进行乳化。当冷却至 30℃加入防腐剂和香精,最后用乳酸调节 pH 值至 7 左右即得。

表 5-24　配方 5(混用式体系 O/W 型)

组　分	含量(%,质量分数)	组　分	含量(%,质量分数)
羊毛脂	2.7	Span-60	3.5
白油	40.0	Tween-60	2.9
蜂蜡	5.5	丙二醇	4.0
棕榈酸异丙酯	5.0	硼砂	0.1
硬脂酸单甘油酯	0.3	去离子水	加至 100.0

表 5-25　配方 6(混用式体系 O/W 型)

组　分	含量(%,质量分数)	组　分	含量(%,质量分数)
白油	35.0	三乙醇胺	1.0
硬脂酸	5.0	甘油	2.0
十六醇	2.0	防腐剂、香精	适量
Tween-60	2.0	去离子水	加至 100.0

此配方由硬脂酸与三乙醇胺进行中和反应所生成的胺盐作为乳化剂，同时非离子表面活性剂 Tween－60 协同进行乳化。

表 5－26　配方 7

组　分	含量（%，质量分数）	组　分	含量（%，质量分数）
白油	15.0	Germall Plus 防腐剂	0.1
Span－80	1.2	香精	适量
Tween－80	1.8	去离子水	加至 100.0
E－inspire 343	1.4		

此配方利用了新型的膏霜赋型剂 E－inspire 343，它具有优良的亲水亲油性，能在水及乳剂中迅速增稠即刻获得凝胶与乳液，在室温下可配制，工艺简单，制得的洗面奶洁白、光滑。

表 5－27　配方 8

组　分	含量（%，质量分数）	组　分	含量（%，质量分数）
PPG－10 十六醇醚	1.0	白油	42.0
油醇	1.5	硬脂酸	1.0
油醇醚－10	3.0	三乙醇胺	1.4
羊毛醇醚－15	4.0	丙二醇	4.0
十六－十八醇＋PEG－20 硬脂酸酯	4.0	Carbopol 941	0.15
羊毛脂	3.0	去离子水	34.95

（二）泡沫型洗面奶

对于消费者来说，清洁化妆品的发泡性能是该产品的重要感觉指标，多数消费者喜欢具有良好发泡性能的洁肤化妆品。目前市场上流行的具有良好发泡能力的洗面奶多是选用具有良好发泡性和低刺激性的如 AS－200、CI－75 及月桂醇醚琥珀酸酯磺酸二钠盐等阴离子表面活性剂和温和的如椰油酰胺丙基甜菜碱、磺基甜菜碱等两性表面活性剂。

泡沫型洗面奶的典型配方见表 5－28～表 5－34。

表 5－28　配方 1

组　分	含量（%，质量分数）	组　分	含量（%，质量分数）
Geropon AS－200	19.3	椰油酰胺丙基氧化胺	16.0
棕榈酸	2.5	丙二醇	10.0
硬脂酸	2.0	防腐剂、香精	适量
月桂基硫酸三乙醇胺	2.5	去离子水	加至 100.0

配方 1 生产工艺为：先将椰油酰胺丙基氧化胺、月桂基硫酸三乙醇胺等及丙二醇加入水中混溶，并加热至 80～85℃，再将棕榈酸及硬脂酸等加入，保持此温度，并搅拌至全部溶解，降温至 40～45℃时加入香精等，至室温即可。

此类产品的工艺流程可表示为图 5－3。

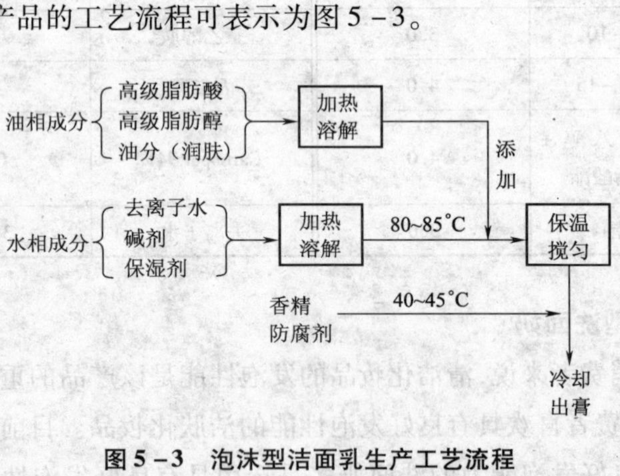

图 5－3　泡沫型洁面乳生产工艺流程

表 5－29　配方 2

组　　分	含量(%,质量分数)	组　　分	含量(%,质量分数)
十六醇	3.5	硬脂酸单甘油酯	2.5
脂肪酸异丙酯	0.5	香精、防腐剂、抗氧剂	适量
甘油	2.6	去离子水	加至 100.0
月桂基硫酸钠	1.0		

表 5－30　配方 3

组　　分	含量(%,质量分数)	组　　分	含量(%,质量分数)
黄原胶	0.5	丙二醇	5.5
月桂酰肌氨酸钠	16.0	乳化硅油	2.0
十二烷基二甲基甜菜碱	4.8	防腐剂、香精	适量
十二烷基二甲基氧化铵	2.2	去离子水	加至 100.0

表 5－31　配方 4

组　　分	含量(%,质量分数)	组　　分	含量(%,质量分数)
月桂醇醚琥珀酸酯磺酸二钠盐和乙酸月桂酯磺酸钠盐	45.0	柠檬酸	适量
椰油酰胺丙基甜菜碱	4.0	防腐剂、香精、色素	适量
椰油二乙醇酰胺	3.0	去离子水	加至 100.0
氯化钠	适量		

此配方中月桂醇醚琥珀酸酯磺酸二钠盐和乙酸月桂酯磺酸钠盐是一类特种复配产品,不需乳化,具有良好的发泡性,性能温和。制备时只需将它与椰油酰胺丙基甜菜碱、椰油二乙醇酰胺及水混合,经搅拌至均匀乳液,用柠檬酸调节 pH 值到 6.0～6.5,加入香精和防腐剂即可。其黏度可用氯化钠进行调节。

表 5-32 配方 5

组　　分	含量(%,质量分数)	组　　分	含量(%,质量分数)
十六醇	3.0	Mirapol 550	2.0
硬脂酸	5.0	甘油	6.0
椰油酰基丙基甜菜碱	8.0	防腐剂、香精	适量
月桂醇磷酸酯盐	5.0	去离子水	加至 100.0

Mirapol 550 为阳离子型表面活性剂,CTFA 将它命名为聚季铵盐-7,由于它对皮肤优异的吸附性和润肤性能,洗面后可给予皮肤湿润、柔滑、爽而不腻的感觉。

表 5-33 配方 6

组　　分	含量(%,质量分数)	组　　分	含量(%,质量分数)
N-椰子油酰基谷氨酸钠	12.0	肉豆蔻酸	1.5
液体石蜡	2.0	甘油单硬脂酸酯	2.0
1,3-丁二醇	10.0	去离子水	加至 100.0

表 5-34 配方 7

组　　分	含量(%,质量分数)	组　　分	含量(%,质量分数)
Miranol 2MHT 改性表面活性剂	30.00	丙二醇	1.50
Surfactol 365 表面活性剂	0.70	Bentone 38 流变添加剂	3.00
Promulgen G 乳化剂	0.70	Simethicone(二甲基聚硅氧烷和硅胶混合物)	0.30
Solulan 98 羊毛脂衍生物	1.00	Bentone EW 流变添加剂	1.00
尼泊金丙酯	0.20	尼泊金甲酯	0.20
甘油	1.00	去离子水	60.40

(三)温和表面活性剂型洗面奶

温和表面活性剂型洗面奶的配方中,含有的表面活性剂起到洁肤、起泡的作用,同时将水相与油相乳化成为一相。常用的表面活性剂有烷基磷酸酯及其盐类、*N*-酰基谷氨酸、*N*-酰基肌氨酸、*N*-酰基-*N*-甲基牛磺酸盐、烷基糖苷、椰油两性醋酸钠、椰油两性丙酸钠等。其他成分同皂基洗面奶。

温和表面活性剂型洗面奶典型配方见表5-35~表5-44。

表5-35 配方1

组分		含量(%,质量分数)
油相组分	霍霍巴油	2.0
	羊毛醇	1.0
	N-酰基-*N*-甲基牛磺酸盐	5.0
	POE-POP嵌段共聚物	5.0
	POE(15)油醇醚	3.0
	防腐剂	适量
水相组分	*N*-酰基谷氨酸钠	18.0
	甘油	8.0
	山梨醇	3.0
	PEG-10甲基葡萄糖苷	12.0
	EDTA-Na_4	适量
	香精	适量
	去离子水	加至100.0

配方1生产工艺为:将保湿剂(甘油、山梨醇、PEG-10甲基葡萄糖苷)加入水中溶解,加入*N*-酰基谷氨酸钠,注意此加入过程应缓慢进行,以免产生大的不溶块。然后,在水相中加入EDTA-Na_4,加热至60~65℃搅拌溶解。

在油相罐中加入霍霍巴油、羊毛醇、*N*－酰基－*N*－甲基牛磺酸盐、POE－POP嵌段共聚物、POE(15)油醇醚、防腐剂,加热、搅拌。分别将水相、油相经过滤抽至乳化罐,搅拌混合,加入香精,充分混合后脱气、降温。

皂基型洗面奶泡沫丰富,冲洗容易,且使用后有清爽感,但对皮肤的刺激性较大。温和表面活性剂型洗面奶虽对皮肤刺激性较小,但不易冲净,用后有油腻感,所以常在配方中加入减滑剂。

表5－36 配方2(含烷基磷酸酯盐洗面奶)

组分	含量(%,质量分数)	组分	含量(%,质量分数)
N, *N*, *N*′, *N*′－四(2－羟丙基)乙二胺	2.0	Carbopol 941	0.2
单月桂基磷酸酯盐	27.0	甘油	8.0
月桂酸	4.0	山梨醇	2.0
椰油酰胺基丙基二甲胺氧化物	4.0	去离子水	加至100.0

表5－37 配方3(清新温和)

组分	含量(%,质量分数)	组分	含量(%,质量分数)
椰油基酰胺丙基聚乙二醇二甲基氯化铵磷酸酯	2.0	丙二醇	10.0
十二烷基磷酸酯钾盐	10.0	去离子水	加至100.0
聚氧乙烯十四醇醚	3.0		

表5－38 配方4(含谷氨酸酯及其盐类)

组分	含量(%,质量分数)	组分	含量(%,质量分数)
月桂醇醚硫酸酯钠盐	12.0	氯化钠	8.0
椰油基谷氨酸钠	3.0	去离子水	加至100.0

表 5－39　配方 5（珠光洗面奶）

组　　分	含量（%，质量分数）	组　　分	含量（%，质量分数）
聚乙二醇二棕榈酸酯	3.0	椰油酰胺 DEA	8.0
月桂基乙基磺酸酯钠盐	9.0	Tween－20	1.0
N-月桂酰-*l*-谷氨酸钠	1.0	去离子水	加至 100.0
二聚丙二醇	15.0		

表 5－40　配方 6

组　　分	含量（%，质量分数）	组　　分	含量（%，质量分数）
聚季铵盐－10	0.5	PEG－150 季戊四醇四硬脂酸酯	1.6
椰油基水解动物蛋白钾盐	15.0	PEG 甲基葡萄糖二油酸钠	0.6
椰油两性二醋酸二钠＋月桂醇醚硫酸酯钠盐＋己二醇（Miranol 2MCA Mod）	5.1	防腐剂	0.4
月桂基肌氨酸钠	6.8	EDTA－Na_4	0.1
月桂基亚胺基丙酸钠	7.3	去离子水	加至 100.0
甘油	3.0		

表 5－41　配方 7

组　　分	含量（%，质量分数）	组　　分	含量（%，质量分数）
椰油基羟乙磺酸钠	20.0	十六醇	2.0
C_{12}～C_{15}烷基苯甲酸酯	2.0	硬脂酸单甘油酯	2.0
1,3－丁二醇	1.0	去离子水	加至 100.0
肉豆蔻酸	3.0		

表 5-42　配方 8

组　　分	含量(%,质量分数)	组　　分	含量(%,质量分数)
椰油基羟乙磺酸钠	30.0	聚氧乙烯氢化蓖麻油	5.0
N-椰油基肌氨酸钠	5.0	山梨醇	20.0
肉豆蔻酸钾	7.0	去离子水	加至 100.0
聚乙二醇-1500	5.0		

表 5-43　配方 9

组　　分	含量(%,质量分数)	组　　分	含量(%,质量分数)
椰油两性醋酸钠	7.5	肉豆蔻酸	4.0
月桂醇醚硫酸酯钠盐	2.5	豆油	8.0
月桂醇醚-3,6 硫酸酯镁盐	5.0	香精、防腐剂、抗氧剂	适量
烷基聚葡萄糖苷	2.5	去离子水	加至 100.0
椰油酰胺 DEA	3.0		

表 5-44　配方 10

组　　分	含量(%,质量分数)	组　　分	含量(%,质量分数)
聚二甲基硅氧烷	50.0	甘油	15.0
二甲基硅氧烷—聚醚共聚物	3.0	1,3-丁二醇	5.0
聚氧乙烯椰油酰胺 MEA	2.0	去离子水	加至 100.0
新戊基乙二醇二癸酸酯	15.0		

(四)凝胶型洗面奶

凝胶型洗面奶俗名为啫哩型洁面乳,主要指含有胶黏质或类胶黏质、呈透明或半透明的产品。实际上,凝胶型产品包括无水凝胶、水凝胶或水—醇凝胶等类型。透明凝胶状产品具有诱人的外观,如果配方合适,单相凝胶体系具有较高的稳定性,且一般认为与其他剂型产品比较,凝胶易被皮肤吸收。凝胶型洗面奶一般含有天然或合成的聚合物基质和表面活性剂基质(如含聚氧乙烯脂肪醇、羊毛醇、脂肪酸甘油酯、烷基醇酰胺、烷基多元醇磷酸酯等及其复配物),还含有低熔点的酯类、带支链脂肪醇和精制天然油脂及其混合物等。

在这类产品中添加防治粉刺的活性物和消毒杀菌剂,可复配成对粉刺具有一定疗效的洁肤产品。

凝胶型洗面奶典型配方见表5-45～表5-51。

表5-45　配方1

组　分	含量(%,质量分数)	组　分	含量(%,质量分数)
白油	25.0	三乙醇胺	0.5
单硬脂酸聚乙二醇(600)酯	10.0	防腐剂、香精、色素	适量
三异丙醇胺	1.0	去离子水	加至100.0
Carbopol 934	0.5		

配方1生产工艺为:先将Carbopol 934树脂均匀分散于水中(可加入色素同时分散),加入三乙醇胺进行中和,再加热到70℃。将白油、单硬脂酸聚乙二醇(600)酯及三异丙醇胺混合加热至70℃使其混熔,然后加至树脂溶液中,同时进行激烈搅拌,待混合均匀后,冷却至50℃时加入香精,至室温即得。

表5-46　配方2(水—醇凝胶类)

组　分	含量(%,质量分数)	组　分	含量(%,质量分数)
羟乙基纤维素	0.5	三聚甘油单月桂酸酯	1.3
1,3-丁二醇	2.0	乙醇	60.0
聚氧乙烯氢化蓖麻油	2.0	去离子水	34.2

表 5－47 配方 3(无水凝胶)

组 分	含量(%,质量分数)	组 分	含量(%,质量分数)
羟丙基纤维素	1.5	5－辛酰水杨酸	3.0
丙二醇	45.0	乙醇	50.5

表 5－48 配方 4

组 分	含量(%,质量分数)	组 分	含量(%,质量分数)
Carbopol 940	1.0	二异丙醇胺(pH 值调至 6.5～7.0)	适量
甘油	3.0	乙醇	50.0
尿囊素	0.2	香精	适量
薄荷醇	0.08	去离子水	加至 100.0
2,4－二氯苯甲醇	0.5		

表 5－49 配方 5(高泡洁肤凝胶)

组 分	含量(%,质量分数)	组 分	含量(%,质量分数)
N－月桂酰肌氨酸钠	10.0	椰油酰胺 DEA	10.0
椰油酰谷氨酸钠	5.0	香精、防腐剂	适量
硬脂酰胺 MEA	5.0	去离子水	加至 100.0

表 5－50 配方 6(水凝胶)

组 分	含量(%,质量分数)	组 分	含量(%,质量分数)
AES(70%)	5.0	乳酸钠	5.0
MES(28%)	10.0	三乙醇胺(pH值调至 7.2)	适量
氧化胺	5.0	防腐剂、香精、色素	适量
Aculyn 22	4.0	去离子水	加至 100.0

表 5-51 配方 7

组分	含量(%,质量分数)	组分	含量(%,质量分数)
月桂酰燕麦氨基酸钠盐	5.0	防腐剂、香精	适量
AES-NH_4(28%)	7.3	三乙醇胺(pH 值调至 7.2)	适量
Capigel 98	3.0	去离子水	加至 100.0

配方 7 中选用的 Capigel 98 是丙烯酸聚合物水溶液,经中和后,导致聚合物的羧基集团离子化:

$$\cdots RCOOH + OH^{-} \longrightarrow \cdots RCOO^{-} + H_2O$$

从而减少了聚合物分子之间的相互作用,吸水膨胀后呈透明胶冻状。Capigel 98 对电解质有极好的抵抗作用,在离子型介质中仍有很强的增稠作用,且可与多种表面活性剂协同使用。

(五)深层洁面产品

这类产品包括磨砂膏、去死皮膏,其主要目的是彻底清除皮肤污垢及皮肤的陈腐角质层细胞,可使皮肤中过多的皮脂从毛孔中排挤出来,使毛孔疏通。故使用深层洁肤产品可使皮肤清洁、光滑,有减少皱纹、预防粉刺等功效。

1. 磨砂膏

磨砂膏是一类含有微小颗粒的磨面清洁膏霜,一般为 O/W 型的乳液或温和浆状物。磨砂膏中含有的粒状物质通常可分为天然和合成磨砂剂两类。常用的天然磨砂剂有植物果核原粒(如杏核粉、桃核粉等)、天然矿物粉末(如二氧化钛粉、滑石粉等),常用的合成磨砂剂为聚乙烯、聚苯乙烯、聚酰胺树脂及尼龙等微型粉末。

磨砂膏通过微细颗粒与皮肤表面的摩擦作用,促进血液循环及新陈代谢，舒展皮肤的细小皱纹，增进皮肤对营养成分的吸收。但应注意过度摩擦会造成刺激作用。磨砂膏可以说是集洁肤、护肤与美容于一体的新型化妆品。

磨砂膏一般较适宜皮肤粗糙者，对于油性皮肤，由于油脂分泌旺盛，可每周使用磨砂膏 2 ~ 3 次，每次 10min；对于中性皮肤，每周可使用 1 次，每次约 8min；而对于干性皮肤，磨砂膏使用次数及时间应相应减少，每月用 1 次即可。每次用完后，应用清水将皮肤冲洗干净，擦干后可涂抹润肤膏霜（或乳液）。当皮肤受了损伤或有炎症时，应禁用磨砂膏，以防感染；对于过敏性皮肤，应慎用磨砂膏。

磨砂膏的原料是由膏霜的基质原料和磨砂剂组成。磨砂剂是磨砂膏中的特效组分，要求其有适当的粒度（一般在 100 ~ 1000μm 之间，最佳粒度为 250 ~ 500μm）、形状（球形）和硬度，而且必须具有安全性、稳定性和有效性。对于磨砂剂的有效性，常用两种方法测定：一是其物理性清洁功能评定，其方法是取定量膏体负载摩擦后，测量彩色美容化妆品的存留量；二是测定皮肤角质细胞的剥离情况，用具有黏度的载玻片或透明胶带，剥离使用磨砂膏前后皮肤脱落的陈腐角质细胞，再将细胞进行染色，然后在显微镜下计算，比较其有效性。

磨砂膏的制备并不是简单地将磨砂剂加入膏霜中即可，而是应根据磨砂膏产品的要求和特性进行精心设计和试验。在磨砂膏的制备中重要的是磨砂剂的选择，要选择相对密度较小、形状为规则均匀的球珠形磨砂剂，在使用时进行按摩，磨砂微粒要呈滚动式，要有舒适感，对皮肤的刺激要小。另外，在磨砂膏进行试制时，产品的稳定性是很重要的，要进行耐热、耐寒试验，还要进行离心试验，在转速为 4000r/min、离心 0.5h 后，观察磨砂膏有无分层现象及磨砂剂有无析出现象；还可用显微镜观察产品，作出微粒的粒度分布，根据这些试验结果，确定磨砂剂的最佳选择。

磨砂膏典型配方见表5－52～表5－58。

表5－52　配方1(磨砂膏)

组　　分	含量(%,质量分数)	组　　分	含量(%,质量分数)
白油	9.0	Span－60	1.5
硅油	4.0	三乙醇胺	1.0
乙酰化羊毛脂	2.5	甘油	4.0
十六醇	2.5	防腐剂、香精	适量
硬脂酸	5.0	微孔磨砂剂	3.0
单硬脂酸甘油酯	1.0	去离子水	加至100.0

此配方中微孔磨砂剂为弹性微球状的多孔高分子聚合物,可将维生素、氨基酸等营养物质或药剂吸附其中,洗面时通过与皮肤的摩擦接触,在将皮肤污物及代谢物吸附去除的同时,可释放出其孔穴中的内容物使皮肤吸收。其生产工艺为:分别混合油相(白油、硅油、乙酰化羊毛脂、十六醇、硬脂酸、单甘酯和Span－60)和水相(甘油、水),搅拌加热至70℃。搅拌下缓慢将水相加入油相中,搅拌均匀后,加入微孔磨砂剂,搅拌冷却至40℃,加入三乙醇胺,搅拌均匀至室温即可包装。

表5－53　配方2(磨砂乳液)

组　　分	含量(%,质量分数)	组　　分	含量(%,质量分数)
硬脂酸	2.0	丙二醇	4.0
十六醇	1.0	Carbopol 941	0.2
白油	8.0	三乙醇胺	适量
Span－85	1.0	低分子聚乙烯(AC-P360)	4.0
Tween－80	1.5	防腐剂、香精	适量
LST	2.0	去离子水	加至100.0

此配方为磨砂乳液，它是一种具有磨面洁肤、护肤的乳液状化妆品，其中含有微细的磨砂剂，通过在皮肤上适当按摩，可促进皮肤血液循环、新陈代谢，有效地除去皮肤污物及陈腐角质，从而达到净肤养颜的目的。磨砂乳液的生产工艺与磨砂膏相同。

表 5-54　配方 3(磨砂膏)

组　分	含量(%，质量分数)	组　分	含量(%，质量分数)
2-乙基己基十六醇酯	2.0	Tween-60	1.5
十六醇	2.0	甘油	5.0
乙酰化羊毛脂	3.0	天然果核粉(120 目)	3.0
白油	7.0	防腐剂、香精、抗氧剂	适量
聚乙二醇(400)硬脂酸钠	3.0	去离子水	加至 100.0

表 5-55　配方 4(磨砂凝胶)

组　分	含量(%，质量分数)	组　分	含量(%，质量分数)
N-硬脂酰-*l*-谷氨酸单钠盐	10.0	杏核壳粉	1.0
防腐剂	0.2	去离子水	加至 100.0

表 5-56　配方 5(磨砂乳液)

组　分	含量(%，质量分数)	组　分	含量(%，质量分数)
聚乙烯微球	5.0	单油酸甘油酯	1.0
白油	20.0	对羟基苯甲酸丙酯	0.05
辛基癸醇	10.0	对羟基苯甲酸甲酯	0.1
硬脂酸单甘油酯	4.0	香精	适量
十六-十八醇醚-12	1.5	去离子水	加至 100.0
十六-十八醇醚-20	1.5		

表 5－57 配方 6（磨砂乳液）

组分	含量（%，质量分数）	组分	含量（%，质量分数）
蜂蜡	3.0	聚氧乙烯失水山梨醇单油酸酯	0.8
白蜡	5.0	多孔性纤维素微粒	5.0
凡士林	15.0	香精	适量
白油	41.0	去离子水	加至 100.0
失水山梨醇倍半油酸酯	4.2		

表 5－58 配方 7（透明磨砂洁面凝胶）

组分	含量（%，质量分数）	组分	含量（%，质量分数）
Carbopol 941	1.2	二甲基硅油	1.6
椰油酰基丙基甜菜碱（CAB）	8.0	三乙醇胺	适量
十二烷基磷酸钾	8.0	香精	适量
月桂基硫酸铵	10.5	杰马	0.08
海藻酸钠	0.5	去离子水	加至 100.0
甘油	6.0		

2. 去死皮膏

所谓死皮，是指皮肤表面上死亡角质层细胞积存的残骸。医学专家曾指出：50%以上的皮肤疾病都与角质化不正常有关，陈腐角质化细胞的堆积使皮肤黯淡无光，并形成细小皱纹，还可引起角质层增厚等皮肤疾病。因此，清除皮肤上的死皮是洁肤、护肤和美容的重要程序之一。

通过使用去死皮膏这种洁肤化妆品，可以快速去除皮肤表面的角化细胞，使之剥离消除衰亡的表皮细胞，改善皮肤的呼吸，有利于汗腺、皮脂腺的分泌，增强皮肤的光泽和弹性；可预防角质层增厚，使新生细胞更快到达表层，加速皮肤新陈代谢，有利于吸收养分，令皮肤柔软光滑;还可清除过剩的油脂,预防粉刺滋生。去死皮膏与磨砂膏有着几乎相同的作用和功效,它们的不同之处在于磨砂膏完全是机械性的磨面洁肤作用,而去死皮膏的作用机理还包含化学性和生物性,是针对不同性质的皮肤所设计的。磨砂膏能抑制油脂分泌,多适于油性皮肤使用;去死皮膏适用于中性皮肤及不敏感的任何皮肤。一般每周用一次去死皮膏即可,使用时将膏体轻轻摩擦皮肤,约经 5 ~ 10min 后,可以用手或软纸(棉)将脱离皮肤的死皮、污垢和与膏体混合形成的残余物一起除去,再用清水冲洗皮肤,然后涂抹护肤膏霜或乳液。

去死皮膏的原料除了要有一般膏霜所需的润肤剂、乳化剂、保润剂、增稠剂、防腐剂及香精等之外,还需添加具有去死皮作用的制剂,如聚乙烯醇(PVA)、尼龙粉、植物果核微粒及天然矿物粉剂(高岭土、硅藻土、滑石粉等)和果酸、水杨酸、去角质剂,这些制剂可携带死亡的角化细胞脱离皮肤表面。

去死皮膏典型配方见表 5 - 59 ~ 表 5 - 61。

表 5 - 59　配方 1(磨砂乳液)

组　分	含量(%,质量分数)	组　分	含量(%,质量分数)
硬脂酸	8.0	PVA	8.0
白油	2.0	丙二醇	2.0
十六醇	1.5	KOH	0.7
石蜡	1.0	Carbopol 940	1.5
环甲基硅油	3.5	滑石粉	1.1
单硬脂酸甘油酯	1.5	防腐剂、香精	适量
溶角蛋白酶	3.5	去离子水	加至 100.0

此配方中添加的溶角蛋白酶为一种具有酶性质的生化活性成分,它具有突出的溶角质蛋白活性,且在醇—水介质中稳定,不易失活。这种酶的溶角质蛋白使其能够在较温和过程中达到促进角质层更新

效果。去死皮膏的生产工艺与磨砂膏相同。

表 5－60　配方 2

组　分	含量(%,质量分数)	组　分	含量(%,质量分数)
单硬脂酸甘油酯	6.0	聚乙二醇(5)月桂基柠檬酸磺基琥珀酸二钠	5.0
鲸蜡醇	2.0	核桃壳细粉粒	5.0
棕榈醇油酸酯	4.0	防腐剂、香精	适量
羊毛酸异丙酯	4.0	去离子水	加至 100.0
甘油	3.0		

此配方中的棕榈醇油酸酯、羊毛酸异丙酯作为润肤剂,多用于无白油体系的配方中,它有极佳的手感。聚乙二醇(5)月桂基柠檬酸磺基琥珀酸二钠是极温和无刺激的和有良好洁净力的阴离子表面活性剂。核桃壳细粉粒可携带死皮脱落。

表 5－61　配方 3

组　分	含量(%,质量分数)	组　分	含量(%,质量分数)
十六烷基糖苷	5.0	Sepigel 305	0.3
霍霍巴油	10.0	尿囊素	1.0
薄荷脑	0.05	防腐剂、香精	适量
聚甲基丙烯酸甲酯(颗粒)	5.0	去离子水	加至 100.0

配方中的尿囊素具有软化皮肤角质蛋白的作用,有利于去掉皮肤上的死皮。薄荷脑有清凉止痒作用。

(六)疗效型洗面奶

向洗面奶基质中添加各种天然动植物提取物及生物活性成分,使其在洗面按摩时有一定疗效性,起到养护皮肤、抗菌、美白等作用,这使洗面奶有了更广阔的市场。

疗效型洗面奶的典型配方见表5-62~表5-67。

表5-62 配方1(含抗菌剂的洗面奶)

组　　分	含量(%,质量分数)	组　　分	含量(%,质量分数)
月桂醇硫酸酯铵盐	6.0	硫酸铵	0.4
月桂基肌氨酸钠盐	5.7	三氯-*N*-碳酰苯胺	1.5
椰油基酰胺丙基甜菜碱	6.3	内切葡萄糖苷酶	0.001
椰油脂肪酸	1.0	香精	适量
季铵盐	0.3	去离子水	加至100.0
EDTA	0.2		

此配方除了具有洁肤作用外,还具有一定的抑菌、消毒作用,其中月桂基肌氨酸钠盐为一种温和的、具有抑菌效果的表面活性剂。此类具有抑菌和抗菌作用的洗面奶是近年来才出现的,其中含有温和的酸性物质、酶和抗菌剂。对皮肤作用温和,在皮肤上形成的天然微酸性层对细菌入侵有预防作用。在碱性状态下,皮肤易受细菌的侵袭,而这类含酸性物质的洗面奶含有缓冲性的酸性,可使皮肤保持正常的pH值(5~6)。此类配方的生产工艺与前面各类相应配方的工艺相同。

表5-63 配方2(保湿洗面奶)

组　　分	含量(%,质量分数)
甲基葡萄糖苷倍半硬脂酸酯	1.0
甲基葡萄糖苷聚乙二醇-20醚硬脂酸酯	1.5
C_{16}~C_{18}醇和C_{16}~C_{18}醇聚乙二醇-20醚	2.0
辛酸/癸酸三甘油酸酯	5.0
环甲基硅酮	2.5

续表

组　　分	含量(%,质量分数)
Carbopol 941	0.15
甲基葡萄糖苷聚环氧乙烷-20醚	3.0
聚季铵盐-24和透明质酸	1.5
复合维生素	0.5
三乙醇胺(pH值调至6)	适量
防腐剂、香精	适量
去离子水	加至100.0

配方2生产工艺为:将 Carbopol 941 充分分散于水中,加热至75℃,同时将油相原料加热至75℃后加入水相,在激烈搅拌下混合均匀,冷却至45℃加入香精和三乙醇胺调节pH值至6,降温至常温即得。

表5-64　配方3(酸性抗菌洗面奶)

组　　分	含量(%,质量分数)	组　　分	含量(%,质量分数)
无水羊毛脂	8.0	白油	4.0
凡士林	37.0	乳酸	1.5
羊毛蜡	3.0	对羟基苯甲酸丙酯	0.2
硬脂醇	2.0	去离子水	44.3

表5-65　配方4(黄瓜洗面奶)

组　　分	含量(%,质量分数)	组　　分	含量(%,质量分数)
白油	8.0	三甘油醇胺	0.6
十六醇	2.0	MES	4.0
羊毛脂	1.0	黄瓜汁提取物	4.0~10.0
硬脂酸	2.0	防腐剂、香精	适量
单硬脂酸甘油酯	1.0	去离子水	加至100.0
甘油	4.0		

表 5－66　配方 5（温和抗菌洗面奶）

组　　分	含量（%，质量分数）	组　　分	含量（%，质量分数）
月桂醇硫酸酯钠盐	6.0	二甲氧基二甲基已内酰脲	0.2
月桂醇醚硫酸酯钠盐	4.0	硫酸钠	0.75
椰油基酰基丙基甜菜碱	1.2	EDTA－Na_4	0.1
月桂酰胺 DEA	1.2	香精、色素	适量
瓜耳豆胶羟丙基三甲基氯化铵	0.25	柠檬酸	适量
二氯苯氧氯酚	0.20	去离子水	加至 100.0
聚苯乙烯丙烯酸酯	0.4		

表 5－67　配方 6（去粉刺洗面奶）

组　　分	含量（%，质量分数）	组　　分	含量（%，质量分数）
苹果油	0.2	凡士林	4.8
白蜂蜡	3.0	橄榄油	2.8
白芷提取液	0.3	三乙醇胺	0.5
丙二醇	3.0	乙醇	2.0
液体石蜡	12.0	去离子水	加至 100.0

本品可使皮肤毛细血管扩张，从而促进血液循环，改善皮肤的营养状况，同时，还有防治粉刺、皮肤粗糙的作用。

三、面膜

面膜是一种集清洁、护肤和美容为一体的多用途化妆品，它的作用是涂敷在面部皮肤上，经过一定时间干燥后，在皮肤上形成一层膜状物，将该膜揭掉或洗掉后，可达到洁肤、护肤和美容的目的。由于面膜的吸附作用，使皮肤的分泌活动旺盛，在剥离或洗去面膜时，可将皮肤的分泌物、皮屑、污垢等随着面膜一起被除去，皮肤就显得异常干净，达到满意的洁肤效果；又由于面膜覆盖在皮肤表面，抑制水分的蒸发，从而软化表皮角质层，扩张毛孔和汗腺口，使皮肤表面温度上升，促进血液循环，使皮肤有效地吸收面膜中的活性营养成分，起到良好的护肤作用；随着面膜的形成与干燥，所产生的张力使皮肤的紧张度增加，致使松弛的皮肤绷紧，这有利于消除和减少面部的皱纹，从而产生美容效果。

面膜的种类很多，大致上可分为四类，即剥离面膜、粉状面膜、膏状面膜和成型面膜。

(一)剥离面膜

剥离面膜一般为软膏状和凝胶状。使用时将面膜涂敷于面部，待干后将其揭去，面部的污垢、皮屑也粘附在面膜上同时被揭去，达到清洁皮肤的目的。

1. 配方组成

(1)成膜剂。使面膜在皮肤上形成薄膜，常用的为聚乙烯醇、PVP、CMC、聚乙烯吡咯烷酮、果胶、明胶、黄原胶等。成膜剂的选择在面膜配制过程中是至关重要的。成膜的厚薄、成膜速度、成膜软硬度、剥离性的好坏与成膜剂的用量有关，因此必须加以选择。

(2)粉剂。在软膏状面膜中作为粉体，对皮肤的污垢和油脂有吸附作用。常用的为高岭土、膨润土、二氧化钛、氧化锌或某些湖泊、河流及海域淤泥。

(3)保湿剂。对皮肤起到保湿作用，常用的为甘油、丙二醇、山梨醇、聚乙二醇等。

(4)油性成分。补充皮肤所失油分，常用的为橄榄油、蓖麻油、角鲨烷、霍霍巴油等多种油脂。

(5)醇类。调整蒸发速度，使皮肤具有凉爽感。常用的为乙醇、异丙醇等。

(6)增塑剂。增加膜的塑性,常用的为聚乙二醇、甘油、丙二醇、水溶性羊毛脂等。

(7)防腐剂。抑制微生物生长,常用的为尼泊金酯类。

(8)表面活性剂。增溶作用,常用的为 POE 油醇醚、POE 失水山梨醇单月桂酸酯等。

(9)其他添加剂。根据产品的功能需要,添加各种有特殊功能的添加剂。抑菌剂,如二氯苯氧氯酚、十一烯酸及其衍生物、季铵化合物等;愈合剂,如尿囊素等;抗炎剂,如甘草次酸、硫磺、鱼石脂;收敛剂,如炉甘石、羟基氯化铝等;营养调节剂,如氨基酸、叶绿素、奶油、蛋白酶、动植物提取物、透明质酸钠等;促进皮肤代谢剂,如维生素 A、α-羟基酸、水果汁、糜蛋白酶等。

2. 配方及生产工艺

剥离面膜的典型配方见表 5-68 ~ 表 5-74。

表 5-68 配方 1(软膏状剥离面膜)

组分	含量(%,质量分数)	组分	含量(%,质量分数)
聚乙烯醇	15.0	POE 失水山梨醇单月桂酸酯	1.0
聚乙烯吡咯烷酮	5.0	二氧化钛	5.0
山梨醇	6.0	滑石粉	10.0
甘油	4.0	乙醇	8.0
橄榄油	3.0	防腐剂、香精	适量
角鲨烷	2.0	去离子水	加至 100.0

配方 1 生产工艺为:将粉末二氧化钛和滑石粉在第 1 混合罐中的去离子水中溶解,混合均匀,将甘油、山梨醇加入其中,加热至 70 ~ 80℃搅拌均匀,制成水相。

将乙醇、香精、防腐剂和 POE 失水山梨醇单月桂酸酯和油分在第

2混合罐中混合、溶解加热至40℃，至完全溶解，制成醇相。

分别将水相和醇相加入真空乳化罐，混合、搅拌，均质、脱气后，将混合物在板框式压滤机中进行过滤。过滤后在贮罐中贮存，待包装。

此类产品的工艺流程可以用图5-4表示。

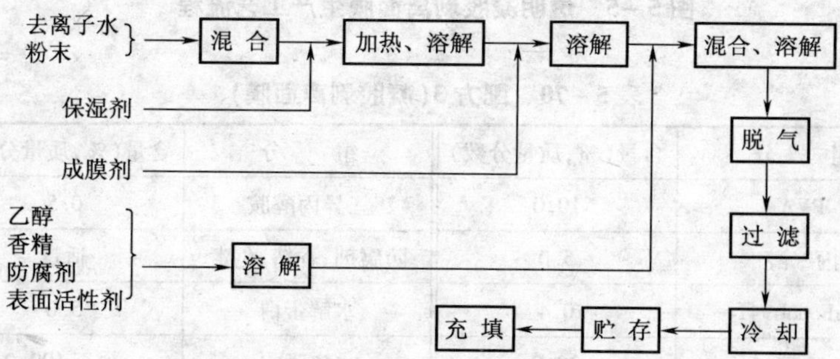

图5-4 软膏状剥离面膜生产工艺流程

表5-69 配方2(透明凝胶剥离面膜)

组 分	含量(%,质量分数)	组 分	含量(%,质量分数)
聚乙烯醇(PVA)	16.0	POE油醇醚	0.5
羟甲基纤维素	5.0	尼泊金乙酯	适量
丙二醇	4.0	香精	适量
乙醇	11.0	去离子水	加至100.0

配方2生产工艺为：在第1混合罐中将PVA和CMC在乙醇中溶解均匀。在第2混合罐中将甘油、水溶解均匀。将第1混合罐中混合物加入第2混合罐中，加热溶解(70~80℃)，搅拌均匀，45℃时加入用乙醇溶解了的香精、防腐剂。

将上述混合物经板框式压滤机过滤后，得透明澄清溶液，在贮罐中贮存，待包装。此类产品的工艺流程可以用图5-5表示。

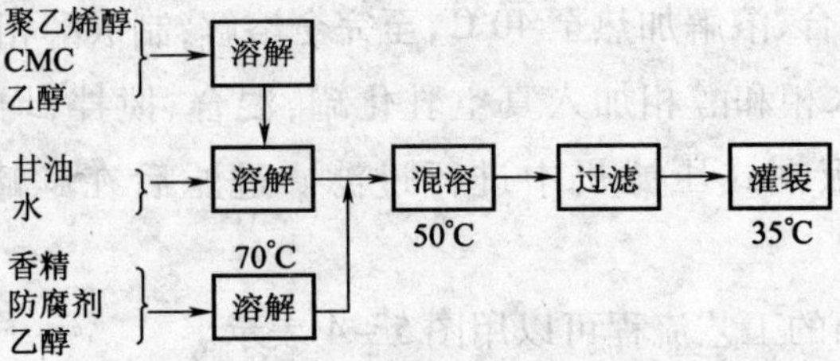

图 5-5 透明凝胶剥离面膜生产工艺流程

表 5-70 配方 3(凝胶剥离面膜)

组　分	含量(%,质量分数)	组　分	含量(%,质量分数)
PVA	10.0	三异丙醇胺	0.5
丙二醇	5.0	防腐剂、香精、色素	适量
Carbopol 941	0.4	水解蛋白	5.0
乙醇	20.0	去离子水	加至 100.0

表 5-71 配方 4(软膏状剥离面膜)

组　分	含量(%,质量分数)	组　分	含量(%,质量分数)
PVA	16.0	1,3-丁二醇	4.0
聚乙烯吡咯烷酮	4.0	GP-110 防腐剂	0.2
E-inspire 343	1.0	香精	适量
钛白粉	2.0	去离子水	加至 100.0
锌白粉	2.0		

表 5-72 配方 5(增白剥离面膜)

组　分	含量(%,质量分数)	组　分	含量(%,质量分数)
PVA	15.0	抗坏血酸微囊	2.0
羧甲基纤维素	5.0	防腐剂、香精	适量
甘油	2.0	去离子水	加至 100.0
乙醇	10.0		

表 5－73　配方 6(营养剥离面膜)

组　　分	含量(%,质量分数)	组　　分	含量(%,质量分数)
PVA	13.0	聚氧乙烯甘油单异硬脂酸酯	0.3
透明质酸钠	0.01	对羟基苯甲酸甲酯	0.2
聚乙二醇	2.0	香精	0.01
甘油	4.0	生育酚	0.01
1,3－丁二醇	8.0	黄原胶	0.3
柠檬酸	0.05	去离子水	加至 100.0
柠檬酸钠	0.15		

表 5－74　配方 7(乳液状剥离面膜)

组　　分	含量(%,质量分数)	组　　分	含量(%,质量分数)
聚乙烯吡咯烷酮	1.5	十二烷基硫酸酯钠盐	0.2
聚醋酸乙烯酯	20.0	Tween－20	0.8
橄榄油	2.0	香精、防腐剂	适量
羊毛脂	1.5	去离子水	加至 100.0
山梨醇	5.0		

(二)粉状面膜

粉状面膜为一种细腻、均匀、无杂质的混合粉末状物质,对皮肤安全无刺激。使用时将适量的面膜粉末与水调合成糊状,涂敷于面部,随着水分的蒸发,约经过 10～20min,糊状物逐渐干燥,在面部形成一层较厚的膜状物——胶性软膜或干粉状膜。

粉状面膜制造、包装、运输和使用都很方便。适宜于油性、干性皮肤者使用。在粉体原料的选用上要求粉质均匀细腻、无杂质及黑点,对皮肤应安全无刺激，用后能迅速干燥，容易洗脱。

1. 配方组成

(1)粉料。是面膜的基质，具有吸附作用和润滑作用。常用高岭土、钛白粉、氧化锌、滑石粉等。

(2)胶凝剂。形成软膜，常用淀粉、硅胶粉等。

(3)其他粉状添加剂。根据需要添加其他功能性的添加剂。

(4)防腐剂。

2. 配方及生产工艺

粉状面膜的典型配方见表5－75～表5－79。

表5－75 配方1

组 分	含量(%，质量分数)	组 分	含量(%，质量分数)
胶态高岭土	61.0	固体山梨醇	5.0
膨润土	5.0	防腐剂、香精	适量
硅酸铝镁	5.0	去离子水	加至100.0
磷脂	2.0		

配方1生产工艺为：粉状面膜的生产工艺比较简单，将粉类原料研细、混合，将脂类物质喷洒其中，搅拌均匀后过筛即得。另外，粉状面膜配方一般均可用作浆泥状面膜的配方，只需使用时用果汁、菜汁等调成浆状敷面。

表5－76 配方2(抗粉刺面膜)

组 分	含量(%，质量分数)	组 分	含量(%，质量分数)
高岭土	约50.0	中药粉(黄连等)	2.0
滑石粉	20.0	固体山梨醇	8.0
氧化锌	20.0	防腐剂、香精	适量

表 5－77　配方 3(养肤面膜)

组　分	含量(%,质量分数)	组　分	含量(%,质量分数)
高岭土	约 65.0	乳糖	25.0
磷脂	2.0	水解蛋白粉	6.0
小麦胚芽油	2.0	防腐剂、香精	适量

表 5－78　配方 4(海藻粉状面膜)

组　分	含量(%,质量分数)	组　分	含量(%,质量分数)
高岭土	约 40.0	中药粉	10.0
滑石粉	20.0	凝胶剂	5.0
淀粉	5.0	防腐剂、香精	适量
褐藻酸钠	20.0		

表 5－79　配方 5(润肤面膜)

组　分	含量(%,质量分数)	组　分	含量(%,质量分数)
全脂奶粉	约 50.0	玉米淀粉	20.0
干蛋粉	25.0	防腐剂、香精	适量
气雾粉二氧化硅	5.0		

(三)膏状面膜

膏状面膜一般不能成膜剥离,而需用吸水海绵擦洗掉。膏状面膜大都含有较多的黏土类成分如高岭土、硅藻土等以及润肤剂油性成分,还常添加各种护肤营养物质如海藻胶、甲壳素、火山灰、深海泥、中草药粉等。使用膏状面膜涂抹在面部一般都比剥离面膜较厚一些,以使面膜的营养成分充分被皮肤吸收。它使用不便之处是不能将膜揭下,而需用水擦洗掉面部已干涸的面膜。但这种不足也是可以克服的,若在配方中加入适当的凝胶剂,在剥离面膜前喷洒或涂上固化液,稍过几分钟,即可将固化成膜的面膜揭下。

膏状面膜的配方构成除了不加成膜剂外和剥离面膜基本相同。膏状面膜典型配方见表5-80~表5-82。

表5-80 配方1

组分	含量(%,质量分数)	组分	含量(%,质量分数)
钛白粉	5.0	橄榄油	6.0
高岭土	10.0	淀粉	5.0
滑石粉	5.0	甲壳素	4.0
甘油	10.0	香精、防腐剂	适量
棕榈酸异丙酯	8.0	去离子水	加至100.0

配方1生产工艺为:将粉料和甘油、山梨醇和部分去离子水混合均匀,然后加入油脂和营养物质,最后加入防腐剂、香精混合均匀即得。因为产品为黏稠糊状,因此生产时最好选用出料时能自动提升锅盖并能倾斜倒出的真空乳化设备。

表5-81 配方2

组分	含量(%,质量分数)	组分	含量(%,质量分数)
高岭土	30.0	霍霍巴油	7.0
滑石粉	5.0	环糊精—生育酚	1.0
碳酸镁	1.0	淀粉	5.0
二氧化钛	2.0	防腐剂、香精	适量
甘油	10.0	去离子水	加至100.0
棕榈酸异丙酯	8.0		

表5-82 配方3

组分	含量(%,质量分数)	组分	含量(%,质量分数)
白油	8.0	橄榄油	2.0
乳化硅油	5.0	山梨醇	5.0

续表

组　分	含量(%,质量分数)	组　分	含量(%,质量分数)
高岭土	35.0	三乙醇胺(pH 值调至6.5~7.0)	适量
氧化锌	5.0	防腐剂、香精	适量
甲壳素	5.0	去离子水	加至100.0
Aculyn 22(增稠剂)	5.0		

(四)成型面膜

成型面膜是一类贴布式面膜,它是近年来才出现的新型面膜,由于使用方便而备受消费者的喜爱。它是将面膜液浸入非织造布内,使用时只需将布与面部贴牢,经15~20min后,面膜液逐渐被吸收干燥,将布取下即可。

成型面膜液的主要成分是保湿剂、润肤剂、活性物质[如果酸、维生素、表皮生长因子(EGF)]等,还有防腐剂和香精。

典型配方见表5-83。

表5-83　成型面膜配方

组　分	含量(%,质量分数)	组　分	含量(%,质量分数)
白油	约30.0	芦荟油	4.0
硅油	10.0	羊毛油	26.0
霍霍巴油	30.0	抗氧剂、香精	适量

本配方制法很简单,只要将各组分混合均匀即可。生产工艺流程如下:

成型面膜液各组分──→混匀──→静置──→过滤──→片状面膜,片材──→压型──→灌装备用──→浸渍涂布──→包装

(五)其他类型面膜

1. 黏土面膜

黏土面膜主要成分为粉体(滑石粉、陶土等),此外尚有油分、保湿剂、富脂剂和营养剂等。其特征为粉体吸附皮肤的过剩油脂,经冲洗除去,脱脂力高,对粉刺有效。配方见表5-84。

表5-84 黏土面膜配方

组分	含量(%,质量分数)	组分	含量(%,质量分数)
陶土	6.0	脱水山梨醇单硬脂酸酯	2.0
滑石粉	6.0	聚氧乙烯(20)失水山梨醇单油酸酯	2.0
二氧化钛	2.0	防腐剂、香精	适量
液体石蜡	10.0	去离子水	加至100.0

该配方生产工艺为:将油相[液体石蜡、脱水山梨醇单硬脂酸酯、聚氧乙烯(20)失水山梨醇单油酸酯]和去离子水分别加热至70℃,混合乳化后,加入粉体,搅拌,50℃加入香精、防腐剂,混匀,冷却至室温即可灌装。

2. 泡沫面膜

这是一种气雾(气溶)型面膜,主要成分为油分、保湿剂和发泡剂等,其中含有的细小泡沫可对皮肤达到保湿、保温效果。配方见表5-85。

表5-85 泡沫面膜配方

组分	含量(%,质量分数)	组分	含量(%,质量分数)
硬脂酸	5.0	脱水山梨醇单硬脂酸酯	1.0
十六-十八混合醇	1.0	聚氧乙烯(40)脱水山梨醇单油酸酯	1.0
山嵛酸	4.0		

续表

组　分	含量(%,质量分数)	组　分	含量(%,质量分数)
霍霍巴油	1.0	液化石油气	3.0
甘油	5.0	发泡剂组分	4.0
三乙醇胺	1.0	去离子水	加至100.0
防腐剂	适量		

该配方生产工艺为:将油相(硬脂酸、混合醇等)和水相(甘油、去离子水)分别加热至70℃,混合乳化,冷却后添加防腐剂、香精、酸碱性调节剂,与发泡剂在同一容器内充填后,包装。

3. 干膜状面膜

以具有良好水溶性的葡萄糖天然纤维素衍生物为主要成分,并添加了多种天然植物萃取物和生物活性物质、维生素等制成的一种干膜状成型面膜。因它具有良好的水活性,因此可以使其中的多种成分在溶解状态下最大限度地被皮肤快速吸收,使各种成分充分发挥功效。这种面膜使用时是将它直接敷于润湿的面部,面膜即均匀紧贴于面部,在溶解状态下,面膜的有效成分很容易被皮肤吸收,而使面膜具有极佳的护肤、养肤效果,经过20min左右,面膜溶解液逐渐被吸收和干燥,只需用清水稍加清洗即可洗净面部。这类可溶性面膜使用简单、方便,感觉甚佳,舒适、安全。因产品是干膜状,易于包装,便于携带和长时间保存,是一类很有发展前景的面膜产品。

4. 石膏面膜

石膏面膜又常称为"倒膜",它是一种固化剥离型面膜。该面膜使用前为粉末,主要成分为熟石膏,还可添加其他营养物质及植物、中草药成分,使用时用水调和呈糊状后涂敷于面部,由于熟石膏与水发生水合反应,产生热量,并逐渐固化,经过一段时间后,就将固化了的面膜经剥离而除去。成膜体使用过程中对皮肤进行热渗透,使局部血液循环加快,皮脂腺、汗腺分泌量增加,促进皮肤对有效成分和营养成分的吸收,具有增白和淡化色斑的效果。适用于干性、中性、衰老性和色斑性皮肤。

第四节　体用清洁用品

沐浴用品是人们在沐浴时使用最多的一种洁肤化妆品。以往所使用的大多是肥皂、香皂等,这类产品有较强的去污力和清洗作用,但它们呈碱性,致使皮肤脱脂、干燥,无光泽。现代沐浴产品可以克服皂类洗澡给皮肤带来的诸多不适,在温和清洁皮肤的同时,营养、滋润皮肤,达到洁肤、养肤的双效结合。沐浴用品主要的使用目的及功效如下:

(1)清洁皮肤。沐浴用品可以去除身体的污垢和气味,溶解并除去皮肤表面的皮屑,使皮肤光滑。

(2)保湿和护肤作用。沐浴产品中的润肤剂和其他活性物质,可以促进血液循环和末梢血管的血流,提高新陈代谢,促进排汗,以排泄体内废弃物。浴后皮肤表面附有润肤剂膜层,起着保湿和护肤的作用。

(3)使硬水软化。在盆浴时,沐浴产品中的碱类可使硬水软化。

(4)对皮肤疾患的治疗作用。沐浴产品中的疗效性成分,可以对皮肤起到抑菌、软化角质的作用,对慢性皮疹、脂溢性湿疹等有一定的疗效。

(5)心理作用。由于沐浴产品具有诱人的颜色和幽雅清新的香气,可使浴者感到心情舒畅和轻松。近年来,芳香疗法已开始用于浴用制品,不同香精会引起生理学不同的感觉,例如放松、激动、高兴、安定等。

沐浴用品可以是皂基型表面活性剂为主体的(易冲洗型),也可以是由多种表面活性剂复配而成的,可呈微酸性,且有着多种剂型和品种。

一、浴液

浴液亦称沐浴露,是由各种表面活性剂为主要活性物配制而成的液状洁身、护肤浴用品。近年来,浴液已逐渐广为使用,产量和品种增长迅速,成为一种很有发展潜力的清洁日用产品。

(一)配方设计原则

从配方设计的角度考虑,理想的浴液应具备以下特性:

(1)具有丰富的泡沫和适度的清洁效力。

(2)作用温和,对皮肤刺激作用小。

(3)具有合适的黏度,浴液应是流动的液体,一般黏度约为 3 ~ 7Pa · s。

(4)易于清洗,不会在皮肤上留下黏性残留物、干膜或硬水引起的沉淀物。

(5)使用时肤感润滑,不会感到发黏和油腻。使用后,应感到润湿和柔软,不会感到干燥和收紧。

(6)香气较浓郁、清新。

(7)产品质量稳定,结构细腻,色泽鲜美。

(二)浴液的组成

浴液的基本组成及其功能见表 5 – 86。

表 5 – 86　浴液的基本组成

组　　分	功　　能	含量(%,质量分数)
主要表面活性剂	起泡、清洁作用	10 ~ 20
辅助表面活性剂	增泡、降低刺激性	0 ~ 8
增泡剂	增泡、稳泡、改善泡沫的质量	2 ~ 5
酸度调节剂	调节 pH 值	按需要

续表

组　分	功　能	含量(%,质量分数)
黏度调节剂	调节黏度	0~3
外观改善添加剂	—	按需要
着色剂	赋色	按需要
珠光剂	产生珠光外观	0.5~2
香精	赋香	0.5~2
稳定剂	防腐、抗氧化、螯合	0.05~1
特殊添加剂	皮肤调理剂、植物提取物、杀菌剂	0~4
去离子水	溶剂、稀释剂	加至100.0

1. 表面活性剂

表面活性剂是浴液的主要成分,分为主要表面活性剂和辅助表面活性剂。主要表面活性剂是阴离子表面活性剂,它的作用是清洁皮肤上的污垢和油脂,同时可产生丰富的泡沫。常用的有脂肪醇硫酸酯盐类(钠、铵、三乙醇胺盐等)、脂肪醇聚氧乙烯醚硫酸酯盐类(钠、铵、镁、三乙醇胺盐等)、磺基琥珀酸酯盐类、肌氨酸酯盐类、N-酰基牛磺酸、羟乙基磺酸盐、α-烯基磺酸盐。

辅助表面活性剂主要是两性或非离子表面活性剂,用于增泡,改善浴液的使用感。有时添加 Tween-20、PEG-40 蓖麻油,作为香精和天然油类的加溶剂。常用两性表面活性剂有甜菜碱、椰油两性丙酸钠等(可降低阴离子表面活性剂对眼睛和皮肤的刺激作用)。非离子表面活性剂近年来常用的有葡萄糖苷衍生物,如甲基聚葡萄糖苷、癸基聚葡萄糖苷,它们有良好的发泡性、性质温和、低刺激性(比甜菜碱、咪唑啉的刺激性还低)、良好的保湿性能、极好的配伍性和溶解性(完全溶解于水)。

2. 增泡剂

增泡剂的作用是改善泡沫质量和稳定泡沫。常用的增泡剂是烷基醇酰胺中的椰油基二乙醇酰胺，经常添加少量生育酚和抗坏血酸，以抑制烷基醇酰胺可能产生的亚硝酸。

3. pH 值调节剂

一般浴液的 pH 值范围为 5.5～7.0。甜菜碱和季铵化的聚合物在 pH＜6 时，可表现最佳的调理作用。碱性介质会影响一些杀菌剂和防腐剂的功效，如对羟基苯甲酸酯类在 pH≥7 时活性减少或失活。

4. 黏度调节剂

黏度调节剂可分为下面两类。

(1)水溶性聚合物。常用的有 PEG6000 双硬脂酸酯、PEG－50 聚丙二醇油酸酯、聚丙烯酸树脂(Carbopol)、纤维素醚、烷基醇酰胺、汉生胶等，用此类物质调节黏度时，黏度逐渐变小。水溶性聚合物用作黏度调节剂不仅可调节黏度，而且可以改善产品的质地结构和外观。

(2)有机和无机盐。如氯化钠、氯化铵、硫酸钠等。用盐类调节黏度会使产品电解质浓度增大，对其他性质也有影响。对于 AES/DEA 体系，氯化钠的质量分数在 2%～2.5% 附近，黏度达到最大值，黏度—氯化钠含量的关系曲线呈钟形。

此外一些表面活性剂，如甜菜碱和烷基醇酰胺也可增加和调节黏度。

5. 特殊添加剂

包括润肤剂、保湿剂和各类活性营养添加剂。润肤剂可减少表面活性剂在洁肤时给皮肤造成的脱脂，赋予皮肤脂质，使皮肤润滑、光泽。常用羊毛脂及其衍生物、脂肪酸酯和各种动、植物油脂。保湿剂常用甘油、丙二醇、山梨醇、烷基糖苷等。活性添加剂的选用范围很广，包括各种动物提取物、植物提取物和生物制品，可根据需要选用具有不同功能的添加剂。

6. 调理剂

对蛋白质基层具有附着性,使皮肤表面光滑如丝。常用阳离子聚合物如聚季铵盐等。

7. 香精、色素、珠光剂、防腐剂

香精可掩盖基质油脂和表面活性剂的气味,赋予浴液清新的香气,并使皮肤在浴后具有香气。常用的珠光剂有乙二醇单硬脂酸酯、乙二醇双硬脂酸酯和 TiO_2 覆盖云母颜料等。

(三)配方及生产工艺

从产品的外观上对浴液进行分类,又可以分为透明凝胶浴液和乳液状浴液。透明凝胶浴液是一种呈无色或有色透明凝胶状的浴用品,可在其中分散悬浮彩色胶粒,外观惹人喜爱。乳液状浴液为了改善产品外观,通常是带有珠光的。

浴液典型配方见表 5-87、表 5-88。

表 5-87 配方 1(透明凝胶型浴液)

组　分	含量(%,质量分数)	组　分	含量(%,质量分数)
AES(70%)	25.0	聚季铵盐-10	0.3
椰油酰胺丙基甜菜碱	8.0	防腐剂、香精、色素	适量
水溶性羊毛脂	2.0	柠檬酸(pH 值调至 6~7)	适量
甘油	4.0	去离子水	加至 100.0
杏仁油	0.5		

配方 1 生产工艺为:将去离子水加热至 70~75℃,把 AES、椰油酰胺丙基甜菜碱、聚季铵盐-10 溶于热水中。需注意的是,由于 AES 的浓度高达 70%,很黏稠,溶解会较慢。溶解方式是将 AES 慢慢加入水中(而不是将水加入 AES 中),使其全部溶解后加入甘油、杏仁油和水溶性羊毛脂,待完全溶解后,冷却至 45℃,加入香精、防腐剂、色素,最

后加入柠檬酸调节酸碱度。

表 5－88　配方 2(珠光浴液)

组　分	含量(%,质量分数)	组　分	含量(%,质量分数)
月桂醇聚氧乙烯醚硫酸酯钠盐	15.0	氯化钠	1.0
月桂醇硫酸酯三乙醇胺盐	25.0	柠檬酸(pH 值调至 6～7)	0.2
椰油酰胺丙基甜菜碱	7.0	香精	1.0
羊毛脂	1.5	防腐剂、色素	适量
珠光浆	3.5	去离子水	加至 100.0

配方 2 为珠光浴液的典型配方。其配制一般采用热混法。先将表面活性剂组分椰油酰胺丙基甜菜碱、月桂醇聚氧乙烯醚硫酸酯钠盐和月桂醇硫酸酯三乙醇胺盐等溶于水中,在不断搅拌下加热至 70℃,加入珠光剂和羊毛脂等蜡类固体原料,使其熔化。继续慢慢搅拌,溶液逐渐呈半透明状,将其冷却,注意控制冷却速度,不要冷却太快,否则珠光效果不好。冷却至 40℃时加入香精、防腐剂和色素,最后用柠檬酸调节 pH 值,让浴液冷却至室温,即得。

浴液的生产工艺流程可以用图 5－6 表示。

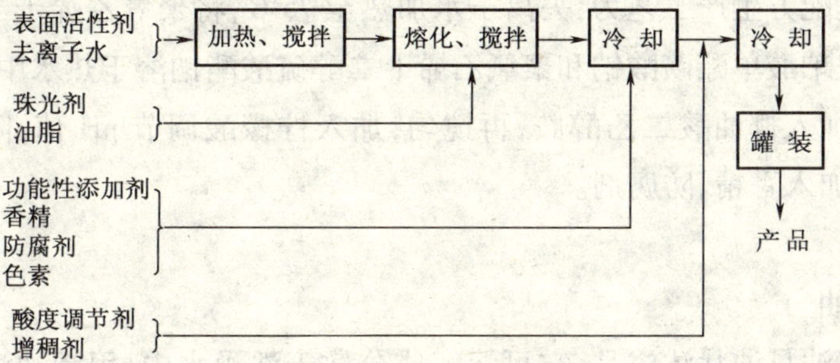

图 5－6　浴液生产工艺流程图

二、泡沫浴

泡沫浴是适用于盆浴的洗涤用品，有液体、油、乳化体、胶体和固体剂型，其中以液状最为普遍。其特点是泡沫丰富而且稳定，即使在肥皂、油污等存在下也不消失，适用于各种水质，在硬水、软水中都可产生丰富的泡沫，清洁能力适宜，性能温和，对皮肤和眼睛刺激性小，洗浴后皮肤不干燥，滋润感觉良好。液状泡沫浴与浴液的不同在于泡沫较多。

泡沫浴的原料主要是起泡性强、泡沫力好的表面活性剂，通常用几种表面活性剂进行复配，使其具有优良的发泡性、洗涤力，其他成分基本与浴液的成分相同。其配制方法也与浴液相同。

泡沫浴典型配方见表5-89。

表5-89　配方1

组　分	含量(%，质量分数)	组　分	含量(%，质量分数)
聚氧乙烯十二醇醚磺化琥珀酸单酯磺酸钠	40.0	柠檬酸	4.0
聚氧乙烯十二醇硫酸酯钠	30.0	香精、色素、防腐剂	适量
椰油酸二乙醇胺	3.0	去离子水	加至100.0

此配方生产工艺为：去离子水加热至75℃，将聚氧乙烯十二醇醚磺化琥珀酸单酯磺酸钠和聚氧乙烯十二醇硫酸酯钠溶于热水中，搅拌均匀，加入椰油酸二乙醇胺，再搅匀，加入柠檬酸调节pH值，降温至40℃，加入香精、防腐剂。

三、浴油

浴油是油状沐浴品，它可溶解或分散于洗澡水中，用浴油沐浴之后，皮肤表面残留一层类似皮脂膜一样的油膜，它可以防止因浴后出现的水分蒸发和干燥，使皮肤柔软、光滑、健美，同时赋予清香气味。

浴油的主要成分是液体的动、植物油脂、碳氢化合物、高级醇及作乳化和分散用的表面活性剂。依据油分在浴水中的状态，浴油可分为乳化型、漂浮型。乳化型浴油又可分为可溶浴油、可分散浴油和泡沫浴油，其中以分散型浴油较为流行。

浴油中油性成分含量不能太多，否则就会有油腻感。配制分散型浴油时，需要加入一类可分散油分的分散剂，如聚氧乙烯油醇醚就具有较好的分散性。

（一）浴油的分类

1. 漂浮浴油

漂浮浴油为疏水性的，密度比水小，漂浮在浴水的表面，能沉积在浴者露出水面的皮肤上形成油膜。如果没有表面活性剂，浴油所含的油不能迅速扩展，而在水面上形成较大的油滴，在浴者的身体表面沉积成油斑。因此，浴油需加入表面张力低于浴水的油溶性表面活性剂，含量应为5%，以使油形成连续膜。

油的铺展能力与所用表面活性剂的 HLB 值有关，HLB 大，油的铺展能力强。但表面活性剂在矿物油中的溶解度随 HLB 值增大而减小。实践证明，聚氧乙烯(40)失水山梨醇过油酸酯的 HLB 值为 9，是最好的一种表面活性剂，使用量为1%（质量分数）时，即能使浴油迅速铺展，在浴水表面形成连续膜。

漂浮浴油可含有较多的香精，高达5%～10%，能使香气扩散在整个浴室内，增加沐浴时的舒适感。

漂浮浴油常用的油有轻矿物油和肉豆蔻酸异丙酯。单独使用矿物油制的浴油过于油腻，不能迅速溶解香精，所以，要与其他润肤剂或润肤剂混合物配合使用。此外，蓖麻油也是常用的油，它易被醇稀释至所要求的黏度，而且能迅速溶解香精。也可采用矿物油和植物油的混合物。

2. 乳化浴油

乳化浴油能均匀地分散于浴水中，而不浮在浴水表面。浴毕放掉浴水后，在浴缸边不会留下油污圈，在缸底也不会留下沉积物，与漂浮浴油相比，在身上留下的油较少。

(1)可溶浴油。这是一种透明状液体，是借助于表面活性剂胶束增溶作用获得的。它的组成为表面活性剂、香精和醇或水。

表面活性剂选用的是HLB值为12～18的Tween－20和Tween－80，用量为15%。可溶浴油的香精含量在3%～20%，通常增溶1份香精需用2～5份表面活性剂。

(2)可分散浴油。由润肤剂、表面活性剂和香精组成。将可分散浴油倒入沐浴用水中，加以搅拌，即可分散开来形成乳状液。为此需选用低HLB值的表面活性剂，如油醇聚氧乙烯(2)醚，它可溶于油。

(3)泡沫浴油。泡沫浴油与可溶浴油相似，含有起泡能力的表面活性剂，如烷基磺酸、烷基硫酸钠、烷醇胺盐等；还含有泡沫稳定剂，如椰子油酸或月桂酸的烷醇酰胺，它们除起稳泡作用外，还有提高浴油黏度的作用。

此外，为增溶香精，需加入非离子表面活性剂；为防止形成不溶皂水垢，应加入整合剂；为提高浴油的黏度，还要加入纤维素增稠剂。

使用泡沫浴油沐浴时，其中的油性软化剂沉积在皮肤上形成油膜，在较低温度下能防止水分散失，其中的甘油三酸酯沉积于皮肤上有养护皮肤的作用。

(二)配方及生产工艺

浴油的典型配方见表5－90。

表 5－90　配方 1（分散型泡沫浴油）

组　分	含量(%，质量分数)	组　分	含量(%，质量分数)
聚氧乙烯月桂醇醚	25.0	香精	适量
月桂酸二乙醇酰胺	5.0	去离子水	加至 100.0
改性三椰油酸甘油酯	2.0		

生产工艺为：将去离子水加热至 75℃，在保温的状态下，依次加入配方中的各组分混合均匀即可。

四、浴盐

浴盐有粉末状、结晶状和片状，适用于盆浴。将浴盐加入热水中后，浴盐溶解，变成乳白色，对皮肤具有保湿、软化角质和抗菌作用，有芳香气味和悦目色泽，能增加洗浴的美感。

浴盐的主要成分为无机盐及某些添加剂，如使用氯化钠、氯化钾、硫酸钠、硫酸镁等使其具有保持温度、促进血液循环的作用，而碳酸氢钠、碳酸钠、碳酸钾、倍半碳酸钠等具有清洁作用，磷酸盐具有软化硬水、降低水的表面张力和增强清洁作用，但其碱性较高，皮肤敏感者慎用。另外，香精、色素也是浴盐中不可少的成分。

浴盐的典型配方见表 5－91～表 5－93。

表 5－91　配方 1（粉状浴盐）

组　分	含量(%，质量分数)	组　分	含量(%，质量分数)
硫酸钠	约 48.0	碳酸氢钠	42.0
氯化钠	10.0	香精、色素	适量

配方 1 为粉状浴盐的典型基本配方，其配制方法很简单，将无机盐放入混合搅拌器中充分搅拌，待混合均匀后加入香精、色素，混合均匀即得。

表 5－92　配方 2（泡沫浴盐）

组　　分	含量（%，质量分数）	组　　分	含量（%，质量分数）
硫酸钠	10.0	六偏磷酸钠	10.0
碳酸氢钠	约 30.0	月桂醇硫酸钠	5.0
碳酸钠	15.0	矿物凝胶	5.0
酒石酸	25.0	香精、色素	适量

配方 2 为发泡式浴盐，当浴盐溶解于热水时产生二氧化碳气泡。配制时将无机盐和酒石酸、月桂醇硫酸钠充分混合搅拌均匀，加入矿物凝胶及溶于丙二醇的香精和色素，过筛形成颗粒，干燥即制得颗粒状浴盐，配方中加入矿物凝胶是为了利于形成颗粒。

表 5－93　配方 3（环糊精型浴盐）

组　　分	含量（%，质量分数）	组　　分	含量（%，质量分数）
橄榄油	2.5	橙油	0.25
红花油	12.0	BHT	0.02
肉豆蔻酸异丙酯	5.0	木薯淀粉环糊精	75.0
Brij 92	3.0	17 号 D&C 红色颜料	0.2
杏仁油	0.75	去离子水	加至 100.0

配方 3 为环糊精型浴盐。包含了多种精油的环糊精与肉豆蔻酸异丙酯复合后可呈白色固态粉末。

五、浴疗法

人类很早就有利用矿泉浴、泥浆浴、泥炭浴和草药浴治疗皮肤疾病和调理皮肤的历史。后来发展成为浴疗法和水疗法。

水是热的良导体。热水浴时，表皮的血管扩张，使表皮充血，其他器官充血减少。浴水的温度可加速新陈代谢，加快血管和毛细血管的扩张，脉搏加快，心脏输出血量增加。一般热水浴对身体有轻微的刺激作用，体重会略为减轻。水的静压也有机械压迫作用，如果添加药物或利用专门设计的水力按摩浴缸，对皮肤血管和腹部肌肉的压力就更明显。矿泉浴和药浴还会影响自发神经系统和内分泌腺的功能。

矿泉浴和草药浴已被实践和临床结果证实对皮肤有更强烈的激励作用。一些矿物质和活性成分会被皮肤吸收，进入身体的淋巴通道，到达身体特定的部位。表5－94列出了一些植物提取物的组分及其专门功效和对皮肤的作用。

表5－94　一些浴用植物提取物的组成和功能

提取物	组　分	特殊功效	对皮肤的作用
迷迭香叶(Rosemary leaves)	精油、树脂、苦味素、皂苷、单宁、龙脑	提高血压的低压，增加末梢区域循环	温和兴奋作用，充血
干草—花(Hay-flowers)	由草和花提取的香豆素	缓解痉挛、减少组织充血	加强连结组织
木贼(Horse-tail)	硅酸、皂苷、苦味素、马来酸、乌头酸	封闭毛细血管、消炎	加强连结组织
耆草(Milfoil)	精油、单宁、耆草碱、磷酸盐、硝酸盐、钾盐、树脂、有机酸	平静机体神经，调节血管和毛细血管	皮肤和黏膜消炎
香脂草(Balm)	精油、苦味素、单宁	神经刺激剂，治疗月经失调	温和刺激治疗
欧洲七叶树(Horse-chestnut)	皂苷、糖苷、糖苷配基、七叶素	调节循环作用，保护血管	类似兴奋剂，清新，松弛感觉
黄春菊(Chamomile)	精油、苦味素、树脂、树胶、植物甾醇、硫磺、钙	消炎、祛臭、缓解痉挛	消炎、局部红肿
珍珠菜	类黄酮、核黄素盐、花青素苷	保护血管	润滑、防止发红

近年来的科学研究表明，在浴制品中添加专门的草药香料，浴室中形成芳香的气氛，对浴者的心理状态有实质性的影响，相应的神经末梢也对气味作出响应。

有杀菌和消炎作用的植物有针叶树、百里香、桉树、薄荷、茴香、红松、欧芹、鼠尾草、辣根和茵陈等。有镇定神经作用的植物有黄春菊、缬草和白芷等。通过摩擦作用对风湿症有作用的植物有白珠树、菖蒲、芥子油和樟脑等。

第五节 清洁类化妆品的安全性评价

清洁化妆品由于清洗的对象是人体皮肤，所以其产品的安全性尤为重要。在考虑必要的清洁效果的同时，必须针对皮肤的生理特性，将清洁与护肤相结合。皮肤的清洁可能引起一系列皮肤学变化，诸如皮肤脱脂、脱皮，皮肤表面 pH 值变化，皮肤表面菌群的改变，角质层变化，经表皮水分散失，刺激性和过敏等问题。这些问题是配方设计时必须充分考虑的因素，也是清洁类化妆品在进行功效评价时需要考察的内容。然而，最为重要的评价是针对清洁化妆品的安全性进行的，也就是产品的温和性和可能存在的刺激性。

目前对清洁化妆品温和性以及潜在刺激性的试验，除了采用动物进行一系列的毒理学试验以外，也可在人体进行安全性测试。常用试验方法如下。

一、斑贴试验

对一种清洁产品是否会对皮肤产生刺激的评价可以通过一个简单的斑贴试验来进行。然而单纯的斑贴试验对确定皮肤清洁类产品可能导致的其他更多反应是不够充分的。

二、肥皂小室试验

1979 年，科学家 Frosch 和 Kligman 开发出一种被称为肥皂小室的试验方法，这种方法不仅能够预测某种产品是否会对皮肤产生刺激，同时还可以评价与其他产品刺激性的比较。

在肥皂小室测定方法中，将被试验的清洁产品样品涂抹在具有过敏史的受试者前臂。接触样品的部位被包裹封闭，样品与受试皮肤接触的时间依据研究目的的不同而有差异。当试验结束时，通过受试部位皮肤的不同反应，如红斑、脱屑和皲裂的状况来评估清洁产品对皮肤的刺激程度。肥皂小室试验可以扩大受试样品的反应状况，从而使受试样品的差异更加显著，以利于观察评估。

三、改良肥皂小室试验

改良肥皂小室试验是将被试验的清洁产品样品与皮肤接触持续 24h，除了评价皮肤受到刺激的状况，还要测量经表皮水分的流失量（TEWL）。TEWL 是衡量皮肤清洁产品温和性的一个非常有意义的指标，其数值在皮肤角质层处于受刺激状态时会增高。

四、小室划破试验

对肥皂小室试验的另一种改良是小室划破试验。在这个试验中，经过一个细小针头的刮擦，皮肤角质层的屏障被破坏。随后将被试验样品溶液涂抹在受试者皮肤表面，并将其包敷封闭。这种方法是最为严格的安全性试验方法之一，可以评估受试样品应用在受损皮肤时存在的潜在刺激性。

第六章

保湿化妆品

过去人们错误地认为皮肤干燥是由于皮肤表面缺乏脂类物质造成的,现在经过大量的科学实验证明,如果仅在干燥皮肤表面涂抹油脂,并不能使其变得柔软。因为皮肤干燥的真正原因是角质层中水分不足。皮肤角质层的水分对维持皮肤健康、防御外界的各种刺激、防止皮肤老化,以及滋润、美容皮肤都具有重要意义。一般认为角质层的含水量在10% ~20%之间时,皮肤就会光滑、柔软、富有弹性。低于10%时,皮肤就会干燥、粗糙甚至皲裂。婴幼儿的皮肤之所以如此细嫩、亮丽、富有弹性,就是因为其皮肤中含水量高。使用保湿化妆品是保持皮肤光滑、柔软、富有弹性的重要途径,因为保湿化妆品具有保持皮肤水分的重要作用。

所谓保湿化妆品,就是含有保湿成分的化妆品。它是以保持皮肤,特别是皮肤最外层中适度水分为目的而使用的化妆品。它的特点是不仅能保持皮肤水分的平衡,而且还能补充重要的油性成分和亲水性保湿成分,并且作为活性成分和药剂的载体,使之易为皮肤所吸收,达到调理和营养皮肤的目的,使皮肤滋润、健康。

保湿化妆品还具有抗炎作用(anti - inflammatory effects)、抗细胞分裂作用(antimictotic effects)和止痒作用(antipruritic effects)。所以保湿化妆品与其他化妆品有所区别,它不仅可以用于健康皮肤,防止皮肤病,还可用于治疗皮肤病。

目前市场上有很多保湿化妆品,如伊丽莎白雅顿、兰蔻、玉兰油、倩碧、欧珀莱等知名品牌都推出了保湿化妆品。这些保湿化妆品富含肽、维生素等保湿成分，适合不同的肤质。

第一节　化妆品的保湿途径

一、皮肤的保湿功能

（一）皮肤的重要生理功能——保湿

人由婴幼儿到老年，其皮肤老化的过程也可以说是皮肤水分减少、丢失的过程。从宏观来看皮肤是重要的贮存水分的器官，它的贮水量仅次于肌肉。正常情况下皮肤的含水量约占人体所有水量的18%～20%，大部分贮存在皮内，婴儿皮肤贮水量竟高达80%，女性皮肤贮水量比男性高，故皮肤富有弹性、亮泽。当体内水分过多，贮存到皮肤里就出现水肿。皮肤既能贮水，也能失水。当急性失水时，如频繁的腹泻，急性大出血，皮肤的水分被调动到体内，皮肤显得干瘪，呈失水状态。从微观来看，皮肤的稚嫩度主要取决于表皮角质层的含水量。正常情况下角质层含水量为10%～20%，当外界相对湿度低于60%时角质层含水量就会下降到10%，此时皮肤干燥、脱屑，发生龟裂。皮肤角质层很薄，一般不超过20μm，手掌、脚掌处角质层很厚，可达500μm。角质层由内向外含水量呈梯度下降，越向外含水量越低。角质层中有两种水：结合水和游离水。在角质层内水与离子、氨基酸、蛋白等结合成结合水。当结合水超过饱和状态，在角质层细小的间隙间形成微小的水滴，就是游离水。游离水过多会把角质细胞浸软，呈过水合状态即呈现浸渍。

人的皮肤直接暴露在大气环境中，皮肤既从体内向大气排出水分，也从大气中吸收水分，保持人体水分平衡，从而保持皮肤柔软、光滑、有弹性。

(二)天然保湿因子(Natural Moisturing Factor,NMF)

人体内有天然保湿因子,所以人的皮肤有吸湿、保湿能力。天然保湿因子是皮肤角质层中具有吸附性的水溶性物质,它能够保持皮肤中的水分,又叫天然润湿因子。天然保湿因子是一组可溶性低分子物质,以氨基酸、吡咯烷酮羧酸和乳酸盐为主要成分(表6-1),占天然保湿因子的64%。这些成分本身无保湿能力,它们在皮肤里形成钠盐后才具有保湿能力。天然保湿因子的这些成分与蛋白质结合,存在于角质细胞中。尤其是角质细胞的脂质与蛋白质共同构成保护天然保湿因子的细胞膜,阻止了天然保湿因子的流失,从而使角质层保持一定的含水量。如果角质层的完整性受到破坏,天然保湿因子将会受到损失,皮肤的保湿作用就会下降。在化妆品领域中研究天然保湿因子是个热门的课题,对保湿类化妆品的开发有重要的意义。

表6-1 天然保湿因子组成

成分	含量(%,质量分数)
氨基酸类	40
吡咯烷酮羧酸(P.C.A)	12
乳酸钠	12
尿素	7
NH_3、尿酸、葡糖胺、肌酸内酰胺	1.5
柠檬酸	0.5
Na^+	5
K^+	4
Ca^{2+}	1.5
Mg^{2+}	1.5
PO_4^{3-}	0.5
Cl^-	6
糖、有机酸、肽等未确定物质	8.5

皮脂腺分泌的皮脂在皮肤表面形成皮脂膜，皮脂膜可以防止水分过分蒸发。神经酰胺、黏多糖等物质，使细胞间的水结合，因而也可以保湿。

二、化妆品保湿的途径

(一)防止水分蒸发的油脂保湿

这类保湿品效果最好的是矿脂，俗称凡士林。矿脂不会被皮肤吸收，而在皮肤上形成保湿屏障，使皮肤的水分不易蒸发散失，也可保护皮肤不受外物侵入。由于它极不溶于水，可长久附着在皮肤上，因此有较好的保湿效果。含凡士林的保湿护肤品有旁氏冷霜和雅诗兰黛的保湿润肤露。

它的缺点是过于油腻，只适合极干的皮肤或极干燥的冬天使用。对于偏油性皮肤的年轻人则不适合，会阻塞毛孔而引起粉刺和痤疮等。

除了矿脂外，还有高黏度白蜡油，各种三酸甘油酯以及各种酯类油脂。含有抗蒸发保湿剂的护肤品，基本都含有这些成分，如适合极干性皮肤在晚间使用的晚霜和营养霜。

(二)吸取外界水分的吸湿保湿

这类保湿品最典型的就是多元醇类，使用历史最久的是甘油、山梨糖、丙二醇、聚乙二醇等。这类物质具有自周围环境吸取水分的功能，因此这类保湿品在相对湿度高的环境中，对皮肤的保湿效果很好。

但是在相对湿度很低，寒冷干燥、多风的气候条件下，不但对皮肤没有好处，反而会从皮肤内层吸取水分，而使皮肤更干燥，影响皮肤的正常功能。很多护肤保养品如化妆水、乳液、面霜等护肤品中都或多或少含有这类成分。含这类成分的保湿护肤品，适合在相对湿度高的夏季、春末、秋初季节以及南方地区使用，但是不适合北方的秋冬季。含有甘油成分的护肤品有CD的预防表皮干燥护肤露和卡伊塞保湿滋润霜。

（三）结合水分作用的水分保湿

这类保湿品不是油溶性，也不是水溶性，属于亲水性的，是与水相溶的物质。它会形成一个网状结构，将游离水结合在它的网内，使自由水变成结合水而不易蒸发散失，达到保湿效果。它不会从空气或周围环境吸取水分，也不会阻塞毛孔，亲水而不油腻，使用起来很清爽，属于比较高级的保湿成分，适合各类肤质、各种气候，白天、晚上都可以使用的保湿品。

这类保湿品的成分以胶原质、弹力素、玻尿酸为代表。资生堂的DH-24美容精华、伊丽莎白雅顿的精纯渗透滋润霜和夏奈尔的润泽乳液是不错的水合保湿品。

（四）修复角质细胞的修复保湿

干燥的皮肤无论用何种保湿护肤品，其效果总是短暂有限的，不如从提高皮肤本身的保护功能及保湿功能来达到更理想的效果。

维生素E可聚集在皮肤的角质层，帮助角质层修复其防水障壁，阻止皮肤内及角质层水分蒸发散失。维生素E在擦后6~24h内被吸收到皮肤的真皮层，并保护皮肤的细胞膜。维生素A是调节皮肤细胞成长及活动的重要成分，它可以使皮肤增加弹性并帮助表皮和真皮增加厚度。维生素原B5（泛醇）可促进纤维母细胞的再生，帮助组织的修复。维生素C可促进胶原质的合成，使皮肤更饱满，防止皱纹的形成。

第二节 保湿剂种类和性质

保湿剂(Humectants)是一类能从潮湿空气中吸收水分的物质。纯保湿剂从环境中吸收水分,达到平衡吸湿量后,稀释度保持恒定,平衡吸湿量取决于保湿剂的性质和环境的相对湿度(RH)。

一、保湿剂组成及其功能

保湿剂用以模拟人体皮肤中由油、水、天然保湿因子组成的天然保湿系统,作用在于延缓水分丢失、增加真皮和表皮水分渗透、为皮肤暂时提供保护、减少损伤、促进修复过程。保湿剂的主要成分包括封闭剂、吸湿剂、亲水基质、防光剂和一些特殊添加成分,此外还有乳化剂、防腐剂、香精、脂质体等辅助成分。

(一)封闭剂

可以在皮肤表面形成封闭薄膜,用以减少皮肤水分流失(TEWL),其成分主要为油脂类。保湿剂中常用的封闭剂有:

(1)油类和蜡类,如石蜡油、矿物油、石蜡、角鲨烷。

(2)硅油,如二甲聚硅氧烷、环聚硅氧烷。

(3)植物和动物脂肪,如可可脂、羊毛脂。

(4)脂肪醇,如羊毛脂醇、软脂醇。

(5)蜡脂,如羊毛脂、蜂蜡、硬脂酸酯。

(6)脂肪酸,如羊毛脂酸、硬脂酸。

(7)固醇,如胆固醇。

(8)植物蜡,如棕榈仁蜡、小烛树蜡。

(9)磷脂类,如卵磷脂。

(10)多元醇,如丙二醇。

其中石蜡油是最有效的封闭剂之一,而羊毛脂因为价格较贵、气味特殊以及有潜在导致接触性皮炎的作用而应用较少。硅油是一种较新的制剂,不油腻、基本无味、较少引发过敏及痤疮,故在市售保湿剂中应用较多。

(二)吸湿剂

吸湿剂的作用机制是从真皮及外界环境中吸收水分,保存于角质层中。如果让吸湿剂从外界环境中吸收水分,皮肤周围相对湿度至少要达到70%,而在实际中相对湿度是不能达到这一水平的,所以局部外用的吸湿剂大多是从真皮而非环境中吸收水分。吸湿剂主要包括甘油、蜂蜜、乳酸钠、尿素、丙二醇、山梨糖醇、吡咯烷酮羧酸、动物胶、透明质酸、维生素及蛋白质等。

(三)亲水基质

亲水基质特指的是吸湿剂中一些能与水结合的大分子,有保持水分及封阻作用,包括透明质酸、硫酸软骨素、胶原、弹力蛋白及DNA等。富含这些亲水基质的保湿剂可以从真皮中吸取大量水分并与之结合,无论在低湿度还是在高湿度条件下,都具有相同的高吸湿性。

(四)防光剂

防光剂能防止细胞损伤及脱水。与光老化有关的紫外线主要是中波紫外线(UVB)和长波紫外线(UVA),皮肤被照射后可产生自由基,这些自由基经氧化或交联作用损伤DNA,造成皮肤干燥、脱屑、脆性增加以及修复功能减退。防光剂分物理性和化学性两种。物理性防光剂又称反射性防光剂,成分包括氧化锌、二氧化钛,在皮肤表面形成屏障反射 UVA 和 UVB；化学性防光剂又称吸收性防光剂，可吸收某段光谱的紫外线而起防晒功效，成分有对氨基苯甲酸酯、水杨酸酯及二苯酮等。市售防光产品成分多以化学性防光剂为主。

(五)皮肤细胞保湿剂

为了防止干燥给皮肤带来的损伤，过去所使用的保湿剂都是以给细胞补充水分为目的的。现在开发一种以海藻糖(tre - halose)为原料，具有保护细胞作用的新型保湿剂，可以对细胞本身起保护作用。海藻糖是一种 D - 葡萄糖二分子结合的双糖类，存在于红藻、酵母、地衣类和昆虫体内。将海藻糖作为化妆品保湿剂，对皮肤等细胞的保湿作用，已在动物实验中得到了证明。

(六)乳化剂

乳化剂是保湿剂中的主要辅助成分，用于使原本不相溶的几种液体乳化形成均一的混合物，如油和水，常用的乳化剂有甘油单酯、甘油双酯、磷脂等。乳化剂目前仍是外用剂型中应用最多的基质。

(七)防腐剂

在生产及使用过程中为了防止微生物的污染，常需要在化妆品中加入一些防腐剂，包括羟苯甲酸酯类、能释放甲醛的化合物、一些络合剂如依地酸、Kathon CG 以及酒精等，这些物质虽有良好的防腐作用但常常成为导致接触性皮炎的原因。

(八)香精

香精用于掩饰原有成分味道或可产生宜人味道，如肉桂醇、异丁香酚等。但某些香精会产生皮肤刺激症状，尤其对于一些已有疾患的敏感皮肤。

(九)脂质体

脂质体呈双壳球状,直径小于5μm,双壳含与皮肤细胞膜类似成分,球芯为水溶性保湿剂、维生素或其他药物。脂质体作为药物载体能较好地包裹亲水或亲油性药物,提高药物的渗透性,增加药物在皮肤中的滞留量,降低药物对皮肤的刺激性。近20年来,皮肤局部用脂质体制剂日益引起关注,脂质体在保湿剂中的应用是皮肤护理产品中的一个较新的进展。

二、常用保湿剂

化妆品中常用的保湿剂除了多元醇类保湿剂外,还有很多天然的保湿剂。

(一)多元醇类保湿剂

多元醇类保湿剂是一类低挥发性、高沸点且具有强吸湿性的保湿剂。常用的主要有甘油、丙二醇、山梨醇、聚乙二醇(低分子量)、1,3-丁二醇、甘油—环氧乙烷加成物。

(二)天然型保湿剂

1. 燕麦中的β-葡聚糖

从燕麦中提取的β-葡聚糖为淡黄色、透明、无味的黏稠液体。常用的是含1%β-葡聚糖的水溶液。

从燕麦中提取的β-葡聚糖的活性比酵母发酵的β-葡聚糖的活性高出近两倍。它可用于各种保湿霜(水)、防晒和晒后护理品、抗衰老及抗皱产品、眼霜等产品。

2. 芦荟提取物

芦荟是百合科芦荟,属多年生常绿肉质草本植物。其化学组成极其复杂,主要成分是芦荟素,同时还含有精氨酸、天冬氨酸、蛋氨酸、谷氨酸、丝氨酸等以及三萜化合物、聚己糖等多种成分，具有营养皮肤的功能，能很好地与多种化妆品原料配合，消除多种表面活性剂对皮肤的刺激，是理想的天然保湿剂。

3. 透明质酸（Hyaluronic acid）

透明质酸简称 HA，是从动物组织（牛眼玻璃体、牛脐和鸡冠等）中提取的一种酸性黏多糖物质，为白色无定形固体，无臭，有较强的吸湿性及很强的保水和润滑性。它易溶于水，不溶于有机溶剂，其水溶液具有较高黏度以及具有高的黏弹性和渗透压，从而使它有很强的保水和润滑作用，是一种性能极佳的保湿剂。HA 对人体皮肤无任何刺激性，应用于化妆品中，可滋润皮肤，使皮肤光滑且富有弹性，延缓皮肤老化，是化妆品中非常好的保湿剂。

4. 吡咯烷酮羧酸钠（Pyrrolidone carboxylic acid－Na）

吡咯烷酮羧酸钠又名焦谷氨酸钠，简称 PCA－Na，是无色、无臭、透明略带咸味的液体，是皮肤中天然润湿因子的主要成分，具有很强的保湿作用，效能与透明质酸相当。它的黏度远较其他保湿剂低，没有甘油等黏腻厚重的感觉，而且安全性高，对皮肤和眼黏膜几乎没有刺激性，在化妆品中得到了广泛的应用。

5. 海藻糖（Trehalose）

海藻糖为一双糖化合物，来源于特里哈木蜜和海藻。

海藻糖为白色结晶，易吸湿形成带两分子结晶水的水合物，味甜，能溶于水和热醇，不溶于乙醚。海藻糖与膜蛋白有良好的亲和性和稳定性，在皮肤外用品中可用作皮肤渗透剂，增加皮肤对营养成分的吸收，与磷脂配伍制备的脂质体效果更好。有很好的保湿性能，对于由于皮肤干燥而引起的皮屑增多、皮肤干热、角质硬化有特效。在雪花膏、洗液、油膏中用量为5%～10%。

6. 海藻（Sargassum fusiforme）

海藻是生长在海底和海面的无根、无花、无果的一类地球上最古老的植物，是从海洋中吸收营养，通过孢子进行无性繁殖的低级植物。海藻含有多种维生素，如维生素A、维生素B_1、维生素B_2、维生素B_3、维生素B_6、维生素B_{12}、维生素C、维生素D、维生素E、维生素K和维生素Bc（叶酸）等，还含有丰富的无机物，如碘、钙、磷、铁、钠、钾、氮、镁、硫、氯、铜、锌和锰及微量的钡、硼、铬、锂等；海藻还含有大量的氨基酸和糖类，如丝氨酸、丙氨酸、精氨酸、甘氨酸、赖氨酸、天冬氨酸、缬氨酸、亮氨酸、异亮氨酸和色氨酸及岩藻糖、甘露糖、木糖、半乳糖、葡萄糖。此外，海藻还含有丰富的其他成分，如藻酸、琼脂、蛋白质、纤维素、甘露糖醇等。因此，海藻及其萃取物含有丰富的营养成分和具有多种功能，如具有良好的润肤护肤作用，可使皮肤变得柔软细腻；在皮肤表面可形成保护膜，以防止水分的散发，即具有良好的保湿作用；具有消炎、抗菌作用。此外，它还是一种良好的增调剂。

7. 果胶酸（Pectic acid）

果胶酸为胶态聚半乳糖醛酸类所组成的果胶质，广泛存在于植物中，是细胞壁的组成成分。在柑橘类的果皮中含量最高，适用于化妆品的果胶酸相对分子质量为$15 \times 10^4 \sim 30 \times 10^4$。果胶酸为黄色或白色片状物或粉末，易吸湿，加水则形成胶状。

果胶酸有良好的保持水分的能力，可用作护肤类化妆品、香粉、粉饼等的保湿剂，有一定的调理功能，可提高颜色在皮肤上的附着力。

8. 昆布氨酸（Laminine）

昆布氨酸为碱性的甜菜碱型氨基酸，广泛分布于藻类植物及海带中，在褐藻、异索藻、幅叶藻中含量丰富。昆布氨酸为褐藻主要成分之一，无毒，有良好的保湿性能，功效与透明质酸类似。可用于调理性护肤品中，在护发水中可抑制脱发和头屑。

9. 果酸（Alpha - hydroxy acids）

果酸简称AHA，广泛存在于苹果、柠檬、甘蔗、葡萄等水果或乳制品中，故称果酸。其化学名称为α-羟基酸，主要为天然有机酸，如柠檬酸、甲基丙酮酸、乙基丙酮酸、丙酮酸、羟乙酸、3－羟丁酸、2－羟异丁酸、羟异丁酸、羟基丙二酸、苹果酸、乳酸、葡糖醛酸、酒石酸等。

果酸对皮肤的特殊作用，主要有以下几点：

(1)角质层剥脱性。还可清除毛囊口堵塞的角化物，使皮脂腺分泌物能通畅地向外排泄，从而可治愈痤疮。

(2)表皮解离性。此外，来自于天然的 AHA 对皮肤还具有营养和滋润作用。

(3)细胞再生性。实验证明，果酸可加速细胞更新，使皮肤光滑、细微、健康。实验证实，AHA 可使细胞再生速度增加30%以上。

(4)保水性。它可以使表皮各层细胞含有充足的水分，从而使皮肤显得湿润、柔嫩，是极好的保湿剂。

(5)平衡皮肤各层形成。临床试验结果证明，果酸制剂可使表皮增厚，真皮乳头层结缔组织变薄，可以除去早期皱纹和老年斑，也可恢复轻度的皮肤萎缩。

(三)其他保湿剂

1. 酰胺类保湿剂(Acyl amine)

酰胺类保湿剂主要有乳酰胺基丙基三甲基氯化铵、乙酰基单乙醇胺、乳酰基单乙醇胺、乙酰胺基丙基三甲基氯化铵等，此类化合物中含有羧基、羟基、酰胺基和铵基等亲水性基团，对水有较好的亲和作用，具有良好的保湿性。

2. 乳酸和乳酸钠(Lactic acid and sodium lactate)

市售的乳酸是乳酸和乳酰乳酸(乳酰酐)的混合物，是无色至浅黄色糖浆液体。乳酸是护肤类化妆品很好的酸化剂。乳酸和乳酸钠组成缓冲溶液，可调节皮肤的 pH 值(pH＝4.5～6.0)。乳酸分子的羧基对头发和皮肤有较好的亲和作用，乳酸钠是很有效的保湿剂，它的保湿性比甘油强。乳酸和乳酸钠主要用作化妆品中的调理剂和皮肤或头发的柔润剂，调节 pH 值的酸化剂，用于护肤的膏霜和乳液、香波和护发素等护发制品中，也用于剃须制品和洗涤剂中。

第三节 保湿化妆品的设计原则与配方实例

皮肤护理的重中之重是使用保湿化妆品。从皮肤保水增湿和角质层脂质的角度看，皮肤水分充足的是正常皮肤；皮肤油脂较多的是油性皮肤；皮肤油脂缺乏的是干性皮肤；皮肤水分丢失的是缺水皮肤。从保湿平衡的角度看，既要让皮肤保持水分、保持油脂，又要有天然保湿因子来保持皮肤的吸水性和保湿性。从化妆品角度看，促进皮肤保水、保油，人工添加保湿剂，使皮肤有更好的保湿、保油的功能，是化妆品对皮肤护理最重要的任务。

一、保湿化妆品的设计原则

化妆品的结构最好按天然皮肤保护结构模型来设计，将能够保持皮肤角质层中水分的各种物质，即保湿剂添加在化妆品中达到保湿的效果，这就是保湿化妆品设计的原则。

皮肤保湿原理见图 6 – 1。皮肤保湿因素包括闭塞性因子和结合性因子，其中闭塞性因子是指皮脂膜或细胞间脂类有按照闭塞性保护水分的功能，结合性因子是指天然保湿因子成分有结合水分且可以保持角质细胞内或角质细胞间水分的功能。因此保湿剂的设计也有必要将这两种功能融合在一起。保湿剂包括闭塞剂和吸湿剂。其中闭塞剂可考虑使用羊毛脂、矿物油、凡士林、石蜡和十六醇等一些能在皮肤表面形成油膜的保护物质，形成的油膜能减少或防止角质层水分的损失，保证角质层从下层组织得到扩散的水分。选择闭塞剂时

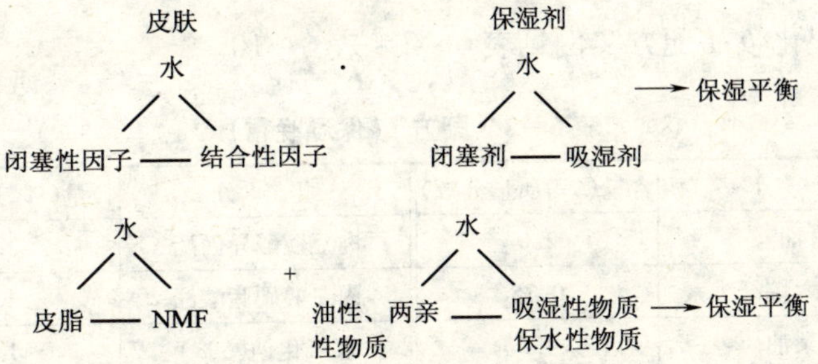

图 6-1　皮肤保湿的原理

还应注意，虽然几乎所有类型的油类都可以使粗糙的皮肤光滑，但只有那些能够吸湿、在皮肤表面形成连续油膜的油脂才能使角质层恢复弹性。吸湿剂可仿照天然保湿因子的成分用聚乙烯吡咯烷酮、透明质酸和壳聚糖等亲水性物质，增强角质层的吸水性和结合水的能力。

保湿化妆品的原料应具备以下特性：保湿能力强，并不受外界环境中湿度、温度和风力的影响；具有适当的黏稠度（以低黏度为宜），不因吸湿而改变其物理性质；无色、无臭、无味、无毒、无刺激性；与其他原料有共存性，并有良好渗透性；无损于基质外观，涂在皮肤上有舒适感；吸湿能力持久；吸湿能力有助于皮肤和制品的保湿性；低挥发油性；凝固温度低；经济、来源广，并经久、广泛应用；最好选用皮肤中原有的，它有更好的皮肤相容性，刺激性更小。

皮肤的保湿效果取决于：吸湿剂结合水的性能；天然保湿因子；亲水性物质从环境中吸水并送到皮肤中的能力；小分子物质的渗透性能；大分子物质以及亲油性物质的封闭性能。在保湿化妆品的设计过程中要充分考虑这些因素，使设计的化妆品配方满足皮肤保湿的性能，只有遵循这样的原则才能设计出好的保湿化妆品。

二、保湿化妆品配方实例

保湿化妆品配方实例见表6－2～表6－10。

表6－2　配方1（保湿晚霜）

组　　分	含量（%，质量分数）	组　　分	含量（%，质量分数）
甘油	2.0	肉豆蔻酸异丙酯	3.0
羟乙基十六烷纤维素	0.75	丙二醇硬脂酸酯	4.0
鳄梨油	4.0	氢氧化钠（5%）	1.0
异硬脂酸盐	4.0	防腐剂	适量
硬脂酸辛酯	3.0	去离子水	加至100.0

表6－3　配方2（保湿霜）

组　　分	含量（%，质量分数）	组　　分	含量（%，质量分数）
磷脂S－10	2.0	L－精氨酸	0.3
聚甘油（10）单	1.0	汉生胶（2%水溶液）	1.0
肉豆蔻酸酯硬脂酸	4.0	透明质酸钠（2%水溶液）	1.0
山嵛醇	2.0	1，3－丁二醇	7.0
棕榈酸十六烷基酯	2.0	甘油	6.0
角鲨烷	6.0	二甲基硅油	0.2
尼泊金甲酯	0.2	尼泊金丙酯	0.1
去离子水	加至100.0		

表6－4　配方3（保湿霜）

组　　分	含量（%，质量分数）	组　　分	含量（%，质量分数）
聚乙烯吡咯烷酮	2.0	十六醇	1.0
丙二醇	4.0	肉豆蔻酸异丙酯	15.0
尼泊金甲酯	0.2	尼泊金丙酯	0.1
三乙醇胺（99%）	1.8	聚二甲基硅氧烷	1.0
聚氨基葡糖	4.0	香精	适量
甘油硬脂酸酯	6.0	去离子水	加至100.0
硬脂酸	6.0		

配方 3 具有较好的保湿功效,特别适合于干性皮肤使用。

表 6-5　配方 4(保湿护肤霜)

组　分	含量(%,质量分数)	组　分	含量(%,质量分数)
丙二醇	6.0	硬脂酸	6.0
橄榄油	8.0	羊毛脂	4.0
鲜人参提取液	0.2	防腐剂	0.1
貂油	1.5	去离子水	加至 100.0
肉豆蔻酸异丙酯	1.5		

本品中的鲜人参是天然营养滋补品,能促进皮肤的新陈代谢,所以是护肤佳品。

表 6-6　配方 5(保湿晚霜)

组　分	含量(%,质量分数)	组　分	含量(%,质量分数)
白油	15.0	甘油	3.0
十六醇	10.0	透明质酸钠	2.0
聚氧乙烯羊毛脂	3.0	香精	适量
氢化羊毛脂	2.0	去离子水	加至 100.0
凯松	0.1		

配方 5 具有对皮肤良好的亲和性、软化性和保湿性。

表 6-7　配方 6(保湿平衡霜)

组　分	含量(%,质量分数)	组　分	含量(%,质量分数)
乙酰化羊毛脂	5.0	甘油	5.0
棕榈酸异丙酯	4.0	丝氨基酸	3.0
二甲基硅油	6.0	丝肽	5.0
卵磷脂	2.0	丝素	2.0
硬脂酸乳酸酯	2.0	防腐剂、香精	适量
乳酸钠	2.0	去离子水	加至 100.0

表 6-8　配方 7(深层保湿霜)

组　　分	含量(%,质量分数)	组　　分	含量(%,质量分数)
十六醇	3.0	辛基十二醇	1.2
橄榄油	5.0	透明质酸	0.04
白油	8.0	Glucam E-20	2.8
C_8/C_{10} 甘油三酸酯	2.7	尿囊素	0.1
Glucam P-20	1.0	防腐剂、香精	适量
小麦胚芽油	0.5	去离子水	加至 100.0
D-泛醇	0.2		

配方 7 选用的 Glucam P-20(甲基葡萄糖苷聚丙二醇-20 醚二硬脂酸酯,Amerchol 公司)是一种可以降低经表皮水分损失的半天然组分,其保水机理是在皮肤表面可形成不完全封闭的障碍层,可选择性使水分通过障碍系统,以达到最佳而不是过度的水分保留,因此使肤感润湿而不粘腻,即滋润而柔滑。

表 6-9　配方 8(润白保湿滋养霜)

组　　分	含量(%,质量分数)	组　　分	含量(%,质量分数)
混醇	2.00	尼泊金丙酯	0.15
白油 15#	25.00	BHT	0.01
单甘酯	1.50	甘油	3.00
凡士林	10.00	EDTA-Na_2	0.05
DC345	5.00	QM	0.30
GTCC	2.00	TEA	0.30
HR-S1	2.00	海韵香精	0.01
司盘-60	0.20	去离子水	加至 100.0
尼泊金甲酯	0.05		

表 6-10　配方 9(保湿滋养霜)

组　　分	含量(%,质量分数)	组　　分	含量(%,质量分数)
IPP	2.50	月桂醇硫酸钠	0.60
混醇	6.00	尿囊素	0.20
白油 15#	6.00	EDTA - Na_2	0.10
单甘酯	2.00	QM	0.20
硅油 100	1.50	芦荟粉	0.20
BHT	0.01	LPMB	0.50
尼泊金甲酯	0.10	LUBRAJEL OIL	1.00
尼泊金丙酯	0.10	TEA	0.22
维生素 E	0.30	L. G. P	0.50
甘油	6.00	海洋香精	0.15
Tween - 80	0.40	去离子水	加至 100.0

三、保湿化妆品的安全性

保湿化妆品中保湿剂较为常见的不良反应是刺激性或过敏性、接触性皮炎,所以保湿化妆品的安全性应该引起足够的重视,其中保湿化妆品引起过敏的过敏源主要是香精、防腐剂、乳化剂、羊毛脂及其衍生物与防晒剂等。据有些学者的研究发现,外用保湿剂对正常皮肤可能造成不良影响。Held 等人发现长期使用保湿剂可以增加皮肤对刺激物的敏感性,他让志愿者每天 3 次外用保湿剂,4 周后用斑贴试验检测皮肤对 SLS 的敏感性,发现明显增加。Zachariae 等人研究发现镍过敏者在外用保湿剂后再以二氯化镍做斑贴试验,结果局部反应较未用保湿剂处增强。对于外观正常但可能是敏感型的皮肤而言,保湿剂到底起保护作用还是提高了皮肤敏感性还有待进一步研究。

第四节　化妆品保湿功效评价

随着各种保湿化妆品的广泛使用,如何评价化妆品的保湿性能成为迫切需要解决的问题。目前,对保湿剂及化妆品吸水保湿性能的测定尚无国家标准,这给保湿化妆品的质量检测带来一定影响。

为正确地了解化妆品的保湿功能,化妆品科学家和皮肤科医师通过长期的研究找到了许多皮肤保湿功能的评价方法,其中有体外法,人体主观评判法,也有借助各种仪器的非损伤性人体测量法,包括电子、微波、机械、热力学、扫描电镜和光谱学等方法。国内学者对皮肤保湿性能的研究多为体外法,近年来只有少数学者进行人体实验评价保湿功效。

在体外法研究保湿剂性能方面,国内学者做了大量工作。阎世翔做了将山梨醇加入基质中的保湿率的试验,结果表明,在一定环境条件下固体山梨醇的保湿效果比甘油更好。张秋华对甲壳素衍生物的保湿性进行了研究,提出了保湿剂的最大保湿量的计算方法,探讨了吸湿保湿机理,并证明甲壳素衍生物的保湿效果与透明质酸相近。戎瑞芳做了使用润肤剂后的皮肤水合作用的评价。杜小豪等应用体外法对护肤产品的保湿性能进行了研究,对单一保湿剂的吸湿、保湿性做了不同条件的实验,对市售保湿霜的保湿性能做了评价试验,并采用 SKICON200 型皮肤角质层水含量测量仪进行了人体试验。董银卯等测试了不同浓度的芦荟原汁的保湿效果,并研究了乳化体系及水基体系中芦荟原汁保湿效果与浓度的关系,分别得出了保湿最佳浓度。夏咏梅等考察了灵芝发酵制品、生物多糖和壳聚糖等几种含多糖的保湿剂以及含上述保湿剂的膏霜的保湿性能。周林等通过干燥器控制湿度的方法对经冷冻干燥的裂褶多糖(PSG)试样进行了吸湿和保湿性能测试,并采用差示扫描量热法(DSC)对裂褶多糖的热力学参数进行了测定,表明裂褶多糖是一种很有开发潜力的天然保湿剂。胡佩红考察了褐藻糖胶粗品和较纯品的吸湿、保湿率以及随时间的变化情况,并且探讨了保湿剂的选择原则。刘玉兰等采用干燥器控制相对湿度的方法对常见的9种保湿剂试样做了吸湿、保湿效果测试,筛选出最适合用作皮肤保湿的两种保湿剂。汪琴研究了*N*－琥珀酰壳聚糖(NSC)与低分子量*N*－羧丁酰壳聚糖的吸湿保湿性,测定了NSC在化妆品配方中的保湿性。李欣等研究了壳聚糖及其衍生物的吸湿、保湿性,结论表明羧甲基壳聚糖和*N*－羧丁基壳聚糖保湿效果最好,完全可以取代透明质酸,作为多种化妆品的保湿剂。樊木等测量了不同取代度和不同相对分子质量的羟丙基三甲基氯化铵壳聚糖(HACC)的吸湿、保湿性能。

日本的西山根据膏霜膜的封闭性和保水性对皮肤的水合效果进行了评价,检测了O/W型、W/O型膏霜对水合效果的影响。铃木对二次粒子化的液晶乳化系列对皮肤的保湿效果进行检测,留在皮肤上的二次粒子化膜形成强的封闭性保护层,使水分保持在液晶中,所以对皮肤的保湿效果比通常乳化液高。Johann W. Wiechers PhD介绍了评价润肤剂保湿性能、皮肤弹性等的试验,采用Corneometer(由德国Courage + Khazaka公司生产)测试皮肤角质层的水合作用,以甘油为参照物,计算相对保湿性能,对几十种护肤产品进行了评价。王学民等运用Corneometer测试了175名健康志愿者的皮肤角质层的电容量来反映其含水量,建立了一种皮肤保湿功能的客观评价方法,发现该方法能完全分辨各种不同原料和成品保湿功能的大小,而且适用于各种剂型。

根据国内外参考文献,我们对保湿化妆品功效评价做了总结,并介绍几种经常使用的方法。

一、体外称重法

(一)测试原理

根据化妆品成分吸湿、保湿性能的差异,不同的保湿剂分子对水分子的作用力不同,吸收水分和保持水分的能力不同。吸湿作用力大的,对水分子结合力强,吸收和保持水分的量也比较大,封闭性好的,水分散失的也少。利用胶带模仿角质层、表皮等的生物材料,在胶带上涂布化妆品,模拟实际化妆品的应用状况。在恒温恒湿的条件下一定时间后,称量样品放置前后的质量差,求出样品量的损失,可以计算出保湿成分保湿的效果。

(二)实验材料

7.5cm×7.5cm 干净玻璃板若干块,3cm 胶布,50~500μL 移液枪,分析天平,硫酸铵[$(NH_4)_2SO_4$]饱和溶液(相对湿度为 82%),醋酸钾[$KC_2H_3O_2$]饱和溶液(相对湿度约为 60%)。

(三)实验方法和测试步骤

(1)称量 6 块贴有 3cm 胶布的玻璃板质量(M_0),分别记录,3 块为空白对照,3 块为样品试验。

(2)用移液枪取 200μL 样品滴加于贴有 3cm 胶布的玻璃板上,用分析天平称量该质量 M_1(精确到 0.0001g),将样品涂匀,将玻璃板放入要求的恒定湿度的干燥器,重复 3 次。将其余 3 块空白对照玻璃板一起放入恒定湿度的干燥器中。

(3)在放置 4h、8h 后,取出玻璃板,称量该玻璃板质量(M_2),测试其保湿率及相对湿度,称量后马上放入恒定湿度的干燥器中。

(4)本试验的注意事项:涂抹样品时要尽量均匀,不能有样品遗留在涂抹器上。将样品取出称量及放入,一个干燥器控制在用 15min 之内,平均 1 块玻璃板用 1min。控制时间是由于样品暴露于外环境其水分散失非常快,会严重影响测试结果。玻璃板取出后立即倒置在预先准备好的空白玻璃板上,称量时也倒置在天平内的容器中。

(5)保湿率计算公式:

$$保湿率 = \frac{M_2 - M_0}{M_1 - M_0} \times 100\%$$

式中:M_0 为空板质量(g);M_1 为加样后玻璃板质量(g);M_2 为干燥器中放置若干小时后质量(g)。

(四)应用举例

将葡聚糖、燕麦肽、芦荟粉、透明质酸(HA)、神经酰胺、海藻糖分别添加到化妆品基质中,制得6种保湿霜,并测试其在相对湿度为60%和82%时4h及8h内的保湿率(表6-11、表6-12)。

表6-11　保湿霜在RH为60%±5%的保湿率(%)

时间(h)	葡聚糖	燕麦肽	芦荟粉	HA	神经酰胺	海藻糖
4	34	31.23	31.02	36.75	33.55	33.76
8	34.54	30.85	30.59	36.18	32.93	33.15

表6-12　保湿霜在RH为82%±5%的保湿率(%)

时间(h)	葡聚糖	燕麦肽	芦荟粉	HA	神经酰胺	海藻糖
4	35.24	31.79	34.39	36.96	32.89	34.32
8	34.88	31.31	33.89	35.18	32.62	33.87

由表6-11可看出,相对湿度为60%时,透明质酸在4h及8h时保湿效果均为最好,葡聚糖次之。所有保湿剂的4h及8h保湿率均达到较高水平,都在30%以上。各种保湿剂的保湿率随时间的变化均比较小,效果稳定。由表6-12可看出,相对湿度为82%时,透明质酸和葡聚糖的4h及8h保湿效果依然是最好的,其他几种保湿剂的保湿率

也都较高，都达到30%以上。各种保湿剂的保湿率随时间变化不大，效果持久、稳定。添加基质的保湿霜在相对湿度较大的环境中保湿率更高。各种保湿剂的保湿率随环境相对湿度增大出现了不同程度的升高。

二、体内法

（一）皮肤水分测试仪测定方法

皮肤水分含量是由内部和外部两种因素决定的，内部因素包括皮肤角质层保持水分的能力、皮肤出汗的呼吸过程及皮肤中水混合物的组成，外部因素包括环境温度、湿度、药品和化妆品等，都能决定和改变皮肤中的水分含量，最终各种因素会使皮肤的水分条件达到一个平衡状态。当然年龄、性别和皮肤部位不同，水分含量也不相同，因此不能简单地提供一个正常皮肤水分的平均值。皮肤水分含量会影响皮肤表面的水和油脂混合膜的形成，而这层保护膜对防止皮肤的衰老是非常重要的。因此定量化的测试皮肤水分含量及相对一定护理阶段后的变化量是很有用的。

测试仪器为Corneometer CM825 PC（由德国Courage + Khakaza公司生产），如图6－2所示。

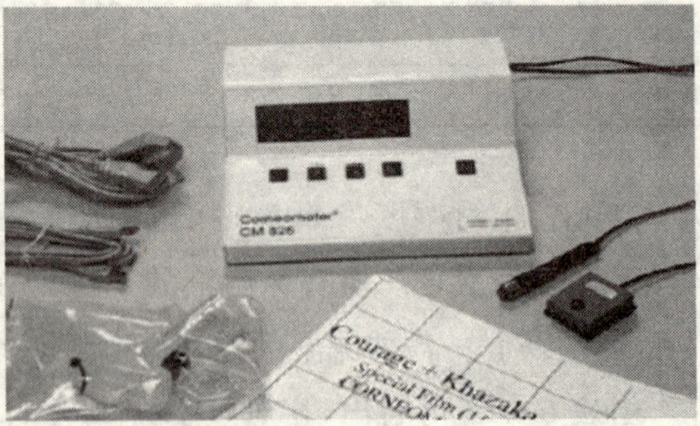

图6－2　Corneometer CM825 PC

1. 测定原理

水分测试采用的是世界公认的CORNEOMETER—电容法，它的原理是基于水和其他物质的介电常数变化相当大，按照含水量的不同，适当形状的测量用电容器会随着皮肤电容量的变化而变化，而皮肤的电容量又是在测量的范围内，这样就可以测量出皮肤的水分含量。其结果通过设定的湿度测量值（Moisture Measurement Value，MMV）来表示。MMV为0～150的数值。电容量的测量方法比其他方法更优越，由于被测试皮肤和测试探头没有不自然的接触，几乎没有电流通过被测试皮肤，因此测试结果实际上不受极化效应和离子导电率的影响。仪器探头和皮肤中水分建立平衡过程中没有惯性，可以实现快速测量，这样同时也消除了活性皮肤对测量结果的影响。

2. 测定条件

MMV的测量过程受环境温度、湿度影响较大。一般选择20℃和50%相对湿度环境下测量，效果最佳。

3. 实验方法

测试时只需将水分测试探头垂直地压在被测皮肤表面，探头顶部被压回一段距离，探头内部有一弹簧使探头顶部保持0.16N的压力压在皮肤表面，一秒钟内主机上就显示出结果，并给出提示声音。

（二）水分经皮肤散失的测定方法

皮肤水分流失（TEWL）是评估皮肤水分保护层功能的重要参数，在国际上已经得到了广泛的认可，其单位为$g/(h \cdot m^2)$。皮肤水分保护层越完好，水分的含量就会越高，皮肤水分流失的数值就越低。

在化妆品的研制过程中，通过测试皮肤水分流失的数值可评价保湿化妆品的功效，也可应用于皮肤的斑贴试验、接触性皮炎、物理疗法、烧伤及新生组织的监测，及时发现皮肤的保护功能是否已被破坏。

因此在检测和评价化妆品、保健品和药物对皮肤的功效方面，皮肤水分流失测试仪 Tewameter TM300 是一种非常有效的仪器。

该仪器的测试原理来源于菲克(Fick)扩散定律：

$$\frac{dm}{dt} = -D \cdot A \cdot \frac{dP}{dx}$$

式中：A 为面积；m 为水分的扩散量；t 为时间；D 为扩散常数；P 为蒸汽压力；x 为皮肤表面测量点的距离。

皮肤水分流失测试仪 TM300 如图 6－3 所示。测量探头由两组温度和湿度传感器所组成。

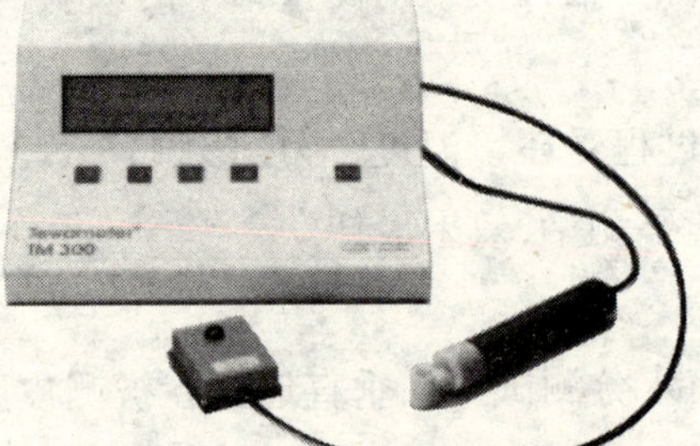

(a) 测试仪

(b) 测量探头

图 6－3　皮肤水分流失测试仪 TM300

皮肤水分流失的测量分为标准测量法和连续测量法两种，推荐使用标准测量法。标准测量的时间由仪器自动设定，测试时将测试探头顶端的圆柱体垂直于被测的皮肤表面放置，测量开始后，仪器每秒钟自动采集一次 TEWL 数据，显示屏将这些 TEWL 数值显示出来，成为一条曲线，在这条曲线上同时显示出 TEWL 的平均值和偏差值。通过转换屏幕内容，该仪器还可分别显示出探头下端传感器处的温度和相对湿度曲线，同时还显示温度和相对湿度的平均值。

（三）皮肤弹性测试方法

皮肤弹性测试原理是基于吸力和拉伸原理，在被测试的皮肤表面产生一个负压将皮肤吸进一个特定的测试探头内，皮肤被吸进测试探头内的深度是通过一个非接触式光学测试系统测得的。测试探头内包括光的发射器和接收器，发射光和接收光的比率同被吸入皮肤的深度成正比，这样就得到了一条皮肤被拉伸的长度和时间的关系曲线，通过此曲线可以确定皮肤的弹性性能。皮肤弹性测试仪如图 6－4 所示。

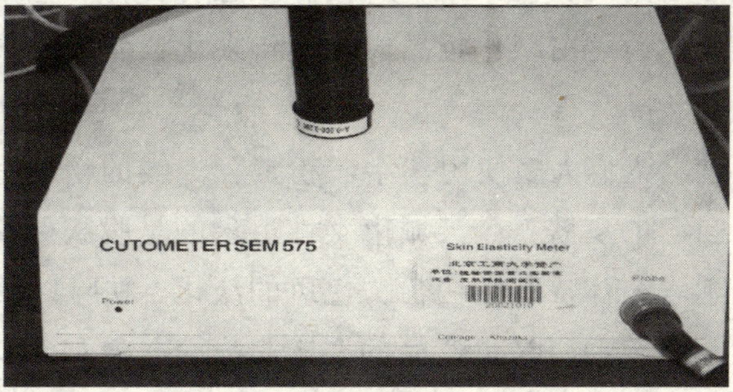

图 6－4　皮肤弹性测试仪

第七章

美白化妆品

光洁、白皙、红润的皮肤一直是东方女性所追求的,更是近年来我国及日本、东南亚等国妇女推崇的时尚。受其影响美白、祛斑类化妆品市场日趋活跃,产品销量与日俱增。这类产品已成为护肤化妆品的主流品种之一。有关美白、美白剂、美白祛斑效果评价、美白机理等方面的研究正在不断深入,并已引起国内外众多科研机构与生产商的广泛关注。

随着人民生活水平的不断提高以及科学技术的日新月异，人们对化妆品的需求从过去的单一护理型向现代功能型转化。尤其随着生活、工作节奏的不断加快以及污染引起的环境和臭氧层破坏，使人体内黑素形成酶的代谢紊乱，从而导致患有各种黑色斑症状人群的增多。鉴于此，美白型化妆品成为近年来化妆品领域研究较热的一种功能性化妆品。

十几年前，人们大多使用“增白粉蜜”一类的物理遮蔽性美白产品来修饰自己的皮肤。今天城市女性追求的是肌肤更深层次的生理性变化，追求整体皮肤的白皙，色斑的淡化、祛除以及防止色素沉着的产生。对美白、祛斑产品的要求是安全、温和、有效，要求产品的品质更高，更具科技先进性，品牌更具知名度。

第一节 皮肤美白机理

一、皮肤的颜色

人类的皮肤有六种不同的颜色，即红、黄、棕、蓝、黑和白色，这主要是因为皮肤内黑素的数量及分布情况不同所致。皮肤的颜色主要取决于三个因素：黑素、皮肤血管和血管里的血液及胡萝卜素。前两个因素更重要。黑素包含在皮肤上层即表皮的皮质层里的黑素细胞中。这是一种非常细小的棕褐色或黑褐色颗粒，它是皮肤“发黑”的原因。黑素的数量、分布和疏密决定皮肤的“黑度”。黑种人的黑素几乎密集分布于皮肤表皮各层，而黄种人与白种人的黑素则主要存在于表皮最下层即基底层内。白种人的黑素细胞比黄种人更少。黑素在受到阳光或紫外线的长期照射以后，有向表层细胞转移和增多的趋势，因而使皮肤变黑。皮肤血管和其中的血液，使皮肤“黑里透红”或“白里透红”。血管较少、较深或血管收缩、供血减少之处皮肤会发白；反之则发红。红脸的原因一是因为面部血管丰富，二是由于这些血管对各种刺激，特别是对精神和心理刺激很敏感而易扩张。如果扩张血管里的血液运行不畅或淤滞以及含氧量低的血液会使该处皮肤呈蓝红色甚至青紫色，医学上称为“发绀”。胡萝卜素主要存在于皮肤较厚的部位，如掌、跖，它使皮肤呈黄色。

以上三种因素混在一起,使正常皮肤的颜色介于黑、红、黄、白之间。对黄种人来说呈棕黄色、黄褐色而又带红、带白或带黑。其他颜色基本上都不是正常的,如坏死引起的漆黑色、坏疽引起的绿色、黄疸引起的黄绿色等。

二、皮肤颜色的形成——黑素细胞与黑素

(一)黑素细胞

黑素细胞是皮肤的重要组成细胞之一。黑素细胞具有形成、分泌黑素的功能,属腺细胞,呈树状突起,并通过树状突起以1∶36的比例与角质形成细胞构成一个表皮黑素单位。在表皮黑素单位中,黑素细胞与角质形成细胞之间互相影响。

黑素细胞的树状突起实际为一管道,黑素细胞所产生的黑素由此枝状管运输到角质层的细胞内,在角质层的细胞溶酶体内降解,随表皮细胞的脱落而排出。表皮角质层细胞中的黑素以胶体(无定形)和细胞器(黑素颗粒)两种形式存在。两者都起着吸收紫外线的滤光片和自由基清除作用,为角蛋白细胞核DNA、真皮蛋白、胶原蛋白、弹性蛋白提供保护。可防止弹力纤维变性所致皮肤老化,保护DNA不受有害因素引起的致癌突变效应,从而降低皮肤癌的发生率。

(二)黑素及黑素的形成

1. 黑素

黑素为高分子生物色素,主要由两种醌型的聚合物(优黑素和褐黑素)组成。Muller及Brown等分别于1992年和1994年报道了优黑素和褐黑素的结构单元。

优黑素(真黑素)主要是由5,6-二羟基吲哚和少量5,6-二羟基吲哚-2-羧酸通过不同类型的C—C键连接构成的聚合物,此外,还存在少量5,6-二羟基吲哚半醌和羧酸化吡咯,它们可能是在黑素形成过程中过氧化裂解的产物,优黑素呈棕色或黑色,可溶于稀碱中。

褐黑素是由不同结构和组成的色素构成的聚合物,其结构还未完全研究清楚,呈黄色、红色或胡萝卜色。有研究表明,黑素是含硫高(10%~12%,质量分数)的聚合物构成的复合物,主要由1,4-苯并

噻嗪基丙氨酸通过不同类型的键合、任意连接而成。

有研究发现，优黑素与褐黑素转换机制主要与酪氨酸酶的活性有关，高水平的酪氨酸酶活性导致优黑素的产生。

2. 黑素的形成

皮肤黑素的形成过程包括黑素细胞的迁移、黑素细胞的分裂成熟、黑素小体的形成、黑素颗粒的转运以及黑素的排泄一系列复杂的生理生化过程。Fitzpatrick 等将黑素小体的形成过程分为五期，简要描述如下：第一期，酪氨酸酶在胞浆的内质网中合成，同时高尔基体空泡增大，合成蛋白质；第二期，称为前黑素颗粒期；第三期，称黑素颗粒成熟期，黑素主要在这一期合成；第四期，成熟的黑素颗粒堆积在胞浆内，通过细胞的树枝状突起向角质形成细胞转运；第五期，黑素颗粒的释放，转移到角质形成细胞的黑素颗粒随着表皮细胞上行至角质层，并随角质层脱落而排泄。

三、黑素形成机理

众所周知，黑素细胞在人体表皮的基底层内，黑素在黑素细胞的黑素体中形成。

黑素的排泄有两条主要途径，一是从肾内排泄，另一途径是经皮肤排出，即黑素被转移到角蛋白中，随表皮生长移行到角质层，最后随角质层周期换新而脱落。

近年来皮肤生理学的进展，让人们了解到黑素的形成不仅有细胞内的变化，也有细胞外（或细胞间）的影响。

（一）黑素细胞内的变化——三种酶作用的观点

最新的研究表明，在黑素的生物合成中，除了酪氨酸酶，多巴色素互变酶和 DHICA 氧化酶也参与了反应，见下页图。因此在开发美白剂和美白化妆品的时候，必须考虑这三种酶。

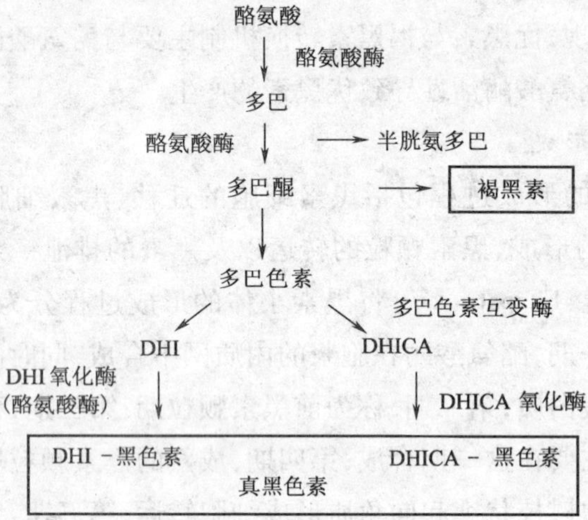

黑素生成过程示意图

(二)黑素细胞外的刺激剂——内皮素的作用

20 世纪 90 年代初,日本的 Imokawa 等人发现,在紫外线照射下,角质细胞释放一种细胞分裂素,当它被黑素细胞的受体接受后,会刺激黑素细胞增殖、分化,并且激活酪氨酸酶的活性,提高了黑素的合成量。这种细胞分裂素称作内皮素(Endothelin),它首先是在血管的内皮细胞中发现的。从 B16 黑素瘤细胞培养试验观察到,内皮素加速了黑素瘤细胞的增殖、分化。这种细胞外信息素的影响,可能是造成皮肤色斑的一个重要原因。因为色斑可以看作是局部的过度黑素化(或者说是黑素分布不均匀)引起的。已经发现,在不同的角质细胞周围,内皮素的浓度是不同的,也就是说,各个角质细胞受到外界不同的影响或刺激,分泌出不同浓度的内皮素,而黑素细胞受到其周围不同浓度的内皮素的刺激,表现出不同的黑素合成的程度,结果黑素在皮肤上的反映就不是均匀一致的,产生了皮肤上的色斑。

四、影响黑素形成的因素

影响黑素形成的因素很多，大体上可以分为细胞内、细胞外以及外源性因素（如紫外线）的影响等几个方面。

（一）细胞外的影响因素

近年来，有在黑素形成的分子生物学研究证明，黑素细胞生成黑素的活性受到网络控制。皮肤内黑素细胞、角质形成细胞、朗格罕细胞、成纤维细胞、血管内皮细胞、神经细胞等组成“电讯”交互网络（即胞质网络），可以影响黑素细胞生成黑素的活性。

位于表皮和真皮交界处的黑素细胞，与其周围的角质形成细胞有着密切的接触，目前认为表皮是一个内分泌器官，许多炎性介质和细胞因子都可由表皮的角质形成细胞产生，表皮的角质形成细胞以旁分泌方式调节黑素细胞的形态和功能。研究发现，表皮黑素细胞的位置和分化受角质形成细胞影响，无角质形成细胞时培养中的黑素细胞不活跃，只有与角质形成细胞发生联系时才形成树突。Abdel - Naser 发现，生长在低钙环境中的角质形成细胞可释放刺激黑素细胞增殖和黑素合成的因子，而高钙环境中的角质形成细胞释放的因子只能刺激黑素的合成。

在这一网络中，许多细胞因子对黑素细胞的增殖分化、树突形成和黑素合成都在影响，能够促进细胞生长、存活的因子有碱性成纤维细胞生长因子（bFGF）、内皮素（Et - 1）、神经细胞生长因子（NGF）等。抑制黑素细胞增殖、使酪氨酸酶活性降低的有白细胞介素 - la（LA - LA）、白细胞介素 - 6，肿瘤坏死因子等。此外，炎症介质白三烯 C4（LTC4）是人黑素细胞的促分裂原，能引起黑素细胞快速增生，并对黑素细胞有趋化作用。

(二)细胞内的影响因素

1. 多酶作用的观点

黑素细胞中决定黑素合成速率的是中胞内的多种酶,多年来,人们一直认为酪氨酸酶是黑素生物合成过程中所需唯一的酶,随着黑素合成研究的不断进展,人们发现黑素细胞中还存在其他与黑素合成相关的物质,与酪氨酸酶相关的两种蛋白 TPR1(DHICA 氧化酶)和 TPR2(多巴色素互变酶)在黑素的合成过程中发挥着重要的作用。Kwon、Vijayasaradhi 和 Tsukanoto 等人分别报道了酪氨酸酶、DHICA 氧化酶以及多巴色素互变酶是由不同的基因表达的,但是具有明显的结构上的相似性,这三种物质是嵌在黑素小体膜上的糖蛋白,70% ~ 80%核序列同源,30% ~40%氨基酸一致。多巴色素互变酶和 DHICA 氧化酶的具体作用通过大量研究得以证实,它们除了对酪氨酸酶合成黑素具有协助作用以外,还具有合成其他不同类型色素的重要作用。

2. 黑素细胞调控的信号传导途径

许多细胞因子,如碱性成纤维细胞生长因子、肝细胞生长因子、扩散因子、内皮素等都促进体外黑素细胞增殖,有些因子还能刺激酪氨酸酶活性,使黑素细胞高度色素化,这些因子可能是通过黑素细胞膜表面的受体进入细胞内,经下游信号传导来调控相应的靶点,引起细胞物质主要是蛋白质磷酸化或去磷酸化,对黑素细胞增殖和分化发挥调节作用。

黑素细胞调控的信号传导途径主要有:二脂酰甘油/蛋白质激酶 C 途径,一氧化氮/环磷酸鸟苷/蛋白激酶 G 途径,环磷酸腺苷/蛋白激酶 A 途径,丝裂原激活的蛋白激酶级联途径等。

(三)外源性因素的影响

紫外线是人体长期接触的一个外界刺激因素,是人类黑素细胞增殖和皮肤色素沉着增多的主要和理性刺激。皮肤变黑主要是由中长波紫外线(UVA/UVB)引起,紫外线能引起黑素细胞的增殖及促进黑素产生,出现皮肤色素沉着。有人发现紫外线照射后,花生四烯酸、前列腺素D2、前列腺素E2等都明显增加,从而表现为黑素细胞增多,细胞合成黑素的能力及酪氨酸酶活性增加。另外有研究表明,紫外线是一种外源性的促细胞分裂剂,能引起黑素细胞的增殖及黑素的产生,出现皮肤相关细胞分泌因子来影响黑素细胞的增殖、分化及黑素的合成。

五、皮肤的美白机理——黑素生成的抑制机理

要实现皮肤美白,主要是抑制黑素的生成。东方人希望通过使用美白护肤品达到白皙、光洁的皮肤效果;而欧美人主要利用功能性美白化妆品来减轻和消除老年斑、黄斑等色素沉积现象。关于黑素生成的抑制机理,许多文献都从不同的角度和广度做了概述。归纳起来主要有细胞内抑制、细胞外抑制以及外源性因素控制等几个方面。

(一)黑素细胞的胞内抑制

从前面关于"影响黑素生成的因素"可以看出,在黑素细胞内抑制黑素生成可以通过以下途径。

1. 直接控制、抑制黑素生成过程中所需的各种酶

由于黑素的形成主要发生在黑素细胞内,对黑素细胞内的黑素形成机理的研究表明,黑素的形成主要是由黑素细胞内的各种酶——酪氨酸酶、多巴色素互变酶、过氧化物酶和氧化酶单独或协同作用的结果,而要实现皮肤的真正美白,对多种黑素形成酶的抑制就显得至关重要。

(1)酪氨酸酶的抑制。酪氨酸酶是一多酚化酶,属氧化还原酶类,该酶主要催化两类不同的反应,一元酚羟基化生成邻二羟基化合物和邻苯二酚氧化生成邻二苯醌,这两类反应中有氧自由基参与反应。在

黑素形成过程中酪氨酸酶是一主要限速酶,该酶活性大小决定着黑素形成的数量。当前化妆品市场上的美白产品几乎绝大多数以酪氨酸酶抑制剂为主,并且每年以较快的速度发现新的该类化合物,依据抑制机理的不同,可主要将该类化合物分为以下两类。

第一类,酪氨酸酶的破坏型抑制,即某种可以直接对酪氨酸酶的活性部位进行修饰、改性的物质,使酪氨酸酶失去对黑素前体——酪氨酸的作用,因此寻找安全、高效的络合剂是该领域的一个研究热点。

第二类,酪氨酸酶的非破坏型抑制,即不对酪氨酸酶本身进行修饰、改性,而通过抑制酪氨酶的生物合成或取代酪氨酸酶的作用底物,从而达到抑制黑素形成的目的。依据作用机理的不同,可分为三种:酪氨酸酶的合成抑制剂,酪氨酸酶糖化作用抑制剂及酪氨酸酶作用底物替代剂。由于在黑素的生物合成中,酪氨酸是酪氨酸酶的作用底物,因此寻求与酪氨酸竞争的酪氨酸底物也可有效抑制黑素的生成。

(2)多巴色素互变酶的抑制。多巴色素互变酶是一种与酪氨酸酶有关的蛋白质,其作用机理是促使其所作用的底物发生重排,生成底物的某一同分异构体,最终生成另一黑素。即在由多巴色素自发脱羧、重排生成5,6-二羟基吲哚(DHI)的同时,黑素细胞内部分多巴色素正是由于多巴色素互变酶的存在而发生重排生成5,6-二羟基吲哚-2-羟酸(DHICA),因此该酶主要调节5,6-二羟基吲哚-2-羟酸的生成速率,从而影响所生成的黑素分子大小、结构和种类。

对该酶的抑制目前主要是竞争性抑制,即寻求一种物质作该酶的底物,通过与原来能形成黑素的底物竞争,从而破坏黑素的生物合成途径,达到抑制黑素的目的,目前有关多巴色素互变酶抑制剂的研究较少。Arocapilar 等人通过研究发现,由多巴色素互变酶催化生成的5,6-二羟基吲哚-2-羧酸及其衍生物均可抑制多巴色素互变酶,但该类化合物中如果羧基位于吲哚环的3位,如L-色氨酸、吲哚-3-羧酸、吲哚-3-乙酸、吲哚-3-丁酸等则对多巴色素互变酶的抑制效果极差。Arocapilar 等人的研究说明，只有当羧基位于吲哚的适当位置时，才可与多巴色素互变酶的原底物竞争而成为该酶的底物，从而切断黑素的形成，发挥抑制黑素形成的作用。

2. 选择性破坏黑素细胞，抑制黑素颗粒的形成以及改变其结构

黑素细胞的功能状态可以影响皮肤颜色的深浅，通过引起黑素细胞中毒，导致黑素细胞功能遭到破坏是抑制黑素生成的又一途径，不同作用物质破坏黑素细胞的机理各不相同。氢醌作为一种皮肤脱色剂在临床使用已久，但其确切的脱色机制至今仍不十分清楚，一种观点认为氢醌作为酪氨酸酶的底物较酪氨酸本身更为合适，其脱色机制可能与竞争抑制酪氨酸酶活性有关；另一观点认为氢醌脱色实质上是一种酪氨酸酶介导的细胞毒性作用，氢醌分子小，易扩散进入黑素细胞的黑素小体，阻断黑素生成途径的一个或多个步骤，同时氢醌在酪氨酸酶作用下被氧化成有毒性的半醌基物质，会导致细胞膜脂质发生过氧化，细胞膜性结构破坏，细胞死亡。Maeda 等人认为不同浓度的氢醌其脱色作用的机制可能不同，低浓度时以抑制酪氨酸酶活性为主，高浓度时主要是细胞毒。用 5% 的氢醌制剂每日外涂棕色豚鼠背侧皮肤，8 ~ 10 天出现肉眼可辨的皮肤色素减退，14 ~ 20 天最为明显，3 周后皮肤活检发现，黑素细胞内Ⅲ、Ⅳ期黑素小体明显减少，多数细胞器膜被破坏，空泡化。

壬二酸是一种天然存在的二羧酸，它能选择性地作用于异常活跃的黑素细胞，阻碍酪氨酸酶蛋白的合成。但对功能正常的黑素细胞作用较小，20% 壬二酸的皮肤脱色作用优于 2% 的氢醌，且皮肤毒性和光毒性较少。近来发现，壬二酸对体外培养的鼠或人黑素瘤细胞有抗增殖作用。推测这种抗增殖作用与壬二酸抑制了线粒体质子传递链以及 DNA 合成中的限速酶有关。

3. 还原多巴醌

还原剂可以参与黑素细胞内酪氨酸的代谢，从而减少酪氨酸转化成黑素,达到抑制黑素生成的目的。将0.05～0.5mmol/L 的抗坏血酸加入到体外培养的人黑素细胞,作用72h 并未发现酪氨酸酶活性呈剂量依赖性减低,但黑素生成量被明显抑制,推测可能是抗坏血酸抑制了多巴和多巴醌的自动氧化。这类还原剂对黑素中间体起还原作用,因此,阻碍了从酪氨酸/多巴至黑素过程中各点上的氧化链反应,从而抑制黑素的生成。

(二)黑素细胞的胞外抑制

Giuseppe prota 等人认为黑素的形成不仅是黑素细胞的胞内行为,同时也是胞外物质作用的结果,内皮素是一类由21 种氨基酸组成的多肽物质,其中内皮素-1(Et-1)、内皮素-2(Et-2)和内皮素-3(Et-3)均已被分离。近来研究发现,内皮素-1 和内皮素-2 也是黑素的形成过程中两种不可缺少的胞外物质,对此两种物质的抑制是现在美白型化妆品领域的又一研究方向,一方面偏重于其形成及抑制机理的研究,另一方面偏重于此基础上的抑制剂的开发与应用。

(三)外源性影响因素的控制

由于黑素形成的外源性因素主要是紫外线,因此要控制外源性因素,对紫外线的防护是重点。此外,如何对付由于各种因素产生的自由基,也是该研究方向的研究热点之一。

通过以上对黑素抑制机理研究进展的论述不难发现,目前有关黑素抑制的细胞内抑制主要集中在酪氨酸酶的抑制方面。由于当前市场上应用较为成熟的酪氨酸酶抑制剂也存在诸如毒性、不稳定性等不足之处。因此,在对酪氨酸酶抑制机理研究较为成熟的基础上,通过对酪氨酸酶进行化学或生物修饰,使酪氨酸酶失去对酪氨酸的活性作用,从而有效抑制黑素的形成,且稳定、不产生毒副作用;同时研究使用高效、快速、安全的黑素胞外抑制剂正日益受到相关科技工作者的关注。随着这一领域科学研究的不断进展，对多巴色素互变酶、DHICA氧化酶和过氧化物酶等三种酶的抑制机理也将会有更深入和更全面的研究，有效、安全的抑制剂的研究及在产品中的应用，也会得到更进一步发展。

第二节　美白活性物质

美白活性物质是降低皮肤色度或减轻色素沉着，以达到皮肤美白为目的的天然或人工合成化合物。由于黑素合成过程中的酪氨酸酶活性和黑素输送等环节容易受到外界的影响，从而为美白化妆品的研究开发提供了可能。随着新的美白产品的不断发现，对多巴色素异构酶、DHICA 氧化酶和过氧化物酶等三种酶的抑制也开始了深入和全面的研究，从而拓展了美白活性成分的范围。目前，美白活性成分已经由过去限于单一限制黑素形成酶或抑制内皮素，开始转向多种美白活性成分的复配。此外，以防护紫外线为目的防晒剂，通过软化角质层和加速角质层脱落达到加速黑素代谢目的的化学剥脱剂等也是美白化妆品中常用的活性物质。

按不同的作用机制，将美白化妆品的美白活性物质分为以下几类：

(1)酪氨酸酶活性抑制剂，如氢醌、熊果苷、曲酸、甲基龙胆酸盐、壬二酸、葡萄糖胺、衣霉素等。

(2)黑素细胞毒性剂，如四异棕榈酸酯、油溶性甘草提取物、氢醌等。

(3)影响黑素代谢剂(黑素运输阻断剂)，如维生素 A 酸、亚油酸等。

(4)遮光剂(防晒剂)，如对氨基苯甲酸酯类、肉桂酸酯类等。

(5)还原剂。黑素由细胞分泌后,呈现氧化态,具有明显的黑色。如使用还原剂,将黑素加以还原,则变为无色的还原型黑素,但这种对黑素的还原作用是可逆的,通常使用的还原剂有维生素 C、维生素 E 及其衍生物等。

(6)化学剥脱剂,如果酸、亚油酸、感光素 401 号等。

(7)内皮素拮抗剂,具有拮抗内皮素的致黑素作用。

(8)自由基清除剂,超氧化物歧化酶、生育酚等。

不同物质的美白作用机制各有不同,某些物质还可以有两种以上的途径和机制发挥美白作用。

一、酪氨酸酶活性抑制剂

(一)熊果苷(Arbutin)及其衍生物

熊果苷为白色粉末,易溶于水和极性溶剂,不溶于非极性溶剂。从其分子结构看,它实际上是对苯二酚的衍生物,其水解产物为对苯二酚和葡萄糖。

熊果苷来源包括植物提取、植物组织培养、酶法及有机合成。其中合成品由于纯度高、色泽浅、活性高,而在市场上占据主导地位,无论从何种来源或途径获得熊果苷,其质量评价的关键是纯度。目前来看,有机合成是首选途径,植物组织培养及酶法所用原料更简单,生产无污染,虽然不是很成熟,但很有发展前景。

熊果苷是酪氨酸酶抑制剂,能够在不具备黑素细胞毒性的浓度范围内抑制酪氨酸酶的活性,阻断多巴及多巴醌的合成,从而抑制黑素的生成。1996 年 Daeda 报道了人黑素细胞培养中熊果苷去色素作用的机理。其研究结果表明,熊果苷抑制了培养人黑素细胞的酪氨酸酶活性,且研究浓度下的熊果苷对细胞不呈现毒性,熊果苷不影响酪氨酸酶的 mRNA 表达,经电子旋转共振光谱仪测定真黑素自由基,确认熊果苷能有效地抑制黑素的生成。酪氨酸酶抑制动力学和机理的研究表明,熊果苷作为这种竞争抑制剂具有可逆性。以上结果表明,熊果苷在人体中去色素机理涉及黑素体中酪氨酸酶的抑制,而不是酪氨酸酶的合成和表达。

也有报道认为熊果苷不会抑制酪氨酸酶的活性。Mitshnari 等通过研究发现,熊果苷抑制细胞合成黑素,对细胞酪氨酸酶活性没有明显影响。提出熊果苷可能是通过非酪氨酸酶途径抑制黑素合成,表明了美白剂作用机制的复杂性及对其机理探索的难度。

另外还有研究表明,熊果苷能治疗由紫外线诱导的各种皮肤色素的作用,控制羟自由基的产生。在不同研究中表明,熊果苷酪氨酸酶抑制率,IC50 值为曲酸的 2 ~ 10 倍。为此,人们为进一步提高熊果苷的功效,开发出很多新型衍生物,例如熊果苷的酚羟基酯化物及维生素 C – 熊果苷磷酸酯等。Philippe 等人将熊果苷的 4 – 酚羟基与烷或烯酰基合成酯,酯化试剂为草酸二酯,由此得到的产物可用于化妆品。维生素 C – 熊果苷磷酸酯,有很好的储存稳定性和极佳的皮肤吸收性,在体内被酶水解为维生素 C 和熊果苷,表现出维生素 C 的还原活性和熊果苷的酪氨酯酶抑制活性。维生素 C – 熊果磷酸酯对黑素中间体起还原作用,因此阻断了酪氨酸/多巴至黑素过程中各点上的氧化链反应从而抑制黑素的生成。

(二)曲酸(Kojicacid)及其衍生物

曲酸又称为曲菌,化学名称为 5 – 羟基 – 2 – 羟甲基 – 4 – 吡喃酮,外观为白色针状结晶体,溶点 152℃,溶于水、乙醇和乙酸乙酯,略溶于乙醚、氯仿和吡啶。

曲酸由葡萄糖或蔗糖在曲酶作用下发酵、提纯而成,除美白作用外,还具有抗菌和保鲜作用,曲酸是环状的吡喃酮化合物,可以进入细胞间质中组成胞间胶质,起到保护和增加皮肤弹性的作用。曲酸分子中含有两个双键,能够吸收紫外线。经研究测定,在紫外长波段 280 ~

320mm 有一大吸收峰,因此曲酸也具有良好的防晒功效。

曲酸的美白机理主要是抑制酪氨酸酶。曲酸与酪氨酸酶中的铜离子螯合,使铜离子失去作用,进而使缺少铜离子的酪氨酸酶失去催化活性,最终达到抑制黑素生成、皮肤美白的效果。另有研究发现,曲酸同时具有抑制 DHI 聚合及抑制 DHICA 氧化酶活性的作用,是一种能同时抑制多种酶的单一美白剂,因此非常值得研究。由于曲酸对光、热的稳定性较差,容易氧化、变色,易与金属离子,如 Fe^{3+} 螯合,而且皮肤吸收性较差,因此人们开发了大量的曲酸衍生物来改进它的使用性能。

目前开发的曲酸衍生物基本克服了曲酸的缺点,有不少品种显示出较强的美白效果。曲酸衍生物通常是通过酯化和烷基化曲酸上的两个羟基得到,酯化可以形成曲酸的单酯或双酯。

目前商品化学产品中的双酯－曲酸双棕榈酸酯(KAD－15)是最流行的曲酸美白剂。通过研究认为,无论从抑制效果还是从稳定性来看,曲酸双棕榈酸酯均明显优于曲酸,而且更易被皮肤吸收。人们还发现 KAD－15 与氨基葡萄糖衍生物复配后,其美白效果会成倍增长。曲酸的异棕榈酸酯,由于是液体而容易添于配方中,因此也有一定市场。曲酸单酯中,曲酸单亚麻酸酯结合了曲酸与亚麻酸的双重美白作用,美白效果很好,并且能有效吸收紫外线,但稳定性不如 KAD－15。

20 世纪 90 年代以来,科研人员开发了许多新的曲酸衍生物,如曲酸苯丙氨酸酶、维生素 C 曲酸酯等。*N*－曲酸－L－苯丙氨酸显示出极强的美白活性,它的美白机理与曲酸相同,但它的 IC50 值只有曲酸的 1/80。*N*－曲酸－L－苯丙氨酸曲酸酯显示出更强的美白活性,它的 IC50 值只有曲酸的 1/380,更是值得研究的对象之一。维生素 C 曲酸酯是 L－抗坏血酸与曲酸在 2 位上结合的产物,它具有很好的热稳定性和酪氨酸酶抑制活性以及更强的自由基清除功能,具有维生素 C 与曲酸的协同作用,是曲酸衍生物中很值得重视的化合物,符合美白剂开发的方向。

研究还表明，与曲酸有相似吡喃酮结构的化合物同样表现出良好的美白功效。它们来源于发酵，也可以合成，以它们为母核进行衍生化为开发美白剂提供了新的领域。

（三）甘草（Glycyrrhiza）提取物

甘草提取物是市场上应用最广的天然植物美白剂，从甘草提取活性成分的美白功效来自对酪氨酸酶的抑制及对多巴色素异构酶活性的抑制和对5，6－二羟基吲哚聚合的阻碍。由于甘草黄酮类化合物的分子结构的共轭性，对紫外光和可见光都有强烈的吸收。

早在1987年Abe等人就报道，甘草甜素及甘草亭酸具有抑制黑素细胞生长的作用，甘草甜素的作用浓度是甘草亭酸的20倍。Yokota等人报道了甘草中的一种重要提取物Glabridin（浓度为0.1～1mg/mL）具有抑制酪氨酸酶活性的作用。他们通过研究还发现，2位乙烷基Glabridin比4位乙烷基Glabridin具有更强的抑制作用。如果将这两个位置的羟基全部取代，抑制作用则完全丧失。由此证明，Glabridin的两个羟基是其抑制酪氨酸酶活性作用的关键，并且该化合物的4位与黑素形成的关系比较密切。近年来，人们从甘草中不断提取出新的有效成分，如甘草黄酮。最近，Nerya等人报道了甘草中的两种提取物，即Galbrene和异甘草素，能够抑制酪氨酸酶的活性，用酪氨酸作为底物时，两者的IC50值分别为3.5mmol/L及8.1mmol/L。宁琦如等人研究了甘草提取物的美白功效及细胞毒性。结果表明，甘草提取物可干扰细胞增殖周期，使细胞生长受到抑制。随着剂量的增加，黑素细胞数量明显减少。

甘草提取物还具有与SOD相似的清除自由基的能力，具有与维生素E相近的抗氧自由基能力。因此是一类快速、高效、安全的美白活性物质。

(四)蚕丝提取物(Hydrolyzed silk)

蚕丝的生产和应用在我国已有几千年的历史,近年来才应用到化妆品中。天然蚕丝具有珍珠般光泽,洁白晶莹,手感光滑柔软。蚕丝是一种天然蛋白纤维,含有丰富的氨基酸,蛋白质含量达96%以上,且其结构与皮肤、毛发相似。蚕丝的横断面呈三角形,当光线通过其三棱形丝体结构时,丝的表面由于光的干涉现象而产生反射,呈现出珍珠般的光泽和异彩。

应用到化妆品中的蚕丝提取物现主要有两种。

1. 丝素(Silk powder)

丝素又称丝粉,它是由精选的家蚕(如桑蚕)丝经缓和的化学处理加工而成的一种白色粉末状高分子蛋白质,保持了蚕丝的原始结构和化学组成,细腻滑爽,透气性好,附着力强,随着温度和湿度的变化,能吸收或释放水分,还具有独特的截留油分的能力。它保留了天然蚕丝的美丽光泽,不易受细菌污染(需经灭菌处理)。丝素的主要成分是氨基酸,故具有护肤和美容(改变皮肤光泽)的特性。在化妆品中,丝素多作为美容类化妆品(如唇膏、粉饼、眼部化妆品等)的原料,对人体无毒、无副作用,对皮肤无刺激性,对皮肤角质层的水分有良好的保湿能力,还能吸收紫外线,具有抵御日光辐射的作用。

2. 丝肽(Silk peptide)

丝肽为丝蛋白的降解产物,是天然丝经适当条件水解而获得的,主要由单独存在于真丝中的氨基酸组成。由于控制条件不同,得到不同相对分子质量的产品。丝肽为微香的浅黄色透明液体,与水、40%酒精、PVA、PVP、各种表面活性剂均有很好的相容性。丝肽的作用主要表现在四个方面:具有保湿和营养皮肤的功能;可抑制酪氨酸的活性,抑制酪氨酸合成黑素;有促进皮肤组织再生及防止龟裂和化学损害作用;具有护发功能。

(五)其他活性物质

除了上述活性物质以外,还有一些常用的美白活性物质。

1. 红景天提取物

被誉为“高原人参”的红景天为景天科景天属多年生野生植物,生长于高海拔地区,因其在高寒、干燥、缺氧、强紫外线照射、昼夜温差大的恶劣环境中成长,所以其体内积累了大量的抗氧化、抗辐射等次生代谢物质。

红景天苷等具有很强的抗氧化作用,可阻抑紫外线和化学物质诱导的自由基所产生的对皮肤组织的损伤作用。红景天类药用植物具有类似仙人掌的“肉质”茎叶,本身具有很强的保湿作用,甚至在强光和紫外灯照射下都不易干燥。具有超强的超氧化歧化酶(SOD)活性,促进皮肤角朊细胞和成纤维细胞的增殖,减少皱纹形成,红景天能显著增强机体抗电离辐射能力,减少电离辐射,即指各种射线(α、β、γ)辐射或核辐射对皮肤细胞的损伤。红景天能有效对抗电磁辐射对机体的损伤。对长期接触电磁辐射的军事、科研、生产人员,医务工作者,电脑操作员,手机使用者等都有特别的保护作用。

2. 海洋生物提取物 GN

谢秋玲等研究了海洋生物提取物 GN 的美白作用机理,通过研究发现该物质的美白机制是多方面的,主要有三个途径:抑制酪氨酸酶的活性;可能阻碍黑素细胞的生长;可能刺激细胞产生溶解体吞噬黑素,这是目前使用的美白剂中不曾有的作用途径。事实上人体内真皮层中的黑素就是通过溶酶体吞噬,最终由溶酶体的某些酶来降解的。

3. 尿黑酸(Homogentisic acid)

尿黑酸又称龙胆酸,是常用的止痛药和治风湿病的药,在化妆品中应用很少。研究发现它的甲酯和乙酯表现出很高酪氨酸酶抑制活性,IC50 值约为曲酸的二倍,值得关注的是在质量浓度超过100mg/mL时,对 DHICA 氧化酶有抑制作用。

4. 根皮素

这是国外新近研究开发较多的一种新型皮肤美白剂。根皮素是存在于苹果、梨等水果及多种蔬菜汁液中的天然活性物质,因在这些植物的根茎或根皮中含量较为集中而得名。根皮素有极强的抗氧性,对油脂的抗氧化浓度在(10～30)×10^6 之间;外用能阻止糖类成分进入表皮细胞,从而抑制皮腺的过度分泌(旺盛型粉刺);能抑制黑素细胞活性,对各种皮肤色斑有淡化作用等。

5. 1－甲基乙内酰胺脲－2－酰亚胺(1－Methylhydantoin－2－imide)

1－甲基乙内酰胺脲－2－酰亚胺是一种氨基酸的衍生物,为与人体肌肤组成成分完全相同的天然活性成分。它是一种安全无毒的水溶性白色晶体,在水中的溶解度是90g/L(20℃)。能够温和地抑制酪氨酸酶的活性,阻止黑色素细胞中黑色素向角质细胞转移,达到美白功效。其在化妆品中的使用浓度为0.1%～1.5%。

二、还原剂

(一)维生素C及其衍生物

维生素C(Ascorbic acid,Vc)又称为抗坏血酸,最早被皮肤病专家认为是安全且可使色斑淡化的口服药品,为著名的抗氧剂,对除去后天性黑素沉积有明显效果,并且具有抗氧化和清除自由基作用。其美白机理表现在两个途径:一是使氧化性黑素还原为无色的还原性黑素;二是抑制酪氨酸酶的作用。维生素C的美白祛斑效果十分明显。

黑素的颜色是由黑素分子中的醌式结构决定的,维生素C有还原剂的性质,能使醌式结构还原成酚式结构。维生素C不仅能还原黑素,而且还能参与体内酪氨酸的代谢,减少黑素生成以及与黑素作用,淡化、减少黑素沉积,达到美白功效。

维生素 C 溶于水，皮肤吸收性差，在空气中极不稳定，易氧化变色。因此，近年来其衍生物应运而生。维生素 C 的酯一般是 2,6 位衍生物，其稳定性和皮肤吸收性好。常用的有维生素 C 磷酸酯镁、维生素 C 棕榈酸酯等。

维生素 C 的磷酸酯盐主要有维生素 C 磷酸酯镁和维生素 C 磷酸酯钠。维生素 C 磷酸酯镁的美白效果较维生素 C 磷酸酯钠好，价格也较后者低，在维生素 C 类美白剂市场中占有主导地位。

维生素 C 的磷酸酯镁商品名 MAPSL，比维生素 C 要稳定得多。3% 维生素 C 磷酸酯镁在 40℃ 下水溶解，6 个月仍保持 90% 的活性，并且易于配方的开发和被皮肤吸收。维生素 C 磷酸酯镁为水溶性，广泛用于美白祛斑产品中，其对雀斑、黄褐斑及老年斑均有减轻效果。除美白功效外，还具有促进胶原形成和清除自由基的作用。因此，美白及抗衰老功能使维生素 C 磷酸酯镁成为配方师关注与研究的重点之一。Tagama 等人对其透皮性能做了深入研究，其透皮率为 1.6%，从而大大提高了对色斑的治疗效果。但维生素 C 的磷酸酯镁的水溶液长期放置会析出沉淀，为改善这一点，研究人员开发出维生素 C 磷酸酯盐——丙胺基维生素 C 磷酸酯。它的美白效果与维生素 C 的磷酸酯镁相当，但在水中的稳定性很好。

棕榈酸酯是应用广泛的维生素 C 的脂及酸酯，为油溶性，用于化妆品中常与其他美白剂复配，从而获得稳定、高效的美白效果。

（二）原花青素（Proanthocyanidin polymers，简称 PC）

原花青素的多羟基结构使它具有特殊抗氧活性和清除自由基的能力，已成为科学家关注的热点，在化妆品领域得到广泛应用，年销售超过 1 亿美元，并享有“皮肤维生素”和“口服化妆品”的美誉。

低聚原花青素是纯天然、水溶性的，且在 280nm 处有较强的紫外吸收性。它可抑制酪氨酸酶的活性；可将黑素的邻苯二醌结构还原成酚型结构,使色素褪色;还可抑制因蛋白质氨基和核酸氨基发生的美拉德效应。低聚原花青素的这些特征使得它在国外防晒美白化妆品中占有重要地位。

1990 年日本 Yamaskosh 研制了含有 1% 原花青素低防御能力体的、可使皮肤亮洁的油性化妆品,它是基于原花青素可抑制酪氨酸酶的活性研制的。可能与原花青素具有金属络合特性有关,因为酪氨酸酶中含有铜离子,铜离子对酶活性有重要作用。

三、黑素细胞外抑制作用

(一)内皮素拮抗剂(Endothelin antagonist)

内皮素拮抗剂是 20 世纪 90 年代发现的重要皮肤美白剂。20 世纪 90 年代初,日本的 Imokawa 等人发现,在紫外线照射下,角朊细胞释放出一种细胞分裂素,当其被黑素细胞受体接受后,会刺激黑素细胞增殖并激发酪氨酸酶活性,从而加大了黑素的合成量。这种细胞分裂素即为内皮素(Endothelin)。内皮素拮抗剂就是一种对抗内皮素间接抑制酪氨酸酶活性和黑素细胞分化的物质。外国有人从欧洲草本植物——洋甘菊中提取内皮素拮抗剂,其抑制角质细胞中内皮素的生成,从根本上切断成熟的黑素颗粒由黑素细胞到角质细胞的传递,从而达到抑制黑素的目的。内皮素拮抗剂 8# 是上海奥利公司利用生物工程高新技术,首次从天然产物中分离、酶解、纯化而制成的一种内皮素拮抗剂。它能抑制内皮素激活酪氨酸酶及抑制内皮素促进黑素细胞分化的作用,并且减少不均匀的色素分布。有文献记载内皮素抑制剂的抑制速度是一般酪氨酸酶抑制剂的 4 倍,体内及体外实验均表明其具有以下三方面作用。

1. 高效性

在洋甘菊中提取的内皮素拮抗剂的存在下,内皮素不能与黑素细胞上的受点联结,因此,不会再有额外的黑素形成。

2. 快速祛色素作用

由于酪氨酸酶存在于黑素细胞的黑素内，因此酪氨酸酶抑制剂必须通过四层（即角质层、表皮深层、黑素细胞膜和黑素膜）障碍才能起到抑制作用，而由于内皮素拮抗剂的作用点在黑素细胞膜之外，因此，它仅需通过两层障碍即可发挥效用，这也是针对紫外线引起的色素沉着的祛除，采用内皮素拮抗剂要比酪氨酸酶抑制剂快四倍的原因。

3. 均匀黑素分布

由于紫外线照射引起细胞外黑素的生成，导致皮肤色斑及不均匀色素分布，而使用内皮素拮抗剂后这一状况会得到根本的改善。

（二）绿茶提取物（Green tea extracts）

绿茶提取物含有多酚，是一类有效的抗氧化生物类黄酮。No 等人研究了 10 种绿茶的抑制黑素的作用。结果表明，绿茶提取物是很强的抑制剂，绿茶中最具活性的成分包括：表儿茶素 3 – *O* – 没食子酸盐（epicatechin 3 – *O* – gallate，ECG）、倍儿茶酸 3 – *O* – 没食子酸盐（gallo catechin3 – *O* – gallate，GCG），以及表倍儿茶素 3 – *O* – 没食子酸盐（epigallocatechin 3 – *O* – gallate，EGCG）。它们都是含有活性点五倍于酸基团的儿茶酚。动力学研究表明，GCG 是酪氨酸酶的竞争性抑制剂，会与酪氨酸竞争作用在酪氨酸酶的活性部位。

另外有文献报道，该类物质不抑制内皮素的生成，但可有效地抑制成熟的黑素颗粒从黑素细胞到角质细胞的传递，从而达到抑制黑素的目的。

（三）抗促黑素细胞激素类制剂

在皮肤中，α – 促黑素细胞激素（α – MSH）在刺激黑素的形成过程中扮演着重要的角色，而此过程又受控于抗促黑素细胞激素

(Anti－MSH)。抗促黑素细胞激素存在于机体中,属于色素调节系统,其活性随季节而变化。最近,对 α－MSH 的结构、功能和如何作用于受体进行了深入研究,表明这种受体是 β 受体(β－receptor),称之为 MCIR 受体。当阳光猛烈,α－MSH 的量超过 Anti－MSH 时,细胞膜上的 MCIR 受体与 α－MSH 结合,结果导致黑素合成和色素沉着增加;当阳光柔和,Anti－MSH 的量超过 α－MSH 时,Anti－MSH 与 MCIR 受体的结合增加而使黑素的合成和色素沉着减少,α－MSH 和 Anti－MSH对于加速和减少黑素的形成起着重要的作用。根据 α－MSH和Anti－MSH优势不同,肤色也相应有所变化。根据此原理,只要在美白产品中加入 Anti－MSH,即可使皮肤处于 Anti－MSH 优势的生理状态,可增强皮肤抵抗 α－MSH 的能力。

根据此研究,已经有公司研究出非常出色的具有抗促黑素细胞激素活性的物质用于美白皮肤。这是一种由氨基酸通过特殊工艺合成的肽,结构与 α－MSH 很相似。它与 α－MSH 竞争黑素细胞膜上的受体(β－MCIR 受体),比其他竞争者先与受体结合,因此,可显著地减少黑素的合成。由于它只作用于细胞膜上的受体,所以不会渗透到细胞膜内。与细胞膜受体的结合是一种自然的、可逆的作用,不会扰乱皮肤细胞生理功能。

(四)苏木素(Hematoxylin)

苏木素为类黄酮化合物,主要来源于豆科植物洋苏木心材,含量在2.0%左右。该植物主要产于我国广东省和广西壮族自治区。

苏木素三水合物为白色或微黄色结晶。略溶于冷水及乙醚,溶于热水及热乙醇,亦溶于氢氧化物碱液、硼砂及甘油。遇光变红,溶液在贮存时颜色变深。在护肤品中用量为0.04%～0.1%,抑制皮肤黑素细胞活性显著,可促进肌肤新陈代谢,防止面部色斑生成。

四、干扰、控制黑素的代谢途径

美白活性物质通过抑制黑素颗粒转移至角质形成细胞或加速角质形成细胞中黑素向角质层转移、软化角质层和加速角质层脱落等方式达到美白的效果。这类物质主要包括果酸、角蛋白酶、聚乙烯醇等。

果酸具有很强的软化角质层功能，可脱去死皮，使皮肤细腻、有光泽。果酸具有美白功效，主要是因为它能促进含有黑素的角质细胞脱落，而新形成的角质细胞可能含有较少的黑素。大多数美容产品中都声称含有果酸，它的使用往往与其他美白剂复配。天然果酸中有乳酸、苹果酸、水杨酸及其衍生物。研究表明 L－乳酸的酪氨酸酶抑制率优于维生素 C 磷酸酯镁。α－型果酸都具有较强的皮肤刺激性，而 β－型果酸则刺激性小，因此低刺激 β－型果酸是主要开发的方向。

五、防御紫外线、抵抗自由基

皮肤之所以会变黑，外源性原因是主要的。紫外线照射会使皮肤黑素增加；氧自由基会使皮肤老化加速，而显得粗糙无光泽。要拥有健康白皙的皮肤，首先应预防和减少外源因素使皮肤变黑或无光泽，否则等皮肤变黑之后再使其恢复并非易事。如果一种活性成分既具有美白功效，又能吸收大量紫外线起防晒或清除自由基作用，那么这种活性剂就体现了全美白的概念，这是美白剂开发的重要方向。

目前，已经有了一些这样的美白剂，如维生素 C 曲酸酯具备很强的美白和清除自由基作用；曲酸亚麻酸酯具有美白和吸引紫外线功效。植物来源的化合物中，有一些具有这样多重功效，并且协同作用非常理想的化合物。没食子酸又名鞣花酸，是从石榴果皮和树皮提取的针状结晶物，在整个紫外线区域均有较强的吸收作用。同时，动物试验表明，它的美白功效要优于曲酸。芦丁是黄酮醇化合物槲皮素的芸香糖苷，是豆科植物槐果实槐角的主要成分，槐米含芦丁约 20%，槐花含芦丁 8%，在芸香科植物芸香、金丝桃植物红旱莲等中均有存在。

芦丁为浅黄色针状结晶，能强烈吸收在280~335nm之间的紫外线，可用于防晒增白型化妆品。咖啡酸为常见酚酸类化合物，在植物界普遍存在，主要来源于柠檬果皮、毛莨科植物升麻根茎、缬草根等多种植物。咖啡酸为黄色结晶，微溶于冷水，易溶于热水和冷乙醇。咖啡酸能吸收紫外线。低浓度即具有抑制皮肤黑色素生成的效用，在美白化妆品中用量为0.5%~2%。还有其他一些多酚类化合物，如多羟基芪同样有明显的美白和防晒作用。

第三节　美白化妆品的设计原则与配方实例

一、美白途径和方法

根据黑素形成的机理，控制、抑制黑素的生产、合成，加速黑素排泄，就能使肤色变浅。具体的途径和方法如下：

(1)疏松角质，使活性成分更易渗透。此类添加剂有果酸、尿囊素、AHA。

(2)紫外线引起的激励反应使活性黑素细胞数增加，并激活酪氨酸酶活性和内皮素，促进黑素的形成。所以可加入防晒剂，各类有机、无机防晒剂均可。

(3)酪氨酸酶在黑素形成过程中起催化作用是其形成最关键的一步，所以有效抑制酪氨酸酶活性，可减少黑素的生成，如用甘草黄酮、曲酸。

(4)抗过敏炎症，如采用各种抗敏剂。

(5)清除氧自由基，从而抑制黑素的形成。此类物质有维生素C，维生素E，SOD，甘草黄酮等。

(6)抑制多巴色素互变酶，如甘草黄酮和曲酸配合使用。

(7)抑制氧化链，如使用维生素C衍生物。

(8)加速黑素排泄，如添加宫宝素、果酸、亚麻酸等。

(9)从细胞外的作用，如使用内皮素拮抗剂。

二、美白化妆品配方实例

美白化妆品配方实例见表7-1~表7-27。

表7-1　配方1

组分		含量(%，质量分数)
A	3-乙酸乙酯基抗坏血酸	1.5
	凡士林	5.0
	氢化羊毛脂	7.0
	角鲨烷	34.0
	己二酸十六烷酯	10.0
	甘油单硬脂酸酯	3.0
	微晶蜡	11.0
	蜂蜡	4.0
	吐温-80	1.0
B	丙二醇	2.5
	抗氧剂、杀菌剂	适量
	去离子水	约20.5
C	香精	0.5

表7-2　配方2

组分		含量(%，质量分数)
A	蜂蜡	4.0
	十六醇	5.0
	氢化羊毛脂	8.0
	角鲨烷	37.5
	甘油脂肪酸酯	4.0

续表

组分		含量(%,质量分数)
B	亲水甘油单硬脂酸酯	2.0
	吐温-20	2.0
	半胱氨酸	0.25
	丙二醇	5
	防腐剂、抗氧剂	适量
	去离子水	约30.25
C	香精	适量

表7-3　配方3

组分		含量(%,质量分数)
A	角鲨烷	25.0
	微晶石蜡	5.0
	橄榄油	2.0
	二乙基壬二酸酯	5.0
B	黄原酸树胶	1.0
	尼泊金甲酯	0.2
	去离子水	61.25
C	香精	0.55

表7-4　配方4

组分	含量(%,质量分数)	组分	含量(%,质量分数)
肉豆蔻酸异丙酯	5.0~15.0	大麦芽	0.1~0.5
甘油三硬脂酸酯	2.0~6.0	尼泊金甲酯	0.02~0.15
羊毛脂乙基氧化物	2.0~6.0	尼泊金丙酯	0.05~0.2
三乙醇胺	0.2~1.0	香精	0.3~1.0
蜂蜡	0.5~1.5	发酵浓乳液	1.5~6.0
甘油单硬脂酸酯	1.0~3.0	脱臭水貂油	加至100.0
金丝桃油浸膏	0.1~0.3		

表 7-5　配方 5

组　分	含量(%,质量分数)	组　分	含量(%,质量分数)
鞣花酸钾	1.0	甘油单硬脂酸酯	2.0
左旋抗坏血酸	0.5	吐温-20	2.5
液体石蜡	10.0	1,3-丁二醇	5.0
角鲨烷	12.0	尼泊金甲酯	0.2
十八醇	5.0	香精	适量
蜂蜡	1.5	去离子水	加至 100.0

表 7-6　配方 6

组　分	含量(%,质量分数)	组　分	含量(%,质量分数)
抗坏血酸二硫酸酯	1.0	十二烷基二甲基氧化胺	0.16
丙二醇	8.0	甘油单脂肪酸酯	1.5
甘油	5.0	防腐剂	适量
液体石蜡	1.0	膨润土	6.0
己二酸二异丙醇酯	3.0	去离子水	加至 100.0
十二烷基磷酸酯三乙醇胺	0.08		

表 7-7　配方 7

组　分	含量(%,质量分数)	组　分	含量(%,质量分数)
5-羟基-2-甲氧基甲基-γ-喃酮	0.5	1,3-丁二醇	4.0
		柠檬酸	0.1
乙氧基化氢化蓖麻油	1.0	防腐剂、香精	适量
乙醇	15.0	去离子水	加至 100.0
柠檬酸钠	0.3		

表 7-8　配方 8

组　分	含量(%,质量分数)	组　分	含量(%,质量分数)
油酸聚乙二醇酯	1.0	脱氧葡萄糖	0.1
乙醇	3.0	尼泊金甲酯	0.1
聚乙二醇 600	5.0	香精	适量
柠檬酸	0.03	去离子水	加至 100.0
柠檬酸钠	0.2		

表 7-9 配方 9

组分	含量(%,质量分数)	组分	含量(%,质量分数)
曲酸	1.0	棕榈酸异丙酯	2.0
胎盘萃取液	5.0	石蜡油	15.0
十八烷基聚氧乙烯醚	2.09	硬脂酸聚氧乙烯酯	0.5
十六烷基聚氧乙烯醚	2.01	尼泊金甲酯	0.1
蜂蜡	4.0	去离子水	加至 100.0
十六醇	3.0		

表 7-10 配方 10

组分	含量(%,质量分数)	组分	含量(%,质量分数)
乙醇	10.0	丙二醇	5.0
聚乙烯吡咯烷酮	0.05	邻苯二甲酸二辛酯	0.1
油醇	0.1	香精、防腐剂	适量
聚氧乙烯失水山梨醇单月桂酸酯	1.2	去离子水	加至 100.0

表 7-11 配方 11

组分	含量(%,质量分数)	组分	含量(%,质量分数)
甘草根萃取物	0.03	十六醇	1.0
硬脂酸	15.0	氢氧化钾	0.7
甘油	5.0	防腐剂	适量
丙二醇	3.0	去离子水	加至 100.0

表 7-12 配方 12

组分	含量(%,质量分数)	组分	含量(%,质量分数)
鞣花酸	0.25	十六醇	2.5
泛酸	0.1	液体石蜡	10.0
凡士林	6.0	聚乙二醇	3.0
三乙醇胺	1.0	尿素	5.0
甘油	1.5	防腐剂、香精	适量
硬脂酸	3.0	去离子水	加至 100.0

表 7－13 配方 13

组　分	含量(%,质量分数)	组　分	含量(%,质量分数)
硬脂酸聚氧乙烯酯	2.0	曲酸	0.5
甘油单硬脂酸酯	5.0	对羟基苯甲酸酯	0.2
硬脂酸	5.0	1,3－丁二醇	5.0
二十二醇	1.0	乙二胺四乙酸二钠	0.01
液体石蜡	10.0	乳酸	1.0
甘油三辛酸酯	10.0	去离子水	加至 100.0

表 7－14 配方 14

组　分	含量(%,质量分数)	组　分	含量(%,质量分数)
液体糊精	10.0	硫酸钙	0.2
曲酸	5.0	乙酸	0.1
异硫氰酸丙酯	0.1	鲸蜡醇	10.0
软骨素硫酸钠	2.0	香精、色素、防腐剂	适量
丙二醇	2.0	去离子水	加至 100.0

表 7－15 配方 15

组　分	含量(%,质量分数)	组　分	含量(%,质量分数)
二乙基二硫代氨基甲酸钠	0.1	乙醇	15.0
甘油	5.0	氢氧化钾	0.03
丙二醇	5.0	香精、防腐剂	适量
聚乙二醇	2.0	去离子水	加至 100.0
油醇聚氧乙烯醚	2.0		

表 7－16 配方 16

组　分	含量(%,质量分数)	组　分	含量(%,质量分数)
L－抗坏血酸磷酸镁	3.0	微晶蜡	2.0
对羟基苯甲酸甲酯	0.1	凡士林	2.0
失水山梨醇单油酸酯	2.0	角鲨烷	16.0
纯地蜡	2.0	去离子水	加至 100.0

表 7－17　配方 17（增白霜）

组　分	含量（%，质量分数）	组　分	含量（%，质量分数）
白蜡	5.0	Tween－20	5.0
蜂蜡	10.0	甲基对苯二酚	0.01
凡士林	15.0	硼砂	0.20
白油	41.0	香精、防腐剂、抗氧剂	适量
硬脂酸单甘酯	2.0	去离子水	加至 100.0

表 7－18　配方 18（增白液）

组　分	含量（%，质量分数）	组　分	含量（%，质量分数）
SOD	3.12×10^{-5}mmol	乳酸	0.05
曲酸	1.0	乳酸钠	0.03
1,3－丁二醇	20.0	去离子水	加至 100.0
聚氧乙烯氢化蓖麻油单异硬脂酸酯	1.0		

表 7－19　配方 19

组　分	含量（%，质量分数）	组　分	含量（%，质量分数）
1,3－丁二醇	3.0	辛基十二醇	0.05
山梨（糖）醇	7.0	角鲨烷	11.0
吡咯烷酮羧酸钠（50%）	3.0	*dl*－α－生育酚	0.15
羧基乙烯聚合物	0.05	曲酸	2.0
Tween－60	2.5	去离子水	加至 100.0
硬脂酸单甘酯	1.5		

表 7－20　配方 20

组　分	含量（%，质量分数）	组　分	含量（%，质量分数）
维生素 A 棕榈酸酯	0.5	α－生育酚	0.1
十六－十八醇醚－12	3.0	3,7,11,15－四甲基－1,2,3－三羟基十六烷	0.1
硬脂酸单甘酯	8.0		
2－辛基十二醇	10.0		
辛酸/癸酸三甘油酯	5.0	甘油	7.0
白油	4.0	去离子水	加至 100.0

表7-21　配方21

组　分	含量(%,质量分数)	组　分	含量(%,质量分数)
角鲨烷	8.0	对羟基苯甲酸乙酯	0.20
白油	3.0	甘油	5.0
十六醇	2.0	抗坏血酸	2.0
聚氧乙烯油醇醚	3.0	海藻糖	2.0
硬脂酸单甘酯	2.0	去离子水	加至100.0

表7-22　配方22(增白霜)

组　分	含量(%,质量分数)	组　分	含量(%,质量分数)
十六醇	4.0	硬脂酸单甘酯	2.0
凡士林	5.0	熊果苷	5.0
白油	8.0	甘油	5.0
角鲨烷	5.0	丙二醇	5.0
棕榈酸异丙酯	3.0	防腐剂	适量
聚氧乙烯十六醇醚	2.0	去离子水	加至100.0
硬脂基二甲基氧化胺	3.0		

表7-23　配方23

组　分	含量(%,质量分数)	组　分	含量(%,质量分数)
γ-氨基-β-羟基丁酸	0.5	聚氧乙烯壬基酚醚	0.5
二氯乙酸二异丙胺	0.5	甘油	5.0
L-抗坏血酸磷酸酯镁盐	0.5	对羟基苯甲酸甲酯	0.1
橄榄油	15.0	乙醇	7.0
棕榈酸异丙酯	5.0	去离子水	加至100.0

表7-24　配方24(增白液)

组　分	含量(%,质量分数)	组　分	含量(%,质量分数)
聚氧乙烯氢化蓖麻油	1.0	柠檬酸钠	0.30
乙醇	15.0	1,3-丁二醇	4.0
对羟基苯甲酸甲酯	0.10	脱氢乙酸钾	2.0
柠檬酸	0.10	去离子水	加至100.0

表 7-25　配方 25(增白霜)

组　　分	含量(%,质量分数)	组　　分	含量(%,质量分数)
黑素降解酶	2.0	白油	45.0
硬脂酸	8.0	十六烷基硫酸酯钠盐	1.5
十六-十八醇	5.0	对羟基苯甲酸甲酯	0.20
蜂蜡	8.0	去离子水	加至 100.0
硬脂酸甘油酯	8.0		

表 7-26　配方 26(增白凝胶)

组　　分	含量(%,质量分数)	组　　分	含量(%,质量分数)
羟乙基纤维素	1.5	三乙醇胺(98%)	适量
乙醇	3.0	香精	0.25
甘油	2.0	凯松-CG	0.01
二甲基硅氧烷聚醚	2.0	去离子水	加至 100.0
AHAs(Pronalen AHA-20)	7.5		

表 7-27　配方 27(增白霜)

组　　分	含量(%,质量分数)	组　　分	含量(%,质量分数)
甘油硬脂酸酯/十六烷基聚氧乙烯(20)醚	2.0	鳄梨油	3.0
		甘油	2.0
十八醇/十八烷基聚氧乙烯(7)醚/十八烷聚氧乙烯(10)醚	3.0	AHAs(Pronalen AHA-20)	5.0
		三乙醇胺(98%)	适量
硬脂酸	4.0	香精	适量
二甲基硅氧烷	0.50	凯松-CG	0.01
甘油三辛酸/癸酸酯	5.0	去离子水	加至 100.0

三、美白、祛斑产品的发展趋势

美白、祛斑类产品将成为今后化妆品发展的重要品种之一，其开发、研究将会成为全球尤其是亚洲化妆品关注的重点。此类产品的发展将会呈现以下趋势。

（一）新型美白、祛斑成分不断涌现与应用

为了达到安全、高效的目的，研究人员将在改善现有美白成分不足的基础上，不断开发新型美白、祛斑成分，以满足不断增长的市场需求。如高效、稳定的维生素 C 衍生物的开发等。

（二）天然美白剂的使用会有所增加

实践证明，一些天然成分具有很好的美白、祛斑效果，如已开发的甘草提取物、胎盘素等。该类美白剂的开发符合化妆品回归大自然的思想，有较好的市场号召力，如甘草、绿茶、银杏、木瓜、珍珠等。

（三）预防为主、多效合一的美白类产品将成主流

就目前而言，预防色素沉着比治疗要容易得多。提倡一年四季防晒不失为很好的预防手段，在此基础上还可增加抗衰老等其他功效。防晒、美白、抗衰老等多效合一产品的优良性能将会使其成为未来美白产品市场的主流。

（四）新型透皮技术将促进美白类产品的发展

美白成分只有透过表皮才会更好地发挥其功效，因此，美白成分的透皮研究也将成为美白产品开发、研究的重点内容。研究表明，经脂质体包覆的美白剂更容易进入真皮发挥作用。另外，微乳化在美白产品中的应用也将成为今后的研究重点。新的透皮技术的应用无疑将会提高美白剂效果的发挥，促进市场的进一步发展。

第四节　美白化妆品的功效评价

国内外对化妆品的美白功效评价有很多方法，主要包括三种：细胞水平功效测定、动物实验法、人体实验法。各个方法都有各自的特点，在实际运用过程中可以根据实际条件和需要选择适合的方法。

一、细胞水平功效测定

从国外文献来看，评价美白化妆品的功效，主要以检测施加美白化妆品有效成分后，是否抑制酪氨酸酶活性为主要手段，而酪氨酸酶活性检测方法有放射性同位素法、免疫学法和生化酶学法，其中以生化酶学法较为简单成熟。

酪氨酸酶可以从蘑菇中得到，也可以从B216黑色瘤细胞或动物皮肤中得到。培养细胞中酪氨酸酶活性的测定方法早期由Hideya A.（1995年）提出，目前国内尚未见相关报道。虽有文献对此进行了探讨，但这些文献中所介绍的测定方法非常模糊，而且测定结果不稳定。因此目前主要用生化酶学法进行酪氨酸酶活性的检测实验。

1. 生化酶学法检测酪氨酸酶的活性

酪氨酸酶是形成黑素的关键酶，对酪氨酸酶抑制作用越好，美白效果越明显。因此可以通过测定样品对酶活性的抑制率来评价样品的增白功能。

（1）按照表7－28配置四种溶液。表中L－酪氨酸为0.05%溶液，PBS为pH值为6.8的磷酸缓冲溶液。

表 7-28 样品溶液配置方案

项　目	C_1	C_2	T_1	T_2
L-酪氨酸	1	1	1	1
样品	0	0	1.5	1.5
PBS	2	2.5	0.5	1
总计	3	3.5	3	3.5

其中 C_1 和 T_1 在实验过程中需加 0.5mL 100 活力单位/mL 的酶，以 C_2 为参比测 C_1，以 T_2 为参比测 T_1。

(2)实验步骤。

①按照上述表格的要求，先配制两管 C_2 溶液，摇匀，在 37℃水浴中加热 10min，在分光光度计中校正归零。以下波长均在 475nm 下单点测量。

②再配制 C_1 溶液，摇匀，37℃下加热 10min，加入酶 0.5mL，仍在 37℃下加热 5min，在分光光度计中以 C_2 为参比单点测量吸光度，用 C_1 表示。

③同样，按照上述表格的要求配制 T_2 和 T_1 溶液，按照前述测 C_1 的步骤测定 T_1，吸光度的值用 T_1 表示。

④计算样品对酪氨酸酶的抑制率，公式为：

$$T = \frac{C_1 - T_1}{C_1} \times 100\%$$

2. 黑素含量测定

将 B216 黑瘤细胞用 0.11% 葡糖胺培养至完全白化，再加入 2mmol/L 茶碱促进细胞回复到黑素合成状态。同时加入样品，镜检细胞颗粒的色调判断样品对新生的黑素抑制或促进效果。最后对细胞颗粒进行离心分离操作，使细胞内颗粒释放出来，于 420nm 测吸光度，进行黑素总量的测定，以判断样品对黑素数量的影响。用细胞试验法可避免动物试验中由于动物个体差别引起的实验误差,使实验更具重复性。但该方法对细胞数量、环境温度、测定时间等因素要求高,操作步骤比较复杂,如果样本量较多时,被测试细胞在等待过程中会出现死亡,如果死亡细胞数量过多,就会影响测试结果的准确性。美白活性物质功能评价的最重要检测指标,就是细胞中黑素含量测定,到目前为止,一直采用生物化学分光光度法测定黑素细胞中的黑素含量,此方法经典、稳定,但由于需要将被测细胞破碎,专门提取黑素进行比色分析,从而导致操作步骤比较复杂,实验要求高,使其应用受到一定的限制。细胞图像分析技术是近年来发展的组织中物质定量检测手段,该方法具有简便、快速、准确等特点,因此逐渐被引用于正常组织中物质含量的测定。细胞图像分析系统包括显微镜、摄像系统、计算机和图像分析软件等,它通过定区、定放大倍数来测定特殊染色物质像素数量,以此对被测物质定量。目前未见采用图像分析技术进行黑素细胞中黑素含量测定的报道。

二、动物试验法

用黄棕色成年豚鼠 10 只,均于背部两侧剃毛,成若干 1cm × 2cm 大小的去毛区。用棉棒将化妆品依次涂布一圈,每日 2 次,并设空白对照。28 天后取皮肤活组织,固定、包埋、切片,进行组织学观察,基底细胞中含黑素颗粒细胞计数及多巴阳性细胞计数。该方法采用黄棕色豚鼠,其皮肤黑素细胞和黑素小体的分布近似于人类,试验结果重复性好,较小鼠模型更宜用于研究化妆品的美白功能。

但是目前国际上反对进行动物实验的呼声很高,特别是欧盟国家建议逐渐减少动物实验,另外动物实验能否真实反应人体皮肤的实际情况也存在很多的质疑,导致这种方法采用的不是很多。为了进一步和国际评价的方法接轨,现在更倾向于采用人体试验的方法进行美白功效的评价。

三、人体试验法

(一)用实际使用试验测定污斑改善效果

实际使用试验的评价方法凭视感测定,用图像解析进行污斑的定量化,确认美白剂对污斑的改善效果。目前建立的测定方法,是测定紫外线照射后二次黑化的预防和减弱。虽然这种方法尝试被各化妆品厂采用,而明确的测试报告几乎没有。用图像来解析污斑的改善效果,难以达到标准化,主要存在的问题是:使用试验时间太长(通常3个月以上),操作控制困难,又因污斑明显受紫外线影响,所以操作难以在同样条件下进行;确立获取图像的方法(包括照明方法)和图像解析手法因各研究者各自独立使用照明和摄像机,所以解析结果的相互比较存在困难。

随着美白化妆品需求量的增加,其市场前景广阔,许多著名的化妆品公司和研究机构投入大量的人力物力进行新型美白活性物质的开发,投入使用的新型美白活性物质越来越多,但是与之相适应的功效检测方法却没有什么变化,仍然延续过去惯用的检测方法,如蘑菇酪氨酸酶活性测定、细胞中黑素含量测定等方法。这些方法虽属经典,但也都存在缺陷。而且黑素合成过程复杂,仅仅检测美白活性物质对酪氨酸酶活性的抑制程度,就对其美白效果进行判定,必然有一定的片面性和盲目性。为此迫切需要对这些方法进行改进,或寻找新途径来检测这些指标,以便能够更加正确地评价美白活性物质的效果,减少投入使用后的质量问题。

(二)Lab 色度系统评价美白功效

采用国际照明委员会(CIE)规定的色度系统(Lab 色度系统)测量皮肤颜色的变化,研究我国黄色人种在使用美白化妆品后肤色的变化情况，进一步完善了我国美白化妆品效果评价方法。

1. 仪器

采用 Lab 色度系统光谱光度计（美能达光谱光度计 CM－2002）测量皮肤颜色的变化。

2. 测试指标

$$L = 116(Y/Y_n)^{1/3} - 16$$

$$a = 500[(X/X_n)^{1/3} - (Y/Y_n)^{1/3}]$$

$$b = 200[(Y/Y_n)^{1/3} - (Z/Z_n)^{1/3}]$$

$$c_{ab} = (a^2 + b^2)^{1/2}$$

$$h_{ab} = \mathrm{arctg}(b/a)$$

式中：L、a、b 为三维直角坐标系统的坐标值；X、Y、Z 为 XYZ 表色系统的三刺激值；X_n、Y_n、Z_n 为完全漫反射面的三刺激值。L 为亮度，值越大，颜色越偏向白色，反之，偏向黑色。a 为红、绿色品，$+a$ 为红色方向，$-a$ 为绿色方向。b 为黄、蓝色品，$+b$ 为黄色方向，$-b$ 为蓝色方向。c 为饱和度，用以表示物体表面颜色的浓淡。h 为色调角，表示彩色彼此相分的特性。

在 Lab 色度系统中，以坐标 L、a、b 之差 ΔL、Δa、Δb 来表示两种刺激之间的色差 ΔE_{ab}，即在色空间两颜色点之间的距离。$\Delta E_{ab} = [(\Delta L)^2 + (\Delta a)^2 + (\Delta b)^2]^{1/2}$。式中：由于 ΔE_{ab} 是 L、a、b 的综合指数，代表了色度的立体变化，所以是评价肤色变化的较合适指标。

3. 实验方法

随机选择皮肤健康的成人，以前臂内侧 2cm × 2cm 区域为受试部位，一侧为试验区，另一侧为对照区。每周末用色度计测定一次，根据皮肤色度减褪程度评价美白活性物质的功效。

Lab 色度系统反映的是皮肤颜色的色彩变化，它不仅能反映肤色的黑白变化，也能反映皮肤的变红、变黄等。

第八章

抗衰老化妆品

随着我国社会逐渐步入老龄化，抗衰老美容护肤越来越受到人们的重视。根据中国香料香精化妆品工业协会发布的调查数据表明，目前女性最关心抗衰老，提及率为72.2%。因此，借助化妆品延缓衰老和抵抗衰老也成为各化妆品生产厂家的研究方向。

衰老是生物体自成熟期开始，随着年龄增加而发生的、渐进的、受遗传因素影响的、全身复杂的形态结构与生理功能不可逆的退行性变化。衰老分生理性衰老和病理性衰老两类，这里所指的是生理性衰老。而老化是指随着年龄增长而出现的机体内部细胞、组织等不断的退化。人体一离开母胎，乃至婴儿、幼年、少年、青年的各个阶段，机体内部细胞都在不断地进行老化，因此，衰老和老化是两个不尽相同的概念。老化是衰老的前奏，是指衰老的动态过程；而衰老是老化进程发展的结果，是一种持续和不可逆转的发展过程。

皮肤衰老是一种多环节的生物学过程，是人体在成熟期以后发生在皮肤上的综合表现，也是随着年龄增长而产生的一系列皮肤生理学功能和组织学结构以及临床体征等方面的变化，这些变化也是判断皮肤衰老的重要标志。皮肤衰老过程不仅仅只是肌肤和容貌的渐进性苍老，而且代表了皮肤组织最大储备功能的丧失，表现为基础功能的降低和对环境影响反应能力的削弱，导致皮肤细胞和组织修复损伤的能力降低和永久性功能的丧失。

第一节 皮肤衰老机理

一、皮肤衰老的特征

一般说来，皮肤衰老具有普遍性、多因性、进行性、退化性、内因性等特征，主要表现为：

(1)从皮肤的外表来观察，皮肤明显出现皱纹，尤其是在人体的面部。

(2)皮肤的颜色随着年龄的增加而逐渐加深，即色素沉着。到了老年之后，就开始出现"老年斑"。

(3)随着年龄的增加，皮肤的表皮逐渐变薄，皮肤中水分和脂肪含量减少，使皮肤变得粗糙、失去光泽。

(4)皮肤的附属器官毛发、指甲等，发生明显的变化，如毛发变白、脱落，指(趾)甲变得干燥、肥厚。

研究表明，皮肤衰老是内源性因素和外源性因素共同作用的结果。内源性衰老(Intrinsic ageing)又称为自然衰老或固有性衰老，是指由遗传因素或不可抗拒的因素引起的衰老，为不可避免的渐进过程；外源性衰老(Extrinsic ageing)主要指由紫外线辐射、吸烟、风吹、日晒及接触有害化学物质等环境因素导致的，其中由于日光中紫外线辐射是环境因素中导致皮肤衰老的主要因素，所以外源性衰老又称为光致老化(Photoageing)。

(一)皮肤自然衰老的表观特征

皮肤自然衰老主要是指发生于老年人非曝光部位皮肤的临床、组织学、生理功能的退行性改变，它是随着时间推移和年龄增长而自然发生于皮肤组织结构和生理功能的变化。这些变化在外观上主要表现为:皮肤萎缩、干燥、粗糙、苍白或灰暗、无光泽、皱纹增多、沟纹加深、皮肤下垂、松弛、弹性降低、韧性下降而脆性增加,特别在口周围、外眼角处出现放射状皱纹,并导致皮肤原有功能的减退;皮肤出现老年白斑、褐色斑或其他老年性皮肤色素沉着增加,且日趋加重或明显,呈广泛性全身性分布;同时出现老年性疣以及皮肤脉管系统突出,皮肤表层血管明显暴露、扩张,毛细血管扩张时呈细红丝或片状红斑,小静脉扩张时稍粗且呈蓝色或紫黑色;出现眼睑下垂和黑眼袋。

在组织结构上主要表现为各层细胞数量减少,全层皮肤厚度减少,表皮层轻度变薄,细胞水分丢失、形态大小不一、分裂速度和次数减少,基底细胞增殖减慢,角质层通透性增加;表皮与真皮的交界处变平,真皮层结缔组织减少,真皮变薄,胶原性物质浓缩变硬且弹性减弱,弹力纤维变性或断裂,胶原纤维变性、缩短或增厚成团;皮肤血管减少,毛细血管壁变薄、脆性增加;皮下脂肪减少,皮下组织逐渐发生退行性变性,汗腺萎缩,皮脂腺功能减退,毛发再生能力下降;表皮黑素细胞内多巴过氧化酶及酪氨酸酶活性和含量降低,黑素合成障碍,毛发呈灰白或白色等皮肤组织学改变等。

在皮肤生理学上的改变主要表现在皮肤屏障、保护、呼吸、代谢、分泌、排泄、透皮、渗透、吸收、温觉、痛觉、免疫等方面的功能全方位降低。

(二)皮肤光致老化的表观特征

皮肤光致老化是指皮肤衰老过程紫外线损伤的积累,是自然衰老和紫外线辐射共同作用的结果,在外观上主要表现为皮肤暴露部位粗糙、皱纹加深加粗、结构异常、不规则性色素沉着、血管扩张、表皮角化不良、出现异常增殖、真皮弹性纤维变性及降解产物积蓄等。

在皮肤结构和生理功能上主要表现为表皮厚度增加,在不同部位可出现严重的萎缩或增生,角质形成细胞和黑素细胞发生一定程度的核异型。角质形成细胞缺乏分化成熟的有序性，黑素细胞不规则地分布在基底膜上方，郎格罕氏细胞数量明显减少，真皮细胞外基质，如胶原、弹性纤维、氨基聚糖、蛋白聚糖等不同程度变形变性，真皮内出现大量粗大、杂乱无章、异常增生的弹力纤维，严重者出现弹力纤维无定形团块，这种变性的弹力纤维不再具有弹性特征，且成熟胶原纤维数量减少，皮肤小静脉由于血管壁明显增厚而出现血管屈曲、扩张。由于血管周围支撑结缔组织的减少和血管内皮细胞的损伤而出现表浅小血管扩张。结缔性弹性纤维病变可出现囊肿和黑头，组织学上表现为毛囊扩张，萎缩的皮脂腺存在于弹性纤维变性的真皮中。

Glogau 等人根据皮肤皱纹、年龄、有无色素异常、角化及毛细血管情况将皮肤光致老化分为四种类型(表 8-1)。

表 8-1 皮肤光致老化的 Glogau 分型法

类型	皮肤皱纹	色素沉着	皮肤角化	毛细血管改变	老化阶段	年龄(岁)	化妆要求
Ⅰ	无或少	轻微	无	无	早期	20~30	无或少用
Ⅱ	运动中有	有	轻微	有	早、中期	30~34	基础化妆
Ⅲ	静止中有	明显	明显	明显	晚期	50~60	厚重化妆
Ⅳ	密集分布	明显	明显	明显	晚期	60~70	化妆无效

皮肤自然衰老与光致老化在发生年龄、原因、临床特征等方面均有明显的差别，见表 8-2。

表 8-2 皮肤自然衰老与光致老化的区别

区别点	皮肤自然衰老	皮肤光致老化
发生年龄	成年以后开始，逐渐发展	儿童时期开始，逐渐发展
发生原因	固有性，机体衰老的一部分	光照，主要为紫外线辐照
影响因素	机体健康水平，营养状况	职业因素、户外活动
影响范围	全身性，普遍性	局限于光照部位

续表

区别点	皮肤自然衰老	皮肤光致老化
临床特征	皮肤皱纹细而密集、松弛下垂,有点状色素减退,无毛细血管扩张、角化过度	皮肤皱纹粗,呈橘皮、皮革状,出现不规则色素斑如老年斑,皮肤毛细血管扩张、角化过度
组织学特征	表皮均一性萎缩变薄,血管网减少,胶原含量减少,真皮萎缩,弹力纤维降解、含量减少,所有皮肤附属器均减少、萎缩	表皮不规则增厚或萎缩,血管网排列紊乱、弯曲扩张、I型胶原减少,网状纤维增多、弹力纤维变性、团状堆积,皮脂腺不规则增生
并发肿瘤	无此改变	可出现多种良、恶性肿瘤
药物治疗	无效	维生素A酸类、抗氧化类有效
预防措施	无效	防晒化妆品及遮阳用具有效

二、影响皮肤衰老的因素

一般人体的皮肤从25~30岁以后即随着年龄的增长而逐渐衰老。人体各部分受遗传基因所控制而出现的一系列衰老现象是不可避免的。但是,由于人们的生活环境、生活方式、皮肤护理方法、遗传等诸多因素的不同,使得每个人衰老的程度、速度具有很大的差异,它不仅与年龄有关,还受一些其他因素的影响。

(一)内在因素

(1)皮肤附属器官功能的自然减退。由于皮肤的汗腺、皮脂腺功能降低,分泌物减少,使皮肤由于缺乏滋润而干燥,造成皱纹增多。

(2)由于皮肤的新陈代谢减慢,使得真皮内弹力纤维和胶原纤维功能减退,造成皮肤张力与弹力的调节作用减弱,使皮肤皱纹增多。

(3)皮肤的营养障碍。面部的皮肤较身体其他部位的皮肤薄,由于皮肤的营养障碍,使得皮下脂肪储存逐渐减少,细胞和纤维组织营养不良,性能下降,从而使皮肤出现皱纹。导致营养不良的原因有:饮食结构不合理，营养摄入量不足；消化、吸收功能障碍；疲劳过度，消耗过量等。这些因素都会加速皱纹的增加，导致皮肤的衰老。

（二）外在因素

皮肤衰老除自然的生理因素以外，还与下列因素有关。

（1）紫外线。

（2）过多及过于丰富的面部表情。

（3）长期睡眠不足。

（4）长期在光线暗的环境下工作。

（5）不当的迅速减肥或缺乏体育锻炼。

（6）皮肤水分补充不足。

（7）环境突然改变或环境恶劣。

（8）化妆品使用不当。

（9）烟、酒等的刺激。

三、皮肤皱纹形成的机理

皱纹是皮肤衰老的最初征兆。皱纹进一步发展，会形成皱襞，即皮肤上较深的褶子。25 岁以后，皮肤的衰老过程开始，皱纹渐渐出现。出现的顺序一般是前额、上下眼睑、眼外眦、耳前区、颊、颈部、下颏、口周。

如图 8－1 所示，衰老的皮肤与年轻皮肤之间主要存在着三个明显差别。

（1）表皮最外层角质细胞形成的纹理明显不同。年轻皮肤呈现细、密、网状纹路，而衰老皮肤则发生严重缺失，呈现疏、少、具有定向走势的特征。

（2）在表皮与真皮结合处，年轻皮肤表现为多褶皱，而衰老皮肤在表皮与真皮结合处变平坦。

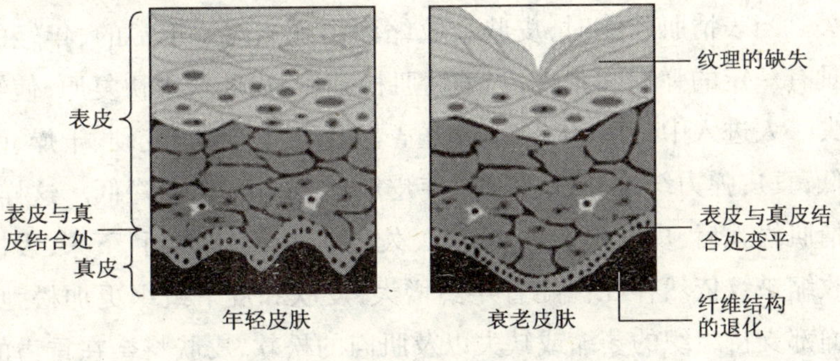

图 8－1　皮肤皱纹形成的机理

(3)真皮结构中胶原弹力纤维网络发生很大变化。衰老皮肤排列松散,网内间隙加大,真皮密度降低,胶原蛋白和蛋白聚糖等分子合成的 ECM 大分子过度降解,表现为手触弹力大幅下降,表皮松懈,皱纹大面积出现。

导致皱纹产生的原因很多,从中医理论的角度来看,皱纹与人体内在脏腑的功能活动密切相关。

(1)机体衰老。皮肤是机体的一部分,当机体衰老时,皮肤也不可避免地老化,从而出现皱纹。

(2)内脏功能失调。人体面部与人体其他部位一样,需要营养,而人体内的营养物质是通过内脏的功能活动产生的。所以,内脏功能失调必然导致营养物质的缺乏,使面部肌肤失去气血滋养而导致早衰,出现皱纹。

(3)饮食不当。人体饮食过饥使摄食量不足,使体内营养物质匮乏,使面部肌肉失去营养,产生皱纹,长期饮食不平衡,可导致皱纹的产生。

(4)情志不调。导致人体气血运行不畅,面部肌肤失去血液的滋养,导致皱纹出现。

从现代医学的角度来看,认为皱纹的出现与年龄、表情肌和重力有关。当表情肌收缩时,皮肤会收缩而出现皱纹。正常的、年轻的皮肤具有一定的弹性和张力,当表情肌松弛后,皮肤会很快复原,使皱纹消失。人进入中年后,皮肤开始明显老化,皮肤变薄、变硬、干燥、张力降低,真皮弹力纤维变性、断裂,使皮肤的张力和弹性降低。这样,当表情肌松弛后,皮肤不能很快复原,久之则使皱纹"凝固"下来,表情肌不收缩皱纹依然存在。随着年龄增大,皮肤和皮下组织更加松弛,加上面部支持组织的萎缩或缺失以及肌肉的松软,皮肤将会在重力的作用下发生滑坠,形成更深的皱纹。

第二节　抗衰老活性物质

一般认为,抗衰老活性物质的作用效果包括:清除自由基;提高细胞增殖速度;延缓细胞外基质的降解速度。

一、抗氧化类

抗氧剂可以来源于生物体,包括动物、植物、微生物等,通常称为天然抗氧剂或生物抗氧剂;有些抗氧剂也可以通过化学合成的方法得到,将其称为化学合成抗氧剂。这类抗衰老活性物质开发的依据是目前受到广泛重视的自由基衰老学说,而几乎所有具有抗氧化作用的活性物质都具有抗衰老作用。

(一)酶及肽类抗氧剂

1. 超氧化物歧化酶

超氧化物歧化酶(Superoxide dismutase,SOD),是一类广泛存在于生物体内的金属酶,自 1969 年 McCord 和 Fridovich 从牛红血细胞中发现 SOD 以来，SOD 就成了衰老生物学的研究热点。根据活性中心结合的金属离子不同，SOD 主要分为：Cu/Zn - SOD，主要存在于真核细胞的细胞质、线粒体和原核细胞中；Mn - SOD，主要存在于真核细胞的线粒体基质中；Fe - SOD，主要存在于原核细胞及少数植物细胞中，动物组织中不含 Fe - SOD。此外，在一些低等生物中还存在 Ni - SOD。

SOD 能够清除生物氧化过程中产生的超氧阴离子自由基，是生物体有效清除活性氧的重要酶类之一，被称为生物体抗氧化系统的第一道防线，在防辐射、抗衰老、消炎、抑制肿瘤和癌症、自身免疫治疗等方面显示出独特的功能。作为化妆品的添加剂，SOD 的作用主要是：

（1）有明显的防晒效果，SOD 可有效防止皮肤受电离辐射的损伤。

（2）有效防治皮肤衰老，可祛斑、抗皱，起抗氧酶的作用。

（3）有明显的抗炎作用，对防治皮肤病有一定疗效。

（4）有一定的防治瘢痕形成的作用。

但由于 SOD 具有相对分子质量大、不易被皮肤吸收和不稳定性等缺点，而且 SOD 具有生物活性，贮存或工艺条件不当均会导致 SOD 失活。目前采用酶生物技术可将 SOD 在分子水平上进行化学修饰，利用月桂酸等作为修饰剂，对 SOD 的酶分子表面赖氨酸进行共价修饰。经修饰过的 SOD 克服了 SOD 易失活的不足，使其在体内半衰期、稳定性、透皮吸收、抗衰老以及消除免疫原等方面都高于未修饰的 SOD，从而提高了 SOD 的作用效果。

2. 谷胱甘肽（还原型）

还原型谷胱甘肽是一种具有重要生理功能的活性三肽，它是由谷氨酸、半胱氨酸及甘氨酸组成的，化学名为 γ -/谷氨酰 - L - 半胱氨酰 - 甘氨酸。还原型谷胱甘肽的主要生物学功能是保护生物体内蛋白质的巯基，从而维护蛋白质的正常生物活性，同时它又是多种酶的辅酶和辅基。谷胱甘肽分子结构中的活性巯基具有重要的细胞生化作用，有很强的亲和力，能够与多种化学物质及人体代谢产物结合，清除体内的许多自由基（如烷自由基、过氧自由基、半醌自由基等），保护细胞膜的完整性，具有抗脂质氧化作用，使细胞免受其害，从而维持细胞的正常代谢。此外还原型谷胱甘肽还能抑制黑色素合成酶的活性，具有防止皮肤色素沉着，减少黑素的形成以及改善皮肤色泽的功效。

此外，大量的研究表明，一些大豆蛋白、乳蛋白、胶原蛋白、玉米醇溶蛋白等的酶解产物，由于构成蛋白质的多肽和氨基酸能捕捉活性氧，随之发生自由基连锁反应的终止，因而具有一定的抗氧化作用。

（二）抗氧化小分子物质

1. 维生素及其衍生物

（1）维生素 E。又称生育酚，是一种脂溶性维生素，也是迄今为止发现的无毒的天然抗氧之一，由 α - 生育酚、β - 生育酚、γ - 生育酚、δ - 生育酚及相应的生育三烯酚等八种物质组成。其对热稳定，在碱性条件下特别容易氧化，而酸性条件下较稳定，紫外线促进氧化分解。四种生育酚的生理活性顺序为 $\alpha > \beta > \gamma > \delta$，而抗氧性正好相反。

研究证实维生素 E 能促进皮肤新陈代谢、防止色素沉淀、改善皮肤弹性，对皮肤免受自由基损害有决定性作用。同时维生素 E 作抗氧剂可以延长化妆品使用时间。这主要源于维生素 E 的生物学功能主要是抗氧化作用，保护不饱和脂肪酸尤其是亚油酸免受自动氧化，UFA 是一种能保护细胞膜的完整性、产生前列腺素的前提物质。维生素 E 和硒具有协同抗氧化作用，但与硒不同的是维生素 E 是在自由基引起脂质过氧化之前将其清除，防止脂质过氧化形成的自由基及其连锁反应，减少自由基的产生。而脂褐素是细胞中脂类的多不饱和脂肪酸在自由基的作用下生成的脂质过氧化物。

羟自由基是细胞内破坏性最强的活性氧，当机体受电离辐射时可以产生羟自由基，当金属离子与过氧化氢共同作用时也可以产生羟自由基。羟自由基不仅能导致膜脂过氧化，它还攻击核酸，产生活泼的靶自由基并导致变异出现。研究表明，维生素 E 可以降低过氧化氢诱发的羟自由基的产生以及 DNA 碱基对的改变、抑制氧化应激诱发的染色体畸变。

(2)维生素 C。又称抗坏血酸，是一种水溶性维生素，它通过逐级供给电子而转变成半脱氢维生素 C，以清除O_2^-·、OH·、R·和 ROO·等自由基，具有较强的抗氧化作用。但是，它不太容易进入细胞内，且大剂量服用会导致细胞内 DNA 的损伤。最近，研究人员将磷酸基引入到维生素 C 分子中，并改变其部分结构，形成“维生素 C 前体”，后者容易进入细胞内，并释放出维生素 C；用人体细胞进行的实验表明，它可以使端粒缩短的速度降低 27%，并增强端粒酶的活性，可使细胞的寿命延长 50%。维生素 C 与维生素 E 有协同清除自由基的作用。

(3)β－胡萝卜素。β－胡萝卜素的抗衰老作用，主要是其分子结构中含有较多的双键，容易被氧化；研究证明，服用胡萝卜素的动物体内 SOD 活性高，细胞中脂褐素含量低等。β－胡萝卜素对预防心血管疾病、癌症和老年白内障等疾病，以及提高免疫功能，都有一定作用，从这个意义上说，也可能有抗衰老作用。

(4)维甲酸类。外用的 0.05% 全反式维甲酸润肤霜是目前唯一被美国食品和药品管理局批准的可用于光致老化治疗的产品，它对局部的皱纹、点状色斑以及皮肤的粗糙程度均有显著的改善。全反式维甲酸能刺激角朊细胞和成纤维细胞增生，使表皮恢复正常，在真皮上部产生新的胶原，并抑制由紫外线引起的胶原裂解，还能形成新的血管和弹力纤维，并使表皮色素重新分布。光致老化多由基质金属蛋白酶的诱导引起，致使胶原降解。维甲酸可以抑制金属蛋白酶诱导，防止胶原变形，从而预防光致老化。

2. 黄酮类(酚类)化合物

黄酮类化合物是以黄酮(2－苯基色原酮)为母核的一类黄色色素,具有抗菌消炎、清除自由基、吸收紫外线、促进皮肤细胞生长等多种抗衰老生理功能。研究表明银杏、黄芩、橙皮、陈皮、竹叶、甘草、槐花、葛根、芦丁、枳实、银杏叶、沙棘等植物中含有丰富的黄酮类物质,其中银杏黄酮、大豆异黄酮、竹叶黄酮以及甘草提取物已经在化妆品中得到应用。

茶多酚又称茶叶提取物,是含有儿茶酚类、黄酮及黄酮醇、花色素和酚酸及缩酚酸类等四大类多酚化合物的复合物,是一类氧化还原电位很低的还原剂,具有较多活泼的羟基氢,能提供氢质子与体内过量自由基结合,并能中断或终止自由基的反应。研究表明,茶多酚能提高和诱导生物体内抗氧化酶类如SOD、GSH－Px等的活性来消除体内过量自由基,抑制自由基异常反应所致的过氧化脂质生成,降低脂褐素含量。研究表明,茶多酚与柠檬酸、苹果酸、酒石酸等有较好的协同作用。

二、激素类

(一)褪黑素

褪黑素化学名为*N*－乙酰基－5－甲氧基色胺,是脑内松果体分泌的一种激素,它的主要作用是调节人体的昼夜节律,此外还具有清除自由基、调节免疫力、抗衰老作用。但是,由于该激素还对体内其他内分泌腺有调节作用,而且松果体的分泌也受松果体细胞上肾上腺素能受体的调节;同时松果体对褪黑素的分泌取决于外周对该激素的需求,需求多就多分泌、多供应,需求少就少分泌、少供应。如果体内本来已有足够的褪黑素,又盲目地引进外来的"产品",势必使该激素过量,这种情况会及时地通报到松果体,松果体生产该激素的功能就要消失,松果体本身也会因此而萎缩,这叫做用进废退。其结果是本来是为了抗衰老，却加速了松果体的衰退，对机体带来不良的影响。因此，对于该激素在化妆品中的使用应该慎重。

（二）脱氢表雄酮（DHEA）

脱氢表雄酮是睾酮的代谢产物之一，曾是轰动一时的“抗衰老药”。1998 年美国的研究表明，DHEA 有减少中年男子患心血管病的作用；后又发现对大多数病人有改善睡眠、情绪和承受生活压力能力的作用；在 1995 年 6 月美国纽约科学院举办的“DHEA 与衰老”研讨会上，大多数与会者认为 DHEA 有抗癌和延年益寿的作用。但是，DHEA 的研究和发现者博利本人认为 DHEA 可以提高生活质量，缓解因衰老而产生的疲劳和虚弱等，但并不会延长人的寿命。他特别强调，人的衰老是由多种因素引起的，仅靠一种药物不可能达到抗衰老的目的。德国的科学家通过对 77 名 59～81 岁男性的对比研究发现，DHEA 对人体的状态（如心血管系统）并无改善。因此，对 DHEA 的抗衰老作用尚无定论。

（三）细胞生长因子

细胞生长因子包括表皮生长因子（EGF）、碱性成纤维细胞生长因子（bFGF）、上皮细胞修复因子（ERF）等。

表皮细胞对外界信号的响应，细胞基因表达的变化及活性变化，细胞的增长、分裂、迁移和代谢等生理过程都是由多肽细胞生长因子传递信号而实现的，皮肤的弹性、光滑等外观是由构成皮肤不同组分的细胞的增长、分裂及生物功能所决定的，而这一过程是受皮肤内各种细胞因子的综合调节，维持在一个动态平衡水平上。可见，各种细胞生长因子对皮肤的各种生理表现具有非常重要的作用。

表皮生长因子能促进皮肤表皮细胞的新陈代谢，有延缓肌肤衰老的作用。碱性成纤维细胞生长因子是一种肽键构成的碱性蛋白质，含有155个氨基酸,是人体中胚层和神经外胚层组织的分裂原,对各种组织的损伤有很显著的修复作用,可治疗烫伤、溃疡等。

bFGF无毒、无刺激、无致突变作用,也是非致敏原,安全性高。外源性的bFGF作用于皮肤,与皮肤细胞受体结合后,可改变皮肤各种细胞组织的代谢,改善微循环,能有效恢复皮下结缔组织(胶原纤维、弹力纤维等组成)的生长,而使皮肤细嫩,富有光泽,增加弹性,消除皱纹等以至延缓皮肤的衰老。

三、微量元素类

微量元素在抗衰老中的作用是近年国际上衰老生物学研究的热点。大量的研究表明,与抗衰老关系密切的微量元素主要有锌、硒、铜、锰。

(一)锌(Zn)

人体中的锌以Zn^{2+}为中心离子,存在于许多酶或金属蛋白中。研究表明,锌的主要功能就是抗氧化,能提高机体200多种酶的活力,增强机体清除自由基的能力,从而有效地保护生物膜的结构和功能,并参与细胞的复制过程。

(二)铜(Cu)

铜是人体中含量位居第二的必需微量元素。含铜的酶有酪氨酸酶、单胺氧化酶、超氧化物歧化酶、血铜蓝蛋白等。铜对血红蛋白的形成起活化作用,促进铁的吸收和利用,在传递电子、弹性蛋白的合成、结缔组织的代谢、嘌呤代谢、磷脂及神经组织形成方面有重要意义。

(三)锰(Mn)

锰是超氧化物歧化酶、精氨酸酶、脯氨酸酶等多种酶的组分,也是多种酶的激活剂。锰参与酶、蛋白质、激素、维生素的合成，糖的代谢，对中枢神经系统结构和功能有着重要的作用。研究表明衰老与锰有关，体内锰含量减少，超氧化物歧化酶活性降低，从而会导致抗氧化能力下降。

(四)硒(Se)

硒是谷胱甘肽过氧化物酶的重要成分，它的主要生理功能是通过谷胱甘肽过氧化物酶的形式，发挥抗氧化作用以防止脂质过氧化，从而延缓脂褐素的形成。硒还能提高人体的免疫功能，通过抑制自由基反应影响交联过程，从而发挥延缓衰老的作用。

四、抗衰老生化制剂

(一)核酸制剂

人体内的核酸有两大类，即脱氧核糖核酸(DNA)和核糖核酸(RNA)，这是20多年以来分子生物学的生长点。给动物注射这两种核酸的混合制剂，能明显地提高其最高寿命。我国研究表明，核酸制剂能明显增加老年人的抗氧化能力，降低过氧化脂质含量。国外观察了数千人注射核酸制剂后的效果，发现它能使人的皮肤显得年轻，增强体力，因此，核酸制剂的抗衰老作用值得重视。

(二)酶

酶在人体组织中起着催化剂的作用，是一种生物催化活性物质，在细胞的生理新陈代谢过程中具有重要的作用。利用现代生物工程技术制得的酶有重组脂肪酶和DNA重组第二代蛋白酶及经修饰的超氧化歧化酶等。

(三)胶原蛋白、弹性蛋白

胶原蛋白是构成动物和肌肉的基本蛋白质，它是由成纤维细胞合成的。可溶性胶原蛋白中含有丰富的脯氨酸、甘氨酸、谷氨酸、丙氨酸、苏氨酸、蛋氨酸等15种氨基酸营养物,将其应用于化妆品中易被皮肤吸收,能促进表皮细胞的活力,增加营养,有效消除皮肤细小皱纹。另外,在化妆品中通过加入从动植物提取物得到的衍生物,如胶原蛋白氨基酸、水解(溶)胶原蛋白、水解乳蛋白、水解麦蛋白、水解大豆蛋白等,可起增加和改变皮肤内结缔组织的结构和生理功能的作用,用以改变皮肤的外观,达到防止皮肤衰老的目的。

利用生化技术,重组蛋白质或小的DNA片段,以代替天然提取得到的蛋白衍生物,将这些生化活性物质应用于化妆品作用于皮肤上,能够很容易渗透到表皮的深层和真皮层,与体内完全相同的蛋白分子结合,重组细胞结构、功能,以达到抗衰老的目的。如可通过皮下注射胶原蛋白除皱技术,用以减少和消除皮肤的皱纹和疤痕。

五、抗衰老天然提取物

天然生物提取物通常具有多重作用功效、持久稳定、作用温和、适用面广、无副作用或副作用很小的优势,对其研究开发已成为顺应回归自然、科学美容、科学护理观念的最新趋势。在天然动植物中,尤其一些中药如人参、黄芪、茯苓、珍珠、白芷、红花、灵芝、沙棘、月见草、绞股蓝、当归、花粉、鹿茸、蜂王浆等的提取物含有许多生物活性成分如各种氨基酸、脂类、多糖、维生素、微量元素、有机酸、生物碱、皂苷黄酮类、激素及类激素等,具有清除体内自由基、增强机体抗氧化能力、改善皮肤微循环、提高皮肤胶原纤维及胶原蛋白含量、调节免疫功能等作用,对皮肤具有防皱,恢复皮肤弹性、抗皮肤衰老的作用。

(一)人参

现代研究证明人参皂苷Rb1能增加皮肤成纤维细胞中氨基葡聚糖的生成量,同时对皮肤细胞的再生有激活作用,能使皮肤细胞再生速度增快20多倍。此外，人参还有促进皮肤血液循环、抑制细菌繁殖、护肤等作用。

（二）红景天

红景天含有红景天苷、挥发油、黄酮类、甾醇类、有机酸和微量元素等有效成分。研究表明红景天能使皮肤真皮成纤维细胞明显增多且活跃，皮肤组织SOD及GSH－Px活性增高，真皮酸溶性胶原中羟脯氨酸含量增加，脂质过氧化产物MDA含量减少等作用，从而延缓皮肤衰老。

（三）三七

三七有益气补血、和营止血、通脉行淤的功能，对因气虚淤滞引起的面部色素沉着，有一定疗效。三七还可扩张血管，降低毛细血管的通透性，抑制血小板聚集，延缓皮肤衰老。

（四）川芎

川芎有理气活血，祛风止痛的功能，为“香草”的一种。川芎对微循环系统有良好的调节作用，并能抑制酪氨酸酶的活性，从而对黑斑、雀斑、老年斑能起到治疗作用。

（五）细辛

细辛有祛风散寒、温肺的功能，可用于风寒外袭导致的面部无光泽。细辛含有挥发油和维生素等物质，有维持肌肤弹性、改善微循环和抗炎抑菌的作用。

（六）杏仁

杏仁所含物质通过干扰结缔组织结构蛋白肽链的交联，从而起到延缓皮肤衰老的效果。

(七)珍珠

珍珠有润肤解毒的功能,对于改善皮肤的衰老状态有良效。除碳酸钙外,珍珠含有许多种微量元素和十几种氨基酸,制成乳剂被皮肤吸收后,可降低细胞内脂褐质含量,滋润并营养皮肤,促进其新陈代谢、延缓皮肤衰老。

(八)蜂王浆

蜂王浆含有丰富的营养成分,可促进和增强表皮细胞的生命力,改善细胞的新陈代谢,增强组织细胞的再生能力。防止代谢产物的堆积,防止胶原、弹力纤维变性及硬化,能滋补、营养皮肤,使皮肤柔软、富有弹性,减少皮肤皱纹和色素沉着,从而推迟和延缓皮肤的衰老。

此外,大黄、丹参、黄芪、首乌、枸杞、地黄、五味子、天门冬和紫河车等都具有显著延缓皮肤衰老的作用。

第三节　抗衰老化妆品设计原则及配方实例

一、抗衰老化妆品的设计原则

皮肤与其他组织一样要进行新陈代谢,需要随时补充为生存及合成新细胞所需要的一切物质。真皮中弹性蛋白纤维的减少,皮肤的疲劳程度,表皮中水分、电解质的损失,都将使皮肤产生衰老的迹象。因此抗衰老化妆品需要选择优良的皮肤护理剂,给皮肤补充足够的养分,达到深层营养。同时,还要减缓皮肤中水分的散失,保护皮肤。一般说来,抗衰老化妆品的设计应该遵循以下原则。

(一)深层保湿

虽然促使皮肤衰老的因素有很多,但皮肤含水量的多少,是保持皮肤柔软和弹性、防止衰老的主要因素。水是皮肤最好的柔软剂,当角质层中含水量少于10%时,皮肤就会干枯脱屑甚至皲裂。可见,皮肤的老化,皱纹的出现,在一定的意义上讲,都与角质层含水量下降有着密不可分的关系。要想防止衰老,补充足够水分,并使其保持在皮肤上,是维持肌肤富有弹性和光泽的必要条件。因此,保湿剂是抗衰老产品中不可缺少的,应从各个方面保证对皮肤进行水分的供应,使皮肤处在良好的水化状态中。

甘油通常是首选的保湿剂,一是它的保湿功能显著,二是来源广泛,价格便宜。尿囊素也是一种极好的保湿剂,它可以促进皮肤保持水分,使皮肤光滑、有弹性,同时能够软化角蛋白,使皮肤柔软,不易产生皱纹。植物提取液中有许多具有良好的保湿滋润功能,芦荟便是其中之一。芦荟对人体有良好的营养与滋润作用,具有很强的保湿性,可加快皮肤的新陈代谢,减缓肌肤衰老,增加皮肤弹性,使之光泽丰满。同时芦荟还具有防晒的性能,可以增强肌肤抵御日光侵害的能力。另外,近代合成技术使原为细胞代谢产物的神经酰胺、类脂化合物可以被人工合成制造出来,这类物质可在角质细胞间建立高效双分子膜保水层。

(二)高效防晒

日光的照射是加速皮肤老化的重要原因。日光中的紫外线可使角质层变厚,皮质变硬,使弹力纤维变性,失去弹力功能,受紫外线照射的皮肤自由基增加,从而使皮肤加速老化。紫外线令肌肤衰老的速度远远大于人体皮肤自身的衰老过程,不适度的日晒是造成皮肤角化症、雀斑、皱纹和弹性组织变性的主要原因。另外,UVA 的辐射是有累积性的,若不注重儿童期的防护,40 岁时肌肤的老化现象就会过多地暴露出来。因此防日晒、防紫外线照射是抗衰老化妆品必备的功能。

高安全性高效防晒化妆品采用紫外光物理屏蔽剂和化学吸收剂，前者为不透光物质，通过反射、散射 UV 达到防晒作用；后者为透光物质，能吸收 UV，通过光化学、光物理作用，将入射的 UV 吸收后转化成分子振动能或热能。物理性屏蔽剂过多会有粉质厚重、不宜清洗的缺点，但它对 UVB 和 UVA 均有防护效能。化学性吸收剂虽然具有透明感，但若过多使用会给皮肤带来刺激性，尤其是 SPF 值高的产品。物理性屏蔽剂与化学吸收剂从使用上而言，具有互为补充、协同作战的优势，所以建议在选择上，最好选择 SPF 值在 20 左右的产品。

(三)清除自由基

从皮肤衰老的机理可以看出，皮肤衰老与体内抗氧化机能减弱、自由基增多有关。由于自由基从多方面对皮肤造成损伤，加速皮肤的衰老，因此清除自由基已成为抗衰老化妆品的研究热点。有许多产品采用酶型抗氧剂如 SOD 来达到清除自由基、抗衰老的目的。目前高效清除自由基的新材料层出不穷，一些非酶型抗氧剂，如维生素 E、维生素 C 及维生素 C 衍生物，含硒、锗等植物提取物，从中药中提取的皂苷、黄酮的多糖类物质等，均有良好的自由基清除效果，而且还能通过激活体内抗氧化酶的活性，来达到清除自由基、补充体内抗氧化系统能力的作用。对年轻的肌肤，它有增强抗氧化、清除自由基的能力；对老化肌肤，它具有修复、再生的作用。

需要注意的是，由于自由基的种类繁多，而且代谢过程非常复杂，单一自由基清除剂所发挥的作用比较有限，因此在选择清除自由基的原料时，应该从抗氧化网络的角度考虑，采用能清除不同自由基种类复合型抗氧剂效果更为明显。有研究表明，SOD、维生素 E、维生素 C 等单独使用虽然都能发挥对自由基的清除效果，但如果将它们配合作用,能够起到更加明显的增效作用。

(四)补充营养

皮肤的营养除了来自人体内部,还需要从外界不断地补充,提供皮肤新陈代谢所需要的养料,以加速皮肤的新陈代谢,补充由于肌肉老化而不能充分提供给皮肤的养分,使肌肤充满活力,延缓衰老,减少皱纹的生成。表皮中的粒细胞含有丝蛋白,它是起骨架作用的蛋白质,因此化妆品中添加含有丝氨酸的营养物质,有助于表皮细胞中蛋白质的营养和再生。真皮是合成皮肤细胞营养物质的基地,并为表皮的生理活动提供一定的能量,营养物质如骨胶原蛋白水解物、胎盘素、丝肽等添加剂是有效的;D-泛醇也是一种很好的营养剂,它能迅速渗透皮肤并使之润湿,能够刺激细胞繁殖,促进皮肤正常的角质化,使皮肤恢复青春活力。

(五)抑制蛋白酶活性,增加蛋白质的合成

皮肤由胶原蛋白、弹性蛋白组成,皮肤的状态取决于蛋白质的流失与皮肤中细胞合成蛋白的能力。弹性蛋白降解及降解后变性,会导致皮肤出现失去弹性、松弛、皱纹等衰老症状。所以延缓弹性蛋白的降解速度也是抗衰老化妆品设计的原则之一。具体说来,抗衰老化妆品应该努力做到抑制蛋白酶活性,减少蛋白质损耗,激活细胞增加蛋白质的合成水平。在化妆品中添加对细胞的生长、代谢起决定作用的蛋白质(胶原蛋白、弹性蛋白)、超氧化歧化酶和起调节作用的细胞生长因子(EGF、bFGF),对延缓衰老有重要的作用。增加细胞能量与活力的辅酶Q10也已被用于最新的化妆品中。

另外,天然动、植物如人参、芦荟、灵芝、沙棘、当归、鹿茸、蜂王浆等的提取物对人体具有多种营养功能,对皮肤具有防皱、恢复皮肤弹性、抗皮肤衰老的作用。这些物质也被广泛应用于化妆品的研制中。

二、抗衰老化妆品的配方实例

根据前面介绍的抗衰老的活性物质，并综合关于抗衰老化妆品的设计原则，设计一些抗衰老化妆品配方，见表 8-3～表 8-9。

表 8-3 配方 1（抗皱液）

组　分	含量（%，质量分数）	组　分	含量（%，质量分数）
硫酸钠	0.5	甘油	2.0
乙酸	10.0	防腐剂、香精	适量
L-乳酸	0.3	去离子水	加至 100.0
草酸钠	0.1		

表 8-4 配方 2（含 DNA 抗皱霜）

组　分	含量（%，质量分数）	组　分	含量（%，质量分数）
角鲨烷	10.0	胶体水合硅酸盐	0.5
辛基十二醇肉豆蔻酸酯	10.0	甘油	10.0
聚氧乙烯氢化蓖麻油	2.0	透明质酸钠	0.50
鲸蜡	5.0	DNA 钠盐	0.30
蜂蜡	5.0	去离子水	加至 100.0
二甲基硅氧烷	0.5		

表 8-5 配方 3（抗皱护肤霜）

组　分	含量（%，质量分数）	组　分	含量（%，质量分数）
十六醇	2.0	乳化石蜡	3.0
维生素 E 醋酸盐	0.25	防腐剂	1.0
胶原蛋白	0.5	$EDTA-Na_2$	0.1
ACP-1048	1.5	香精	适量
芦荟胶	1.0	去离子水	加至 100.0
Surfadone Lp-300（ISP）	0.1		

表 8-6　配方 4(抗皱凝胶)

组　　分	含量(%,质量分数)	组　　分	含量(%,质量分数)
TiO_2 胶体(10%固体)	2.0	乙醇	12.0
胎盘提取物	0.50	对羟基苯甲酸甲酯	0.10
甘油	8.0	去离子水	加至 100.0
透明质酸	0.01		

表 8-7　配方 5(抗衰老霜)

组　　分	含量(%,质量分数)	组　　分	含量(%,质量分数)
十六烷基糖苷	5.0	$dl-\alpha-V_E$	0.05
霍霍巴油	5.0	防腐剂、香精	适量
沙棘油	5.0	去离子水	加至 100.0
甜杏仁油	10.0		

表 8-8　配方 6(抗衰老合剂)

组　　分	含量(%,质量分数)	组　　分	含量(%,质量分数)
甲基硅烷醇甘露糖醛酸	42.25	微量元素锌	0.50
二甲基硅烷醇	42.25	甘草提取物/丙二醇/水	1.0
水解弹性蛋白	10.0	迷迭香精油	0.70
Black bryony 提取物	3.0	橙精油	0.30

表 8-9　配方 7

组　　分	含量(%,质量分数)	组　　分	含量(%,质量分数)
石蜡	8.0	甘油	3.0
花粉提取物	2.0	硬脂酸	1.5
羊毛脂	3.0	玫瑰香精	0.3
白凡士林	4.5	防腐剂	适量
十八醇	2.0	去离子水	加至 100.0

第四节　抗衰老化妆品的功效评价

目前,抗衰老化妆品的功效评价分为体外评价(in vitro)和人体评价(in vivo)两部分。

一、体外评价

(一)清除自由基能力的测定

根据自由基伤害理论,自由基过量产生是导致皮肤自然衰老和光致老化的主要原因。减少自由基的产生和清除老化代谢产物,提高抗氧化酶活性已成为目前延缓皮肤衰老的有效方法。因此,是否具有清除自由基的能力是评价抗衰老化妆品(原料)的重要指标之一。

1. 清除 DPPH 能力的测定

(1)测试原理。二苯代苦味酰基自由基(DPPH ,$C_{18}H_{12}N_5O_6$) 是一种很稳定的以氮为中心的自由基,若受试物能清除它,则表示受试物具有降低羟自由基、烷自由基或过氧自由基等自由基的有效浓度,打断脂质过氧化链反应的作用。DPPH 有个单电子,在 520nm 有强吸收,其乙醇水溶液呈深紫色,加入受试物后,在 520nm 利用分光光度法测定其清除 DPPH 而引起吸光度减少的情况。根据吸光度变化情况可推知受试物清除 DPPH 的能力。

(2)样品测定。

①向 10mL 试管中依次加入 4mL pH = 6. 88 标准磷酸盐缓冲溶液,4mL 0. 1777mmol/L DPPH 溶液,混匀。

②再加入待测样品溶液,蒸馏水补充体积至 10. 00mL 刻度,充分混匀。

③10min 后在 520nm 处测量吸光度。

④每组样品重复测定3次,取平均值。

(3)结果分析。

$$对 DPPH 自由基的清除率=(1-\frac{A_1-A_2}{A_3})\times 100\%$$

式中:A_1 为加抗氧剂反应后 DPPH 溶液的吸光度;A_2 为不加 DPPH,只加抗氧剂及水的溶液的吸光度;A_3 为不加抗氧剂,只加 DPPH 及水的溶液的吸光度。

2. 清除超氧阴离子能力的测定

(1)测试原理。邻苯三酚在碱性条件下自氧化产生高能活性氧 O_2^-,O_2^- 加速邻苯三酚自氧化速率,同时生成有色中间产物。有色产物在325nm有强烈的光吸收。由于自氧化速率依赖于 O_2^- 的浓度,清除 O_2^- 则抑制自氧化反应,阻止中间产物的积累,从而评价受试物清除 O_2^- 的能力。

(2)样品测定。

①受试物活性的测定:取 pH = 8.2 的 Tris—HCl—EDTA 缓冲液2.8mL于4mL离心管中。加入0.1mL受试物,再加入45mmol/L的邻苯三酚溶液0.1mL,在325nm处测吸光度值,记为 A_0,30min时再测,记为 A_{30}。

②空白的测定:取 Tris—HCl—EDTA 缓冲液2.8mL于4mL离心管中,加入邻苯三酚溶液0.1mL,再补入0.1mL水,在340nm处测得吸光度为 B_0,30min时再测,记为 B_{30}。

(3)结果分析。

$$受试物对超氧阴离子的清除率=\frac{(B_0-A_0)-(B_{30}-A_{30})}{B_0-A_0}\times 100\%$$

3. 清除羟自由基能力的测定

(1)测试原理。H_2O_2 和 Fe^{2+} 发生 Fenton 反应产生·OH。·OH容易进攻高电子云密度点,会与结晶紫中具有高电子云密度的—C =

C—基团发生亲电加成反应,从而使结晶紫褪色。通过对结晶紫吸光度值变化可间接测定出 · OH 的生成量。

(2)试验步骤。

①向 5mL 离心管中分别加入 0.5mL 0.4mmol/L 结晶紫,1.4mL 0.2mol/L、pH =7.4 的 PBS,0.5mL 1mmol/L $FeSO_4$,0.1mL 样品,最后加 0.5mL 6% H_2O_2。

②放置 1h 后测量其在 584nm 下的吸光度 A。

③用蒸馏水代替样品时的吸光度记为 A_1,用蒸馏水代替样品和 H_2O_2 时的吸光度记为 A_2。

(3)结果分析。

$$\text{羟基自由基抑制率} = \frac{1-(A_1-A)}{A_1-A_2} \times 100\%$$

(二)成纤维细胞体外增殖能力检测

1. 测试原理

目前细胞衰老研究多采用人二倍体成纤维细胞培养。所谓二倍体细胞培养,是培养的细胞始终维持二倍体生物学性状的培养方法。二倍体细胞来源于体内二倍体细胞,也即正常细胞的初代培养。初代培养细胞成功后能始终保持二倍体细胞性状,便成为二倍体细胞培养,二倍体细胞具有有限的增殖能力。研究表明,不同年龄皮肤成纤维细胞的复制寿限与供者的年龄呈负相关,供者年龄每增加一岁,其细胞的体外复制寿限降低 0.2 代。为了检测受试物对细胞衰老的影响,在细胞体外传代的培养液中加入一定浓度的受试物溶液,进行传代培养,记录各组传代的间隙天数。

2. 样品测定

(1)配制细胞分离液,将 0.25% 胰蛋白酶溶液与 0.02% EDTA 溶液等量混合。

(2)将单层培养的细胞用细胞分离液进行消化,使之成为1mL的细胞悬液。

(3)用Hanks液稀释成10mL,将细胞悬液调节成1×10^6个/mL密度,接种于培养瓶中,并将进行功效性评价的样品组和对照组分别以特定浓度加入培养基中。

(4)在CO_2培养箱中进行常规培养。每天每组取3瓶计数,计算平均值,连续计数7天。

3. 结果分析

用对数坐标系,以细胞浓度为纵坐标,天数为横坐标,绘制生长曲线。

二、人体评价

皮肤衰老外观上以色素失调、表面粗糙、皱纹形成和皮肤松弛为特征，可表现为皮肤色度、湿度、酸碱度、光泽度、粗糙度、油脂分泌量、含水量、弹性、皮肤和皮脂厚度，皱纹数量、长短及深浅等多种理化指标和综合指标的变化，因此通过比较抗衰老化妆品使用前后对皮肤衰老各方面的特征的影响，可以比较客观地评价抗衰老化妆品的功效。

(一)皮肤色素检测

老年性白斑、老年性黑子、黄褐斑等皮肤色素失调是皮肤衰老的重要表现,通过对皮肤色素量及分布的检测能够很好地反映皮肤光致老化的程度及受试物的作用效果。人类皮肤的颜色主要取决于人体皮肤中黑素和血红素(红色素)的含量,这里以德国Courage + Khazaka (CK)公司生产的皮肤黑素和血红素测试仪Mexameter MX 18为例进行介绍。

该仪器是基于光谱吸收的原理,通过测定特定波长的光照在人体

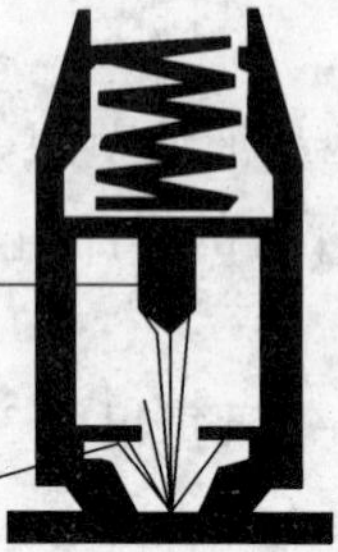

图 8－2　皮肤色素检测的工作原理

皮肤上产生的反射量来确定皮肤中黑素和血红素的含量。如图 8－2 所示，仪器探头的发射器发出波长分别为 568nm、660nm 和 880nm 三种波长的光照射在皮肤表面，接收器测得皮肤反射的光。发射器和接收器的位置保证了只有漫射光和散射光可以被测到，由于发射光的量是一定的，因此就可以测出被皮肤吸收的光的量。根据皮肤对不同波长光的吸收/反射的情况就可对皮肤的色素进行检测。

（二）皮肤弹性测试

皮肤弹性随皮肤衰老而降低，因此皮肤弹性是判断皮肤衰老的重要标志之一，是皮肤衰老检测必不可少的项目。测试方法见第六章第四节皮肤弹性测试方法。

（三）皮肤水分测试

水分是皮肤表皮角质层重要的塑形物质之一，皮肤衰老时表皮角质层变薄，角质层中天然保湿因子含量减少，皮肤水合能力降低，皮肤水分丧失增加，同时细胞皱缩，组织萎缩，出现组织学结构和形态学改变而使皮肤逐渐出现细小皱纹。随着皱纹的进一步增多和加深，使皮肤表面积也不断增大，加上表皮进一步变薄，水分丧失更加严重，皮肤衰老加重。通过对皮肤水分的测定，不仅可以直接了解皮肤表皮角质层的水分含量，也可以间接反映皮肤衰老的程度。测定方法见第六章第四节皮肤水分测试方法。

(四)皮肤酸碱度测试

皮肤酸碱度是由皮肤角质层中水溶性物质、排出的汗液、皮肤表面的水脂乳化物及皮肤呼吸作用所排出的二氧化碳等共同作用的结果。一般生理状态下,皮肤表面通常呈弱酸性,pH 值范围大约在 4.5~6.5 之间,这种微酸性的环境,对于维护皮肤正常的生理功能,防止微生物特别是病原微生物的侵袭具有较为重要的屏障防护作用,同时对外界环境中的酸或碱对皮肤的侵蚀也有一定的缓冲作用。随着年龄的增长,维持皮肤弱酸性的皮肤酸性物质生成减少,皮肤 pH 值呈上升趋势,逐渐丧失对外界酸碱变化的缓冲作用和皮肤防护作用。因此对皮肤酸碱度的测定,可以观测抗衰老化妆品延缓皮肤衰老的作用效果。

Skin - pH - Meter®　pH900 测试仪[德国 Courage + Khazaka(CK)公司生产]是通过一个玻璃电极和参比电极做成一体的特殊测试探头,顶端由一个半透膜构成,该半透膜将探头内部的缓冲液和外部被测皮肤表面所形成的被测溶液分开,但外部被测溶液中的氢离子却可以通过该半透膜,根据皮肤表面氢离子浓度的变化,即可测出皮肤表面的 pH 值。

(五)皮肤油脂测试

皮脂腺分泌的皮脂主要含有角鲨烯(12%)、蜡酯(25%)和甘油三酯(57%)及少量来自表皮的胆固醇酯,能够与汗腺分泌的汗液在皮肤表面形成一层乳状膜或水脂乳化物,对保持皮肤角质层的柔润、防止角质层正常水分的挥发、保持细胞组织的正常结构和形态特征有重要的生理作用。随着皮肤衰老,皮脂分泌下降,水脂乳化物形成减少,导致皮肤干燥、粗糙、无光泽等症状出现。因此,通过对皮肤表面皮脂的测定可初步判断皮肤衰老的状况。

Sebumeter®　SM810 测试仪[德国 Courage + Khazaka (CK) 公司

生产]基于光度计原理，用一种0.1mm厚的特殊消光胶带吸收人体皮肤上的油脂后，就会变成一种半透明的胶带，它的透光量就会发生变化，吸收的油脂越多，透光量就越大，这样就可以测量出皮肤油脂的含量。此测试仪最大的优点是测试探头体积小，使用方便，可测试皮肤的任何部位，这是一种油脂腺分泌物的间接测量法。

(六)皮肤皱纹的测定

皱纹形成是皮肤衰老的最重要特征，受遗传、内分泌等诸多内源性因素变化的影响，同时外源性因素如紫外线、吸烟等可明显加速、加重皱纹的形成。一般来说，从20岁左右开始，人体前额部即可出现皱纹，30~40岁时不断增多并逐渐加深加重，几乎与此同时在外眼角部出现鱼尾纹，接着围绕上下眼睑出现皱纹，向四周蔓延并随着年龄进一步增长，到50岁以后，由口至腭部的深度皱纹出现，以后皱纹遍布全身，形成更加典型的老化外貌。进行皮肤皱纹的测定，对于判断皮肤衰老程度十分重要。以德国Courage + Khazaka（CK）公司生产的皮肤皱纹测试仪SV600为例，测试时首先用硅氧烷液体制作硅氧烷膜片，得到被测者皮肤上一片特定形状的皮肤皱纹的反相复制品，即这个膜片上有皱纹的部位是凸起的，没有皱纹的部位是凹陷的。当一束特定波长的光线照到该膜片后，凸起的部位透光量小，凹陷的部位透光量大，根据透光量的多少，从而判断和量化皱纹的程度。测定时，膜片不同部位的光信号由CCD摄像镜头收集，通过光电及数字化处理可得到皮肤的三维图像，然后通过专用的软件进行分析，即可得到不同皮肤皱纹的相应参数。

第九章

防晒化妆品

日光是地球表面生物赖以生存的基本元素，然而，辐射到地球表面的日光除了可见光外，还有红外线和紫外线，其中，紫外线辐射对皮肤产生一系列生物损伤，直接影响人们的容颜美白，甚至威胁人体皮肤健康。尤其近年来，紫外线辐射引起的皮肤健康问题越来越突出，一方面，随着现代社会的发展，人们外出旅游休闲度假活动的兴起，户外活动的增加，皮肤暴露于紫外线的时间延长；另一方面，环境污染导致大气臭氧层被破坏，辐射到地球表面的紫外线越来越多。因此，关注皮肤健康，保护皮肤免受紫外线损伤在现代生活中越来越受到重视，不仅出现了大量专业防晒化妆品，而且，许多普通化妆品中也添加了防晒成分。因此，加强紫外线的防护研究，对防晒剂进行防晒功效评价已经成为日化工业和化妆品行业的热门研究领域。

第一节　皮肤防晒机制

一、皮肤的光生物损伤

适度的日光照射可以促进肌体新陈代谢，增强人的体质，可以使皮肤中的脱氧甾醇转化成维生素 D，从而有利于人体对钙和其他矿物质的吸收，预防小儿佝偻病和成人软骨病。但是，如长时间地将皮肤暴露于阳光下，带有巨大能量的紫外线将对皮肤产生一系列的生理损伤。

紫外线的波长范围为100～400nm，根据生物学效应，将其分为三个波段，即：长波紫外线（Ultraviolet A，UVA），波长320～400nm；中波紫外线（Ultraviolet B，UVB），波长290～320nm；短波紫外线（Ultraviolet C，UVC），波长100～290nm。阳光穿透大气到达地球表面，UVC和大部分UVB被大气臭氧层吸收；UVB透射能力较弱，只能到达皮肤表皮层，但对皮肤的损伤作用强；UVA可以透射到皮肤真皮层，辐射强度大，其辐射到皮肤表面的能量高达紫外线总能量的98%，对皮肤的损伤作用较UVB缓慢但具有累积性。

（一）晒红

晒红又称皮肤日光灼伤，是由紫外线照射而引起的一种急性光毒性反应，表现为皮肤出现红色斑疹，甚至出现水肿、水疱和脱皮反应，同时伴有灼热、灼痛等不适症状。根据紫外线照射后出现反应的时间分为即时性红斑和延迟性红斑，即时性红斑是由于大量紫外线照射引起的，一般在照射几分钟内出现微弱的红斑反应，数小时内很快消退。延迟性红斑是紫外线照射引起的主要生物学损伤，通常在照射4～6h后，皮肤出现红斑反应，并逐渐增强，通常红斑可持续数日，然后逐渐消退，继而引发脱屑和色素沉着。

从病理学角度讲，日光灼伤是由紫外线照射而引起的一种炎症，主要是由于紫外线照射皮肤后，使皮肤各层组织发生生理及病理变化，表皮基底层出现液化变性，棘细胞层部分细胞胞浆均匀一致，核皱缩；真皮乳头层毛细血管扩张，数量增多，血液内细胞成分增加，血管通透性增强，白细胞游出，液体渗出，最终导致毛细血管内皮损伤，血管周围出现淋巴细胞及多形核细胞浸润等炎症反应。不同波长紫外线的红斑效应不同，其中，UVB引起的日光灼伤最强，因此，UVB通常被称为红斑光谱或红斑区。

(二)晒黑

曾经一段时间,人们对日光对皮肤的影响有一种错误的认识,认为日光灼伤即晒红对皮肤有伤害作用,而晒黑是对皮肤有好处的,甚至认为皮肤越黑越健康。然而,随着皮肤科学和分子生物学的发展,人们认识到晒黑不仅使皮肤失去了白皙靓丽,而且给皮肤细胞带来一系列生理损伤,甚至诱发皮肤癌,因而,防晒黑也成为防晒化妆品的重要功效指标。

皮肤晒黑是指紫外线照射后引起的黑化现象,通常于照射后几分钟、几小时或数天后在照射部位出现弥漫性灰黑色色素沉着,色素可持续数小时、数天甚至数月。研究结果表明,紫外线辐射对黑素和黑素细胞有多方面的影响,既可以刺激黑素细胞增殖,使合成黑素和转运黑素体的功能增强,也可以促进酪氨酸酶的合成,还可以引起颜色较浅的黑素前体氧化为颜色较深的成熟黑素。总之,紫外线辐射诱导和刺激黑素细胞变化而导致色素沉着,引起皮肤黑化,在此过程中,UVA 是主要诱发因素,因而,UVA 通常被称为黑化光谱或晒黑区。

(三)光致老化

皮肤光致老化是指由于长期的日光照射导致的皮肤衰老现象,是由反复日晒而致的累积性损伤。临床表现为皮肤粗糙肥厚,皮沟加深,斑驳状色素沉着等症状。光致老化的分子机制是因为紫外线照射使皮肤真皮中弹力纤维变形、增粗和分叉,从而导致皮肤松弛无弹性;紫外线照射还影响胶原纤维的成分和结构,使皮肤出现松弛和皱纹;氨基多糖和蛋白多糖是皮肤真皮基质中的重要成分,如透明质酸,可以结合大量水分,起到滋润和养护皮肤的作用,紫外线照射可使氨基多糖裂解,可溶性增加,影响其结构和功能,最终导致皮肤干燥、松弛、无弹性。

(四)光敏感性皮肤病

许多皮肤病可造成皮肤对紫外线照射的敏感性增强,临床表现以光损害为主,或者光照后可使病情加重,如多形性日光疹、慢性光化性皮炎、卟啉病、烟酸缺乏疹等。某些遗传性皮肤病可导致或加重皮肤光致老化的发生,如先天性色素异常症、先天性皮肤异色症、先天性角化不良等。

紫外线对皮肤的伤害除了以上几方面外,对人体的其他器官和系统也有较深的影响,如对眼睛有直接的损伤作用,对免疫系统的生物学功能也有一系列的影响。此外,紫外辐射还影响细胞分裂,破坏DNA、RNA和蛋白质结构,从而诱发皮肤癌。

(五)不同皮肤类型对紫外线辐射的反应

人类皮肤对紫外线照射的反应性受遗传因素和后天环境共同影响,每个健康人的皮肤对外界的刺激的敏感性常有较大的差别,不同皮肤类型的人对紫外线敏感性和色素的响应是不同的。根据皮肤受日光照射后是出现红斑还是出现以色素沉着为主的变化,健康人的皮肤分为六种类型,见表9-1。

表9-1 日光反应性皮肤类型

皮肤类型	不裸露臂部皮肤	对紫外线敏感性和色素的响应	UVB MED(MJ/cm^2)
Ⅰ	白色	总容易晒伤,晒黑淡或不晒黑	20~30
Ⅱ	白色	总容易晒伤,轻度晒黑	25~35
Ⅲ	白色	通常中等程度晒伤,中等程度晒黑	30~50

续表

皮肤类型	不裸露臂部皮肤	对紫外线敏感性和色素的响应	UVB MED(MJ/cm^2)
Ⅳ	浅棕色	轻度晒伤,表现出IPD,易晒黑	50~75
Ⅴ	棕色	难晒伤或很少晒伤,表现出直接色素黑化,深晒黑	60~90
Ⅵ	棕色或黑色	不敏感,绝不会晒伤,深晒黑	100~200

注　MED为最小红斑量。

日晒红斑和日晒黑化是皮肤对紫外线照射产生的两种不同的生物效应,Ⅰ~Ⅲ型皮肤日晒后易出现红斑,反映的是对紫外线红斑效应的敏感性;Ⅳ~Ⅵ型皮肤日晒后易出现黑化,反映的是对紫外线色素效应的敏感性。人类的皮肤类型和皮肤的色素有一定关系,但不能根据肤色深浅简单划分,例如白种人可能以Ⅰ、Ⅱ、Ⅲ型皮肤类型为主,但也有少数Ⅳ、Ⅴ型的皮肤;有色人种可能Ⅳ、Ⅴ、Ⅵ型的皮肤较多,但也有Ⅰ、Ⅱ、Ⅲ型的皮肤。

二、皮肤对紫外线损伤的防护机制

(一)皮肤各层对紫外线的反射

所谓反射是指光线从一种介质投射到另一种介质表面时,光线一部分返回到原来介质中的现象。一切光线的反射均遵守反射定律,即光线投射到物体上时,入射角等于反射角,入射线和反射线在同一平面上。反射出来的光能量与投射到该介质上的光能量之比为反射系数,对一个光滑的平面来讲,影响反射系数的因素有两个:一是光线的波长,二是投射面的性质。波长越短,反射系数越小;波长越长,反射系数越大。就人体皮肤而言,对于波长为220~300nm的中、短波紫外线,平均反射约为5%~8%,对于400nm的长波紫外线,反射约为20%。

除了波长以外，人类皮肤的色泽也影响紫外线的反射。如白种人皮肤对320～400nm的紫外线反射可高达30%～40%，而黑种人皮肤反射的只有16%左右。但白种人皮肤反射的也大多是长波紫外线，对中短波紫外线，由于皮肤表层能强烈吸收，因此黑、白人种对这部分光线的反射差异不大。

（二）皮肤各层对紫外线的散射

散射是指光线通过不均匀媒介时，一部分光线向各个方向发射的现象。散射主要由直径小于光波波长1/10的颗粒物质引起，根据分子散射定律，散射强度与波长的四次方成反比，因此波长越短，散射就越显著，波长越长，散射越微弱。人的皮肤由多层组织细胞构成，从外向内依次为扁平的角质层、透明层、颗粒层，然后是多角形细胞组成的棘细胞层，最后是间杂有黑素细胞的基底细胞层。上述组织细胞中含有大量颗粒如黑素颗粒、透明角质颗粒、张力丝、聚纤素等，也含有丰富的脱氧核糖核酸分子，这些成分均按分子散射定律将紫外线散射。由于散射的存在，一方面影响了光线的进入程度，另一方面也明显减弱了光线对皮肤的伤害作用。

（三）皮肤各层对紫外线的吸收

在皮肤的角质层，吸收紫外线的主要成分有角蛋白、尿苷酸等，覆盖皮肤表面的脂质和汗液（脂化膜）对紫外线也有一定的吸收作用；在表皮的棘细胞层和基底细胞层，吸收紫外线的物质主要是大量的核酸分子和核蛋白，大小和密度各不相同的黑素颗粒，芳香族氨基酸如色氨酸、酪氨酸等以及小分子肽、胆固醇和磷脂等；在皮肤的真皮层仍然有上述核酸、蛋白和氨基酸成分，除此以外，结缔组织中的弹力纤维、胶原纤维，血管中的血红素，组织中的胆红素，脂肪中的胡萝卜素等也能吸收紫外线。

短波和中波紫外线绝大部分被角质层和棘细胞层吸收，这是由于这两层含有丰富的核酸和蛋白质，前者对紫外线的最大吸收波长为250～270nm，后者为270～300nm，因此，紫外线经过这两层时就被其中的物质基本吸收。长波紫外线可到达真皮层。根据格罗塞斯—德雷柏定律，光线只有被吸收才能引起各种效应，由于紫外线主要在表皮和真皮浅层吸收，所以其光化学及光生物效应也主要在这些浅层组织中发生。

第二节　常用的防晒剂

一、紫外线屏蔽剂

紫外线屏蔽剂即物理防晒剂，是通过反射及散射紫外线对皮肤起保护作用，主要为无机粒子，典型代表为二氧化钛（Titanium dioxide）、氧化锌粒子（Zinc oxide）。这类防晒剂虽然容易在皮肤表面沉积成厚的白色层，影响皮脂腺和汗腺的分泌，但安全性、稳定性较好。美国FDA在1999年将二氧化钛列为其批准使用的第一类防晒剂，最高配方用量可高达25%。

超细二氧化钛、氧化锌除对UVB有良好的散射功能外，对UVA也有一定的滤除作用，目前日本已成功地合成出一系列UVA型二氧化钛屏蔽剂。尤其是超细氧化锌被认为是可得到的透明防晒剂中最为广谱的品种，最大紫外线滤除波长为370nm左右。虽然微粒化的氧化锌、二氧化钛可以高效屏蔽紫外线，且透明性好、安全性好，但存在易凝聚、分散性差，难以配合到化妆品中等一系列问题。采用表面改性化处理可以改善其分散性差的问题。日本专利中以氧化锌、硫酸锌等为原料合成了紫外线吸收性薄片状粒子，应用在化妆品中，表现出良好的透明性及分散性，而且在

363nm 处有较高的紫外吸收。

二、紫外线吸收剂

（一）对氨基苯甲酸（Para-aminobenzoic acid）及其酯类

简称为 PABA 类，是 UVB 紫外线吸收剂。常用的对氨基苯甲酸酯类有六种：对氨基苯甲酸（PABA）、对氨基苯甲酸甘油酯（Glyceryl PABA）、*N*,*N*－二甲基对氨基苯甲酸戊酯（*N*,*N*－Dimethyl PABA amyl ester）、乙基－4－双（羟丙基）氨基苯甲酸酯[Ethyl－4－bis（hydroxy propyl）amino benzoate]、聚氧乙烯－4－氨基苯甲酸酯（Ethoxylated－4－amino benzoic acid）、*N*,*N*－二甲基对氨基苯甲酸辛酯（*N*,*N*－Dimethyl PABA octyl ester）。

这类分子与水或极性溶剂分子的缔合，能增加它们在水中的溶解度，而过于易溶于水，使产品的耐水性降低。氢键的作用增强了溶剂对吸收波长的影响，使最大吸收波长向短波方向移动，从而影响防晒剂的效率。此外，羧基和氨基对 pH 值变化敏感，游离胺也倾向于在空气中氧化，引起颜色的变化。

这是一类最早使用的紫外线吸收剂（UVB 区），其不足之处是对皮肤有刺激性。后又进行改进，使用它的同系物对二甲氨基苯甲酸酯类，作为紫外线吸收剂用于防止紫外线红斑、皮炎的防晒化妆品中。近年来，这类紫外线吸收剂已较少使用，甚至有些防晒制品还声明不含“PABA”。

（二）水杨酸酯类及其衍生物（Salicylates and its derivatives）

它作为 UVB 区的吸收剂，缺点是吸收率太小，但价格较低，故可与其他紫外线吸收剂复配使用，是目前国内常用的一类防晒剂。水杨酸酯类是一组邻位取代的化合物，其空间排列使其分子内可形成氢键，在 300nm 附近有 UV 吸收峰。

尽管水杨酸酯类对UV吸收较弱，但有较好的安全性，较易添加于化妆品配方中，产品外观好，具有稳定、润滑、水不溶性等性能。此外，水杨酸酯类也是一些不溶性化妆品组分的增溶剂，例如水杨酸辛酯常用于2－羟基－4－甲氧基二苯酮的增溶。

水溶性的水杨酸盐类对皮肤亲和性较好，对防晒制品的SPF（防晒指数）有增强作用，并可用于发类制品。

（三）邻氨基苯甲酸酯类（Anthranilate）

这是一类UVA区的吸收剂，有防晒黑作用，价格低廉，但吸收率低，存在与PABA类似的对皮肤有刺激性等不足。近年来，消费者对UVA范围辐射的危险性更加关心，皮肤学家的研究结果已证实，必需防护320～400nm范围的辐射，以防止皮肤产生红斑和由于紫外线对皮肤的长期作用而出现的皮肤老化和皱裂，甚至引起皮肤癌。因此，研制高SPF值、防护UVA和对皮肤作用温和的紫外线吸收剂，成为化妆品厂家的开发方向。邻氨基苯甲酸薄荷酯为这类防晒剂中的较佳选择。邻氨基苯甲酸薄荷酯是液体，易溶于化妆品中的油类，也容易被乳化，稳定性高，λ_{max}为338nm，不易受溶剂影响，气味低。它与对甲氧基肉桂酸异辛酯配伍使用，可提高SPF值，并具有防UVA作用，效果较理想。与2－羟基－4－甲氧基二苯酮配伍，有增溶作用，可防止结晶从制品析出。

（四）二苯酮及其衍生物（Benzophenones and its derivatives）

这类紫外线吸收剂对UVB区和UVA区的辐射都能吸收，但吸收率稍差。此类产品对光、热稳定，耐氧化性稍差，需加抗氧剂，但渗透性强。这类化合物中应用最广泛的是羟甲氧苯酮。

二苯酮类紫外线吸收剂在应用上还存在一些缺点：首先，由于二苯酮类是芳香酮，与酯类不同，酯能在体内被水解，产生的副产物能在体内新陈代谢(一种解毒方式),而芳香酮没有类似的过程。其次,这类化合物都是固体,在化妆品配方中较难处理和增溶。此外,这类化合物的最大吸收峰在330nm以下,只是刚进入UVA区。在不同溶剂中,有些二苯酮表现出较大的λ_{max}的位移,例如二羟甲氧苯酮在极性溶剂中λ_{max}为326nm,在非极性溶剂中λ_{max}为352nm。

(五)对甲氧基肉桂酸类(*p* – Methoxycinnamate)

它是UVB区良好的紫外线吸收剂,效果良好。这类化合物在欧洲很盛行,如德国BASF、Givaudan公司的产品甲基肉桂酸辛酯(CTFA定名为Octyl Methoxycinnamate),其商品名为Parsol MCX,λ_{max}为310nm,是浅黄轻质油状液体,沸点198～200℃,凝固点－25℃,在甲酸中最大溶解度为10%。

(六)甲烷衍生物(Methanes derivatives)

它是一类高效UVA区紫外线吸收剂,能制成高SPF值的防晒剂,如德国Givandan公司研制出的产品商品名为Parsol 1789,为微黄色略具有香气晶粒,其主要功用为防晒黑,λ_{max}为357nm,紫外线吸收带为332～385nm,SPF值与其用量有递增关系,可达9～10。该原料在光照射下容易降解,使用时需与其他防晒剂配合使用。另外,不能添加释放甲醛的防腐剂,否则产品会变色。

(七)樟脑类衍生物(Camphor derivatives)

这类紫外线吸收剂常用于防晒黑制品中,它们储藏稳定,不刺激皮肤,无光致敏性,毒性小,其稳定性和化学惰性也较好,但皮肤吸收能力弱,多以复配形式加入到防晒化妆品中。如将Parsol MCX与Parsol 1789按1∶1比例复配,这时有两个吸收紫外线高波峰,既能防晒伤,又能防晒黑,是较理想的紫外线吸收剂。

(八)其他类型的紫外线吸收剂

1. 3,4－二羟基－5－(3′,4′,5′－三羟基苯甲酰氧基)苯甲酸三油酸酯[3,4－dihydroxy (3′,4′,5′－trihydroxy dibenzoy) methane benzoate trioleate]

此化合物又称为二棓酰三油酸酯,在我国、美国和欧共体都批准使用,λ_{max} =283nm。GB 7916—1987 规定化妆品中最大允许质量分数为4%(美国 FOA－OTC 规定为2%～5%)。

2. 2－羟基－1,4－萘醌和二羟基丙酮的混合物

在此混合物中二羟基丙酮用作人工晒黑的加速剂,2－羟基－1,4－萘醌用作 UV 吸收剂。美国 FDA－OTC 批准使用为 3% 质量分数。

三、天然防晒剂

天然防晒剂也叫生物防晒剂,一些生物活性物质能够清除或减少紫外线辐射造成的活性氧自由基,从而阻止或减少皮肤组织损伤,促进日晒后修复,是一种间接防晒作用。

天然防晒剂包括维生素及其衍生物,如维生素 C、维生素 E、β－胡萝卜素、烟酰胺等;抗氧剂,如超氧化物歧化酶(SOD)、辅酶 Q、谷胱甘肽、金属硫蛋白(MT)等。有些植物提取物,如芦荟、红景天、甘草、燕麦等提取物,具有良好的抵御紫外线功效,它们防晒的生物学机理比较复杂。一方面,这些植物中含有能吸收紫外线的化学成分,其提取液也具有防晒性,另一方面,这些植物提取物能够清除或减少紫外线辐射造成的活性氧自由基,从而阻止或减少皮肤组织损伤,促进日晒后修复,而且对皮肤的安全性好,不会引起肌肤的不良反应。因此,天然防晒剂越来越受到化妆品公司和用户的青睐。

第三节　防晒化妆品的设计原则及配方实例

一、防晒化妆品的设计原则

(一)防晒化妆品配方设计应考虑的因素

防晒化妆品的配方设计应考虑的因素包括下列几个方面。

(1)产品的目标 SPF 值和目标防护波段。根据市场需要和产品的适用环境来确定产品的目标 SPF 值。根据产品的目的和用途,确定需要防护的紫外线波段是 UVB,还是 UVB/UVA。一般的 SPF 值是对于 UVB 而言的,近年来也开始关注对于 UVA 的防护。

(2)产品的目标人群。根据产品主要销售对象确定防晒剂的类型和用量。对于皮肤易过敏的人群,不应使用对皮肤有刺激的防晒剂。

(3)产品的目标成本。防晒剂价格昂贵,所以一般情况下,SPF 值越高,产品的成本越高,反映在产品的售价上,也就是价格越高。因此,应根据产品的目标人群的经济能力确定产品的目标成本和售价。

(4)耐水和防水性。根据产品的适用环境,确定产品的耐水和防水性,以此来确定产品的剂型和配方组成。

(二)防晒化妆品的剂型

目前,市场上的防晒产品有乳液、膏霜、油、凝胶、棒、气雾剂等多种形式。

1. 防晒油

防晒油是最早的防晒产品形式,其优点是制备工艺简单,产品防水性较好，易涂展；缺点是油膜较薄且不连续，难以达到较高的防晒效果。另外，配方中一些非极性油会使防晒剂的吸收峰向短波方向位移，从而会影响产品的防护性能。

2. 防晒棒

防晒棒是一种较新的剂型，其主要成分是油和蜡，配方也可掺入一些无机防晒剂，该产品携带方便，耐水、耐汗，防晒效果优于防晒油，但不适于大面积涂用。

3. 防晒凝胶

防晒凝胶多为水溶性凝胶，肤感清爽、不油腻，但配方中必须使用水溶性防晒剂，油性防晒剂较难加到配方中，使可用的防晒剂受限制较多，防晒效果不明显。另外，这种剂型耐水、防水和耐汗性较差，又由于配方中表面活性剂含量较高，刺激性较大。

4. 膏霜和乳液

目前市场上使用最多的防晒品载体是乳化体。其优点是所有类型的防晒剂均可配入产品，且加入量较少受限制，因此可得到更高 SPF 值的产品；易于涂展，且肤感不油腻，可在皮肤表面形成均匀的、有一定厚度的防晒剂的膜；可制成抗水性产品。其缺点是制备稳定的乳液有时较困难，乳液基质适于微生物的生长，易变质腐败。

5. 防晒水

防晒水是一种醇、水型液体，其中添加水活性紫外线吸收剂和其他滋润皮肤成分，其使用方便，感觉清爽，但耐水性差。

6. 防晒摩丝

防晒摩丝由于泡沫量高而产品密度小，与同样重量的防晒产品相比，它涂抹面积要大得多，也更容易涂抹，并无油腻感，使用时摩丝中抛射剂蒸发所带来的凉爽感觉，更适合人们在炎热的夏天使用。这类喷射防晒化妆品具有良好的发展前景。

(三)防晒化妆品配方组成

1. 防晒剂

防晒剂的选择是防晒化妆品配方的核心所在,对防晒产品的性能具有决定性的影响。防晒剂的种类很多,如上一节所述,大体可分为两类,即化学性紫外线吸收剂和物理性紫外线屏蔽剂。

化学性防晒剂包括化学合成紫外线吸收剂和天然紫外线吸收剂。化学合成紫外吸收剂,因其具有品种多、产量大、吸收能力强的优点而被广泛使用。紫外吸收剂必须具有安全性高、稳定性好、配伍性好、对其他组分具有惰性及成本低等特点。常用的防晒剂包括甲氧基肉桂酸辛酯、二甲基对氨基苯甲酸辛酯、二苯甲酮-4、二苯甲酮-3、辛基二甲基PABA、水杨酸辛酯、丁基甲氧基二苯甲酰甲烷(Parsol 1789)等。其中甲氧基肉桂酸辛酯、二甲基对氨基苯甲酸辛酯是较理想的防晒剂,两者对UVB有很强的吸收,且不溶于水,经皮肤吸收很少,在皮肤停留形成的气味很弱,且不会使乳液变色。

近年来,开始使用TiO_2和ZnO等物理防晒剂,当日光照射到这类物质时,它使紫外线散射,从而阻止了紫外线的射入。这类粉体经表面处理后较易加入防晒产品,形成稳定的乳化剂,对UVA也有较强的散射作用,可单独或与其他防晒剂复配使用,化学惰性,使用安全。

近年来,防晒剂复配使用已成为配方研究的重点,包括UVB防晒剂与UVA防晒剂之间的复合,也包括有机吸收剂和无机散射剂之间的复合。

2. 基质配方

防晒化妆品的基质对产品的性能有着重要的影响。一般含醇基质在皮肤上所形成的膜较薄,光易透过,本身的紫外线防护作用差;乳液在皮肤上蒸发后成膜,一些残留组分会散射通过膜的光,减弱入射光的强度,从而增加了整个产品的防晒能力。由于配方的差异,其基质自身的防护作用及对防晒剂性能发挥的影响是不同的。现以乳液为例介绍配方组分的选择。

(1)油相原料。通常,油相原料会对防晒剂在皮肤上的涂展与渗透产生影响,选择铺展性好的油脂作为防晒剂的载体,可有助于防晒剂在皮肤上均匀分散,而使用渗透性强的油脂与防晒剂相溶,可以使防晒剂固定在上皮层成为可能。以上两点均有助于产品防晒能力的提高。

对散射型防晒剂来说,选择适宜的基质,同样重要。无机粉体的折射率与光的散射有很大关系,因此在使用二氧化钛、氧化锌等无机散射剂的同时,考虑在配方中选用折射率小的基质原料较为合适。

硅酮是一种良好的亲酯体载体,也是无机散射剂的分散助剂,其在皮肤上形成的膜牢固度高,抗水性强,可较好地提高配方的SPF值。

(2)乳化剂。乳化剂的选择、使用是形成稳定乳液体系的关键,对乳液的结构与性质具有重要影响,而乳液的成膜强度、均匀性、铺展性、耐水性、渗透性等性质都直接影响产品的防晒性能。

在选择乳化剂时,还应考虑以下几点:

①优先选择非离子型乳化剂,因为选用安全性较高的非离子型乳化剂,可提高整个防晒制品的皮肤安全性。

②使用最少量的乳化剂,既可增加产品的安全性,降低成本,又可以防止在水存在下发生过乳化作用而造成防晒剂的损失。

③聚氧乙烯型乳化剂在阳光和氧的存在下发生自氧化作用,产生对皮肤有害的自由基,所以配方中应少用此类型的乳化剂。

④减少高 HLB 值乳化剂,以提高产品的抗水性。

(3)成膜剂。为了获得较高 SPF 值,防晒制品必须沉积在皮肤表面,并形成一层均匀的、厚的耐水防晒剂层。一些成膜剂有助于达到这个目的。这类聚合物包括 PVP/20(碳)烯共聚物、丙烯酸盐/叔辛基丙烯酰胺共聚物和亲油性的季铵化十二烷基纤维素醚等。丙烯酸盐/叔辛基丙烯酰胺共聚物等为疏水性,是有效封闭剂,可减少水分透过皮肤的损失,有调理作用和定香作用,最适用于防水性防晒产品,特别适合于以 TiO_2 为基质的防晒霜。

(4)配方的抗水性。为获得较高的 SPF 值,防晒制品必须沉积在皮肤上形成较厚而坚固的耐水性防晒剂层。为使产品具有抗水性,在配方设计时,多从以下几方面采取措施。

①多采用非水溶性防晒剂。

②使用抗水剂,如一些防水树脂、成膜剂等。

③增加油相在配方中的比例。

④减少亲水性乳化剂的用量。

⑤采用 W/O 型乳化体系。

二、防晒化妆品的配方实例

(一)防晒霜(膏)

防晒霜(膏)配方实例见表 9-2 ~ 表 9-16。

表 9-2　配方 1(耐水防晒膏 SPF 34)

组	分	含量(%,质量分数)
A	硬脂酸	4.0
	十六醇	1.0
	DEA-十六醇磷酸酯	2.0
	PVP/二十烯共聚物	3.0
	二甲基硅氧烷	0.5
	对甲氧基肉桂酸辛酯	7.5
	4-羟基-4′-甲氧基二苯甲酮	6.0
	水杨酸辛酯	5.0
	辛基十二烷基新戊酸酯	10.0

续表

组　　分		含量(%,质量分数)
B	去离子水	约53.9
	甘油	5.0
C	Carbopol 940	0.1
	去离子水	0.9
D	三乙醇胺	0.1
	香精、防腐剂	适量

表9-3　配方2(防晒霜 O/W 型)

组　　分		含量(%,质量分数)
A	SF-9033 硅凝胶	1.0
	十六醇	1.0
	硬脂酸	1.0
	PEG(1540)	1.0
	Span-60	0.5
	二甲基硅油	0.5
	肉豆蔻酸异丙酯	2.0
	卵磷脂	1.0
B	去离子水	约78.25
	Carbopol 940	0.2
	EDTA-Na_2	0.05
	防腐剂	适量
C	聚二甲基硅油	4.5
	十甲基环五硅氧烷	2.0
	Uvinul T-150	2.0
	Uvinul MC80	4.0
	三乙醇胺	1.0

表9-4 配方3(耐水防晒膏 SPF 30)

组分		含量(%,质量分数)
A	肉豆蔻酸异丙酯	7.0
	辛基二甲基对氨基苯甲酸酯	8.0
	甲氧基肉桂酸辛酯	7.5
	4-羟基-4′-甲氧基二苯甲酮	5.0
	邻氨基苯甲酸薄荷酯	5.0
	硬脂酸	3.0
	硬脂酸单甘酯	4.0
	十六醇	1.0
	PEG-40 硬脂酸酯	1.5
B	黄原胶	0.3
	DEA-十六醇磷酸酯	8.0
	甘油	3.5
	去离子水	约46.2
C	香精、防腐剂	适量

表9-5 配方4(防晒霜 W/O 型)

组分		含量(%,质量分数)
A	微晶蜡	1.0
	白油	10.0
	石蜡	5.0
	凡士林	2.0
	羊毛脂	3.0
	肉豆蔻酸异丙酯	10.0
	失水山梨糖醇倍半油酸	1.5
	Escalol 557	5.0
	Escalol 567	2.0

续表

组分		含量(%,质量分数)
B	甘油	5.0
	防腐剂、香精	适量
	去离子水	约55.5

表9-6 配方5(防水防晒霜)

组分	含量(%,质量分数)	组分	含量(%,质量分数)
二甲基对氨基苯甲酸辛酯	8.0	聚二甲基硅氧烷	1.0
水杨酸辛酯	5.0	硬脂酸	6.0
对甲氧基肉桂酸辛酯	7.5	月桂酸胺基丙基二甲胺	2.0
二苯甲酮-3	4.0	丙烯酸共聚物	0.2
棕榈酸辛酯	3.0	去离子水	约56.6
鲸蜡醇	2.0	Carbopol 941	0.2
聚乙二醇(40)硬脂酸酯	1.0	三乙醇胺(99%)	1.5
硬脂酸甘油酯	2.0	防腐剂、香精	适量

表9-7 配方6(防晒膏 SPF 25)

组分		含量(%,质量分数)
A	二甲基对氨基苯甲酸辛酯	8.0
	4-羟基-4′-甲氧基二苯甲酮	5.0
	甲氧基肉桂酸辛酯	6.0
	环状二甲基硅氧烷	10.0
	硬脂酸单甘酯 SE	5.0
	苯基二甲基二苯甲酮	2.0

续表

组分		含量(%,质量分数)
A	十六-十八醇、十六-十八醇醚	2.0
	十六醇	1.0
	棕榈酸辛酯	10.0
B	对甲氧基肉桂酸二乙醇胺	8.0
	甘油	5.0
	二氧化钛	3.0
	黄原胶	0.2
	羟乙基纤维素	0.1
	去离子水	约34.7
C	香精、防腐剂	适量

表9-8 配方7(耐水W/O型防晒膏SPF 10~12)

组分		含量(%,质量分数)
A	白油、羊毛醇	5.0
	棕榈酸异丙酯	10.0
	蜂蜡	8.0
	失水山梨醇倍半油酸酯	2.0
	白油	25.0
	甲氧基肉桂酸辛酯	6.0
	4-羟基-4′-甲氧基二苯甲酮	4.0
B	蜂蜡	0.4
	丙二醇	5.0
	防腐剂	适量
	去离子水	约34.6
C	香精	适量

表 9－9　配方 8(防晒霜 SPF 15)

组　分	含量(%,质量分数)	组　分	含量(%,质量分数)
硬脂酸钠	0.3	硬脂酸甘油酯	1.0
芦荟胶	2.0	聚二甲基硅氧烷	6.0
防腐剂	0.5	三乙醇胺	1.9
肉豆蔻酸异丙酯	2.0	Dow Corning Q_2 －1401	3.0
Uvinul MC80	7.5	聚甘油基甲基丙烯酸酯、丙二醇和 PVM/MA	7.0
Uvinul M40	4.0		
硬脂酸	4.5	去离子水	加至 100.0
硬脂酸乙二醇酯	3.0		

表 9－10　配方 9(植物防晒膏)

组　分	含量(%,质量分数)	组　分	含量(%,质量分数)
单硬脂酸甘油酯	6.0	芦丁提取液	2.0
十八醇	10.0	KSH 天然防晒剂	0.01
硬脂酸	18.0	十二烷基硫酸钠	1.0
凡士林	2.0	维生素 C 衍生物	0.2
维生素 E 醋酸酯	2.0	硼砂	3.0
甘油	4.0	防腐剂	适量
超微氧化锌	2.5	去离子水	加至 100.0

表 9－11　配方 10(高 SPF 防晒霜)

组　分		含量(%,质量分数)
A	十六烷基葡糖苷	5.0
	三庚酸甘油酯	10.0
	聚二甲基硅氧烷	10.0
	Uvinul M40	4.0

续表

组	分	含量(%,质量分数)
A	Uvinul MC80	6.0
	超细钛白粉	10.0
B	去离子水	约54.8
C	Sepigel 305	0.2
D	防腐剂、香精	适量

表9-12　配方11(天然物理O/W型防晒膏)

组　分	含量(%,质量分数)	组　分	含量(%,质量分数)
Arlamol HD	5.0	甘油	4.0
Arlamol S7	4.0	汉生胶	0.1
白油	10.0	$EDTA-Na_2$	0.1
硬脂醇	2.0	防腐剂	适量
维生素E醋酸酯	1.0	山梨醇	0.2
超细钛白粉水分散液	12.5	去离子水	加至100.0
Arlatone 2121	5.5		

表9-13　配方12(防晒霜)

组　分	含量(%,质量分数)	组　分	含量(%,质量分数)
十六醇	5.0	*N*-[2-羟基-2(4-羟苯基)乙基]苯甲酰胺	5.0
凡士林	10.0		
橄榄油	15.0	二氧化钛	5.0
液体石蜡	5.0	聚乙二醇	5.0
微晶硅	5.0	分散剂	适量
甘油单硬脂酸酯	2.0	去离子水	约41.0
Tween-60	2.0		

表 9-14　配方 13(防晒霜)

组　分	含量(%,质量分数)	组　分	含量(%,质量分数)
硬脂酸	2.0	甘油单硬脂酸酯	2.0
十八醇	7.0	硫胺素	0.1
还原羊毛脂	2.0	丙二醇	5.0
角鲨烷	5.0	防腐剂、香精、抗氧剂	适量
辛基十二醇	6.0	去离子水	加至 100.0
十六烷基聚氧乙烯醚	3.0		

表 9-15　配方 14(防晒霜)

组　分	含量(%,质量分数)	组　分	含量(%,质量分数)
5-苯基-2-甲基戊烷-3,5-二酮	4.0	对羟基苯甲酸丁酯	0.05
硬脂酸	3.5	香精	0.2
十六醇	2.0	丙基乙二醇	10.0
蜂蜡	3.5	三乙醇胺	10.0
液体石蜡	12.0	硼砂	0.5
甲基苯基硅氧烷	4.0	对羟基苯甲酸甲酯	0.05
橄榄油	14.0	二氧化钛	2.0
聚氧乙烯失水山梨醇单硬脂酸酯	0.5	去离子水	加至 100.0

表 9-16　配方 15

组　分		含量(%,质量分数)
A	白油	35.0
	蜂蜡	12.0
	地蜡	2.0

续表

组分		含量(%,质量分数)
A	白凡士林	10.0
	单硬脂酸甘油酯	5.0
	对氨基苯甲酸薄荷酯	4.0
B	硼砂	1.0
	黄芩提取液	0.5
	去离子水	约30.5
C	防腐剂、色素、玫瑰香精	适量

组分A为油相原料,组分B为水相原料,将油相原料混合加热至80℃。将硼砂、黄芩提取液溶于去离子水中,加热至沸,然后降温到80℃。在搅拌下将水相物质徐徐加入油相中充分搅匀,使其乳化,冷至45℃时加入香精、色素、防腐剂,冷至室温即得成品。本品的防晒作用强,且吸湿性好,是护肤佳品。

(二)防晒乳液

防晒乳液配方实例见表9-17~表9-27。

表9-17 配方1(防晒乳液)

组分		含量(%,质量分数)
A	二甲基对羟基苯甲酸辛酯	5.0
	甲氧基肉桂酸辛酯	7.0
	辛三嗪	1.5
	微米级二氧化钛	3.0
	丙烯酸酯—C_{10} ~ C_{30}烷基丙烯酸酯交联聚合物	0.4

续表

组　　分		含量(%,质量分数)
B	羟乙基纤维素	0.2
	尼泊金甲酯	0.1
	EDTA - Na_2	0.2
C	氢氧化钾	0.08
	香精	适量
D	PEG - 25 对羟基苯甲酸酯	5.0
	去离子水	加至 100.0

表 9 - 18　配方 2(防晒乳液 O/W 型)

组　　分		含量(%,质量分数)
A	十六烷基葡糖苷	1.0
	聚山梨酸酯	2.0
	橄榄油	3.5
	白油	2.0
	聚二甲基硅氧烷	5.0
	Uvinul MC80	4.0
	Uvinul M40	2.0
	超微钛白粉	1.0
	L - 赖氨酸月桂酰甲硫氨酸	0.2
B	去离子水	约 78.1
	Sepigel 305	1.2
C	防腐剂	适量
D	香精	适量

表 9－19　配方 3（不含物理防晒剂的防晒乳液）

组	分	含量（%，质量分数）
A	异硬脂酸甲基葡糖酯	3.0
	白油	15.0
	辛酸辛酯	5.0
	十二烷基乙二醇共聚物	1.0
	甲氧基肉桂酸辛酯	6.0
	二苯甲酮－3	1.5
	甘油	3.0
B	丙二醇	3.0
	硫酸镁	0.7
	去离子水	约 61.65
C	苯氧基乙醇	0.15
D	香精	适量

表 9－20　配方 4（含二氧化钛防晒乳液）

组	分	含量（%，质量分数）
A	硬脂酸甘油酯	6.0
	聚氧乙烯（20）硬脂酸酯	3.0
	乳酸十六烷酯	3.0
	乳酸 C_{12} ~ C_{15} 烷基酯	1.0
	肉豆蔻酸肉豆蔻酯	4.0
	甲氧基肉桂酸辛酯	7.5
	二苯甲酮－3	3.0
	水杨酸辛酯	3.0
	丙二醇	6.0

续表

组　　分		含量(%,质量分数)
B	黄原胶	1.0
	去离子水	约51.5
	超细二氧化钛	5.0
C	硬脂酰硬脂酸异鲸蜡醇酯	3.0
	马来大豆油	3.0
D	尼泊金甲酯	适量
E	香精	适量

此配方生产工艺为:将油相组分A中成分搅拌加热至75℃,将水相组分B中成分黄原胶在高速搅拌下分散,加热至80℃。将组分C中成分在胶体磨中磨细,备用。分别将油相和水相经过滤后真空抽进乳化罐,搅拌,加入组分C后,再搅拌约10min,维持70℃,均质,40℃时加入组分D和组分E。

表9-21　配方5(防晒乳液SPF 25)

组　　分		含量(%,质量分数)
A	甲氧基肉桂酸辛酯	7.5
	辛基二甲基对氨基二苯甲酮	4.0
	邻氨基苯甲酸薄荷酯	3.5
	PEG-100硬脂酸酯	2.0
	十六醇、十六-十八醇醚-20	3.0
B	Carbopol 942	0.25
	羟乙基纤维素	0.15
	三乙醇胺(99%)	0.25
	丙二醇	4.0
	防腐剂、香精	适量
	去离子水	加至100.0

表9－22　配方6(防晒乳液 SPF 10～12)

组　　分		含量(%,质量分数)
A	白油、羊毛醇	10.0
	硬脂酸	3.0
	辛基二甲基对氨基苯甲酸酯	6.0
	4－羟基－4′－甲氧基二苯甲酮	2.5
	可可脂	3.0
	肉豆蔻酸异丙酯	5.0
	月桂醇醚－23	1.0
B	黄原胶	0.2
	三乙醇胺(99%)	0.5
	香精	0.3
	防腐剂	适量
	去离子水	加至100.0

表9－23　配方7(防晒乳液 O/W 型,防水)

组　　分		含量(%,质量分数)
A	去离子水	约77.8
	丙二醇	2.0
	苯氧基乙醇	0.5
	尼泊金甲酯	0.25
	尼泊金丙酯	0.1
	EDTA－Na_4	0.1
B	Uvinul MC80	3.0
	异戊基对甲氧基肉桂酸盐	3.0
	白油	6.5
	二辛基环己烷	5.0
	聚甘油－3－二异硬脂酸盐	1.0

续表

组　　分		含量(%,质量分数)
B	香精	适量
	Pemulen TR－1	0.25
	Carbopol 945	0.05
C	三乙醇胺	0.45

表9－24　配方8(防晒乳液 SPF 33)

组　　分		含量(%,质量分数)
A	环状二甲基硅氧烷和二甲基硅氧烷/聚醚	18.5
	环状二甲基硅氧烷	8.0
	硬脂基三甲基硅烷、硬脂醇	4.0
	羟基十八烷基羟基硬脂酸酯	2.0
	二氧化钛、棕榈酸辛酯	25.0
B	丙二醇	1.5
	芦荟汁(1:1)	10.0
	去离子水	约29.0
C	丙二醇、咪唑烷基脲、尼泊金丙酯和尼泊金甲酯	1.0
D	氯化钠(20%水溶液)	1.0

表9－25　配方9(防晒乳液 SPF 18)

组　　分		含量(%,质量分数)
A	甲氧基肉桂酸辛酯	7.5
	4－羟基－4′－甲氧基二苯甲酮	5.0
	邻氨基苯甲酸薄荷酯	5.0
	硬脂酸单甘酯(自乳化型)	2.0

续表

组分		含量(%,质量分数)
A	PEG-40 硬脂酸酯	1.5
	十六醇	0.5
	己二酸二异丙酯	5.0
	Carbopol 941	0.15
B	防腐剂	适量
	去离子水	约77.2
C	三乙醇胺(99%)	0.15
D	香精	适量

表9-26 配方10(防晒乳液W/O型)

组分		含量(%,质量分数)
A	Arlacel P135	4.0
	Arlamol S7	2.0
	Arlamol HD	4.0
	白油	13.0
	超细钛白粉	10.0
	小麦芽油	3.0
	微晶蜡	2.0
	小烛树蜡	0.5
	硬脂酸镁	1.0
	维生素E醋酸酯	2.0
B	甘油	3.0
	水合硫酸镁	0.7
	D-泛醇	1.0
	去离子水	约53.8
	防腐剂、香精	适量

表 9－27　配方 11（防晒乳液 SPF 22）

组　分		含量（%，质量分数）
A	去离子水	52.8
	黄原胶（2%溶液）	15.0
	丙二醇	1.5
	EDTA－Na_4	0.1
B	肉豆蔻酸异丙酯	10.0
	DEA－油醇醚－3－硫酸酯	0.1
C	氧化锌、二甲基硅氧烷	5.0
D	甲氧基肉桂酸辛酯	7.5
	硬脂酸单甘酯、PEG－100 硬脂酸酯	3.0
	环状二甲基硅氧烷	1.0
E	十六－十八醇、十六－十八醇醚－20	3.0
	丙二醇、咪唑烷基脲、尼泊金甲酯和尼泊金丙酯	1.0

（三）防晒油

防晒油配方实例见表 9－28～表 9－34。

表 9－28　配方 1（防晒油）

组　分	含量（%，质量分数）	组　分	含量（%，质量分数）
白油	约 61.0	Parsol 1789	2.0
甲基苯基硅油	20.0	香精	适量
棕榈酸异丙酯	11.0	抗氧剂	0.5
Escolol 557	5.5		

表 9－29　配方 2（防晒油 SPF 15）

组　　分	含量（%，质量分数）	组　　分	含量（%，质量分数）
水杨酸辛酯	5.0	三癸基新戊酸酯	15.0
邻氨基苯甲酸薄荷酯	3.5	香精	1.0
4－羟基－4′－甲氧基二苯甲酮	4.0	环状二甲基硅氧烷	20.0
		苯基二甲基硅氧烷	5.0
辛基二甲基对氨基苯甲酸酯	8.0	白油	38.5

表 9－30　配方 3（防晒油 SPF 4～6）

组　　分	含量（%，质量分数）	组　　分	含量（%，质量分数）
水杨酸辛酯	5.0	棕榈酸辛酯	31.4
霍霍巴油	2.0	异十六醇	15.0
可可脂（固体）	2.0	香精	适量
维生素 E 醋酸酯	0.1	白油	加至 100.0
邻氨基苯甲酸薄荷酯	3.5		

表 9－31　配方 4（防晒油 SPF3）

组　　分	含量（%，质量分数）	组　　分	含量（%，质量分数）
杏仁油	约 86.7	橄榄油	9.0
凯松	0.1	羟基（甲氧基苯基）苯甲酮	4.0
维生素 E	0.2		
油溶性香精	适量		

表 9-32　配方 5(防晒油 SPF31~34)

组　分	含量(%,质量分数)	组　分	含量(%,质量分数)
异硬脂醇新戊酸酯	约 31.0	改性硅烷	25.0
绣线菊油	10.0	防腐剂	适量
新戊基乙二醇二辛酸二癸酸酯	28.0	尼龙、甲氧基肉桂酸辛酯丁基甲氧基二苯甲酰甲烷	6.0

表 9-33　配方 6

组　分	含量(%,质量分数)	组　分	含量(%,质量分数)
橄榄油	35.0	白油	约 64.5
水杨酸	0.5	香精、色素、防腐剂	适量

本品在防晒的同时,还可以改善皮肤的营养状况,且芳香宜人。

表 9-34　配方 7

组　分	含量(%,质量分数)	组　分	含量(%,质量分数)
核桃提取物	3.0	甲氧基肉桂酸异丙酯	2.0
橄榄油	12.55	防腐剂	0.05
石蜡油	69.9	茉莉香精	0.5
肉豆蔻酸异丙酯	12.0		

此配方生产工艺为:将上述组分(除香精外)加热至 80℃溶化,搅拌均匀,冷至 40℃时加入香精,再搅拌均匀,冷至室温即得成品。本品膏体细腻,无刺激性,既可防晒,又可护肤美容。

(四)防晒凝胶

防晒凝胶配方实例见表 9-35~表 9-40。

表 9-35　配方 1(防晒凝胶)

组	分	含量(%,质量分数)
A	乙醇	5.0
	丙二醇	5.0
	尿囊素	0.1
	D-泛醇	0.5
	防腐剂	适量
	去离子水	约 61.7
	Carbopol 940	1.1
B	三乙醇胺	2.2
	去离子水	5.0
C	Parsol HS	2.0
	三乙醇胺	1.2
	去离子水	15.0
D	Cremophor NP-14	1.2
	香精	适量
E	色素	适量

此配方生产工艺为:将 A 中的丙二醇、防腐剂、尿囊素和 D-泛醇充分溶解于醇—水溶液中,再慢慢搅拌并加入胶凝剂 Carbopol 940,继续搅拌直至 Carbopol 940 完全分散。将 B 中的中和剂三乙醇胺以水稀释,慢慢加入 A 中中和,使其成为凝胶状。将防晒剂 Parsol HS 在搅拌下加入 C 中的水中,出现悬浮物后继续搅拌并缓慢加入三乙醇胺进行中和,直至成为清澈的溶液,并使该溶液的 pH 值调至 7.2~7.5,再加入前凝胶中。将 D 中的香精和增溶剂 Cremophor NP-14混合后,在搅拌下加入前凝胶中。最后,在搅拌下加入色素而成为透明凝胶。

表 9-36 配方 2(防晒凝胶)

组分		含量(%,质量分数)
A	乙醇	72.0
	Paxsol MCX	7.0
	水杨酸辛酯	3.0
	羟甲基苯酮	2.0
	脂肪酸苯甲酸酯	2.0
	Carbopol 943	0.6
B	去离子水	12.6
	四羟丙基乙二胺	0.8

表 9-37 配方 3(防晒凝胶)

组分		含量(%,质量分数)
A	Carbopol 940	0.75
	三乙醇胺(99%)	0.75
	去离子水	约 57.0
B	乙基二羟丙基对氨基苯甲酸酯	4.0
	乙醇	15.0
	丙二醇	22.0
C	香精	适量
	Tween-20	0.5
D	防腐剂	适量

表 9-38 配方 4(防晒凝胶)

组分		含量(%,质量分数)
A	去离子水	约 91.3
	PVM/MA	0.4
B	羟甲基甘氨酸钠	0.4

续表

组分		含量(%,质量分数)
C	豆油马来酸酯	0.6
D	马来豆油	2.0
	芦荟胶	0.2
	维生素E醋酸酯	0.05
	水解胶原	0.05
	甲氧基肉桂酸辛酯	5.0
	香精	适量

表9-39　配方5(防晒凝胶)

组　分	含量(%,质量分数)	组　分	含量(%,质量分数)
Carbopol 940	1.1	二苯甲酮-4	2.0
咪唑烷基脲	0.3	2-苯基苯并咪唑磺酸	2.0
Kathon CG	0.05	氨乙基丙醇	1.3
泛醇	1.0	防腐剂、香精、色素	适量
氨甲基丙醇	0.8	去离子水	加至100.0
乙醇	5.0		

表9-40　配方6(防晒凝胶)

组　分	含量(%,质量分数)	组　分	含量(%,质量分数)
羧乙烯聚合物(3%溶液)	28.0	乙醇(95%)	约54.1
去离子水	3.1	香精	适量
聚氧乙烯羊毛脂	3.0	二异丙醇胺(10%水溶液)	8.8
丙二醇水杨酸酯	3.0		

(五)防晒棒

防晒棒配方实例见表9-41~表9-44。

表9-41 配方1(防晒唇膏 SPF8)

组分	含量(%,质量分数)	组分	含量(%,质量分数)
辛基二甲基对氨基苯甲酸甲酯	约61.0	蜂蜡	10.0
		地蜡	6.0
4-羟基-4′-甲氧基二苯甲酮	3.0	肉豆蔻酸乳酸酯	4.0
		小烛树蜡	6.0
蓖麻油	适量	凡士林	5.0
辛基癸醇	5.0	香精	适量

表9-42 配方2(防晒唇膏 SPF15)

组分	含量(%,质量分数)	组分	含量(%,质量分数)
凡士林	约72.5	4-羟基-4′-甲氧基二苯甲酮	3.0
白蜡	17.0		
辛基二甲基对氨基苯甲酸酯	7.5	香精、色素	适量

表9-43 配方3(防晒唇膏)

组分	含量(%,质量分数)	组分	含量(%,质量分数)
羊毛醇异丙酯	10.0	羊毛油、棕榈酸异丙酯、蓖麻油	约58.0
乙酰化羊毛脂	5.0		
辛基二甲基对氨基苯甲酸酯	3.5	蜂蜡	9.0
		小烛树蜡	6.0
4-羟基-4′-甲氧基二苯甲酮	0.5	羊毛油、羊毛醇醚-20	8.0
		香精、防腐剂	适量

表 9-44 配方 4(驱蚊防晒黑棒)

组分	含量(%, 质量分数)	组分	含量(%, 质量分数)
硬脂酸	4.0	油醇	3.7
棕榈酸	4.0	DEA 甲氧基肉桂酸酯	3.0
肉豆蔻酸	2.0	氢氧化钠	1.7
丙二醇	约 39.6	去离子水	22.0
避蚊胺	20.0	香精、色素、防腐剂	适量

(六)防晒水

防晒水配方实例见表 9-45 ~ 表 9-49。

表 9-45 配方 1(防晒水)

组分	含量(%, 质量分数)	组分	含量(%, 质量分数)
水溶性硅油	10.0	Germall Plus	适量
KSH 天然防晒剂	0.01	NaOH	适量
Uvinul MS-40	2.0	去离子水	加至 100.0
香精	适量		

表 9-46 配方 2(防晒露)

组分	含量(%, 质量分数)	组分	含量(%, 质量分数)
乙醇	10.0	羟乙基纤维素	0.5
1,3-丁二醇	2.0	香精	适量
AZO 天然防晒剂	7.0	NaOH	适量
Parsol HS	2.0	去离子水	加至 100.0

表 9-47 配方 3(防晒液)

组分	含量(%,质量分数)	组分	含量(%,质量分数)
芦荟汁(浓缩)	2.0	丙二醇	6.0
二苯甲酮-4	3.0	NaOH	适量
苯基苯并咪唑磺酸	2.0	香精	适量
羟甲基纤维素	0.3	去离子水	加至 100.0

表 9-48 配方 4(防晒水)

组分		含量(%,质量分数)
A	液态羊毛脂	16.0
	丹皮、黄芩提取物	0.6
	Tween-20	0.2
	柠檬酸	0.2
	乙醇(75%)	3
	甘油	4.5
	薏米提取物	0.3
	去离子水	约 75.2
B	防腐剂、抗氧剂	适量
	柠檬香精	适量

此配方生产工艺为:将组分 A 各种原料加温至 80℃,不断搅拌至均匀,冷至 40℃时加入组分 B 各原料并搅匀,冷于室温即得成品。本品中的薏米、黄芩等提取物均有防晒作用,且能消炎止痒。

表 9-49 配方 5(防晒水)

组分	含量(%,质量分数)	组分	含量(%,质量分数)
丙二醇	6.0	黄芩提取物	0.5
橄榄油	3.0	硬脂酸	7.0

续表

组　　分	含量(%，质量分数)	组　　分	含量(%，质量分数)
十四烷酸异丙酯	6.0	对羧基苯甲酸甲酯	0.5
单硬脂酸脱水山梨醇	5.0	玫瑰香精	适量
十六烷醇	3.0	去离子水	加至100.0
羊毛脂	3.0		

本品可消除雀斑、老年斑，且有明显的防紫外线照射作用。

(七)防晒摩丝

防晒摩丝配方实例见表9－50～表9－53。

表9－50　配方1(防晒摩丝 SPF 15)

组　　分	含量(%，质量分数)	组　　分	含量(%，质量分数)
环状二甲基硅氧烷	20.0	水杨酸辛酯	5.0
乙醇(95%)	约26.0	4－羟基－4′－甲氧基二苯甲酮	6.0
己二酸二异丙酯	20.0		
棕榈酸异丙酯	12.5	PVP/十六烯共聚物	3.0
辛基二甲基对氨基苯甲酸酯	7.5	香精	适量

注　摩丝组成为：以上配方占80%，推进剂占20%。

表9－51　配方2(防晒摩丝)

组　　分	含量(%，质量分数)	组　　分	含量(%，质量分数)
聚氧乙烯(25)鲸蜡基/硬脂基醚	1.0	硬脂酸	3.0
		辛酸/甘油三辛酯	5.0

续表

组　分	含量(%，质量分数)	组　分	含量(%，质量分数)
聚乙二醇(25)对氨基苯甲酸酯	5.0	氢化聚异丁烯	5.0
		鲸蜡醇	1.0
三乙醇胺	0.3	二苯甲酮-3	3.0
α-红没药醇	0.1	防腐剂、香精	适量
丙二醇	3.0	去离子水	约73.6

注　摩丝组成为：以上配方占85.0%，推进剂占15.0%。其中推进剂为丙烷(20%)、丁烷(80%)。

表9-52　配方3(防晒摩丝)

组　分	含量(%，质量分数)	组　分	含量(%，质量分数)
苯甲酸12~15醇酯	5.0	乙二醇马来酸酐交联共聚物	0.2
聚氧乙烯对氨基苯甲酸酯	7.0		
二苯甲酮-3	3.0	聚氧乙烯(10)鲸蜡醇醚磷酯	1.5
鲸蜡醇	2.0		
羊毛油	2.5	丙二醇	2.0
硅油	1.0	防腐剂、香精	适量
聚氧乙烯(5)鲸蜡醇酯	0.5	去离子水	加至100.0

注　摩丝组成为：以上配方占95.0%，推进剂占5.0%。其中推进剂为A—46。

表9-53　配方4(防晒摩丝)

组　分	含量(%，质量分数)	组　分	含量(%，质量分数)
硬脂酸	5.0	4-羟基-4′-甲氧基二苯甲酮	3.0
硬脂醇	1.5		
水杨酸辛酯	5.0	辛基二甲基肉桂酸酯	3.0

续表

组　分	含量(%，质量分数)	组　分	含量(%，质量分数)
PVP/十六烯共聚物	3.0	乙醇	15.0
羟乙基纤维素	0.3	防腐剂	适量
三乙醇胺(99%)	0.75	去离子水	加至100.0

注　摩丝组成为:以上配方占95.0%,推进剂占5.0%。

三、防晒化妆品的发展趋势

(一)防晒性能普遍增加

随着环境的恶化,大气臭氧层的破坏,日光中的紫外辐射日益增强,防晒化妆品的防晒性能普遍增加。一方面,产品的SPF值普遍提高,SPF值为10以下的防晒化妆品已经少见,SPF值为20、30的产品逐渐成为主流,许多产品标注SPF30^{+},具有超强的防护效果;另一方面,产品的防水防汗性能增强,进一步增加了产品的防晒性能,提高了产品的实际应用价值。同时,产品的安全性要求增强,如选用物理性防晒剂为主的产品即所谓物理防晒,以减少对化学性紫外线吸收剂的依赖。

(二)天然植物提取物应用增多

许多植物提取物虽然对紫外线没有直接的吸收或屏蔽作用,但加入产品后可通过抗氧化或抗自由基作用,减轻紫外线对皮肤造成的辐射损害,从而间接加强产品的防晒性能。如芦荟、红景天、葡萄籽和燕麦提取物,富含维生素E、维生素C的植物萃取液等。这样的物质已经在化妆品中应用,随着人们回归自然、排斥化学合成物质的心理需求的增加,这种应用趋势必然更加流行。

(三)由单一的对UVB的防护到对UVB和UVA的同时防护

过去,由于人们对紫外线对皮肤的伤害存在错误认识,认为只有晒红是有害的,晒黑无害,越黑越健康,因而,过去的防晒产品只针对UVB进行防护。随着人们对UVA晒黑作用的深入了解,认识到UVA晒黑作用不仅影响皮肤美白,而且更容易引起皮肤的衰老和肿瘤发生,因而,对UVA进行防护成为广大消费者的共同需求。

(四)强调与其他功效的结合

现代社会,人们对化妆品的要求越来越高,防晒不再作为产品的唯一功能,而是和其他功效,如保湿、营养、抗老化等结合在一起使产品具有多重效果。所以防晒化妆品中经常添加皮肤营养物质,如维生素E等,增强皮肤弹性和张力的生物添加剂、保湿剂,改善皮肤血液微循环的植物提取物等类似产品,具有防晒效果或标识有SPF值的粉底类、口红唇膏类彩妆品,标识紫外线阻挡效果的化妆水、爽肤水,甚至宣称具有防晒作用的洗发香波、洗面奶等。从另一个角度看,防晒化妆品作为一种独立产品或许正在消失,而逐渐演变成一种防晒功能融合在未来不同类型的化妆品中。

(五)开发儿童防晒化妆品

据统计,一个人20岁以前,接受紫外线照射的累计量占整个人生剂量的75%。研究表明,光线性损害大多起始于儿童到18岁这一未成年阶段,而从接受日光照射起,皮肤光致老化就开始发生了,这和皮肤自然衰老截然不同。所以防晒应从儿童做起,这一观点正在逐渐被人们接受。目前已有多家化妆品公司如德国NIVEA、美国强生等致力于开发适合儿童皮肤特点的防晒化妆品,预计会有一个良好的市场前景。

第四节　防晒化妆品功效评价

一、防晒化妆品 SPF 值

防晒指数 SPF（sun protection factor），也称为日光防护系数，它的定义是指用紫外线照射皮肤后，使用化妆品后的最小红斑量（minimal erythema dose，MED）与未使用化妆品的最小红斑量（MED）的比。它是防晒化妆品保护皮肤避免发生日晒红斑的一种性能指标，是最常用的 UVB 防护效果评价指标。

SPF 最初由 Willis 提出，随后，美国、德国、澳大利亚、日本都确立了 SPF 测定方法。2002 年，我国卫生部颁布了 SPF 测定技术标准。

二、防晒化妆品吸光度值及 SPF 值仪器测定（体外试验）

（一）紫外分光光度法

1. 试验材料及仪器

石英比色皿，3M 透气胶带，可见分光光度计（双光速扫描，200 ~ 900nm），分析天平（精确度为 0.0001g），普通干燥箱。

2. 实验步骤

（1）将 3M 胶带剪成 1cm × 4cm 大小，粘贴在石英比色皿透光侧表面上。

（2）接通电源，预热，设定 UVB 区检测波长为 285nm、290nm、295nm、300nm、305nm、310nm、315nm、320nm。

（3）将贴有胶带的石英比色皿置于样品光路和参比光路中，调整仪器零点。

（4）精确称取样品 8mg，将样品涂抹在石英比色皿上制备 5 个平行样品。

(5)将制备好的样品比色皿置于35℃的干燥箱里，干燥30min。

(6)将待测样品比色皿置于样品光路中，取另一贴有胶带的石英池置于参比光路中，分别测定UVB区设定波长紫外线吸光度值，取各测定数值的算术均值。

(7)依次测定5个平行样品，计算平均值，再算均值的算术均数即为该样品的吸光度值。

3. 测试结果及评价

吸光度值<1.0：无防晒效果

吸光度值=1.0：低级防晒效果

吸光度值>1.0，而<2.0：中级防晒效果

吸光度值>2.0：高级防晒效果

$$SPF = \frac{\text{对照液的透光强度}}{\text{化妆品液的透光强度}}$$

(二)SPF值仪器测定法

1. 试验材料及仪器

石英比色皿，3M透气胶带，Labsphere UV—1000S紫外透射率分析仪，闪烁氙灯光源，双光速扫描(250～400nm)，天平(精确度为0.0001g)，普通干燥箱。

2. 实验步骤

(1)将3M胶带固定于特制的石英玻璃板上。

(2)精确称取样品，以$2mg/cm^2$的用量将样品均匀涂抹于石英板3M胶带上。

(3)将制备好的样品置37℃干燥箱中10min。

(4)接通电源，预热仪器，测定样品SPF值，每样品板测定不少于6个点。

(5)SPF值标准品测定过程同上。

(6)利用专用软件包及 SPF 值计算。

3. 测试结果及评价

SPF 的计算公式为:

$$SPF = \frac{\sum_{\lambda=290}^{400} E(\lambda)I(\lambda)}{\sum_{\lambda=290}^{400} E(\lambda)I(\lambda)T(\lambda)}$$

式中:$E(\lambda)$为北纬 40°,太阳顶角 20°,夏天中午阳光不同波长的辐射强度;$I(\lambda)$为不同波长光的红斑效应系数;$T(\lambda)$为不同波长样品的透光率。

SPF 仪测定 SPF 值简单快速、费用低且不造成人体皮肤损伤,在产品研发过程中,为反复测试 SPF 值提供了一个切实可行的方法。但是,仪器测定的 SPF 值与人体测定的 SPF 值有时差别很大,因为仪器法只检测了化妆品中紫外线吸收剂单一因素,而没有考虑其他防晒成分的影响。此外,仪器法还忽略了防晒成分与皮肤的反应。因此,SPF 仪测定的 SPF 值不能够全面合理地评价防晒效果。

三、防晒化妆品 SPF 值的抗水性测定

(一)对防晒品一般抗水性的测试

(1)在皮肤受试部位涂抹化妆品,按标签所示等待样品干燥。

(2)受试者在水中中等量活动 20min。

(3)出水休息 20min。

(4)入水在水中中等量活动 20min。

(5)结束水中活动,等待皮肤干燥。

(6)按美国 FDA 规定的 SPF 值进行紫外线照射和测定。

(二)对防晒品强抗水性的测试

(1)在皮肤受试部位涂抹化妆品,按标签所示等待样品干燥。

(2)受试者在水中中等量活动 20min。

(3)出水休息 20min。

(4)重复步骤(2)和(3)3 次。

(5)结束水中活动,等待皮肤干燥。

(6)按美国 FDA 规定的 SPF 值进行紫外照射和测定。

四、防晒化妆品 UVA 防护效果测定

(一)防晒化妆品 UVA 防护效果人体测定

本方法由日本化妆品工业联合会于 1995 年建立并作为标准发布,1996 年 1 月实施。建立本方法的主要目的是对防晒化妆品 UVA 防护等级及其产品标识提供一种统一的测试方法,以便于消费者正确选用。随着技术发展和发现,本方法可能会进一步修改以适应需要。

(二)防晒化妆品 UVA 防护效果仪器测定及表示方法

将防晒化妆品涂在透气胶带或特殊底物上,利用紫外分光光度计法测定样品在 UVA 区的吸光度值或紫外吸收曲线,是目前国内外所有仪器测定法的基本原理。在此基础上,对测定结果的表达和标识有多种方法。

1. 星极表示法

此法最初由 Diffey 于 1991 年提出,英国 Boots 化学有限公司(Boots the Chemist Ltd)建立,又称 Boots 比值法。此法根据测试样品对 UVA 的吸收的平均值与吸收 UVA 的标准值之比值,将测试样品的 UVA 防护效果分为 0 ~4 个等级,级数越高,代表紫外防护光谱越宽,覆盖整段紫外光谱的保护越趋平衡。这种表示方法在英国较为常用。

2. 透射率表示法

此方法为澳大利亚采用的标准,将测试样品涂抹 0. 008mm 薄膜,

然后用紫外分光光度计扫描，从 320～360nm 区间任何一波段的紫外透过率如果低于 10%，则此样品可被认为是广谱防晒。这种方法的不足之处是仅测量了 320～360nm 这一区间范围，不代表完整的紫外辐射波段。

3. 吸光度 A 值法

国内原轻工部门技术单位曾采用此法。具体方法与本节紫外分光光度计法类似，不同点是分别测定 UVA 区各个波段的吸光度值，最后得出测试样品对 UVA 区的吸光度平均值。根据此值的大小评价样品对 UVA 的防护效果，一般认为吸光度 A 值大于 1 时样品有防护 UVA 效果，数值越大，防护效果越好。

4. 关键波长法

关键波长法由 Diffey 于 1994 年建立，是一种常用的仪器测定法。防晒剂的紫外防护性能可以用它的紫外吸收曲线来描述，吸收曲线有两个重要的参数：曲线高度和曲线宽度。吸收曲线的高度表示了防晒剂吸收某一波长紫外线的效能，在一定程度上防晒产品的 SPF 值可以反映这种性能；曲线的宽度表示防晒剂在多大的波长范围内有吸收紫外线的作用，即是否具有广谱吸收作用。大多数防晒剂的吸收曲线都有一个共同的特点：即在较短波长时（如 290nm），其吸收值较高，随着波长的增加其吸收值逐渐下降。基于上述观点 Diffey 提出了关键波长（critical wavelength，λ_C）这一概念，所谓关键波长是指从 290nm 到某一波长值的吸收光谱曲线下面积是整个吸收光谱（290～400nm）面积的 90% 时，这一波长值即为关键波长。Diffey 根据关键波长的大小将防晒产品的广谱防护性能分为五个等级：

关键波长值	广谱分级
$\lambda_C < 325$nm	0
325nm $\leq \lambda_C < 335$	1
335nm $\leq \lambda_C < 350$	2

$350\text{nm} \leqslant \lambda_C < 370$	3
$370\text{nm} \leqslant \lambda_C$	4

关键波长法在欧美国家应用较多。1996 年美国 CTFA/NMDA 对此法进行了改进:用人造皮肤代替透气胶带(3M TransporeTM)用于模仿人皮肤表面的纹理特征;增加预照射以测试样品的光稳定性;不采用原来方法的广谱分级系统而仅接受波长 370nm 作为判断产品是否为宽谱防晒的临界波长,即如果所测定的 λ_C 大于 370nm,则判定所测样品具有 UVA 防护作用,和 SPF 值一起标识可宣传宽谱防晒,如果测定的 λ_C 小于 370nm,则判定该样品无防护作用。

第十章

抗粉刺化妆品

痤疮(Acne)即寻常性痤疮,俗称"粉刺"、"青春痘"、"酒刺"或者"酒疙瘩",是一种多种因素综合作用所致的常见毛囊、皮脂腺慢性炎症疾病,是大多数青年男女在青春发育期存在的较普遍的皮肤疾病。我国最近所做的流行病学调查显示44.5%的青少年患有痤疮。临床以面部及胸背部散在发生针尖米粒大小的皮症为特点,或见黑头,能挤出粉渣样物,初见如细小的丘疹和脓包,严重时伴有结节、囊肿、疤痕、色素沉着。它不仅是一种躯体疾病,也是一种不容忽视的心身疾病,在社交、心理、情绪等方面对患者都有影响。

第一节　痤疮的形成机理

一、痤疮临床表现

痤疮是发生在面部,也可发生在胸背上部及肩部,偶尔也发生于其他部位的红色丘疹。一般皮脂腺分泌旺盛部位重,皮脂腺分泌少的部位轻。大多患者是油性皮肤,开始大多为寻常型,以后可出现结节、脓疱、脓肿、窦道或瘢痕。病程长,易反复,多无自觉症状,如炎症明显时,则可引起疼痛和触疼。青春期后大多数病人均能自然痊愈或症状减轻。

对痤疮严重程度的分级,目前国际上流行的为 pillspbury 分类方法，将痤疮分为四种类型，见表 10－1 和图 10－1。

表 10－1　痤疮的分级

痤疮类型	痤疮严重程度
Ⅰ(轻度)	粉刺为主要的损害，可有少量的丘疹和脓疱，总病灶数少于 30 个
Ⅱ(中度)	有粉刺，并有中等数量的丘疹和脓疱，总病灶数在 31～50 个之间
Ⅲ(中度)	有大量的丘疹和脓疱，总病灶数在 51～100 个之间，偶尔有大的炎性损坏，结节小于 3 个
Ⅳ(重度)	主要为结节、囊肿或聚合性痤疮。总病灶数在 100 个以上，病损数在 100 个以上，结节或囊肿在 3 个以上

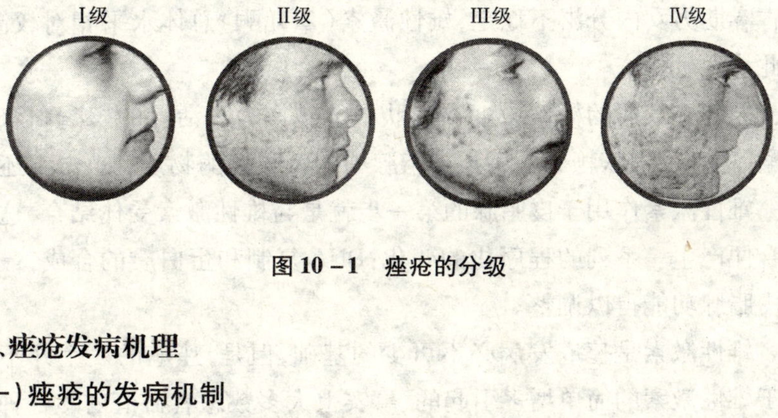

图 10－1　痤疮的分级

二、痤疮发病机理

(一)痤疮的发病机制

现代医学认为：痤疮为多因素综合作用的结果。但主要是体内内分泌的影响，主要是雄性激素分泌水平增高、促使皮脂分泌活跃、增多。毛囊皮脂腺开口被阻塞是发病机制中的重要因素。在毛囊闭塞的情况下，痤疮丙酸杆菌大量繁殖，导致炎症，形成痤疮最基本的损害炎性丘疹。在闭塞的毛囊皮脂腺内部，大量皮脂、大量脓细胞把毛囊皮脂腺结构破坏，形成结节、囊肿和粉瘤，最后破坏皮肤甚至形成疤痕。可以看出，现代皮肤病学论痤疮，是以雄性激素增多—皮脂增多—排脂受阻—细菌感染为轴心的发病机制。目前公认的发病机制包含以下四个发病环节。

1. 雄性激素与皮脂腺功能亢进

青春期第二性征发育，内分泌发生变化，主要是性激素的变化。性激素包括雄性激素和雌性激素，不论男女都有雄性激素和雌性激素，比率不同。不同时期含量和比率也不同。青春期前，男孩女孩区别不大，进入青春期，雄性激素增加，使男孩富有阳刚之气；雌性激素增加使女孩靓丽。雄性激素可刺激皮脂腺细胞分泌皮脂增多，分泌增多的皮脂刺激毛囊导管过度角化，使毛囊壁肥厚，阻止皮脂排泄，这是痤疮的始发因素。雌性激素可抑制皮脂腺功能，减少痤疮发生。女性也分泌雄性激素，如果与雌性激素比例失调也构成痤疮始发因素。处于青春期男女内分泌不稳定，雄性激素（睾丸酮）总体水平相对较高，因此易发生痤疮。

循环中较弱的雄性激素在皮肤中能转换为高活性的睾酮和双氢睾酮，这一过程依赖于毛囊及皮脂腺中的特异性酶物质，如 5α-还原酶。雄性激素作用于皮脂腺的第一步就是与雄性激素受体结合，这一结合便产生一系列的程序化的变化：DNA 复制和蛋白质的合成，最终使皮脂腺功能得以调整。

雄性激素是痤疮发病必不可少的基础，但是，痤疮的发生并不是由于雄性激素的简单增多引起的，事实上大多数患者血清内的各种雄性激素水平以及雄性激素结合蛋白水平均是正常的，并不高于一般人群。因此，痤疮的发生有可能是由于皮脂腺中 5α-还原酶的活性增高和/或雄性激素受体的亲和力增高的缘故。

2. 皮脂分泌受阻

皮脂分泌受阻主要源于以下三个方面。

（1）毛囊漏斗部角化过度。正常情况下，在毛囊漏斗部仅出现非黏着性的角化细胞及单层细胞脱落入腔内。而在粉刺形成开始时，细胞角化的终末阶段发生障碍，角质形成细胞间的黏着性增加，漏斗部的角化细胞不崩解脱落，而且细胞更替速度加快，结果导致毛囊漏斗部导管角化速度加快，形成微粉刺。

(2)分泌过多的皮脂及未及时清除的汗液、灰尘、病菌、螨虫等阻塞皮脂腺口。

(3)局部炎症。轻度痤疮(微粉刺)使表皮出现局部红肿热痛，使皮脂腺导管、毛囊颈部细胞炎性水肿，皮脂腺口闭塞，皮脂腺分泌皮脂受阻，从而使痤疮加重。

3. 毛囊皮脂单位中微生物的作用

在毛囊皮脂单位中最少有三类微生物寄生，葡萄球菌、酵母菌和丙酸杆菌。与痤疮发病关系较密切的是丙酸杆菌。一般毛囊中的丙酸杆菌有三种：痤疮丙酸杆菌(*Propionibacterium acne*)、卵白丙酸杆菌(*Propionibacterium avidum*)、颗粒丙酸杆菌(*Propionibacterium granulosum*)。正常时它们不会造成大的损害，当皮脂腺阻塞时，它们参与痤疮局部炎性及非特异性炎性反应。其中痤疮棒状杆菌含有使皮脂分解的酯酶，酯酶能分解毛囊内的皮脂，产生较多的游离脂肪酸，这些游离脂肪酸使毛囊及毛囊周围发生局部炎性及非特异性炎性反应。炎性反应是指特定菌造成局部发炎，红肿痛，出脓头。非特异性炎性反应是指不特定菌造成具有共同特征的炎性反应，如痤疮深部硬结，不易出头。

4. 痤疮的免疫机制

痤疮患者的体液免疫和细胞免疫均参与了反应。此外，皮肤的免疫功能在痤疮的发病机制中的作用也逐渐被人发现。

青春期到来，机体对痤疮很陌生，痤疮棒状杆菌在参与痤疮发生、发展的同时，作为抗原，刺激机体内产生抗体，抗体循环到达局部参与痤疮的免疫反应，加重了痤疮早期炎症的致病过程。青春期过后皮脂分泌仍然多，但机体已能适应，所以不发生痤疮。如果仍有，是续发性痤疮。

以上四个发病环节虽然得到广泛的公认，但是需要指出的是，以上四个环节中的任何一个环节都不足以致病。事实上，所有处在青春期的人均具备痤疮发病的基础（较多的皮脂溢出，一定程度的毛囊阻塞和高的痤疮丙酸杆菌），但大多数人不发生痤疮；而且与正常人群比较，痤疮病人皮脂中的脂肪浓度、痤疮丙酸杆菌数量等尽管比无痤疮者要高一些，但其数据有很大重叠，这表明这些因素都各自参加了发病，但并不是根本因素。因此，如果把痤疮的发病机制简单化，有时甚至归结于一种单一原因，以此来治疗痤疮，是不合理的，也无法取得良好的效果。

（二）影响痤疮形成的因素

近年的研究不断证实痤疮的发病机理及使病情加重的诱发机制，主要与性激素、皮脂分泌、脂质成分、免疫功能、毛囊角化、微生物、炎症因子、维生素、微量元素等有关。

(1)遗传因素。父母在年轻时发生痤疮，子女在同年龄段发生痤疮概率很大。一是遗传皮肤机能状态，如皮脂腺分泌情况，二是遗传面部对痤疮的反应状态。但是，这只是一种遗传因素，决不是遗传病，并且通过积极预防和恰当治疗完全可以彻底治愈，不受遗传因素影响，并且愈后无任何后遗症。

(2)免疫机制及微量元素摄入不足，如锌、钙、维生素类。有研究表明痤疮患者锌含量低，它可能影响机体对维生素 A 的利用，促使毛囊皮脂腺的角化；有人铜含量低，它可能影响机体对细菌感染的抵抗力；有人锰含量升高，可能影响体内脂肪代谢、性激素分泌。

(3)饮食习惯。如喜食动物脂肪、糖类食物，它们进入体内转化为脂肪，皮脂分泌旺盛，堵塞毛囊孔，或偏嗜辛辣、油腻、刺激性食物，可引起大便干燥，营养结构不平衡，损害胃肠功能，使痤疮发生。

(4)精神因素和消化功能。心理状态不平和,精神紧张、焦虑、抑郁、烦躁,精神创伤,消化不良,长期便秘、腹泻等胃肠功能紊乱也是产生痤疮的一种诱因,并能使其加重。

(5)空气污染。污染的空气中重金属离子增多,堵塞毛孔,损伤皮肤,使皮肤受过量紫外线照射,另外,环境噪音可使皮肤处于紧张的防御状态,影响皮肤代谢。

(6)外用化妆品长期刺激皮肤,并使毛囊孔堵塞,容易诱发痤疮的形成。化妆品使用不当造成毛囊口的堵塞而引发的粉刺及其一系列症状,近年来比较多见。例如头发刘海过长、常用太油的发胶,会引起额头局部痤疮;如果使用的乳液、粉底不合适,或上妆太厚,也常会因堵塞毛孔而使双颊出现痤疮;此外,刷牙时残留在嘴唇周围的含氟牙膏也可刺激皮肤引起局部痤疮。

(7)矿物油类的接触。碘化物、溴化物及某些其他药物使用,也是一部分人的发病因素。

(8)长期处在冷热温差较大的空调环境中,这也是痤疮诱发因素。

以上因素,可能在一些人中有所侧重,也可能是综合因素的结果。

第二节　抗粉刺化妆品的设计原则及配方实例

一、抗粉刺化妆品的设计原则

针对上述粉刺的形成原因,可在抗粉刺化妆品中添加相应的成分,以阻止粉刺的形成,减轻粉刺症状,如图 10－2 所示。对于皮脂的过剩分泌,可以使用皮脂抑制剂,对于角化亢进引起的毛囊堵塞,可以使用角质溶解剂和角质剥离剂，要抑制细菌的繁殖可以使用杀菌剂。

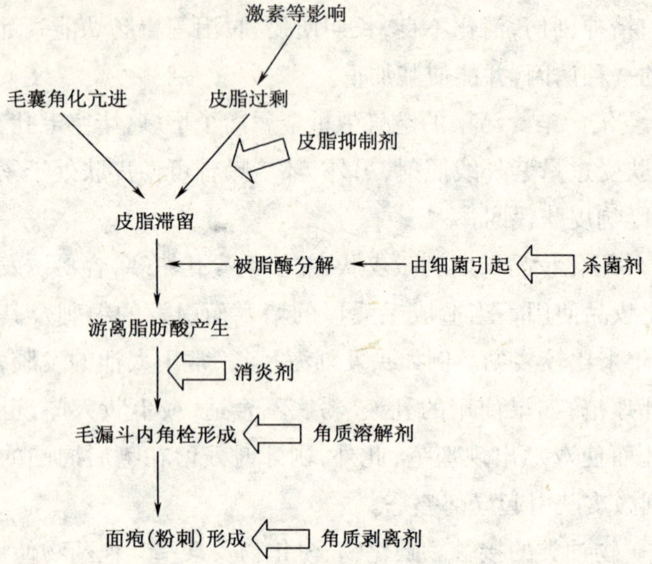

图 10－2　抗粉刺化妆品的设计原则

（一）皮脂抑制剂

皮脂分泌亢进是由雄性激素所支配的，使用对雄性激素有对抗作用的药物从皮肤内部控制皮脂分泌是有效的，主要药物有雌二醇、雌酮、乙炔雌二醇等。

（二）角质溶解、剥离剂

在发生粉刺时表皮角化亢进，可引起面疱，为使面疱的头部开口将内容物排出，可以配合硫磺、水杨酸、间苯二酚使角质溶解或剥离。

（三）杀菌剂

痤疮丙酸杆菌是粉刺发生原因中最重要的，使细菌减少会对粉刺有所改善。常用杀菌剂有氯苄烷铵、氯化苄甲乙氧铵、红霉素、果酸等。

(四)抗粉刺活性物质的开发

一些新开发出的活性物质,如果酸、Sebominne SB12、Sebosoft、Sepicontrol A5等在抗粉刺化妆品中可起到综合作用。果酸因其良好的角质层剥脱性和表皮解离性而被广泛应用于抗粉刺产品中。

目前利用天然动植物提取物如甘菊、黄春菊、黄芩、苦参等来防治痤疮已经越来越引起人们的重视。

1. 丁香

丁香散发的香气中所含的丁香酚,其杀菌能力比石炭酸强5倍以上,有极好的空气消毒功效。对多种致病性真菌、球菌、链球菌及肺炎、痢疾、绿脓、大肠、伤寒等杆菌以及流感病毒有抑制作用,丁香乙醇提取物对金黄色葡萄球菌、白色念珠菌具有较强的抗菌作用。丁香提取物抗菌机理可能是与氨基糖苷类竞争性抑制蛋白质的合成过程有关。

2. 大黄

大黄的有效成分大黄素抑制厌氧菌作用略高于甲硝唑,实验证明大黄素在体内外条件下均可抑制炎性介质白三烯B的生物合成,是花生四烯酸酯氧酶的抑制剂,可以减少痤疮的炎症反应,从而减少痤疮的皮损疤痕等。

3. 黄芩

黄芩外用可以抑制皮脂腺中二氢睾酮的生成。并对痤疮杆菌有良好的杀灭作用。

4. 丹参

丹参的主要成分是丹参酮,对革兰氏阳性菌有明显的抑制作用,对痤疮棒状杆菌也有较强的抑制作用。并具有抗雄性激素作用及温和的雌性激素作用，同时其水溶成分丹参素对细胞免疫有抑制作用，参与痤疮的免疫环节。

二、抗粉刺化妆品的配方实例

抗粉刺化妆品的配方实例见表10－2～表10－11。

表10－2　配方1（消炎抗粉刺露）

组　分	含量（%，质量分数）	组　分	含量（%，质量分数）
野菊花萃取液	0.8	黄柏萃取液	1.5
樟脑	0.1	甘油	8.0
丁香油	1.0	玫瑰香精	0.5
黄芩萃取液	2.0	去离子水	加至100.0

将甘油加热至75℃，把樟脑加入70℃的去离子水中，再与甘油混合均匀，搅拌20min，待冷至45℃时加入野菊花、黄芩、黄柏萃取液，以及丁香油、香精混匀，冷至室温即得成品。本品有消炎、杀菌的功效，对面部粉刺有较明显的疗效。

表10－3　配方2（抗粉刺露）

组　分	含量（%，质量分数）	组　分	含量（%，质量分数）
川芎和防风提取物	0.5	乙醇（75%）	4.0
聚乙烯醇	16	防腐剂、香精	适量
银花、枇杷叶提取物	0.3	去离子水	加至100.0
甘油	3.0		

将银花、枇杷叶、川芎、防风提取物，以及聚乙烯醇、防腐剂加入水中，加热至75℃，待物料溶解后冷至45℃时加入甘油、香精，冷至室温

时再加入乙醇搅匀,过滤即得本品。

本品对皮脂分泌旺盛、毛囊上皮增生而使皮脂腺管口阻塞以及细菌感染引起粉刺的治疗效果较好。

表 10-4 配方 3(抗粉刺露)

组 分	含量(%,质量分数)	组 分	含量(%,质量分数)
阿拉伯树胶	3.0	氢氧化钙	0.1
樟脑	0.4	茉莉香精	适量
硫磺	3.0	去离子水	加至 100.0
枇杷提取液	0.5		

将阿拉伯树胶溶于水中,搅匀后再加入硫磺、樟脑、氢氧化钙、枇杷提取液、茉莉香精,混匀后即得本品。

本品可抑菌护肤,治疗粉刺,且气味芳香。

表 10-5 配方 4(抗粉刺露)

组 分	含量(%,质量分数)	组 分	含量(%,质量分数)
甘油	12.0	乳化剂	1.2
薏米提取物	0.5	维生素 C	0.2
牡丹皮提取物	0.3	防腐剂、香精	适量
十八醇	6.0	去离子水	加至 100.0
单硬脂酸甘油酯	8.0		

此配方中的薏米提取物可消炎抑菌,排脓止痛,对面部粉刺有明显的疗效。

表 10－6　配方 5(抗粉刺露)

组　　分	含量(%，质量分数)	组　　分	含量(%，质量分数)
苦参萃取液	0.3	乳化剂	1.2
黄芩提取物	0.2	尿素	0.5
单硬脂酸甘油酯	9.0	柠檬香精	0.5
十八醇	7.0	防腐剂	0.01
甘油	12.0	去离子水	加至 100.0

表 10－7　配方 6(消炎抗粉刺露)

组　　分	含量(%，质量分数)	组　　分	含量(%，质量分数)
龙胆草提取物	0.5	连翘提取液	0.3
乳化剂	1.3	单硬脂酸甘油酯	8
甘油	20	防腐剂	适量
十八醇	6	玫瑰香精、色素	适量
黄芩提取液	0.2	去离子水	加至 100.0

表 10－8　配方 7(抗粉刺霜)

组　　分	含量(%，质量分数)	组　　分	含量(%，质量分数)
白油	10.0	甘油	4.0
Polawax GP－200(乳化蜡)	8.0	乳酸钠(60%溶液)	10.0
聚乙二醇－100 硬脂酸甘油酯	4.0	乳酸	适量
		维生素 E 醋酸盐	0.05
肉豆蔻酸异丙酯	3.0	防腐剂、香精	适量
二甲基硅油	1.0	去离子水	加至 100.0
甲氧基肉桂酸辛酯	1.5		

表 10－9　配方 8（抗粉刺乳）

组　分	含量（%，质量分数）	组　分	含量（%，质量分数）
PEG－15 硬脂基醚	12.0	Sepigel 305	2.0
Polawax NF（乳化蜡）	5.0	甘油	5.0
水杨酸	2.0	香精	适量
羊毛酸	1.0	去离子水	加至 100.0

表 10－10　配方 9（抗粉刺露）

组　分	含量（%，质量分数）	组　分	含量（%，质量分数）
鲸蜡醇	2.0	MAP160	1.0
聚氧乙烯（2）十八醇醚	2.0	甘油	2.0
角鲨烷	0.8	二氧化钛	0.5
棕榈酸异丙酯	2.4	氨甲基丙醇	0.4
硬脂酸辛酯	4.0	Germaben ⅡE	0.4
二甲基硅油	0.8	香精	适量
磷脂 GLA	1.5	去离子水	加至 100.0
磷脂 SV	2.2		

表 10－11　配方 10（抗粉刺凝胶）

组　分	含量（%，质量分数）	组　分	含量（%，质量分数）
Sepigel 305	3.0	*dl*－α－维生素 E	0.05
维生素 A 酸	0.025	乙醇	30.0
十六烷基辛酸酯	3.0	去离子水	加至 100.0

第三节　抗粉刺化妆品的功效评价

一、抑菌效果检测

(一)试验菌株

大肠杆菌、绿脓杆菌、白色念珠菌、金黄色葡萄球菌、表皮葡萄球菌和痤疮丙酸杆菌六种指示菌。

(二)试验步骤

(1)将培养24h的指示菌和培养5天的指示酵母菌用50mmol/L PBS配制成10^6细胞/mL菌悬液。

(2)取被试样品1g,加入上述菌悬液1mL均匀混合20min。随后用50mmol/L PBS进行梯度稀释,分别接种不同试验菌株于培养基平板上,痤疮丙酸杆菌置于厌氧培养箱中于37℃培养3~5天,金黄色葡萄球菌、表皮葡萄球菌于37℃培养24h后观察结果。以无菌水代替样品作为空白对照。

(三)结果判定

1. 计算

$$X = \frac{A - B}{A} \times 100\ \%$$

式中:X表示抑菌率;A表示对照样品平均菌落数;B表示试验样品平均菌落数。

2. 结果

抑菌率≥50%,产品有抑菌作用;抑菌率≥90%,产品有较强抑菌作用。

3. 功效评价

功效评价分三级:显效、有效和无效。

抗粉刺化妆品对六种指示菌的抑菌率均达到≥90%,可判定为能显著有效地预防和抑制青春痘的产生。

抗粉刺化妆品对表10－12所示前3种菌种的抑菌率达到≥90%和对后3种菌种的抑菌率达到≥50%,判定为能有效地预防和抑制青春痘产生。

只要抗粉刺产品对后3种菌种的抑菌率＜50%,则判定为无效。

表10－12　抗粉刺产品对痤疮相关病原菌的抑制效果

指示菌	抑制率(%)		
大肠杆菌	≥90	≥90	
绿脓杆菌	≥90	≥90	
白色念珠菌	≥90	≥90	
金黄色葡萄球菌	≥90	≥50～90	＜50
表皮葡萄球菌	≥90	≥50～90	＜50
痤疮丙酸杆菌	≥90	≥50～90	＜50
功效评价	显效	有效	无效

二、对皮脂分泌的抑制效果评价

皮脂分泌亢进是痤疮发生的原初因素之一,因此,抑制皮脂分泌可作为抗粉刺化妆品功效性评价的重要指标之一。以德国Courage＋Khazaka（CK）公司生产的Sebumeter® SM810测试仪器为例,其测试原理为:油分测试基于光度计原理,一种0.1mm厚的特殊消光胶带吸收人体皮肤上的油脂后,就会变成一种半透明的胶带,它的透光量就会发生变化,吸收的油脂越多,透光量就会越大,这样就可以测量出皮肤油脂的含量。此测试仪的最大优点是测试探头体积小,使用方便,可测试皮肤的任何部位,这是一种油脂腺分泌物的间接测量法。

三、疗效判定

(一)评价标准

目前抗粉刺化妆品疗效判定标准普遍都是按照"卫生部皮肤病药物临床研究指导原则"来进行分级判定的。

痊愈:皮损消退;

显效:皮损消退>60%;

有效:皮损消退>20%~60%;

无效:皮损消退<20%或加重。

虽然对于研制抗粉刺化妆品的企业来说实施不够快捷方便,尤其在筛选多个抗粉刺功效成分和配方时会耗费较长的试验时间,但是疗效型的抗粉刺化妆品与普通化妆品相比毕竟强调的是其功效性,因此套用卫生部皮肤病药物临床研究指导原则也是适合的。

(二)受试人数

30人以上。

(三)功效评价

功效评价分三级:显效、有效和无效。

当抗粉刺化妆品对受试人数的有效率达到≥90%,可判定为能显著有效地预防和抑制青春痘的产生。

抗粉刺化妆品对受试人数的有效率达到≥50%，判定为能有效地预防和抑制青春痘产生。

只要抗粉刺产品对受试人数的有效率 <50%，则判定为无效。

第十一章

抑汗、祛臭化妆品

狐臭是一种体臭,是由于主要分布在腋下、阴部、乳头、口角等部位的大汗腺(又叫顶泌汗腺)排泄的汗液的脂肪酸比普通人高,脂肪酸达到一定浓度,经皮肤表面的细菌(主要是葡萄球菌)的分解,产生不饱和脂肪酸而发出臭味。该臭味与狐狸排出的气味相似,所以常称为狐臭。狐臭的发生具有明显的种族及遗传因素。白色人种、黑色人种、棕色人种患有狐臭者占绝大多数,而黄色人种的体味极轻,体味较重的则认为是一种疾病。狐臭大都发生于青春期,受情绪及荷尔蒙所影响。而青春期的人对于自身散发出的狐臭相对比较敏感,会因此形成较重的心理负担。从而造成性格、思维的不正常,进而形成社交上的障碍,严重的会影响到婚姻、就业、升学、交友等。

消除或减轻臭味,可从两方面采取措施:一是抑制出汗,使汗腺收敛而制止过量排汗;二是杀菌,防止分泌物被细菌分解、变臭,即消除产生臭味的来源。抑汗、祛臭化妆品是通过减少汗腺的分泌,破坏其中间产物,抑制细菌繁殖,达到爽身除臭功能的一类化妆品。此类化妆品可分为两种类型:一类是利用收敛剂的作用,抑制汗液的分泌,间接防止汗臭,称抑汗化妆品;另一类是利用杀菌剂的作用,抑制细菌的繁殖,直接防止汗的分解,称祛臭化妆品。

在我国,抑汗、祛臭化妆品已经列为特殊用途化妆品之一。

第一节　汗腺生理及体臭产生机制

汗腺是皮肤附属器的一种，是由腺体及导管两部分组成的。人类的皮肤中约有200万~300万条汗腺，汗腺负责排出的分泌物中并不含任何细胞的残骸，故汗腺属于不全分泌腺体。$1cm^2$ 的皮肤大约含有80~200条汗腺；在脚掌及手掌的皮肤中，汗腺的数目较多，$1cm^2$ 约400条。

人体汗腺有小汗腺和顶泌汗腺两种。小汗腺除口唇、唇红区、龟头、包皮内面、阴蒂外，几乎遍及全身，是一种结构比较简单的盲端管状腺。小汗腺分泌汗液的成分几乎全部是水，固体含量仅为0.3%~0.8%，主要含有氯化钠、微量的乳酸和尿素，分泌物的pH值为4.5~6.5。通过汗液的排泄可起到散热降温、湿润皮肤、排泄代谢产物、代替部分肾脏功能等作用。

大汗腺（顶泌汗腺）主要分布在人体的少数部位，如腋窝、乳晕、脐窝、肛门、生殖器、外耳道内等。分泌物会掺杂一部分被破坏了的细胞质，为较黏稠的乳状液，含蛋白质、碳水化合物和脂类等。

刚排出皮肤表面的大汗腺分泌物呈乳白色，无臭无味，排出后不久受腋窝潮湿部位细菌（表皮葡萄球菌、格兰氏阴性杆菌等）的分解，发出典型的辛辣气味。腋臭的辛辣气味是由六碳至十碳的不饱和支链脂肪酸所致，主要是3－甲基－2－己烯酸及5α－雄烯酮。由于每个人的生理情况不同，汗液的分泌情况也不相同。有的人腋下大汗腺异常发达，数量多、分布密，分泌和排泄作用十分旺盛，其分泌物比较浓稠，散发出刺鼻难闻的特殊臭味，这种臭味称为腋臭或狐臭。夏季、气温高、汗腺分泌旺盛时，臭味尤为难闻，用一般的香水、花露水等也难以掩盖或消除。

大汗腺在性成熟前呈静止状态,青春期后由于受性激素的刺激,分泌活跃。由于大汗腺的发育受性激素的影响,故腋臭多在青春期发病,青壮年期分泌最为活跃,气味也最明显,老年期则自然减轻或消失。

第二节　抑汗化妆品的设计原则与配方实例

一、抑汗化妆品的设计原则

抑汗化妆品的主要作用在于抑制汗液的过多分泌,吸收分泌的汗液。其主要成分是收敛剂,可以促进皮肤表面的蛋白质凝结,使汗腺膨胀而阻塞汗液的流通,从而产生抑制或减少汗液分泌量的作用。

收敛剂的品种很多,大致可分为两类:

(1)有机酸类,如单宁酸、柠檬酸、乳酸、酒石酸、琥珀酸等。

(2)金属盐类,如苯酚磺酸锌、硫酸锌、硫酸铝、氯化锌、氯化铝、碱式氯化铝、明矾等。铝盐除具有抑汗作用外,还具有杀菌、抑菌作用。常用的抑汗剂有羟基氯化铝、硫酸铝钾、柠檬酸铝、苯酚对磺酸锌、尿囊素氯羟基铝、尿囊素二羟基铝等。因为简单的铝盐易水解,这些化合物电解后呈酸性,对皮肤有刺激作用,对织物会产生腐蚀。如果采用硫酸铝或氯化铝则需要加入缓冲剂,常添加尿素和其他可溶性氨基化合物以减少其对衣服的沾污,但效果不甚理想;又因氯化铝的刺激性很大,其用量不可太高,因此,简单铝盐较少直接用于抑汗剂配方中。羟基氯化铝等碱式铝盐以及复合型金属盐抑汗剂,呈弱碱性,对皮肤的刺激性和对衣物的沾污、损伤较少,成为较常见的止汗剂品种,如碱式氯化铝的复盐可以在没有缓冲剂存在的情况下使用。

二、抑汗化妆品的分类与配方组成

抑汗化妆品可以制成液状、膏霜状、粉状、棒状等多种类型。

(一)粉状抑汗化妆品

粉状抑汗化妆品以滑石粉等粉料作为基质,再加收敛剂配制而成,具有滑爽和吸汗作用。由于附着力差,抑汗效果不如其他类型抑汗化妆品,因此这种产品目前市场上已很少见到。

(二)液状抑汗化妆品

液状抑汗化妆品主要成分是收敛剂、保湿剂、分散剂、香精、乙醇和水等。氯化铝的刺激性强，用量不宜过多，而碱式氯化铝性质缓和，可以不用缓冲剂。保湿剂起到对皮肤保湿和防止溶液蒸发的作用。配方中常加入少量非离子表面活性剂作为香精的分散剂，使之形成透明的溶液。添加的香精具有祛臭、增加香味的作用，选用的香精要求在酸性溶液中不变色。水和乙醇是溶剂，而乙醇也具有一定的收敛作用。也可以根据需要加入祛臭剂和缓冲剂，祛臭剂必须溶解于液体溶液中。缓冲剂用来缓冲氯化铝或硫酸铝的过强酸性。

(三)膏霜型抑汗化妆品

膏霜型抑汗化妆品由于携带和使用方便,最受消费者欢迎,也是市面上较为流行的一种抑汗化妆品。这种抑汗化妆品大多是在雪花膏型膏霜配方基础上加入收敛剂而制得的 W/O 型乳化体。因收敛剂多为水溶性盐类,所以,溶解在水中作为连续相的 O/W 型乳化体中才能产生较好的收敛抑汗效果。

一般收敛剂用量为 15% ~20% ,因其具有酸性,所选用的乳化剂必须具有耐酸性,并与收敛剂配伍性好才能制得较满意的乳化体。通常，非离子表面活性剂如脂肪酸甘油酯、聚氧乙烯脂肪酸酯等，阴离子表面活性剂如烷基硫酸盐、烷基苯硫酸盐等都可用作乳化剂，其用量与自身的类型、性质及所用的油蜡性质有关。乳化剂的用量对乳化体的稠度有影响，用量多则形成较软的膏体。采用阳离子表面活性剂或非离子乳化剂制成的膏体较软，也可采用非离子乳化剂与阴离子或阳离子乳化剂复配使用，以获得稠度适宜的产品。乳化体中油蜡用量一般为15% ~20%，多选用多元醇的脂肪酸酯和鲸蜡等。为了提高乳化体的浊度和增白作用，多用白色的粉质原料，如钛白粉等，用量为0.5% ~1.0%。

为了缓冲收敛剂酸性的刺激性和腐蚀性，可用碱性物质（如尿素）作为缓冲剂调节，一般用量为5% ~10%。

常用的保湿剂有甘油、丙二醇、山梨醇和聚乙二醇等，用量一般为3% ~10%，用量太大会使皮肤有潮湿的感觉。

（四）棒状抑汗化妆品

棒状抑汗剂是美国市场上最流行的一种抑汗化妆品，由蜡状基质和抑汗剂组成，微细羟基氯化铝、润滑剂和其他功能性添加剂均匀分散于作为载体的基质内，形成可在室温下定型成棒的制品。棒状抑汗化妆品实质上是无水悬浮体或悬胶体。

（五）滚球式抑汗化妆品

这类抑汗化妆品的优点是使用和剂量控制方便，不需要使用手指，就能把高黏度的液体或乳液涂于腋下，而不会滴至其他地方。它主要采用了一个设计精致、带滚球的盖塞，滚球一转动，其表面就会产生一层薄而均匀的液体，与皮肤接触时便转移至皮肤上。其内容物为黏液体或乳液，有两种类型：无水悬浮液和含水乳液。

1. 无水悬浮型

这类抑汗化妆品的组成与棒状抑汗化妆品的组成相似，所不同的是这类抑汗化妆品为中等黏度的液体，含有较少的高熔点的蜡类和醇类。通常在基质中使用二氧化硅、硅酸铝镁、膨润土、水辉石和季铵化黏土类作为增稠剂，以调整黏度，减少微细粉末状抑汗剂的聚集，保证颗粒均匀分布，并可改变产品的外观。

2. 乳液型

这类抑汗化妆品的基质与一般乳液相近，主要着重于稳定性和黏度控制，主要成分为乳化剂、润滑剂、保湿剂和其他辅料，如防腐剂、抗氧剂、螯合剂、缓冲剂、调理剂、增白剂、赋香剂和杀菌剂。乳化剂的主要功能为胶凝、乳化和增稠，主要原料为 PPG－11 硬脂醚、PPG－15 硬脂醚、硬脂酸甘油酯、十六醇、三硬脂酸铝、Tween－20、月桂酸、PEG－20 甲基葡糖倍半硬脂酸酯等。可作为润滑剂的原料有环状二甲基硅氧烷、己二酸二异丙酯、肉豆蔻酸异丙酯、棕榈酸异丙酯等。

(六)喷剂式抑汗化妆品

喷剂式抑汗化妆品包括气雾剂型和手按泵型喷剂，也是较流行的一类抑汗化妆品。它携带方便，使用时不需用手涂抹和接触皮肤，剂量控制容易。抑汗喷剂要求雾化分散，这需要使用很细而均匀的羟基氯化铝的粉末，例如要求 90% 以上的颗粒粒度在 10μm 左右，这对抑汗功能和雾化作用都有利。适当的黏度、添加少量乙醇也可改善雾化状况。

三、抑汗化妆品的配方实例

抑汗化妆品的配方实例见表 11－1～表 11－9。

表 11－1 配方 1(抑汗霜)

组　分	含量(%,质量分数)	组　分	含量(%,质量分数)
硫酸铝	18.0	丙二醇	5.0
单硬脂酸甘油酯	16.0	钛白粉	0.5
十六烷基硫酸钠	1.5	去离子水	48.8
鲸蜡	5.0	香精	0.2
尿素	5.0		

膏霜类抑汗化妆品的制备过程较液体制品复杂。具体为:将油脂和乳化剂一起加热至 75～85℃,将水和甘油混合后加热至同一温度加入,搅拌使起乳化作用。冷却乳化体,加入钛白粉并继续搅拌使混合均匀,控制温度在 35～40℃时加入铝盐,继续搅拌使铝盐完全溶解,膏体均匀。然后缓慢加入已磨细的尿素粉,维持搅拌直至溶解。最后加入香精,搅拌均匀并冷至室温。如果配方中加入收敛性盐类的含量较高,则膏体最好经过一次研磨过程,以保证产品的均匀一致。

表 11－2 配方 2(抑汗乳液)

组　分	含量(%,质量分数)	组　分	含量(%,质量分数)
羊毛脂的乙酰化聚氧乙烯衍生物	2.0	乙二醇硬脂酸酯	4.0
		胶态硅酸铝镁	1.0
羊毛脂衍生物的甾醇萃取物	5.0	去离子水	约 48.0
		水合氯化铝(50%)	36.0
鲸蜡醇	2.0	香精、防腐剂	适量
甘油	2.0		

表 11－3 配方 3(棒状)

组　分	含量(%,质量分数)	组　分	含量(%,质量分数)
丙二醇	约 59.85	二聚丙二醇	18.0

续表

组　分	含量(%,质量分数)	组　分	含量(%,质量分数)
四氯羟锆铝—甘氨酸—丙二醇复合物	12.0	甘油-7苯甲酸酯	1.50
氢氧化钠	0.90	PPG-3异硬脂醇醚-9	1.50
DBMSA	2.50	PPG-3肉豆蔻醚	3.0
甘油	0.75	香精、色素	适量

表 11-4　配方 4(透明棒状)

组　分	含量(%,质量分数)	组　分	含量(%,质量分数)
1,3-丁二醇	20.0	羟基氯化铝	10.0
2,4-二羟基-2-甲基戊烷	10.0	环状二甲基硅氧烷	5.0
		硬脂酸	0.5
乙醇(无水)	49.9	羟丙基纤维素	0.2
硬脂醇醚-100	1.0	六亚甲基四胺	0.1
DBMSA	3.0	乙酸锌	0.3

表 11-5　配方 5(液状)

组　分	含量(%,质量分数)	组　分	含量(%,质量分数)
碱式氯化铝	15.0	乙醇	50.0
六氯二羟基二苯甲烷	0.1	去离子水	29.65
丙二醇	5.0	香精	0.25

表 11-6　配方 6(乳液型)

组　分	含量(%,质量分数)	组　分	含量(%,质量分数)
环状二甲基硅氧烷(Dow Corning 344)	20.0	四氯化羟锆铝-甘氨酸(35%水溶液)	58.0
环状二甲基硅氧烷、二甲基硅氧烷聚醚(Dow Corning 3225C)	10.0	去离子水	3.3
		丙二醇	8.7

表 11－7　配方 7(乳膏型)

组　分	含量(%,质量分数)	组　分	含量(%,质量分数)
鲸蜡醇	5.0	去离子水	46.0
聚氧丙烯(15)硬脂酰醚	4.0	碱式氯化铝(50%水溶液)	40.0
Arlacel 165 乳化剂	5.0		

表 11－8　配方 8(气雾剂型)

组　分	含量(%,质量分数)
丙酸肉豆蔻酯(Lonzest 143－S)	64.0
羟基氯化铝(微细粉体)	33.0
二氧化硅	3.0

注　基质/推进剂＝25/75。

表 11－9　配方 9(清爽抑汗粉)

组　分	含量(%,质量分数)	组　分	含量(%,质量分数)
薄荷油	1.0	滑石粉	约 40.0
氧化镁	9.0	碳酸氢钠	30.0
氧化锌	20.0	甜橙油	适量

第三节　祛臭化妆品的设计原则与配方实例

一、祛臭化妆品的活性成分

祛臭化妆品中的祛臭活性成分可采用杀菌剂,利用杀菌剂可以抑制细菌的繁殖和分解,直接防止体外汗液的分解变臭。常见的杀菌剂有六氯酚、三氯生(2,4,4－三氯－2－羟基二苯醚)、氯化苄烷胺、盐酸洗必泰等,这些物质在使用时均有限用量。

采用抗生素也能制止腋臭,3%金霉素油膏有良好的祛臭效果,对80%人的腋下有抑制细菌生长的作用,土霉素和新霉素也都有同样的效果。但用于化妆品的较少。

离子交换树脂也有祛臭的效果。阴离子和阳离子交换树脂都有吸除腋汗中臭物的作用,当一种阴离子或阳离子树脂成为细粉状用于腋下时,会产生酸性或碱性的臭味,所以两种类型的树脂混合使用效果更好,但粉状制品易被汗液冲掉。当将阴离子和阳离子树脂制成油膏或乳化体时,祛臭效果十分显著。这类产品中采用20%混合树脂,使用后如果不洗去,祛臭效果能维持1～3天。

季铵盐型表面活性剂如鲸蜡基吡啶氯盐、烷基三甲基氯化铵等也用于祛臭化妆品中,这类制品的安全性高,对皮肤的刺激性小,效能长,但在与其他类抑汗除臭剂复配时须考虑某些季铵盐品种与硫酸根离子是不相容的。

氧化锌或某些碱性锌盐可与产生体臭的低级脂肪酸进行反应生成金属盐,部分除去臭气。国内还常使用中草药如广木香、丁香、藿香、荆芥等的制剂作为除臭剂。

由于茶多酚能抑制或杀灭细菌,且茶多酚和其他黄酮类物质又有很强的吸附能力,因此茶叶提取物具有很好的消臭效果。日本目前已有多家公司生产和销售茶叶提取物,用作化妆品除臭和杀菌剂等,如日本矿业株式会社/日进香料株式会社生产的以乙醇提取的茶叶提取物,商品名为德奥孔13189－B,溶剂是水和乙醇,供食品、化妆品祛臭用;又如一丸洁尔可斯株式会社以绿茶多酚为原料,将茶叶提取液用于化妆水、膏、霜中,防止化妆品中的油脂酸败,并有收敛、抗氧化、祛臭、消炎作用,对表皮和头发中的蛋白质、角蛋白以及附在它们表面的细菌蛋白有极大的亲和性和凝固性,所以对角质层有洗涤、抑制细菌繁殖及黑色素形成，防止体臭的效果。

二、祛臭化妆品的分类与配方组成

祛臭化妆品可分为粉状、液状、膏霜状、棒状和气溶胶型等多种剂型，其配方组成见表11－10。

表11－10　祛臭化妆品的配方组成

结构成分	主要功能	代表性原料
杀菌剂	杀菌、抑菌	三氯二苯脲、二氯苯氧氯酚、吡啶硫酮锌、卤化水杨酰苯胺类、四甲基秋兰姆二硫化物、苯扎氯氨
化学除臭剂	使臭味分子转变成无臭或低臭	氧化锌、ZnO－尼龙粉、碳酸锌、蓖麻酸锌
吸附除臭剂	吸附臭气	分子筛
植物提取物除臭剂	除臭	地衣、龙胆、山金车花、滇荆芥、茶树油、鼠尾草、百里香
胶凝剂	胶凝、增稠	硬脂酸钠、硬脂酸甘油酯、硬脂醇醚－100、异硬脂醇醚－2、硬脂酸、硬脂醇、十六醇、氢化蓖麻油、月桂酰胺DEA、羟乙基纤维素
保湿剂	保湿	丙二醇、甘油、山梨醇、1,3－丁二醇、1,2,6－己三醇、己二醇、二聚丙二醇
润滑剂	润滑	肉豆蔻酸异丙酯、二甲基硅氧烷－聚醚、PPG－3肉豆蔻酸醚
螯合剂	螯合重金属	EDTA－Na_4
中和剂	中和	氢氧化钠、氨基乙基丙醇
增溶剂	增溶	乙醇
收敛剂	收敛	金缕梅提取液
愈合剂	伤口愈合	芦荟提取液
香精	赋香	香精或精油

液状除臭剂的有效成分一般采用季铵盐类化合物，因其在皮肤上有附着的倾向，不易被汗液冲掉，因此杀菌和祛臭的效能较长久，在配

方中的含量高达2%。通常将季铵盐类原料溶解于水或50%的酒精溶液中,加入叶绿素衍生物与季铵盐类化合物并用于祛臭液和祛臭霜,配方中还加入香料和保湿剂。

膏霜类除臭剂如果采用氯化苯酚类,则需严格选择与其相容的乳化剂类型。硬脂酸钾和硬脂酸的雪花膏类乳化体可作为这类物质良好的基体。而非离子型乳化剂则会影响这类产品的杀菌性能。

三、祛臭化妆品的配方实例

祛臭化妆品的配方实例见表11－11～表11－18。

表11－11　配方1(祛臭露)

组　分	含量(%,质量分数)	组　分	含量(%,质量分数)
鲸蜡醇	4.0	聚氧乙烯(20)十八醇醚	1.5
肉豆蔻酸异丙酯	3.0	甘油	5.0
聚氧乙烯(2)十八醇醚	2.0	防腐剂、香精、色素	适量
蒙纳磷脂DCM	1.0	去离子水	约83.5

表11－12　配方2(气雾剂型)

组　分	含量(%,质量分数)	组　分	含量(%,质量分数)
乙醇	26.5	丙二醇	3.0
滇荆芥提取物	2.0	香精	0.9
地衣提取物	0.9	推进剂	66.7

表11－13　配方3(喷雾型祛臭霜)

组　分	含量(%,质量分数)	组　分	含量(%,质量分数)
对羟基苯磺酸锌	2.0	三氯生	0.1
肉豆蔻酸异丙酯	2.0	乙醇(无水)	约92.9
1,3－丁二醇	3.0	香精	适量

表 11－14　配方 4(气溶胶祛臭液)

组　　分	含量(%,质量分数)	组　　分	含量(%,质量分数)
羟基硬脂酸铝镁和环状硅氧烷	7.25	肉豆蔻酸异丙酯	5.0
		水合氯化铝	8.25
环二甲基聚硅氧烷五聚物	4.50	正戊烷	40.0
		丙烷/丁烷	35.00

注　气溶胶:液化石油气:祛臭剂原液＝50:50。

表 11－15　配方 5(棒状)

组　　分	含量(%,质量分数)	组　　分	含量(%,质量分数)
硬脂酸	8.50	龙胆提取物	0.70
丙二醇	68.70	山金车花提取物	0.70
氢氧化钠	1.33	滇荆芥提取物	0.70
去离子水	16.17	香精	1.70
地衣提取物	1.50		

表 11－16　配方 6(棒状)

组　　分	含量(%,质量分数)	组　　分	含量(%,质量分数)
乙醇	43.25	环甲基硅氧烷	5.00
丙二醇	43.30	羟基三氯二苯醚杀菌剂	0.30
十六醇	5.00	香精	0.15
二亚苄基单山梨醇乙羧醛	3.00		

表 11－17　配方 7(粉状)

组　　分	含量(%,质量分数)	组　　分	含量(%,质量分数)
滑石粉	61.0	麝香草酚	1.0
轻质碳酸钙	20.0	薄荷脑	1.5
硬脂酸镁	5.0	香精	1.5
硼酸	10.0		

表 11－18　配方 8(祛臭霜)

组　　分	含量(%,质量分数)	组　　分	含量(%,质量分数)
单硬脂酸甘油酯	10.0	氢氧化钾	1.0
硬脂酸	4.0	去离子水	68.0
肉豆蔻酸异丙酯	4.0	六氯酚	0.5
鲸蜡醇	2.0	香精	0.5
甘油	10.0		

第四节　抑汗、祛臭化妆品的功效评价

一、抑汗化妆品的功效评价

抑汗化妆品的作用是为了减少汗液分泌,一般情况下,汗液分泌减少 20% 是不明显的。根据热室试验,如果使用抑汗化妆品减少汗液的效率小于 20%,这种抑汗化妆品就不会被消费者接受。美国 FDA 的 OTC 评论专家组推荐《OTC 抑汗药品有效性试验指引》,并提出各类抑汗化妆品平均出汗下降的范围(表 11－19),作为抑汗化妆品评价的参考。具体临床评价方法有质量法和测湿法。

表 11－19　美国 FDA 的 OTC 评论专家委员会提出各类抑汗化妆品出汗下降的评价范围

剂　　型	出汗下降评价范围(%)	剂　　型	出汗下降评价范围(%)
气雾剂型	20～33	乳液型	28～62
膏霜型	35～47	液状	15～54
滚球式型	14～70	棒状	35～40

二、祛臭化妆品的功效评价

一般祛臭制品中配有杀菌剂,因此也可将杀菌效果作为指标间接类推其祛臭效果。本节从化妆品技术的角度介绍祛臭效果的试验法及其实验例。

引起体臭和汗臭的物质是多种多样的，其产生臭气的程度也不相同。祛臭的原理也有消臭、中和、吸附、生物脱臭（酶、杀菌）等。因此测定体臭和汗臭的祛臭效果可以用仪器分析法分析臭气物质的浓度，同时用嗅觉作感官评价试验。

（一）仪器分析法

一般认为引起体臭和汗臭的物质是低级脂肪酸（己酸、辛酸、癸酸、异戊酸等）和某些甾族化合物如雄（甾）烯酮、雄（甾）烷醇等。可以用气相色谱（GC）对臭气物质进行定性检测。已确认在尿臭中具有麝香样特征的臭气是挥发性甾族化合物，具有强的酸臭的物质是丁酸和异戊酸等短链脂肪酸。另外，根据 GC－MS 和 GC－FTIR 的测定结果解析，腋臭成分是直链、支链和不饱和脂肪酸，其臭气的主成分是（*E*）－3－甲基－2－己烯酸。目前臭气物质的仪器测定法有气相色谱和臭气传感器等方法。

1. 气相色谱法

气相色谱法广泛用于臭气物质的分离定量。虽然实际的臭气的强弱与分离峰的总计算值未必一致，但是用模型臭气物质测定祛臭效果是可能的。液上气相色谱法（HS－GC）是测定处于平衡状态气相异戊酸的浓度，本法虽可适用于祛臭物质的筛选，但还不能最终确认制品效果。

2. 臭气传感器法

近年来，由于传感技术的进步，开发出了臭气传感器，它比气相色谱仪器小巧、轻便。同时，由于每单位浓度的变化量对于低浓度域来讲比较明显，所以适用于低浓度臭气成分的测定。日常臭气的产生是由各种物质经复杂构成呈现的结果，虽然臭气传感器显示的数值未必与人的感觉量相一致,但用于臭气中特定物质的定量是完全可能的。

(二)感官评价

虽然用气相色谱和臭气传感器等仪器也是分析、测定臭气物质的方法,但是成分量和臭气阈值之间的关系以及成分的个体差是很复杂的,不是确认实际效果的客观方法。为此,最终制品的祛臭效果的确认需通过受过训练的人的嗅觉的感官评价来实现。它分为直接腋臭评价法和间接腋臭评价法。

1. 直接腋臭评价法

直接腋臭评价法是由受过专门训练的专家用鼻子闻气味,按照给定的方法直接嗅被验者的腋下的评价方法。判定者应该具有优秀的嗅觉能力和适当的训练。

2. 间接腋臭评价法

间接腋臭评价法是用器具或道具移取被验者的腋臭,然后用嗅觉评价的方法。由于被验者和判定者不直接见面,不会有偏见、先入为主、厌恶感等,如果时间短的话,由于可用冷藏保存试样,所以实验效率高。

臭气味强度的定标和描写采用 10 级记分法(表 11 - 20),也可使用以异戊酸稀溶液作为参考标准的 5 级记分法(表 11 - 21)。

表 11 - 20　臭气强度 10 级定标

记　分	臭气强度定标	记　分	臭气强度定标
0	无臭气味	6	稍浓臭气味
1	阈值臭气味	7	中等浓臭气味
2	十分淡臭气味	8	浓臭气味
3	淡臭气味	9	十分浓臭气味
4	淡至中等臭气味	10	极浓臭气味
5	中等臭气味		

表 11-21 臭气强度 5 级定标

记 分	臭气强度	异戊酸水溶液浓度(mL/L)
0	无臭气味	0
1	淡臭气味	0.013
2	确定的臭气味	0.053
3	中等臭气味	0.22
4	浓臭气味	0.87
5	十分浓臭气味	3.57

第十二章

发用化妆品

第一节 毛发的结构与性质

人体不同部位的毛发分布形式完全不同,毛发主要是头发,另外还有眉毛、睫毛、汗毛和腋毛等。头发有一定的防御和保持体温的功能,但对于人类来说,更重要的是毛发可以作为人的第二性征,并且有很强的修饰功能,具有可塑性、选择性和装饰性等特点,对人类头面部、肩颈部以至整个体态具有协调作用。人的头发多少受遗传因素的影响,但日常护理不当以及头发的各种疾病也会造成头发伤害或头发脱落,因而会不同程度地影响人的容貌和精神。

一、头发的结构

头发由复杂的角质纤维构成,角质蛋白分子组成的角质纤维通过螺旋式的组合相互缠绕。头发的横切面从外到里可分为毛表皮、毛皮质和毛髓质三个部分。

(一)毛表皮

毛表皮是毛发的最外层结构,由扁平细胞交错重叠成鱼鳞片状,从毛根排列到毛梢,包裹着内部的皮质。毛表皮主要构成物质是一种叫"角蛋白"的蛋白质,由鳞片或瓦状的角质细胞构成。这一层护膜虽然很薄,只占整个头发的10%~15%,但却具有重要的性能,它可以保护头发不受外界环境的影响，抵御外来的刺激，保护皮脂并抑制水分的蒸发，保持头发乌黑、亮泽和柔韧。

毛表皮膨胀力强，可有效地吸收化学成分，遇碱时关闭毛孔。表皮层有凝聚力并延续了皮质的角蛋白纤维质，可以抵抗外界的一些物理作用与化学作用。角质层变薄的话，头发会失去凝聚力和抵抗力，发质变得脆弱。当阳光从表皮层的半透明细胞膜进入细胞内时，如果发质损伤或分叉，阳光射入时会发生不规则反射，给人一种发质粗糙的感觉。

毛表皮虽有一定硬度但很脆，对摩擦的抵抗力差，在过分梳理和使用不好的洗发香波时很容易受伤脱落，使头发变得干枯无光泽。一般所说的头发损伤，即毛表皮的损伤。

（二）毛皮质

毛皮质占毛发成分的75% ~90%，是决定头发性能的重要组成部分。毛皮质位于毛表皮的内侧，由含有许多具有凝结力和决定头发颜色的麦拉宁黑色素的细小纤维质细胞组成。纤维质细胞的主要成分是角质蛋白，角质蛋白由氨基酸组成。蛋白质链互相缠绕，形成原纤维，这些螺旋状微小的原纤维进一步聚集组成小纤维，再由多根螺旋状的小纤维组成大纤维，最后数根螺旋状的大纤维结合成肉眼可以看到的纤维体。角质蛋白的链状结构，使头发具有可伸缩的特性，不易被拉断。但头发湿的时候较为脆弱，不当牵拉，容易造成损伤。

（三）毛髓质

毛髓质位于头发的中心，是含有少许麦拉宁黑色素粒子的空洞性的细胞集合体，这些细胞集合体以一至二列并排且呈立方体的蜂窝状排列着。它内部是空心的孔状结构，里面含有空气。这些饱含空气的洞孔具有隔热的作用，而且可以提高头发的强度和刚性，又几乎不增加头发的重量。它担负的任务就是保护头部，防止日光直接照射进来。毛髓体积占毛发的2/3,较硬的头发含有的髓质也较多。

二、头发的生长周期

头发从毛囊深部的毛球不断向外生长,每根头发可生长若干年。在此期间一般的因素如香波清洗、日晒等,只要不影响毛囊,则只是影响毛干的生长,不会影响毛球继续生长头发,直到最后其自然脱落。毛囊休止一段时间后又长出新的头发,这个过程称为发生长周期。头部的每个毛囊从婴儿出生到之后的几十年中,大约可发生20多个周期。整个生长周期可分为三个阶段:生长期(anagen phase)、退化期(catagen phase)和休止期(telogen phase),如图12-1所示。

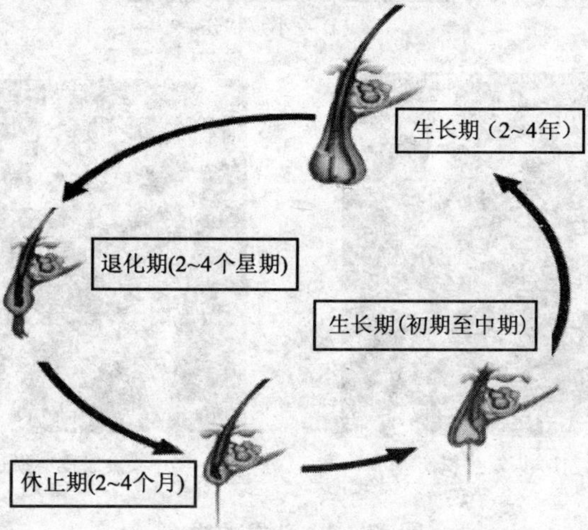

图12-1 头发的生长周期

三、头发的损伤

(一)头发损伤的表现

头发的损伤是常见的现象,在头发生长过程中就会发生,图12-2所示为几种损伤形式。一般头发都会发生经时损伤,如正常生长的头发在发梢部分，毛小皮散失殆尽，表面粗糙丧失光泽，头发受到严重损伤；而在头发中部毛小皮开始局部散失，头发慢慢失去光泽，说明头发开始受到损伤；在根部头发基本没有受到损伤。头发损伤后不及时护理，会导致头发加速损伤，破坏严重，影响生理健康和外在美观。

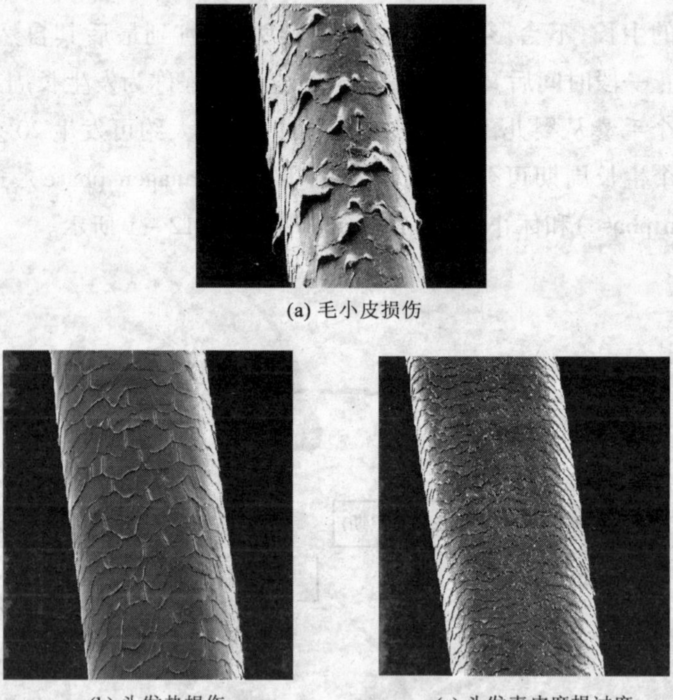

(a) 毛小皮损伤

(b) 头发热损伤

(c) 头发表皮磨损过度

图 12－2　头发的损伤

(二)头发损伤的原因

(1)物理损伤，主要包括梳理、牵拉和刮发等。

(2)化学损伤，主要包括烫发、直发、染发和漂白等。烫染造成毛发受损，最主要来自于药水中所含的碱性成分，会破坏蛋白质纤维，导致毛发的蛋白质流失，毛发出现多孔而无弹性的症状，造型不易维持。

(3)热损伤,主要包括热吹风和电烫等。

(4)日光损伤及气候老化,主要包括紫外线辐射、潮湿、海水中的盐类、游泳池中的化学物质和空气污染等。

第二节　洗发用品的设计原则与配方实例

洗发用品是人们日常生活中不可缺少的必需品。洗发用品的英文名称为 Shampoo,译为香波,已成为人们对洗发用品的习惯称呼。

洗发的目的在于清除附着在头皮上的汗垢、灰尘、微生物、头屑、臭味等,保持头皮和头发的清洁和美观。现今,人们对香波的要求越来越高,从原来单纯期望将头发洗干净,发展到希望香波具有多种功能。许多香波选用有疗效的中草药或水果、植物的提取液作为添加剂,或采用天然油脂加工而成的表面活性剂作为洗涤发泡剂等,以提高产品的性能,顺应"回归大自然"的世界潮流。

各种香波在其品质上应具有以下性质:

(1)适度洗净力,既能洗去灰尘、污秽、多余的油腻物和脱离的头皮屑,又不会脱尽油脂而使头发干燥。

(2)泡沫细腻丰富,稳泡性好,即使在头皮和污物存在下,也能产生致密和丰富的泡沫。

(3)具有良好的干发和湿发的梳理性,洗发后,头发不发黏,能使头发光亮、柔软。

(4)性能温和,对眼睛、皮肤、头发无刺激、无毒性,安全性好,pH值保持在 6 ~ 8.5 之间。

(5)容易从头发上清洗干净。

(6)具有芬芳的香气和悦人的色泽。

单纯的一种香波想要完全达到人们的要求是很困难的，因为有些因素是相互冲突的。只有根据不同类型的头发，在一种产品的配方中进行综合平衡，才能满足各种不同消费者的需求。

一、香波的配方组成

（一）洗涤剂

香波中的洗涤剂利用其渗透、乳化和分散作用，将污垢从头发、头皮中除去。在选择香波用洗涤剂时，主要应考虑以下各方面的因素：产品的档次和销售对象，以确定最高允许的原料成本；泡沫的高度和泡沫的组织结构；去污能力；对皮肤和眼睛的刺激作用；处理和混合工艺方便可行；与其他原料的配伍性；颜色；气味；纯度；生物可降解性。

在香波的原料中作为洗涤成分的有阴离子、非离子和两性离子表面活性剂，一些阳离子表面活性剂也可作为洗涤的原料，但去污发泡仍以阴离子表面活性剂为主。

1. 阴离子表面活性剂

（1）脂肪醇硫酸盐（$ROSO_3M$）。缩写为 AS，这是香波中最常用的阴离子表面活性剂之一，有钠盐、钾盐、铵盐、一乙醇胺盐、二乙醇胺盐和三乙醇胺盐。AS 有很好的发泡性和去污力及良好的水溶性，其水溶液呈中性并且有抗硬水性。不足之处是在水中的溶解度不够高，对皮肤、眼睛具有轻微的刺激性。其中以月桂醇硫酸钠（K_{12}）的发泡力最强，去油污性能良好，但低温溶解性较差，由于脱脂力强而有一定的刺激性，适宜于配制粉状、膏状和乳浊状香波。乙醇胺盐具有良好的溶解性能，低温下仍能保持透明，是配制香波的重要原料。就黏度而言，相同浓度下，一乙醇胺盐 > 二乙醇胺盐 > 三乙醇胺盐。常使用的十二烷基硫酸三乙醇胺，缩写为 LST，为浅黄色透明黏稠液体，其性质温和，脱脂力和刺激性都较月桂醇硫酸钠低，与其他阴离子和非离子表面活性剂的配伍性好，具有增稠作用，浊点较低，在气候寒冷时保持透明，是制造透明液体香波的主要原料。LST 的活性物含量一般为 40% ±2%，pH 值为 6 ~7。

(2)脂肪醇聚氧乙烯醚硫酸盐[$RO(CH_2CH_2O)_nSO_3M$]。缩写为 AES，一般 R 多为十二烷基，n 为 2 ~4，其可溶性以 n 为 4 时最佳。AES 多为钠盐、胺盐，是香波中应用最广泛的阴离子表面活性剂之一。由于 AES 是脂肪醇加成环氧乙烷(EO)，增加亲水基，故 AES 性能较 AS 优越，还具有非离子表面活性剂特性，在硬水中仍有较好的去污力。它的刺激性远低于 AS，溶解性比脂肪醇硫酸钠好，低温下仍能保持透明，适宜于配制液体香波。它具有优良的去污力，起泡迅速，但泡沫稳定性稍差。它的另一个特点是易被无机盐增稠，如 15% 浓度的脂肪醇聚氧乙烯醚(3)硫酸钠溶液，当 NaCl 加入量为 6.5% 时，其黏度可达 16Pa·s 以上。

(3)脂肪酸单甘油酯硫酸盐[$RCOOCH_2CH(OH)CH_2OSO_3M$]。脂肪酸单甘油酯硫酸盐作为香波的原料已有较长的历史，一般采用月桂酸单甘油酯硫酸铵。其洗涤性能和感觉类似月桂醇硫酸盐，但比月桂醇硫酸盐更易溶解，在硬水中性能稳定，有良好的泡沫，洗后使头发柔软而富有光泽。其缺点是易水解，适合于配制弱酸性或中性香波。

(4)醇醚磺基琥珀酸单酯二钠盐。全称是脂肪醇聚氧乙烯醚磺基琥珀酸单酯二钠盐，简写为 MES 或 AESM 及 AESS，是一种磺基琥珀酸盐类阴离子表面活性剂。MES 具有良好的洗涤和发泡能力，尤其是对人体皮肤及眼睛的刺激作用极低，比 AS、AES 等都要温和，是目前肤发清洁用品中极温和的表面活性剂之一，甚至比两性表面活性剂还温和。MES 与其他阴离子表面活性剂复配时，可以显著地降低后者的刺激性，特别是与 AES 复配的效果极好。另外，MES 还可以与阳离子表面活性剂(1631、1831 等)复配，这是 AS、AES 所不可能的。MES 无毒，生物降解性好，安全性高。MES 的不足之处是黏度特性较差，其配制出的化妆品的黏度较难调节。MES 为淡黄色透明黏稠液体，其活性物含量多为 30% ±2%，pH 值为 5～6.5。

（5）琥珀酸酯磺酸盐类。琥珀酸酯磺酸盐类是近几年来新开发的新型阴离子表面活性剂，主要有脂肪醇琥珀酸酯磺酸盐[$RCOOCCH_2CH(SO_3M)COOM$]、脂肪醇聚氧乙烯醚琥珀酸酯磺酸盐[$RO(CH_2CH_2O)_nOCCH_2CH(SO_3M)COOM$]和脂肪酸单乙醇酰胺琥珀酸酯磺酸盐[$RCONHCH_2CH_2OOCCH_2CH(SO_3M)COOM$]等。此类表面活性剂普遍具有良好的洗涤性和发泡性，对皮肤和眼睛刺激性小，属温和型表面活性剂；与醇醚硫酸盐、脂肪醇硫酸盐等混合使用，具有极好的发泡性，并可降低醇醚硫酸盐和脂肪醇硫酸盐等对皮肤的刺激性。与其他温和型产品如咪唑啉、甜菜碱等相比，具有成本低、价格便宜等特点。其中特别是油酸单乙醇酰胺琥珀酸酯碳酸盐，具有优良的低刺激性、调理性和增稠性。由于分子中酰胺键的存在，易于在皮肤和头发上吸附而广泛地用于配制个人保护用品。此类表面活性剂在酸或碱性条件下易发生水解，故适宜于配制微酸性或中性香波。

（6）脂肪酰谷氨酸钠[$RCONHCH(COOH)CH_2CH_2COONa$]。脂肪酰谷氨酸钠是氨基酸系列表面活性剂，其母体有两个羧基，通常只有一个羧基成盐，脂肪酰基可以是月桂酰基、硬脂酰基等。由于分子中具有酰胺键，易在皮肤和头发上吸附；又由于带有游离羧酸，可以调节 HLB 值；在硬水中使用具有良好的起泡能力。这种表面活性剂对皮肤温和、安全性高，可用于配制低刺激性香波。

（7）椰子油单乙醇酰胺磺基琥珀酸单脂二钠盐。它的刺激性比 AES、MES 更低，有良好的配伍性、起泡性和稳定性。有优良的钙皂分散力和去污力，还具有一定的调理性和增稠性，特别适合用于婴儿洗浴液。

（8）烯基磺酸盐。缩写为 AOS，在硬水中的去污力和起泡性能良好，对皮肤的刺激小，与其他表面活性剂有良好的配伍性，但其产品质量难以控制。现由于技术进步，AOS 的生产有了很大的发展，在国外

(如日本、韩国)已广泛应用于洗衣粉(代替 LAS)和香波(代替 AS、AES),是有着良好应用前景的一种表面活性剂。AOS 为淡黄色黏稠液体,其活性物含量多为 40% ±2%。

(9)*N*－酰基谷氨酸盐。缩写为 AGA,是氨基酸类表面活性剂中产量最大的。它具有良好的助洗涤去污力,耐硬水,对毛发有亲和性,对皮肤刺激性小,作用温和,毒性低,能与各种阴离子、非离子和两性表面活性剂配伍。AGA 的活性物含量一般为 30% ~40%,其 pH 值为 6 ~8。

(10)烷基磷酸酯(盐)类。它是由脂肪醇与磷酸反应生成磷酸单酯和磷酸双酯,再与适当的碱中和而得到的一类磷酸酯类表面活性剂。它的性质温和,毒性小,刺激性低,还具有抗静电作用。其乳化性能优良,虽去污力和润湿性较差,但在香波中可作为温和的洗涤助剂及调理剂。由于这类表面活性剂具有许多优良的性质,在化妆品中越来越受到重视,其应用前景将会十分广阔。

除上述阴离子表面活性剂外,其他还有烷基苯磺酸盐、烷基磺酸盐等,但由于其脱脂力强、刺激性大,已不常用。

2. 两性离子表面活性剂

(1)十二烷基二甲基甜菜碱。缩写为 BS－12,在任何 pH 值都能溶于水,其水溶液的去污力、起泡性和渗透性都很好,抗硬水,生物降解性好。它的刺激性小,性能温和,与阴离子、阳离子和非离子表面活性剂的配伍性良好,还具有调理、抗静电、柔软、杀菌等能力。它为无色或微黄色黏稠液体,其活性物含量多为 30% ±2%,pH 值为 6 ~8。

类似产品还有椰油酰胺丙基甜菜碱(CAB)、羟磺基甜菜碱(CDS),它们均可代替 BS－12。

(2)咪唑啉型甜菜碱。缩写为 DCM,这是一类性能温和的两性表面活性剂,它具有良好的洗涤力,起泡性强,对皮肤、眼睛的刺激性很小,无毒,生物降解性和配伍性好,耐硬水,还具有抗静电、柔软、分散等性能。它为琥珀色黏稠液体,其活性物含量为 40% 或 50%,pH 值为8.54~9.5。

近年来,新型的各种经过改性的两性咪唑啉型表面活性剂不断出现于市场,为化妆品提供了性能温和的优质原料。

(3)氧化胺。全称为C_{12}~C_{18}烷基二甲基氧化胺,缩写为OA。氧化胺性质温和,对皮肤刺激性小,无毒,还有杀菌作用,可与各类型表面活性剂配伍,易生物降解,有良好的稳泡性能和增稠作用,是很有效的增稠剂。氧化胺具有良好的调理作用,在pH值小于8.5时有良好的抗静电和柔软作用。早在20世纪70年代,P&G公司就应用氧化胺配制成了调理香波。目前应用于香波的除OA—12、OA—18外,还有月桂酰胺丙基氧化胺。

(4)*N*-烷基氨基丙酸盐。为氨基丙酸两性离子表面活性剂,目前国外已广泛应用于香波配方,其性质温和,可与多种表面活性剂配伍,且泡沫性能优于甜菜碱和咪唑啉,如*N*-月桂基/豆蔻基-β-氨基丙酸三乙醇胺盐。

3. 非离子表面活性剂

(1)烷基醇酰胺。它是由脂肪酸与烷基酰胺(单乙醇胺、二乙醇胺、三乙醇胺等)经缩合而产生的脂肪醇酰胺。其中一个著名的产品是脂肪醇酰胺,称为尼纳尔(Ninvl)。尼纳尔为淡黄色或琥珀色黏稠液体,具有良好的洗涤性能,特别是能产生稳定的泡沫,故广泛用作稳泡剂。它还具有使水溶液变稠的特性,故也可作为增稠剂。脂肪醇酰胺对电解质、盐、酸很敏感,在pH值为8以下,溶液变混浊成凝胶。另外,它有较强的脱脂性,故其用量应适当,在香波中的用量一般为1%~5%。

(2)环氧乙烷缩合物。这类产品品种很多,其中包括脂肪醇聚氧乙烯醚、烷基酚聚氧乙烯醚等,这类产品在非离子表面活性剂中产量是最大的,应用最广,也是非离子表面活性剂应用于香波中最大的一类。其去污力好,耐硬水,对皮肤刺激性小,但起泡能力较差,不能单独使用,一般作为洗涤助剂及香料的增溶剂。用于香波中的产品有脂肪醇聚氧乙烯醚，简写为AEO；烷基酚聚氧乙烯醚，简写为APE。

聚氧乙烯山梨糖醇酐月桂酸单酯是一种优良的非离子型乳化剂和增溶剂，对皮肤、眼睛的刺激性非常小，还可减少其他洗涤剂的刺激性，故可用在温和透明香波和儿童香波中。

(二)调理剂

调理剂的主要作用是改善洗后头发的手感，使头发光滑、柔软、易于梳理，并且梳理后有成型作用。其调理作用是基于这些调理剂在头发表面易被吸附。毛发是氨基酸多肽角蛋白质构成的网状高分子聚合物，从化学结构与性质来说，同系物及其衍生物之间有着较强的亲和性。因此，各种氨基酸、水解胶蛋白、卵磷脂等，都对头发有一定的调理作用。

阳离子表面活性剂，如十八烷基三甲基氯化铵[$C_{18}H_{37}N^+(CH_3)_3Cl^-$]、十二烷基氧化胺($C_{12}H_{25}NH_2 \rightarrow O$)、十二烷基甜菜碱[$C_{12}H_{25}N^+(CH_3)_2CH_2COO^-$]等是较早应用于香波的调理剂。

现代洗发香波则多应用阳离子高分子化合物作为调理剂，如阳离子纤维素聚合物(JR—400)、阳离子瓜耳胶(AuAR)、阳离子高分子迪恩普(DNP)、阳离子高分子蛋白肽等。其次是有机硅表面活性剂、羊毛脂类及其衍生物等，都是目前多功能香波的理想调理剂。

(1)阳离子纤维素聚合物(JR—400)在头发表面具有较强的吸附力，对头发的调理作用非常明显。与阴离子、两性离子和非离子表面活性剂有很好的配伍性，可用在透明的多功能洗发香波中，同时还有一定的增稠作用，一般用量为0.2%～0.5%。

(2)阳离子瓜耳胶(AuAR)有较耐久的柔软性和抗静电性，可赋予头发光泽、蓬松感。与其他的表面活性剂有很好的配伍性，同时还是一种好的增稠剂、悬浮剂和稳定剂，一般用量为0.5%～1.0%。

(3)阳离子高分子迪恩普(DNP)具有抗静电、杀菌、柔软等功能,能赋予头发良好的梳理性和蓬松感。与其他表面活性剂有很好的配伍性,可用于透明香波中。在 pH 值小于 6 的弱酸性时,它具有明显的吸附性和增稠性,一般用量为 0.5% ~2.0% 。

(4)阳离子高分子蛋白肽是由天然蛋白质改性制得的,对头发有很好的附着性,能赋予头发良好的柔软性和梳理性,保持头发光泽、改善发型,并对受损头发有修复功能,一般用量为 2.0% 左右。有机硅表面活性剂能显著改善头发的湿梳理性和干梳理性,赋予头发抗静电性、润滑性、柔软性和光泽性,对受损头发有修复作用,并能降低阴离子型表面活性剂的刺激性,一般用量为 2.0% ~5.0% 。羊毛脂及其衍生物能有效地吸附在头发上,形成油脂性膜而起到补充油脂、抑制头发水分散失、使头发有湿润感和润滑作用。洗涤过程中起到加脂作用,能抑制脱脂,洗后头发有光泽、易梳理。

(三)稳泡剂

指具有延长和稳定泡沫性能的表面活性剂,主要有以下两种。

(1)烷基醇酰胺,是目前最有效的稳泡剂。

(2)氧化胺,除了具有良好的调理性能之外,还可作为稳泡剂。

(四)增稠剂

它的作用是用来提高香波的黏稠度,获得理想的使用性能,提高香波的稳定性。常用的增稠剂有以下几种。

1. 无机盐类

在香波的配制中常用氯化钠、氯化铵等作增稠剂,尤其是脂肪醇聚氧乙烯醚硫酸盐为香波的主要原料时,用盐作增稠剂效果更佳。但其产品的黏度受环境温度影响较大,过分增加盐,会影响产品在低温下的稳定性,即盐的加入不利于产品的耐寒性能,因此盐的加入量要适当。

2. 聚乙二醇脂肪酸酯

聚乙二醇脂肪酸酯也称为脂肪酸聚氧乙烯酯,是一类非离子表面活性剂,它与脂肪醇醚或烷基酚醚相比,其渗透力和去污力一般都较差,在化妆品中常作为乳化剂、增稠剂、珠光剂等。在香波中作增稠剂的有聚乙二醇二硬脂酸酯、聚乙二醇单硬脂酸酯及聚乙二醇二月桂酸酯,其增稠效果较好,但价格较贵。

3. 氧化胺

4. 水溶性胶质原料

黄原胶、角叉胶、羧甲基纤维素钠、羟乙基纤维素和聚乙二醇、聚乙烯吡咯烷酮等都可作为香波的增稠剂,近年来开发的阴离子增稠剂丙烯酸/聚氧乙烯(20)十八醇醚甲基丙烯酸酸共聚物(Aculyn 22)、丙烯酸共聚物(Aculyn 33)和非离子增稠剂 C_{10} 聚氨基甲酰聚乙二醇酯(Aculyn 44)为多用途增稠剂,特别适合于含有 APG 或去屑剂的特殊香波。

(五)去屑止痒剂

头皮屑是新陈代谢的产物,头皮表层细胞的不完全角化和卵圆糠疹菌的寄生是头屑增多的主要原因。头屑的产生为微生物的生长和繁殖创造了有利条件,从而刺激头皮,引起搔痒,加速表皮细胞的异常增殖。因此抑制细胞角化速度,从而降低表皮新陈代谢的速度和杀菌是防治头屑的主要途径。去屑止痒剂品种很多,如水杨酸或其盐、十一碳烯酸衍生物、硫化硒、羟基喹啉、聚乙烯吡咯烷酮—碘络合物以及某些季铵化合物,具有杀菌止痒等功能,目前使用效果比较明显的有吡啶硫酮锌(ZPT)、十一碳烯酸衍生物和 Octopirox、Climbazole(甘宝素又名二唑酮)。

吡啶硫酮锌被公认为高效安全的去屑止痒剂和高效广谱杀菌剂,

而且可以延缓头发衰老，减少脱发和产生白发，是一种理想的医疗性洗发、护发添加剂。不过 ZPT 难以单独加入香波基质中，加入后易形成沉淀，出现分离现象，故必须配加一定的悬浮剂或稳定剂才能形成稳定体系，且对眼睛刺激性较大，香波中用量一般为 0.2% ~0.5%。

十一碳烯酸单乙醇酰胺琥珀酸酯磺酸钠是一种阴离子表面活性剂，具有良好的去污性、泡沫性、分散性等，与皮肤黏膜等有良好的相容性，刺激性小，和其他表面活性剂配伍性好，是一个强有力的去屑、杀菌、止痒剂，用后还会减少脂溢性皮肤病的产生。其治疗皮屑的机理在于抑制表皮细胞的分离，延长细胞变换率，减少老化细胞产生和积存现象，达到去屑止痒的目的。用量为 2%（有效物）时效果比较明显。

Octopirox 是德国产的一种新水溶性去屑止痒剂，加入香波中不会产生沉淀或分层的现象，其机理是通过杀菌、抗氧化作用和分解过氧化物等方法，从根本上切断头屑产生的外部渠道，从而有效地根治头皮发痒和头屑的产生。其适用 pH 值范围为 5 ~8，加入量为 0.2% ~0.5%。

（六）澄清剂

澄清剂用来保持或提高透明香波的透明度。常用的有乙醇、丙二醇，新型的如脂肪醇柠檬酸酯等。

（七）赋脂剂

赋脂剂主要是用来护理头发，使头发光滑、流畅。赋脂剂多为油、脂、醇、酯类原料，常用的有橄榄油、高级醇、高级脂肪酸酯、羊毛脂及其衍生物和硅油等。硅油的化学名称为聚硅氧烷，美国 CTFA 并不认为聚硅氧烷是油类物质。由于聚硅氧烷可用多种亲油基或亲水基进行有机改性，从而得到具有良好配伍性和使有机相或水相具有表面活性的各种衍生物。通过官能团种类和数量的选择和控制，可使聚硅氧烷衍生物具有化妆品所需要的各种优良性质，因此它几乎可应用到所有种类的化妆品中,聚硅氧烷正在和将要取代(或部分取代)化妆品中的矿物油、酯、醇、脂肪化合物等有机成分,达到改善产品的功能特性和感觉特性。各类新型聚硅氧烷衍生物的不断涌现和广泛应用于化妆品中,是一类极有发展前景的化妆品原料。

(八)螯合剂

螯合剂是用以防止或减少硬水中钙、镁等离子沉积在头发表面的一种添加剂。常用的螯合剂有乙二胺四乙酸(EDTA)或乙二胺四乙酸二钠($EDTA-Na_2$),乙二胺四乙酸四钠($EDTA-Na_4$)等。

(九)防腐剂及抗氧剂

防腐剂是用来防止香波受霉菌或细菌微生物的污染以致腐败变质的物质,常加入的防腐剂有尼泊金甲酯和尼泊金丙酯或混合物、布罗波尔、凯松、杰马等。

抗氧剂是用来防止香波中某些成分因受环境的影响进行氧化反应使产品酸变的一类原料,常用的抗氧剂有二叔丁基对甲酚(BHT)、叔丁基羟基苯甲醚(BHA),维生素也是一种优良的天然抗氧剂。

(十)珠光剂或珠光浆

这是一类使香波产生珠光的原料。透明香波中加入蜡状不溶物并分散其中,则可形成带有闪光与珠光效果的香波。常用的珠光剂有乙二醇硬脂酸酯(一般单酯形成波纹状珠光,而双酯形成乳白状珠光)、聚乙二醇硬脂酸酯,十六醇、十八醇也可配制珠光香波。珠光浆使用方便,常用于冷配香波中。

(十一)香精与色素

香波中添加香精对香波具有重要意义,必须依据产品的要求进行精心选择和设计，香波的特性往往是品牌的象征。

香波可配制成无色透明香波及白色乳状香波，此外还可添加合适的色素，使香波具有宜人悦目的色彩，蓝、绿色为首选的色调。

香精和色素的选取，必须符合化妆品卫生标准的规定，选用安全的原料。

（十二）护发、养发添加剂

为使香波具有护发、养发功能，通常加入各种护发、养发添加剂。

1. 维生素类

如维生素 E、维生素 B_5 等，能通过香波基质渗入毛发，赋予头发光泽，保持长久润湿感，弥补头发的损伤和减少头发末端的分裂开叉，润滑角质层而不使头发结缠，并能在头发中累积，长期重复使用可增加吸收力。

2. 氨基酸类

如丝肽、水解蛋白等，在香波中起到营养和修复损伤毛发的作用，同时也具有一定的调理作用。

3. 中草药提取液

如人参、当归、芦荟、何首乌、啤酒花、沙棘、茶皂素等的提取液，加入香波中除了起营养作用外，有的能促进皮肤血液循环、促进毛发生长，使毛发光泽而柔软，如人参等；有的有益血乌发和防治脱发的功效，洗后头发乌黑发亮、柔顺、滑爽，如何首乌等；有的则具有杀菌、消炎等作用，加入香波中起到杀菌止痒的效果，同时还有抗菌防腐作用，如啤酒花等。

二、香波的设计原则

香波的种类很多，其配方结构也多种多样，按形态分类有液状、膏状、粉状等；按功效分有普通香波、调理香波、去屑止痒香波、儿童香波以及洗染香波等。目前,不论是液状香波,还是膏状香波都在向洗发、护发、调理、去屑止痒等多功能方向发展。配方设计时,要根据产品所提出的要求,确定产品的物理、化学等性质(如外观、黏度、pH 值、刺激性等),据此来选择原料。所选取的原料必须使香波有足够的总有效物含量,按香波现行国家标准,有效物含量高于 10% 为合格品,高于 15% 为一级品和优质品,在主要表面活性剂选定后,再选取与它配伍的添加剂,即基本完成了配方的设计,通过试验进一步修改配方而成为最终配方。

(一)洗涤力和发泡力

通常洗发香波的活性剂含量为 15% ~20%,婴儿香波中的含量可酌量减少,并选用低刺激的表面活性剂。去污力和脱脂性是呈正比变化的,过高的去污力不但浪费原料,而且对皮肤和毛发都没有好处。因此,越是高档和功能性的香波,越要选择低刺激、性能温和的表面活性剂。由于表面活性剂的协同作用,一般两种表面活性剂合用比单独用一种要好,微量的脂肪醇对脂肪醇硫酸盐特性有改进。

发泡是香波重要特性之一,从洗涤机理上看,泡沫和洗涤能力并无关系,但在使用和漂洗上是有重要作用的,所以在香波中必须维持一定类型和一定量的泡沫。烷基硫酸化的发泡力最强,但也受体系中其他组分的影响。非离子表面活性剂是优良的洗涤剂和清洁剂,但由于泡沫少,因此它的使用受到限制。在脂肪醇硫酸盐制成的香波中加入一些月桂酸的二乙醇酰胺,可以增加泡沫,脂肪酸、高级脂肪醇、水溶性高分子化合物、氧化胺等也有增泡作用。烷基醇酰胺能提高泡沫强度,高级脂肪醇的泡沫稳定作用是由于混合吸附使表面黏度增加,导致高分子化合物能在泡沫表面形成强固的吸附膜的缘故。

(二)黏度

香波的黏度高低主要取决于配方中活性剂、助洗剂和无机盐的用量。配方中活性剂的用量高一些,黏度也相应提高。其他如烷基醇酰胺、氧化胺、酯类等有增稠作用,其程度依赖于这些原料的用量和配方的配伍性。另外加入一些无机盐如氯化钠、氯化铵等也可增加黏度,但一般不超过3%,否则发生盐析反而使黏度降低。

一般的增稠剂如黄蓍树胶粉、阿拉伯树胶粉等的使用已被逐步取代,甚至合成胶质如羟乙基纤维素等也受到限制,因为它们会生成膜并在头发上沉淀。现在聚乙烯吡咯烷酮较多被用作香波的增稠剂。

若要降低黏度,可加入适当的有机溶剂,如乙二醇或丙二醇。

(三)抗硬水

为了防止钙、镁等不溶性皂的产生,必须注意两方面:一是香波和硬水混合时会产生钙、镁皂沉淀;二是当用硬水冲洗头发上的香波时,在头发上附着一层钙、镁皂的膜。配方中可考虑加入一定量的乙二胺四乙酸类的螯合剂,因为它能与钙、镁和铁的盐类生成水溶性的络合物。

(四)pH值

根据消费者的要求,可设计不同pH值的香波。一般香波的pH值在6~9范围。pH值太低,不但使某些阴离子表面活性剂发生水解,还会影响产品的安全性。一般用柠檬酸或磷酸调节pH值,还可作为缓冲剂,保证产品有一个稳定的pH值。用量一般在0.1%~0.5%。

(五)香精、色素和防腐剂

所用的色素、香精都要在高温、低温以及不同的pH值条件下进行稳定性试验。色素对紫外光的稳定性特别重要，试验合格后，方可使用。配方中的防腐剂现常用尼泊金甲酯，或与尼泊金丙酯联合使用，其总的用量可为0.2%。也可使用凯松，其用量为0.01%~0.05%。香波中的香精用量常为0.1%~0.2%，不超过0.5%。香波中添加的色素用量很少，常为0.005%左右。

三、液状香波

液状香波是目前市场上流行的主体，其特点是使用方便、包装美观，深受消费者喜爱。

（一）液状香波分类

液状香波按外观分为透明型和乳浊型两类。

1. 透明液状香波

透明液状香波具有外观透明、泡沫丰富、易于清洗等特点，在整个香波市场上占有很大比例，但由于要保持香波的透明度，在原料的选用上受到很大限制，通常以选用浊点较低的原料为原则，以便产品即使在低温时仍能保持透明清晰，不出现沉淀、分层等现象。常用的表面活性剂是溶解性好的脂肪醇聚氧乙烯醚硫酸盐（钠盐、铵盐或三乙醇胺盐）、脂肪醇硫酸三乙醇胺盐、醇醚琥珀酸酯磺酸盐、烷醇酰胺等。

氧化胺、甜菜碱等表面活性剂可代替烷醇酰胺用于配制透明液状香波，能显著提高产品的黏度和泡沫稳定性，具有调理和降低刺激性等作用。磷酸盐类表面活性剂具有良好的吸附性和调理性，也可用于透明香波。近几年来新开发的温和型表面活性剂琥珀酸单酯磺酸盐类，如醇醚琥珀酸酯磺酸盐和油酰胺基琥珀酸酯磺酸盐，具有降低其他表面活性剂刺激性的性能，且溶解性好，可用来配制透明香波。特别是油酰胺基琥珀酸酯磺酸盐具有优良的低刺激性、调理性和增稠性，是较为理想的配制透明香波的原料。

为改进透明香波的调理性能,可加入阳离子纤维素聚合物、DNP、水溶性硅油等调理剂。

2. 液状乳浊香波

液状乳浊香波包括乳状香波和珠光香波两种。乳浊香波由于外观呈不透明状,具有遮盖性,原料的选择范围较广,可加入多种对头发、头皮有益的物质,其配方结构可在液体透明香波配方的基础上加入遮光剂而成,对香波的洗涤性和泡沫性稍有影响,但可改善香波的调理性和滑润性。乳状香波可加入高碳醇、羊毛脂及其衍生物,硬脂酸金属盐等;珠光香波可加入鱼鳞粉、铋氯氧化物、乙二醇单硬脂酸酯或乙二醇双硬脂酸酯等。

乳浊香波当加入各种具有抗静电、调理功能的高分子阳离子表面活性剂、两性表面活性剂等时,构成调理香波;当加入维生素类、氨基酸类及天然动植物提取液时,构成护发、养发香波;当加入吡啶硫酮锌等去屑止痒剂时可构成去屑止痒香波等;如同时加入调理、营养、去屑止痒等成分,则构成多功能香波。

(二)配方与生产工艺

液状香波的典型配方见表12-1~表12-7。

表12-1　配方1(液状透明香波)

组　分	含量(%,质量分数)	组　分	含量(%,质量分数)
十二烷基硫酸钠(30%)	20.0	EDTA-Na_2	0.1
月桂基醚硫酸钠(70%)	10.0	氯化钠	1.0
月桂酸二乙醇酰胺	4.0	防腐剂、香精	适量
柠檬酸	0.1	去离子水	加至100.0

配方1中由于AES的浓度较高很黏稠,溶解会较慢。将AES慢慢加入70℃热水中,将K_{12}也在搅拌状态下溶于热水,待全部溶解后,

加入月桂酸二乙醇酰胺，待完全溶解后，冷却至45℃再加入EDTA、防腐剂、香精等，最后加入柠檬酸调整香波的pH值至所需范围，再用氯化钠调整香波的黏度。

表12-2 配方2（液状珠光香波）

组 分	含量（%，质量分数）	组 分	含量（%，质量分数）
AES	13.0	柠檬酸	0.3
BS-12	5.0	氯化钠	0.5
尼纳尔	2.0	防腐剂、香精	适量
水溶性羊毛脂	1.0	去离子水	加至100.0
乙二醇单硬脂酸酯	1.0		

配方2生产工艺为：将AES、BS-12、尼纳尔溶于水，在不断搅拌下加热至70℃，加入羊毛脂、乙二醇单硬脂酸酯，使其熔化，慢慢搅拌，使溶液呈半透明状，然后通冷却水，使其冷却，控制冷却速度，使出现较好珠光。

冷却至45℃，加入香精、防腐剂和色素，体系搅拌均匀后，加入柠檬酸调节pH值为6~7，40℃左右时加入氯化钠调节黏度。搅拌均匀，用泵经过滤器送至静置槽中静置、排气，待气泡基本消失后，灌装。生产工艺流程见图12-3。

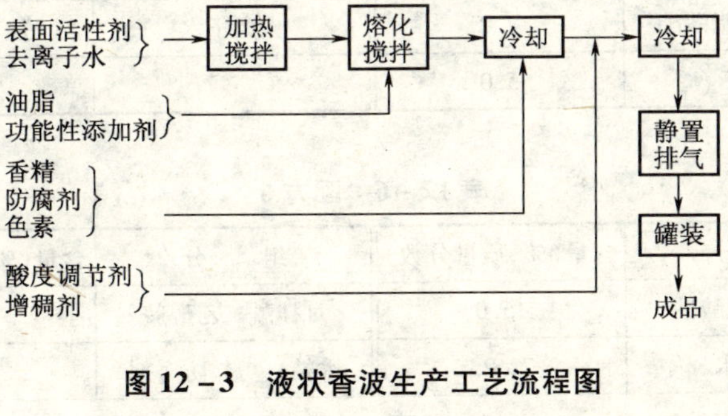

图12-3 液状香波生产工艺流程图

表 12－3　配方 3（液状透明香波）

组　分	含量（%，质量分数）	组　分	含量（%，质量分数）
月桂醇硫酸三乙醇胺（LST）	5.0	十六醇	1.0
		甘油	3.0
脂肪醇聚氧乙烯醚硫酸钠（AES）	5.0	柠檬酸	适量
		氯化钠	1.0
醇醚磺基琥珀酸单酯二钠（MES）	15.0	防腐剂、香精	适量
		去离子水	加至 100.0
脂肪醇酰胺	5.0		

表 12－4　配方 4

组　分	含量（%，质量分数）	组　分	含量（%，质量分数）
油酸	5.0	乙二胺四乙酸钠盐	0.4
椰子油脂肪酸	4.0	香精、色素	适量
三乙醇胺	5.4	去离子水	加至 100.0
甘油	5.2		

表 12－5　配方 5

组　分	含量（%，质量分数）	组　分	含量（%，质量分数）
十二烷基硫酸钠	20.0	氢氧化钠	0.75
椰子油单乙醇酰胺	1.0	香精	适量
丙二醇单硬脂酸酯	2.0	去离子水	加至 100.0
硬脂酸	5.0		

表 12－6　配方 6

组　分	含量（%，质量分数）	组　分	含量（%，质量分数）
月桂基醚硫酸钠	15.0	月桂酰二乙醇胺	2.7
去离子水	72.25	香精、色素、防腐剂	适量

续表

组　分	含量(%,质量分数)	组　分	含量(%,质量分数)
磷酸(调节 pH≤7)	适量	乙二胺四乙酸	0.05
吐温 80	10.0	氯化钠(提高黏度)	适量

表 12-7　配方 7(珠光香波)

组　分	含量(%,质量分数)	组　分	含量(%,质量分数)
十二醇硫酸钠	9.0	尼泊金乙酯	0.1
醇醚硫酸盐(100%)	9.0	乙二胺四乙酸二钠	0.1
月桂酸二乙醇胺	4.0	香精	0.6
乙二醇单硬脂酸酯(珠光)	2.0	去离子水	约 73.5
柠檬酸	0.2	色素	适量
氯化钠	1.0	水解蛋白	0.5

四、膏状香波

膏状香波即洗发膏,是国内较早开发的一种质地柔软的洗发用品,目前国内仍有生产。由于呈不透明膏状体,故可加入多种对头发有益的滋润性物质。现代洗发膏也从单一洗发功能向洗发、护发、养发、去屑止痒等多功能方向发展,如市场上销售的"羊毛脂洗头膏"、"去屑止痒洗头膏"等。洗发膏多以皂体与其他表面活性剂相配或由各种表面活性剂相配(无皂基)制得。皂体的主要原料为各种脂肪酸如硬脂酸、月桂酸、椰油脂肪酸等,中和所需碱为氢氧化钠、氢氧化钾及三乙醇胺等,而合成洗涤剂有十二烷基硫酸钠、十二烷基硫酸三乙醇胺、烷基醇酰胺、单硬脂酸甘油酯等,其中以十二烷基硫酸钠是最主要的,为洗发膏所不可缺少的原料。

膏状香波典型配方见表 12-8~表 12-13。

表 12-8　配方 1(洗发膏)

组　　分	含量(%,质量分数)	组　　分	含量(%,质量分数)
十二烷基硫酸钠(K_{12})	20.0	三聚磷酸钠	5.0
硬脂酸	5.0	甘油	3.0
羊毛脂	1.0	防腐剂、香精、色素	适量
NaOH(100%)	1.0	去离子水	加至 100.0

将十二烷基硫酸钠、NaOH 加入水中,加热到 90℃,搅拌使其溶解均匀,再加入溶化好的硬脂酸、羊毛脂的混合物,搅拌均匀,然后按不同配方的要求依次加入三聚磷酸钠、甘油、防腐剂、色素等搅拌均匀,冷却至 45℃时加入香精搅匀即可。

表 12-9　配方 2(洗发膏)

组　　分	含量(%,质量分数)	组　　分	含量(%,质量分数)
十二烷基硫酸钠(K_{12})	25.0	三聚磷酸钠	8.0
月桂酸二乙醇酰胺	3.0	碳酸氢钠	10.0
硬脂酸	3.0	防腐剂、香精、色素	适量
羊毛脂	2.0	去离子水	加至 100.0
NaOH(100%)	0.4		

表 12-10　配方 3(洗发膏)

组　　分	含量(%,质量分数)	组　　分	含量(%,质量分数)
硬脂酸	5.0	单硬脂酸甘油酯	2.0
KOH 溶液(19%)	5.0	防腐剂、香精	适量
十二烷基硫酸钠(K_{12})	20.0	去离子水	加至 100.0
烷基醇酰胺	1.0		

表 12-11　配方 4(洗发膏)

组　　分	含量(%,质量分数)	组　　分	含量(%,质量分数)
K_{12}(70%)	20.0	氢氧化钾	5.0
氧化胺	1.0	防腐剂、香精、色素	适量
硬脂酸	5.0	去离子水	加至 100.0
单硬脂酸甘油酯	2.0		

表 12-12　配方 5(洗发膏)

组　　分	含量(%,质量分数)	组　　分	含量(%,质量分数)
K_{12}(30%)	40.0	氢化羊毛脂	0.8
月桂基乙酸酯磺酸钠	12.0	EDTA-Na_2	0.2
椰油酸二乙醇酰胺	4.0	防腐剂、香精、色素	适量
聚乙二醇二硬脂酸酯	5.0	去离子水	加至 100.0

表 12-13　配方 6(膏状香波)

组　　分	含量(%,质量分数)	组　　分	含量(%,质量分数)
月桂醇硫酸钠	20.0	氢氧化钠	0.75
椰子油单乙醇酰胺	1.0	香精	适量
丙二醇单硬脂酸酯	2.0	去离子水	加至 100.0
硬脂酸	5.0		

五、洗发凝胶

洗发凝胶呈透明胶冻状,可配成多种浅淡色泽,使外观晶莹夺目,令人悦目,很受消费者的喜爱。

(一)洗发凝胶的组成

1. 水溶性树脂和天然胶原

(1)丙烯酸树脂是一类水溶性树脂。这类树脂增稠效率高,稳定性好,还具有抗菌性,如Carbopol(粉末状)均匀分散于水中成水溶液后,再与氢氧化钠、三乙醇胺等碱液中和,这时水溶液黏度急剧增加而形成高黏度的透明凝胶体。凝胶配方中Carbopol的用量一般为0.2%~1.0%。此外还有Aculyn 22[丙烯酸酯/聚氧乙烯(20)十八醇醚甲基丙烯酸酯共聚物]、CAPIGEL 98(丙烯酸酯共聚物)等。

(2)CMC、海藻酸钠、角叉胶、瓜耳胶及其衍生物等天然胶质原料。

2. 中和剂

丙烯酸类树脂形成凝胶是在碱的中和作用下形成的,常用的有强碱氢氧化钠和弱有机碱三乙醇胺。凝胶配方中的中和剂用量控制在使凝胶的pH值在7.0左右。

3. 光稳定剂

光稳定剂即是紫外光吸收剂,或称防晒剂。如Carbopol凝胶在中性、酸性条件下对紫外光较敏感,长时间的紫外光照射会使凝胶黏度下降,严重时会破坏凝胶,故在配方中常加入一定的光稳定剂。它们是水溶性的,如二苯甲酮-4、聚氧乙烯(25)对氨基苯甲酸酯等。

此外,洗发凝胶的原料还有表面活性剂、赋脂剂、整合剂、防腐剂、香精及色素等,这些原料均与前述液体香波中的基本相同。

(二)配方及生产工艺

洗发凝胶的典型配方见表12-14~表12-17。

表12-14 配方1(洗发凝胶)

组分	含量(%,质量分数)	组分	含量(%,质量分数)
Carbopol 980	0.6	聚氧乙烯(25)对氨基苯甲酸酯	0.1
LST(30%)	20.0		
咪唑啉甜菜碱	10.0	EDTA-Na_2	0.1
丙二醇	4.0	防腐剂、香精、色素	适量
氢氧化钠(15%溶液)	适量	去离子水	加至100.0

首先将 Carbopol 980 均匀分散于水中，形成均匀的水溶液（约30%），这是凝胶制备的一个关键，因 Carbopol 980 极易结块成团，尤其在温度过高的热水中，立即结成“疙瘩”。一般应在强烈搅拌下，将 Carbopol 980 慢慢分散于水（室温）中，分散液的浓度不要太高。再将中和剂及其他原料一并混合，加至分散液中进行中和而形成凝胶。需注意的是中和形成凝胶后，不宜再进行高速搅拌，不然会使凝胶黏度下降。

表 12－15　配方 2（洗发凝胶）

组　分	含量（%，质量分数）	组　分	含量（%，质量分数）
Carbopol 940	0.5	三苯甲酮－4	0.1
AES（30%）	10.0	EDTA－Na_2	0.1
十二烷基二甲基甜菜碱	15.0	防腐剂、香精、色素	适量
三乙醇胺	0.4	去离子水	加至 100.0

表 12－16　配方 3

组　分	含量（%，质量分数）	组　分	含量（%，质量分数）
LST（30%）	35.0	氯化钠	适量
椰油酰胺丙基甜菜碱	6.0	防腐剂、香精、色素	适量
羟乙基纤维素	2.0	去离子水	约 56.7
柠檬酸	0.3		

表 12－17　配方 4

组　分	含量（%，质量分数）	组　分	含量（%，质量分数）
月桂基硫酸三乙醇胺（50%）	20.0	山梨醇硬脂酸酯和山梨醇酐的混合物	0.1
月桂基二乙醇酰胺	3.0	柠檬酸	0.2
山梨醇月桂酸酯和失水山梨醇的混合物	1.5	防腐剂、香精、色素	适量
		去离子水	约 73.2
羟丙基瓜耳胶	2.0		

六、专用香波

(一)去屑止痒香波

1. 头皮屑生成机理

头皮屑是人体头部表皮细胞新陈代谢的产物,头部表皮的生理过程称为角质化过程,表皮从基底层形成细胞,并增殖、分裂,向上层逐渐推移,细胞也逐渐形成角蛋白,成为无核、无生命的角质层,干燥的死亡细胞呈鳞状或薄片状而自动脱落,这些死亡脱落的表皮细胞,俗称为头皮屑。

过量的头皮屑产生的原因现还没有肯定的结论,一般认为主要有以下三个因素:

(1)外部(化学和机械)因素的影响。如使用劣质的洗发水、药物和不合适的美发化妆品等对头皮的刺激作用,以及由于戴帽、头箍等的机械性影响。

(2)微生物作用。在一般正常情况下,头皮上也存有大量细菌($1cm^2$ 上有 1 千万个细菌),当头皮不洁时使细菌增多,超出正常 20%时,就会产生大量头皮屑。细菌中有一种卵状糠疹癣菌被认为是产生头皮屑的一个重要因素,这种皮屑芽孢菌的生化过程是:卵状糠疹癣菌→皮脂溶解→游离脂肪酸→头皮刺激→加速有丝分裂→增加角质化细胞形成→增加头皮脱落,因此,一般去头屑香波是针对杀伤、抑制此类真菌而设计的。现在亦有一种观点,认为此种真菌不是产生头皮屑的直接原因,是先有头皮屑,才有大量真菌繁殖生存。实际上,现在去头屑香波都是以杀死和控制真菌生长为主要目的,且都有较好的去头屑效果。

(3)内在因素。人体的体质、健康状况、内分泌系统及各种疾病等都会影响到头皮屑的生成;另外,饮食、睡眠、精神情绪、气候等也都可能影响头皮屑的产生。

去头屑香波的配方中除了添加具有洗涤作用的表面活性剂外,还添加了具有杀菌、抗霉、抗氧化、抑制头皮油脂分泌，使头发恢复正常新陈代谢状态的成分，如水杨酸及其盐、十一碳烯酸衍生物、硫化硒、吡啶硫酮锌（ZPT）、甘宝素（二唑酮）、Octopirox、聚乙烯吡咯烷酮－碘配合物及某些季铵化合物等。

2. 配方实例

去屑止痒香波配方实例见表 12－18～表 12－22。

表 12－18　配方 1（去屑止痒）

组　分	含量（%，质量分数）	组　分	含量（%，质量分数）
月桂基硫酸铵(28%)	34.3	EDTA－Na_2	0.1
月桂酰胺丙基甜菜碱(32%)	7.5	防腐剂	0.4
		NaOH(10%)	2.0
Carbopol 1382	0.5	吡啶硫酸锌(48%)	1.0
椰油基二乙醇酰胺	3.5	香精、色素	适量
瓜耳胶羟丙基三甲基氯化铵	0.5	去离子水	加至 100.0

表 12－19　配方 2

组　分	含量（%，质量分数）	组　分	含量（%，质量分数）
月桂基硫酸三乙醇胺(30%)	20.0	椰油基二甲基羟丙基水解蛋白胺	1.0
椰油酰胺单乙醇胺	4.0	柠檬酸（调节 pH 值至 4.7）	适量
吡啶硫酸锌	1.0		
单硬脂酸甘油酯	7.0	防腐剂、香精、色素	适量
氯化钠	0.5	去离子水	加至 100.0
丙二醇	0.5		

表 12-20 配方 3

组　分	含量(%,质量分数)	组　分	含量(%,质量分数)
AES(28%)	60.0	柠檬酸	适量
椰油酰胺丙基甜菜碱	3.0	防腐剂、色素	适量
Octopirox	0.4	氯化钠	适量
珠光浆	3.0	去离子水	加至 100.0
香精	0.3		

表 12-21 配方 4

组　分	含量(%,质量分数)	组　分	含量(%,质量分数)
AES-NH_4(70%)	40.0	氯化钠	0.1
聚季铵盐-11	0.6	防腐剂、香精、色素	适量
椰油酰胺丙基甜菜碱	12.0	去离子水	加至 100.0
甘宝素	0.5		

表 12-22 配方 5

组　分	含量(%,质量分数)	组　分	含量(%,质量分数)
烷基糖苷(APG)	20.0	羟乙基纤维素	0.5
十二烷基醚硫酸钠(70%)	4.17	乳化硅油	3.0
		珠光浆	10.0
椰油酸二乙醇酰胺	3.0	柠檬酸	0.3
椰油酰胺丙基甜菜碱(30%)	6.67	防腐剂	0.3
		香精	0.5
阳离子纤维素 JR400	0.1	去离子水	加至 100.0

(二)养发香波

养发香波是指香波在具有洗涤作用的同时,对头发具有一定的养护作用。养发香波中常添加各种营养成分,如天然动植物提取物以及具有生物活性成分的生化物质等,从而使香波具有营养头发的作用。

养发香波的生产工艺如图 12 -4 所示。

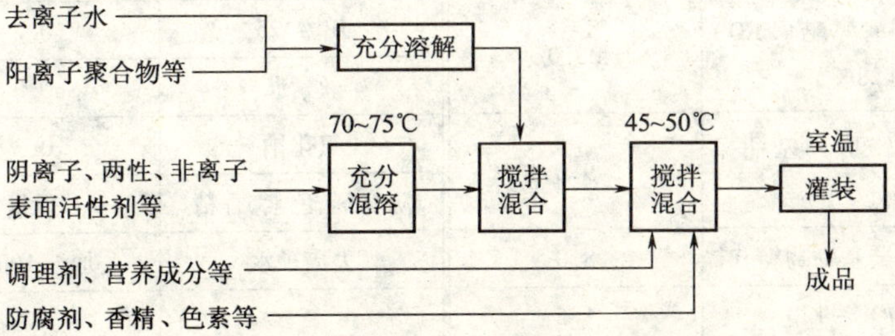

图 12 -4　养发香波的生产工艺

养发香波配方实例见表 12 -23 ~ 表 12 -27。

表 12 -23　配方 1

组　　分	含量(%,质量分数)	组　　分	含量(%,质量分数)
月桂基硫酸三乙醇胺(40%)	34.0	芦荟汁	20.0
		乳化硅油	1.0
醇醚磺基琥珀酸单酯二钠盐(30%)	5.0	珠光剂	2.0
		柠檬酸	适量
十二烷基甜菜碱(30%)	10.0	防腐剂、色素、香精	适量
阳离子瓜耳胶	0.4	去离子水	加至 100.0

表 12 -24　配方 2

组　　分	含量(%,质量分数)	组　　分	含量(%,质量分数)
十二烷基硫酸铵(28%)	35.7	氨基硅油	2.0
月桂酰胺二乙醇胺	3.0	何首乌提取液	5.0
椰油酰胺丙基甜菜碱(35%)	10.0	防腐剂、色素、香精	适量
		去离子水	加至 100.0

表 12－25　配方 3

组　　分	含量(%,质量分数)	组　　分	含量(%,质量分数)
椰油基醇醚(ZEO)硫酸钠(28%)	25.0	JR－125	0.2
		丝素肽	0.8
椰油酰胺丙基甜菜碱(30%)	9.0	氯化钠	0.3
		防腐剂、色素、香精	适量
辛基/癸基葡萄糖苷	8.0	去离子水	加至 100.0
DOE－120	1.5		

表 12－26　配方 4

组　　分	含量(%,质量分数)	组　　分	含量(%,质量分数)
十二烷基硫酸三乙醇胺(30%)	30.0	鲸蜡醇	0.5
		维生素 B_5	0.5
咪唑啉甜菜碱	10.0	柠檬酸	适量
月桂酰基肌氨酸钠	3.0	防腐剂、香精、色素	适量
椰油基酰胺丙基氧化胺	3.0	去离子水	加至 100.0
DOE－120	2.0		

表 12－27　配方 5

组　　分	含量(%,质量分数)	组　　分	含量(%,质量分数)
月桂醇醚硫酸铵(30%)	40.0	植物提取合剂(黄芩、啤酒花及其他植物提取合剂)	10.0
醇醚磺基琥珀酸单酯二钠盐	8.0		
咪唑啉甜菜碱	6.0	珠光浆	3.0
月桂酰铵二乙醇胺	2.0	柠檬酸	适量
DOE－120	1.0	防腐剂、香精	适量
乳化硅油	1.0	去离子水	加至 100.0

第三节　护发用品的设计原则与配方实例

一、护发素

护发素也称为润丝，其作用是使洗发后的头发恢复柔软性和光泽，防止头发干燥，消除静电，使头发易梳理，减少洗发及机械损伤，减少化学、电烫和染发等带给头发的伤害，并使头发得到一定程度的修复，它对头发具有极好的调理和保护作用。

一般情况下头发带有负电荷，用香波（主要是以阴离子表面活性剂为活性物）洗发后，会使头发带有更多的负电荷而产生静电，使头发难以梳理。而且由于香波的脱脂，使头发缺少光泽。当以阳离子表面活性剂为主要原料配制的护发素处理头发后，具有正电荷的阳离子表面活性剂吸附在具有负电荷的头发上，正电荷极性部分吸附在头发上，而非极性部分即亲油基部分向外侧排列（这就是所谓定向吸附），这如同头发上涂上油性物质，在头发表面形成一层油膜。因此，头发被阳离子表面活性剂的亲油基分开，头发变得滑润起来，降低了头发的运动摩擦系数，从而使得头发易梳理、抗静电、光滑、柔软等。这就是护发素具有调理作用的护发机理。

护发素必备的功能：改善干梳和湿梳性能，使头发不会缠结；具有抗静电作用，使头发不会飘拂；赋予头发光泽；保护头发表面，增加头发的立体感。

护发素的品种繁多，可按不同的形态、不同的功能或不同的使用方法进行分类。按照形态，护发素可分为透明液体，稠的乳液和膏体、凝胶状、气雾剂型和面膜型等。按照功能，护发素可分为正常头发用护发素、干性头发用护发素、受损头发用护发素、头屑性头发用护发素、有定型作用的护发素、防晒护发素和染发护发素等。按照使用方法，护发素可分为用后需冲洗干净的护发素、用后不需冲洗而留在头发上的护发素和焗油型护发素。一般的护发素用后需冲洗干净，不需冲洗的护发素多数是喷剂型和凝胶型的。

(一)护发素的配方组成

护发素主要成分为阳离子表面活性剂、油性成分、胶性成分等。

1. 主体成分

一般护发素中多以阳离子表面活性剂为主体。它能吸附于毛干，形成单分子吸附膜。这种膜赋予头发柔软性及光泽，使头发富有弹性，并阻止产生静电，梳理十分方便。常用的阳离子表面活性剂有：

(1)十八烷基三甲基氯化铵。简称为1831，是季铵盐型阳离子表面活性剂中的代表产品，具有良好的调理性能，还具有杀菌、乳化作用，稳定性良好，生物降解性优良，与阳离子、非离子和两性表面活性剂的配伍性良好，为白色、微黄色固体，可溶于水，其1%水溶液的pH值为6.5~7.5。

另外，十六烷基三甲基氯化铵(简称为1631)的性能、作用与1831类似。

(2)十二烷基三甲基氯化铵。简称为1231，为微黄色透明膏体，可以任何比例溶于水或乙醇中，可以与非离子、阳离子表面活性剂配伍，但忌与阴离子表面活性剂配伍，它具有良好的抗静电、调理、乳化、灭菌等性能。

(3)十二烷基二甲基苄基氯化铵。简称为1227，为无色或微黄色透明黏稠液体，易溶于水，可与非离子、阳离子表面活性剂配伍，具有良好的抗静电、乳化、灭菌消毒性能。

(4)十八烷基二甲基苄基氯化铵。简称为1827，为淡黄色黏稠膏状或固体，溶于水，略有刺鼻气味，可与非离子、阳离子表面活性剂配伍，性能稳定，具有优良的抗静电、柔软、灭菌等性能，常作为护发素的主体原料。类似原料还有十四烷基二甲基苄基氯化铵，简称1427。

(5)双十二烷基二甲基氯化铵。简称为D1221，为白色或微黄色膏体，易溶于极性溶剂，微溶于水，与阳离子、非离子、两性表面活性剂有良好的配伍性，有良好的抗静电、分散、乳化、柔软、灭菌等性能。

(6)聚季铵盐(Polyquaternium)。这是一类新型的阳离子表面活性剂，是一系列阳离子聚合物的统称。它具有阳离子表面活性剂的多种优良特性，如抗静电、具柔软性等，对肤发有很好的调理作用。它的最大特性是可与阴离子表面活性剂配伍，因而广泛应用于二合一香波、护发素、润肤乳等多种肤发产品中。

聚季铵盐随着共聚物的结构及阳离子取代度的不同，而有多种类别和级别的产品，各国的商品名称多样，每一品种都有其特性。为适合化妆品的要求和需要，新的聚季铵盐产品不断推出，由CTFA命名的聚季铵盐产品已近百种，并广泛应用于化妆品中，这是一类极有发展前景的新型化妆品原料。

(7)阳离子瓜耳胶(Guaternization)。瓜耳胶是一种天然胶，将它季铵化得到阳离子瓜耳胶，其主要组分是瓜耳胶羟丙基三甲基氯化铵，是一种阳离子表面活性剂，可与阴离子、两性离子和非离子表面活性剂配伍，具有良好的调理性质，在化妆品生产中可应用于护发素、二合一香波等产品中。

(8)天然动植物衍生物调理剂。水解胶原蛋白具有良好的调理作用，季铵化后可以衍生多种胶原蛋白，如季铵盐—水解胶原蛋白、季铵盐—水解丝质蛋白、季铵盐—水解角质蛋白、季铵盐—水解麦蛋白、季铵盐—水解大豆蛋白等，还有丙基三甲基水解胶原蛋白铵等衍生物都具有良好的调理性，可用于护发素等护发制品中。

另外，有机硅表面活性剂的表面张力和表面黏度都较低，是一种有效的表面抑制剂，极易分散于基质中，即使少量使用也能产生滑润无油腻的感觉，能在头发表面形成一层透气性良好的薄膜，具有抗尘、减少静电、增加头发光泽、提高头发梳理性的功效。常用的有机硅表面活性剂是经聚醚类（聚乙二醇或聚丙二醇）或氨基改性的二甲基硅酮或环状二甲基硅酮等。

水溶性高分子化合物具有增黏、增稠作用，能提高分散体系的稳定性，在护发用品中，它能在头发表面形成具有一定强度的高分子化合物的薄膜，从而起到护发定型的作用。常用的高分子化合物有天然高分子化合物如海藻酸钠、黄蓍树胶、阿拉伯树胶等，以及合成高分子化合物如聚乙烯吡咯烷酮、聚乙烯醇、丙烯酸聚合物、羧乙基纤维素等。

2. 辅助成分

护发素中的辅助成分有保湿剂、富脂剂及乳化剂等，这些成分的加入可大大提高护发素的护发作用和使用性能。保湿剂如甘油、丙二醇、聚乙二醇、山梨醇等，有保湿、调理、调节制品黏度及降低冰点的作用。富脂剂如白油、植物油、羊毛脂、脂肪酸、高碳醇等油性原料，可补充脱脂后头发油分的不足，改善头发梳理性、柔润性和光泽性，并对产品起增稠的作用。乳化剂应选用脱脂力弱、刺激性小以及与其他原料配伍性好的表面活性剂，护发素中主要选用非离子表面活性剂，如单硬脂酸甘油酯、棕榈酸异丙酯、失水山梨醇脂肪酸酯、聚氧乙烯脂肪醇（羊毛醇、油醇等）醚、聚氧乙烯失水山梨醇脂肪酸酯等，主要起乳化作用，并可起到护发、护肤、柔滑和滋润作用。

3. 特殊添加剂

考虑到护发素的多效性，往往在配方中加入一些具有特殊功能和效果的添加剂，以增强或提高产品的使用价值和应用范围，增进产品的护发、养发、美发效果，改善头发的梳理性、光泽性等。添加剂的品种很多,可根据要求,有针对性地选择一些特殊添加剂,制出具有多种功效的护发素。

(1)水解蛋白。主要成分是各种氨基酸,是人体不可缺少的营养成分之一,它具有促进头发的生长,改善头发结构,能在头发上形成保护层以修补受损的头发的作用。

(2)维生素E。能扩张毛乳头的毛细血管,促进血液循环,促进毛发生长,能有效地调整皮脂的分泌,且具有抗氧化作用,能有效地防止产品中不饱和成分的氧化变质。

(3)霍霍巴油。有良好的保湿性和柔润性,具有可促进头发再生、抑制头发脱落等性能,可用于配制润滑调理护发素。

(4)泛酸。有促进毛发再生、防止发痒和脱发的作用,并具有防止皮肤粗糙、消除细小皱纹的效果。

(5)斑蝥酊。能刺激毛根,强壮发质,起促进毛发生长等作用。

用于配制各种特效护发素的添加剂还有芦荟胶、啤酒花、甲壳质、薏仁提取物以及麦芽油、杏仁油、水貂油及其他中草药、动植物提取物等。

除上述原料外,护发素中还需加入防腐剂、抗氧剂、色素、香精等。

(二)护发素配方及生产工艺

护发素典型配方见表12-28~表12-34。

表12-28 配方1(乳化型护发素)

组分	含量(%,质量分数)	组分	含量(%,质量分数)
硬脂基三甲基氯化铵	2.0	聚氧乙烯(20)失水山梨醇	1.0
甘油	5.0	单硬脂酸酯	1.0
聚乙烯醇	1.0	防腐剂、香精、色素	适量
十六醇	3.0	去离子水	加至100.0

配方 1 生产工艺为:将水相组分混合加热至 90℃,将油相加热熔化,在 75℃ 时,将水相加入油相中,搅拌乳化,冷却至 45℃ 时加入香精、色素、防腐剂等其他组分,搅拌均匀冷却至室温即可,生产工艺流程见图 12-5。

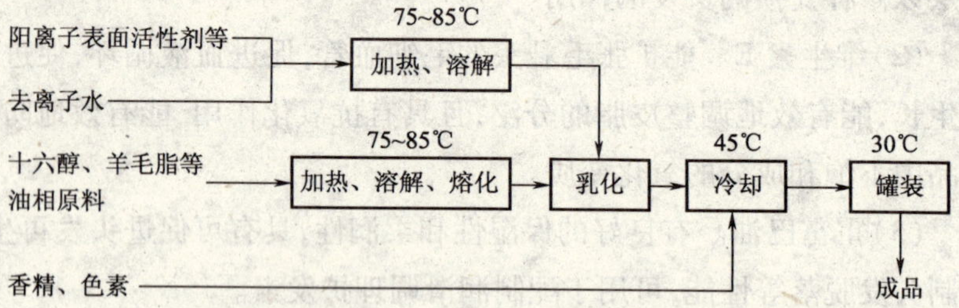

图 12-5 护发素生产工艺流程图

表 12-29 配方 2(透明护发素)

组分	含量(%,质量分数)	组分	含量(%,质量分数)
1227	3.0	乙醇	12.0
丙二醇	8.0	防腐剂、香精、色素	适量
Tween-20	1.0	去离子水	约 76.0

配方 2 生产工艺为:将阳离子表面活性剂 1227 溶于水中,再将已溶解好香精、色素的乙醇加入其中,并在搅拌下加入其他原料混合均匀,静置后即可。

表 12-30 配方 3(护发素)

组分	含量(%,质量分数)	组分	含量(%,质量分数)
硅油	3.0	硬脂基三甲基氯化铵	0.7
液态石蜡	1.0	甘油	3.0
鲸蜡醇	1.5	防腐剂、香精、色素	适量
硬脂醇	1.0	去离子水	加至 100.0

表 12－31 配方 4(滋润性护发素)

组 分	含量(%,质量分数)	组 分	含量(%,质量分数)
角鲨烷	1.0	十六烷基三甲基氯化铵	1.0
聚氧乙烯(20)油醇醚	4.0	聚乙烯吡咯烷酮酸钠	0.1
单硬脂酸甘油酯	2.0	透明质酸	0.05
单硬脂酸乙二醇酯	2.0	尼泊金甲酯	0.1
聚氧乙烯(20)失水山梨醇单油酸酯	2.0	香精	适量
		去离子水	约 87.75

表 12－32 配方 5(透明凝胶型护发素)

组 分	含量(%,质量分数)	组 分	含量(%,质量分数)
聚氧乙烯改性聚氧硅烷	10.0	十六烷基三甲基氯化铵	2.0
甘油	10.0	香精、色素	适量
聚乙二醇	8.0	去离子水	约 62.0
双十八烷基二甲基氯化铵	8.0		

表 12－33 配方 6(透明型护发素)

组 分	含量(%,质量分数)	组 分	含量(%,质量分数)
1631	3.0	胺基硅氧烷(液态)	0.5
甘油	2.0	防腐剂、色素	适量
羟乙基纤维素	1.5	去离子水	约 93.0

表 12－34 配方 7(乳化型护发素)

组 分	含量(%,质量分数)	组 分	含量(%,质量分数)
1827	4.0	Tween－60	0.4
硬脂酸	1.2	防腐剂、香精、色素	适量
十六醇	0.8	去离子水	约 93.0
肉豆蔻酸异丙酯	0.6		

二、发油

如果头发上天然的脂肪不足，头发的外表就显得没有光泽，发油的作用就是补充头发的油分，增加光亮度。洗发后晾干头发，涂擦发油，可恢复洗发后头发所失去的光泽与柔软，还可防止头发及头皮过分干燥，起到滋润和保养头发的作用。但由于发油有厚重的油腻感，使用者日益减少，已被其他发用品代替。

(一)发油的配方组成

发油的配方组成主要是动植物油和矿物油，再辅以其他油脂类原料、香精、色素、抗氧剂等，不含乙醇和水。因此所用油的质量和性能，将直接影响发油的质量和性能。

可用于发油的动植物油脂类有橄榄油、蓖麻油、花生油、豆油及杏仁油等。人们认为动植物油脂与人体皮脂组成相似，对皮肤有良好的渗透性，能被皮肤吸收。动植物油脂中，含有大量不饱和键，而且由于动植物油脂中原来存在的抗氧剂(如维生素 E 等)在精炼过程中被破坏或被去除，因此动植物油脂在光、热、空气等作用下易发生氧化作用导致酸败，所以，要加入抗氧剂。同时，用动植物油脂制成的发油在使用时有黏滞感，所以目前已大部分被矿物油所代替。

配制发油所用的矿物油，通常是精炼的白油。由于正构烷烃会在头皮表面形成不透气薄膜，影响头皮的正常呼吸作用，而异构烷烃有良好的透气性，且滑润性能好，因此，应选用异构烷烃含量高的白油。白油不易酸败和变味，敷用于头发滑润性好，能形成一层薄的保护膜，对头发的光泽和修饰能起到良好的作用，且价格较动植物油便宜，因此目前市场上的此类产品，大多是采用白油配制的。

油的黏度关系到敷用性能和对头发的修饰效果。高黏度的油虽然对头发的修饰效果较好，但不易在头发上均匀分布，有黏滞感；低黏度的油易于在头发上均匀分布，且有一定的修饰效果。通常发油是采用中等黏度或低黏度的油配制而成的，是一种流动性很好的透明液体。

对于以白油为主配制成的发油，许多香料在其中的溶解性较差，因此应选用在白油中溶解度好的香料调制而成的香精，同时加入少量的植物油、脂肪醇、脂肪酸酯或某些非离子表面活性剂，往往可以改善香料在白油中的溶解性能。

羊毛脂对头发也有保护作用，它能渗进头皮、增加头发的光泽，还可以防止油脂酸败。羊毛脂在白油中的溶解度较差，呈混浊状态，所以通常是选用在白油中溶解性较好的羊毛脂衍生物，如乙酸羊毛酯、羊毛酸异丙酯等。

脂肪酸的酯类如肉豆蔻酸异丙酯和棕榈酸异丙酯等，能和植物油或矿物油完全混合，改善它们的性质，阻滞酸败，并能被毛发吸收，既有光泽又有滋润毛发的功效，是性能良好的合成油性原料。

发油中还可加入一些防晒剂以减轻日光中紫外线对头发的损害。另外，即使是品质优良的发油，久贮后也会产生异味，因此加入抗氧剂是必要的。根据需要也可适量加入油溶性色素，以赋予制品艳丽的外观。

发油应具有良好的外观，清晰、透明、无异物，久贮无异味，有良好的使用性。

（二）典型配方及工艺

发油典型配方见表 12－35～表 12－37。

表 12－35　配方 1

组　　分	含量（%，质量分数）
橄榄油	约 50.0
杏仁油	40.0
蓖麻油	10.0
抗氧剂、香精、色素	适量

在常温下将全部油质原料混合溶解，升温，同时搅拌，加热至40～60℃加入香精、抗氧剂、色素等，搅拌使其充分溶解，至发油清晰透明，冷却、过滤、静置，灌装。

表12－36　配方2

组　　分	含量(%，质量分数)
白油	约80.0
橄榄油	15.0
乙酰化羊毛脂	5.0
抗氧剂、香精、色素	适量

表12－37　配方3

组　　分	含量(%，质量分数)
蓖麻油	38.5
矿物油	38.5
肉豆蔻酸异丙酯	23.0

三、发蜡

发蜡是外观为透明或半透明的软膏状半固体型化妆品，是油、脂、蜡的混合物，其主要作用是修饰和固定发型，增加头发的光亮度，多为男性用品。由于发蜡黏性较高，油性较大，易粘灰尘，清洗较为困难，已逐渐被新型的护发用定发制品所代替。

(一)发蜡的配方组成

最简单的发蜡配方是矿物油和固体石蜡的混合物，但石蜡会有结晶的倾向和引起分油、在气温低时易收缩而出现脱壳现象，加入凡士林能克服这些缺点。为了防止矿物油分油，最好采用地蜡和鲸蜡，或采用石蜡与它们的混合物。发蜡也可采用植物油如蓖麻油、杏仁油等。另外为了改善发蜡的光泽和增加定发的效果,可加入适量松香。松香坚硬而脆,但加入发蜡中后,由于其他油、脂、蜡的作用而失去了这种性能,不会凝结起来。

合成蜡类和某些高相对分子质量的聚氧乙烯衍生物,可用于发蜡中而改善发蜡的性能,但要注意它们的相容性。常用的有十六醇聚氧乙烯(14)醚、聚乙二醇(400)单硬脂酸酯羊毛脂等。

发蜡对香精的要求不像发油那么苛刻,这是因为发蜡为不透明的半固体状态,即使发蜡在气温低时略有混浊,也不致影响发蜡的质量,且长时间存放也不致有香精析出。发蜡的香精用量要比发油多,这是因为香精在黏稠的发蜡中挥发性差,且搽用发蜡的量一般比发油要少,所以发蜡中香精的用量一般为0.6%～1.0%。

为了保证发蜡在使用过程中不致氧化酸败,应加入抗氧剂。另外发蜡可根据需要制成不同的色泽,选用油溶性色素即可。

(二)典型配方及工艺

发蜡的典型配方见表12－38～表12～41。

表12－38　配方1

组　分	含量(%,质量分数)	组　分	含量(%,质量分数)
矿物油	约50.0	凡士林	30.0
石蜡	20.0	香精、色素	适量

配方1生产工艺为:将凡士林预热后,加入矿物油、石蜡和油溶性色素,冷却至60～70℃,加入香精,搅拌均匀,过滤,趁热包装。注意在60～70℃时包装要控制在1～2h完成,以保证香气的质量。在包装完成后,将其放入30℃的恒温室内慢慢冷却,约需12～18h,这样可使发蜡在瓶内不与玻璃壁产生空隙和凹陷。

表 12－39　配方 2

组　　分	含量(%，质量分数)
蓖麻油	约 88.0
木蜡	12.0
香精、色素	适量

配方 2 生产工艺为：先将蓖麻油预热至 75℃，后取出一部分与木蜡混合，同样预热至木蜡完全熔化，再与蓖麻油混合（蓖麻油绝对不可直接用火加热或长时间加热），降温至 60～65℃加入香精、色素。静置至 45～55℃时加压过滤，然后装入玻璃瓶内，立即送入冷冻箱内（－5℃以下）进行急速冷却（约 20min），取出即得。需要急速冷却是因为冷却的方式影响到油、蜡间的状态。若在室温下逐渐冷却，此时木蜡在蓖麻油中呈稀散状花朵状晶体；若在－5℃以下急剧冷却，则木蜡呈星状晶体，在蓖麻油中相互紧密，这样可保持发蜡光泽及硬度。

表 12－40　配方 3

组　　分	含量(%，质量分数)	组　　分	含量(%，质量分数)
矿物油	3.0	防腐剂、抗氧剂、香精、色素	适量
油醇	5.0		
橄榄油	7.0	去离子水	加至 100.0
十六醇聚氧乙烯(14)醚	10.0		

表 12－41　配方 4

组　　分	含量(%，质量分数)	组　　分	含量(%，质量分数)
乙酰化羊毛脂	10.0	白油	30.0
羊毛脂酸异丙酯	5.0	白凡士林	约 50.0
聚乙二醇(400)单硬脂酸	5.0	香精	适量

四、发乳

发乳是一种光亮、均匀、稠度适宜、洁白的油—水体系乳化体。其主要作用是用于补充头发油分和水分的不足，使头发光亮、柔软，并有适度的整发效果。发乳配方中，约有 30% ~70% 的水分替代了油分，因此使用时头发不发黏，感觉滑爽，且容易清洗，可以制成 O/W 型或 W/O 型，还可根据需要，制成具有去屑、止痒、防止脱发等功效的药性发乳。

与发油和发蜡相比，发乳不仅能补充头发上的油分，还可以补充水分。发乳，特别是 O/W 型发乳，由于外相是水，敷用于头发后能使头发变软而具有可塑性，易于梳理成型，部分水分挥发后，残留的油脂均匀地分布在发干形成油层薄膜，封闭了发干吸收的水分，同时显现出油润和光亮。W/O 型发乳的特点是油分足，使用后光亮持久，缺点是油腻感强，易使头发粘连，不易清洗，由于头发吸收的水分少，自然梳理成型性能不如 O/W 型发乳。

(一) 发乳的配方组成

发乳的配方中主要含有油分、水分和乳化剂，另外还有香精、防腐剂及其他添加剂。

油性成分对头发的滋润、光泽和定型效果有很大影响。低黏度和中等黏度的白油常被作为发乳油相成分的主体。为提高发乳的稠度，增加乳化体的稳定性，增进修饰头发的效果，可适量加入凡士林、高碳醇以及各种固态蜡类。不过应注意，必须调整适宜的固态蜡用量，如用量过高，一方面会使发乳过稠，另一方面会因熔点差过大而造成发乳不稳定，使用后会使头发产生白霜。羊毛脂及其衍生物和其他动植物油的加入，可以改进油腻的感觉，增进头发的吸收。

为要制得膏体细腻和稳定的乳化体，乳化剂的选择至关重要，另外，油相和水相的平衡，以及两相的适当黏度，也会影响其稳定性。

乳化剂的种类很多，其中以脂肪酸的三乙醇胺皂作为乳化剂最为普遍。此外，甘油单硬脂酸酯、脂肪醇硫酸盐、聚氧乙烯衍生物等都可作为乳化剂用于发乳配方中。采用两种或两种以上的乳化剂配合使用，可以得到更为稳定的乳化体。其乳化剂的用量、配比等仍然是依据 HLB 理论。

加入胶质类原料如黄蓍树胶粉、聚乙烯吡咯烷酮等，不仅可以增加发乳的黏度，有利于乳化体的稳定，同时可以改进发乳固定发型的效果。

在发乳配方中，为了补充头发营养和修复受损头发，可添加水解蛋白、人参、当归等营养添加剂。为了具有消炎、杀菌、去屑、止痒等功效，可以加入金丝桃等中草药提取液以及其他去屑止痒剂，制成药性发乳。

发乳中的一些成分容易发生酸败，水的存在易导致油脂酸败，同时由于其中含有动植物油脂和其他各种添加剂，构成了微生物生长和繁殖的营养源。细菌和霉菌也可随时侵入，因此加入有效的防腐剂和抗氧剂是非常必要的。对乳化体的防腐最好使油和水两相都加有防腐剂，即加入一种油溶性防腐剂以防止油相的腐败，加入一种水溶性的防腐剂以防止水相的腐败。另外，生产、贮存和灌装等过程的清洁工作是必须高度重视的，它能有效地防止乳化体受细菌的污染。

发乳由于是乳化体，对香精的要求不像发油、发蜡那样必须是油溶性的，通常的化妆品香精均可使用。常用香型为薰衣草型、果香型或混合型。

（二）典型配方及工艺

发乳的典型配方见表 12－42～表 12－45。

表 12-42 配方 1(O/W 型发乳)

组分	含量(%,质量分数)	组分	含量(%,质量分数)
$C_{16}\sim C_{18}$混合醇	2.0	甘油	3.0
凡士林	8.0	十八醇聚氧乙烯(25)醚	2.0
乙酰化羊毛脂	2.0	Tween-60	2.0
白油	24.0	防腐剂、香精	适量
单硬脂酸甘油酯	4.0	去离子水	加至 100.0

将油相与水相分别加温至 70~75℃,将水相徐徐加入油相均质搅拌乳化,继续搅拌至 45℃时加入香精,冷至 40℃以下,罐装。

表 12-43 配方 2(O/W 型发乳)

组分	含量(%,质量分数)	组分	含量(%,质量分数)
蜂蜡	4.0	Span-60	4.2
凡士林	10.0	硼砂	0.3
羊毛脂	4.0	丙二醇	3.0
白油	20.0	去离子水	约 50.7
Tween-60	3.8	防腐剂、香精	适量

表 12-44 配方 3

组分		含量(%,质量分数)
A	聚氧乙烯山梨醇硬脂酸酯	2.0
	山梨醇单硬脂酸酯	2.0
	白油	42.0
	乳酸十六酯	3.0
B	去离子水	约 51.0
	香精、防腐剂	适量

表 12－45　配方 4

组　分		含量(%,质量分数)
A	鲸蜡醇	2.0
	蜂蜡	16.0
	液体石蜡	46.5
	异黄酮类化合物	0.5
	鲸蜡	2.0
B	去离子水	31.3
	硼砂	1.0
	尼泊金甲酯	0.2
	香精	0.5

五、焗油

焗油的英文 hot oil,原意是热的油,是近几年流行的、改善发质的护发用品,焗油是通过蒸汽将油分和各种营养成分渗入发质内和发根,起到养发、护发的作用,其效果优于一般护发素。

头发常因烫发、染发及频繁的洗发和日光强烈过分的照射等造成损伤,使头发失去光泽和弹性而显得枯干、易断裂,为了护理和修复受损伤的头发,在洗发及烫发、染发后需要护理头发,焗油可以使头发增加自然光泽、滋润柔软,有修复功能。

焗油多半是液体或膏状的。焗油膏在使用时,将它均匀涂抹在头发上,然后通过加热套散发蒸汽(或用热毛巾包扎头发),使焗油膏的营养成分渗透到头发内部,给头发补充脂质成分,修复损伤的头发,对头发进行护理。另外,还有免蒸焗油(含助渗剂),即使用时不需要加热的一种焗油。焗油的主要成分是渗透性强、不油腻的动植物性油脂,如貂油、霍霍巴油等以及对头发有优良护理作用的硅油及阳离子聚合物,还常加入一些皮肤助渗剂成分,常用的有氮酮、薄荷醇、冰片和精油等。

焗油的典型配方见表12－46～表12－52。

表12－46 配方1

组 分	含量(%,质量分数)	组 分	含量(%,质量分数)
油醇	6.4	Tween－20	2.0
单硬脂酸甘油酯	2.52	丝肽蛋白	2.0
玉米胚芽油	15.0	防腐剂、香精、色素	适量
二甲基硅油	3.0	去离子水	约64.08
甘油	5.0		

配方1生产工艺为:焗油膏的配制与一般膏霜的制法类似,将油相组分油醇、单甘酯、玉米胚芽油等混合加热至70～75℃,使其熔溶,另将甘油、Tween－20及水和防腐剂混合加热到70～75℃,使成为均匀溶液,并在搅拌下将其加入油相中,均质乳化10min,当降温至40℃时加入丝肽蛋白及香精,至常温即得。

表12－47 配方2

组 分	含量(%,质量分数)	组 分	含量(%,质量分数)
羟乙基纤维素	0.5	维生素 B_5	0.2
聚季铵盐－10	0.7	PCA－钠	0.2
甘油	2.0	色素	0.1
聚乙二醇(2)椰油基氯化铵	3.0	柠檬酸(25%)	适量
		防腐剂、香精、色素	适量
硬脂酰胺丙基氧化胺	0.5	去离子水	约92.3
聚乙二醇(80)椰油甘油酯	0.5		

配方2生产工艺为:先将羟乙基纤维素、聚季铵盐、甘油和去离子水混合搅拌至透明,加热至65～70℃,另将表面活性剂聚乙二醇(2)

椰油基氯化铵等混合并加热至65~70℃，然后将其加至水溶液中，在均质搅拌下让其乳化，降温至40℃时，在加速搅拌下加入维生素原B_5、PCA-钠、色素和香精等，至常温即得。

表12-48 配方3

组分	含量(%，质量分数)	组分	含量(%，质量分数)
丙二醇	2.0	椰油三甲基氯化铵	6.0
聚乙二醇-75-羊毛脂	1.0	霍霍巴油	2.0
羟乙基纤维素	0.5	水解胶原蛋白	0.5
聚季铵盐-10	1.0	防腐剂、香精、色素	适量
油酸醚(2)单乙醇胺乙酰胺	1.0	柠檬酸	适量
		去离子水	约86.0

表12-49 配方4

组分	含量(%，质量分数)	组分	含量(%，质量分数)
羟乙基纤维素	0.5	水解角蛋白	0.2
聚乙二醇(150)双硬脂酸醇醚	0.6	水解胶原蛋白	0.1
		防腐剂、香精、色素	适量
三鲸蜡基甲基氯化铵	8.0	去离子水	约90.3
D-泛醇	0.3		

表12-50 配方5

组分	含量(%，质量分数)	组分	含量(%，质量分数)
PPG-12、PEG-50羊毛脂	1.5	油酸酯基三甲基氯化铵	3.0
		乙酰胺MEA	3.0
PEG-75羊毛脂	0.5	羟乙基纤维素	0.5
椰油基二甲基季铵化羟乙基纤维素	0.5	防腐剂	1.0
		去离子水	89.5
油醇醚-20	0.5		

表 12－51　配方 6

组　　分	含量(%,质量分数)	组　　分	含量(%,质量分数)
白油	5.0	辛基十二烷基硬脂酰硬脂酸酯	5.0
鳄梨油	5.0		
二甲基硅氧烷	1.0	貂油酰胺丙基二甲基－2－羟乙基氯化铵	10.0
十六－十八醇、十六－十八醇醚	2.0		
		丙二醇	10.0
霍霍巴油	1.0	防腐剂	1.0
貂油	1.0	BHT	0.02
蓖麻油	2.0	去离子水	加至 100.0

表 12－52　配方 7

组　　分	含量(%,质量分数)	组　　分	含量(%,质量分数)
二甲基硅油	约 40.0	环甲基硅油/二甲基硅油	15.0
硬脂酸异十六酯	38.0	氨基硅油/二甲基硅油	5.0
苯基甲基硅油	2.0	防腐剂、香精、色素	适量

第四节　发用化妆品的功效评价

市场上的发用化妆品琳琅满目,其宣称的功效很多,但是否每种产品的功效都像其宣称的那样真实有效呢？这就需要对香波、护发素等发用化妆品的功效进行评价。

对于香波、护发素等发用化妆品的功效评价主要集中在护发效果上。护发效果的好坏具体可以体现在以下几个方面:抗静电性、干湿梳理性、表面受损程度、柔软顺滑性、光泽度、强度、水分含量等。

一、仪器测定法

(一)洗发护法产品活性成分的检测和分析

可以通过化学分析检测等方法对洗发护发产品中有效成分的种类与含量进行测定。如通过高效液相色谱、气相色谱、液质联用、气质联用等仪器方法分析检测,根据不同物质吸收峰的特点及高度,对洗发护发产品中有效成分的种类和含量进行测定,以推测其洗发护发效果。

(二)头发静电以及飞发、毛燥的测定

头发具有摩擦起电的性能。静电使发丝与发丝之间互相排斥而不能平整地排列在一起,导致头发飘拂、蓬开,这不仅会影响美观,而且给人们带来很多烦恼。

头发静电的多少是评价护发效果的一个很基本的要素。头发的静电测定有测定发束样品的电位和施加一定电压后测定头发放电速度以及观察飞发、毛燥程度三种方法。其中使用振动容量型电位计来测定电位比较方便。一般来说,经护发产品处理后的发束的带电压比只经洗发香波处理的发束要低得多。这种差异通过视觉比较也可以观察到。

头发飞发、毛燥可以通过图像分析法来测定。一般来说,护发效果越好,头发中飞发和毛燥的比例越小。

(三)头发拉伸强度的测定

头发的强度与其受损的程度及护发化妆品的护发效果有很大的关系。头发的强度一般可通过应力应变的测试来评价,拉伸试验可在张力计上进行。头发伸长曲线出现三个不同区域,在 Hookean 区,伸长与应力成正比;在屈服区,伸长速度增加而应力无明显变化;在后屈服区,伸长与应力再次成正比,然后头发会断掉。对头发的拉伸强度,

可以使用曲线上的数据，用以下几种方法评估；通过测定屈服处的应力来进行判断；通过测定头发根部和发梢部的屈服点应力来进行比较判断；通过测定头发伸长20%时的应力来进行判断；通过测定头发断裂点的应力来进行判断。

(四)头发梳理性的测定

头发梳理性的测定就是在头发干态和湿态两种状态下，通过测定机械梳子在梳理头发过程中所遇到的阻力及阻力的变化情况，来判断头发梳理性能的优劣。梳理力越小，则说明头发的梳理性越好。

头发梳理性的测定可通过使用张力计梳理性测定器来完成。其基本原理是测定梳过一定长度和质量的头发束所需的力。测试时将头发束悬挂于负载槽中，将梳子安装在张力计的可动部分，然后测定其从上到下移动时所产生的力。可以得到四类有用的数据，即：头发束的整体平均梳理力；除发梢外的发束主体平均梳理力；发梢处的峰值力；发梢处的平均力。一般来说，头发束的整体平均梳理力及发梢处的峰值力有较为广泛的应用。

头发梳理性的测定也可通过使用刷毛荷重测定器来完成。其原理是用支点支撑头发刷子，将刻盘式张力计置于固定状态刷毛，这样就可以简单地测定最大荷重。

(五)头发柔软、顺滑性的测定

影响头发柔软、顺滑性的要素主要有两个，即头发表面的摩擦力及头发本身的刚度。这两个要素可通过两个相应的方法来测定。

1. *摩擦力测试*

头发摩擦力的测试可用张力计摩擦力测试仪来进行。原理是将一滑片与张力计的可动部分相连接，测试时将一定规格的头发束平置于试样台上，将滑片置于头发上，然后用张力计拉动滑片使其滑过头发表面，测定拉动时所需要的平均力。摩擦力越小，说明头发的柔软滑性越好。

2. 纯弯曲试验

纯弯曲试验主要是通过测定头发的弯曲刚度来评价其柔软性。本法使用纯弯曲试验机（KES—FBZ）来测定。平行并列地固定头发的一端，头发的另一端按纯弯曲方向弯曲运动转动到夹头上，给予固定的变形（弯曲变形）时测定其应力。越是有弹性的头发，其弯曲刚度越高。

（六）头发表面损伤状况的测定

用电子显微镜进行表面观察是了解毛表皮变化状态的最直接的方法，但是将头发的微小变化进行量化尚存在一定困难。测定头发动摩擦因数的目的不仅可将头发表面损伤状况定量化，而且还可了解调理剂和整发剂等在头发表面附着、残留的情况。

（七）头发光泽的测定

不发光物质的光泽是由于反射发光物质的光线而形成的，反射表面越平坦，则反射效果越好，即越显得有光泽。因此当头发整体排列有序，发表层相对平坦时，头发就显得有光泽，相反，当头发表面因受损而变得粗糙时，会很大程度上引起光的散射，使头发失去光泽。

头发的光泽是反映头发护理状态的一个重要标志。越有光泽就说明头发的护理状态越好，反之则说明头发受损严重。头发光泽可通过测量头发表面反射光的强度来测定。

使用光泽计可以对头发的光泽度进行粗略的评价。但此种光泽计是为了在表面平整规则的表面上评价涂料的光泽而设计的，而头发表面却呈圆筒状，并不平整。它从不同角度对光进行反射，在单一角度上对光的捕捉是有限的，大部分的光不能够检测出来。因此，光泽计的可应用性是有限的。

与光泽计不同，测光角计则能够在相当大的角度范围内对光进行检测，这是因为它的可动式检测器可以按照事先设计好的线路而移动，从而比较完整地反映头发表面对光的反射。在检测范围内的反射光量的增加代表头发光泽的改善。通过对未经处理和经护发品处理的头发样品的比较，就可评价该产品对头发光泽的改善效果。

(八)头发水分含量的测定

头发中的水分可以影响头发的物性和触感。头发经烫发、染发、漂白等化学处理，梳理或紫外线照射等环境因素使头发受到损伤，因失水而变得粗糙，光泽和柔软等也受到损失，使头发强度降低。

头发很容易受到水分的影响。相对湿度高则头发的平衡水分量高，药剂处理的头发比未处理的头发容易受湿度影响，即在低湿度下平衡水分量低，在高湿度下，平衡水分量高。有人研究头发随年龄的变化，发现从20多岁开始烫发的人的头发水分含量明显偏低，可以认为是烫发引起的。头发经吸收水分而膨胀、湿润，例如下雨时空气湿度大，头发便发涩、黏滞，不易梳理而粘结在一起。此外，水分量对卷曲保持率有很大的影响，高湿度下卷曲保持率低。水分量对头发散乱有很大的影响，水分量引起头发飞扬而影响带电量，湿度越高产生的静电量越少。女性常常有头发干燥(板结)的苦恼，调查表明，头发含水量与头发干燥有相当大的关系，水分含量越低则头发越干燥。紫外线照射后头发干燥也是因为含水量降低的缘故。

头发中水分含量的多少与头发的受损程度有一定的关系。一般来说，受损程度越高，头发中的水分越易流失。因此，头发水分含量的测定可以用作检测头发健康程度的一个方法。

头发水分含量的测定方法有很多，包括质量法、热分析法、核磁共振法等。各种测定方法的原理和基本特征见表12-53。

表 12－53　头发水分含量的测定方法及原理

测定方法		原　理	特　征
质量法		质量变化	简便、时间短
卡尔·费休法		容量分析	时间短
热分析法	DTA 法	吸热发热量	试样量少,可观察水的结合状态
	DSC 法		
	TG 法	质量变化	试样量少
高频容量法		电容量	简便,可直接测定头发
近红外线反射法		近红外线吸收量(特定波长)	简便
核磁共振法		质子(缓和时间)	可观察水的结合状态
动态蒸汽吸附法		蒸汽压变化	试样量少

二、感官试验法

发用化妆品功效评价最常用同时也是最直接的方法是感官测定方法,可分为:头发束测试、半边洗涤比较测试和半边护发比较测试。头发束测试方法是对经统一处理后的受损头发,用受试洗发护发产品护理后供测试,若干名经过培训有经验的人员通过制定的评分系统来评估,主要评价其洗后的湿发梳理性、干发梳理性、湿发和干发的手感(头发是否顺滑、柔软)、光泽性等。半边洗涤比较测试以及半边护发比较测试是在每位受试者头发上,一半头发使用测试样品,另一半头发使用对照样品(双盲半头使用测试试验),由专门的实验人员通过制定的评分系统来评估,主要评价其洗时的湿发手感(湿发是否顺滑、柔软和清洁效果)、湿发梳理性、干发梳理性、干发手感、柔软性、飘散性、洗后头发光泽性、头发是否易造型、丰满程度等。另外还可通过发放测试的洗发(或护发)产品和对照样品给每位消费者,让消费者半边头发使用测试品,另外半边头发使用对照样品,使用后由消费者填写统一制定的调查问卷来评价,这也是较实用的评价方法。对干、湿头发感官评价分值,满分以 5 分计,5 分为效果最好,头发易梳理、柔顺、手感好,依次效果减弱为 4 分,3 分,2 分,1 分,1 分效果最差,梳理时缠结严重,头发粗糙、干涩。

现代洗发护发产品在注意安全性和稳定性的基础上,已趋向天然性、营养性、温和性、功能性和方便性等方面发展,如有些生产厂家已开发出防脱发、防晒洗发香波和染发后使用的头发护理产品等。于是与之相适应的使用效果评价检测方法的发展也成了时之所需,完善现有的洗发护发产品功效评价方法以及开发新的洗发护发功效评价方法将是未来发用产品领域中的一个重要任务。

参考文献

[1]董银卯. 化妆品配方工艺手册[M]. 北京:化学工业出版社,2005,4.

[2]张延,谢京燕译. 李焕珍校. 化妆品的防腐[J]. 日用化学工业译丛,1994(4):29-31.

[3]陈仪本,欧阳友生,陈娇娣,等. 化妆品防腐体系的构建及其效能评价[J]. 日用化学工业,2001(4):42-46.

[4]潘延存,白怡平,胡家英. 高效液相色谱法测定化妆品防腐剂方法探讨[J]. 安徽预防医学杂志,1995,1(1):53-57.

[5]祁广建,沈国英,刘鹏春. 化妆品中四种常见防腐剂的高效液相色谱测定[J]. 色谱,1994,12(6):445-446.

[6]EnzoSottofattori. 用 HPLC 法同时测定化妆品乳膏中的多种成分[J]. 国外分析仪器,2000(1):49-51.

[7]刘青,陈文锐,吴宏中,等. 气相色谱法测定化妆品中的防腐剂苯甲醇和苯氧基乙醇[J]. 检验检疫科学,2002,12(1):34-35.

[8]刘刚,赵刚,王小芳. 气相色谱法分析化妆品中的防腐剂[J]. 色谱,2002,20(3):274-276.

[9]白艳玲,张彩虹,陈剑刚. 气相色谱法同时测定化妆品中八种防腐剂[J]. 中国卫生检验杂志,2003,13(5):613-614.

[10]李英,刘丽,刘志红. 气相色谱—质谱法测定化妆品中多种防腐剂[J]. 色谱,2003,21(2):170-173.

[11]李英,刘丽,刘志红,等. 气相色谱—质谱法同时测定化妆品中防腐剂和抗氧化剂[J]. 分析试验室,2003,22(3):62-64.

[12]裘倩倩,宁岭林,惠芬林,等. 化妆品防腐效能评价方法的现状与发展趋势[J]. 中国化妆品,2002(2):68-70.

[13]陆凌霞,古梅英,张静,等. 用微生物挑战性试验对化妆品中常用防腐剂防腐效果的观察[J]. 广东卫生防疫,2000,26(4):16-19.

[14]林惠芬,李斌,方惠英.用微生物挑战性试验评价化妆品防腐剂效果[J].日用化学工业,1999, 4:43-45.

[15]Tran T T ,et al. Adequacy of cosmetic preservation: chemical analysis, microbial challenge and in - use testing [J]. International Journal of Cosmetic Science, 1994(16):61-76.

[16] Muscatiello M J. CTFAps preservation guidelines: a historical perspective and review [J]. Cometics & Toiletries, 1993, 108:53-59.

[17]邓志方,杜达安.化妆品防腐剂的使用概况及进展[J].广东卫生防疫,2000,26(2):90-92.

[18]张卫丽,李淑英.表面活性剂的应用和发展[J].全面腐蚀控制,2005,19(6):42-45.

[19]管如诗,王仲妮.化妆品中表面活性剂的防腐杀菌作用[J].香料香精化妆品,1995,2:44-48.

[20]宋启煌,宋照斌,崔笔江,等.表面活性剂的发展与化妆品的未来[J].精细化工,2002,19:11-13.

[21]杨亚军,林莉,丁家宜,等.天然活性物美白功效的细胞生物学研究[J].日用化学工业,2002,32(3):19-21.

[22]董建军.防晒与防晒化妆品的配方设计[J].食品与药品,2005,7(12A):62-64.

[23]于淑娟.防晒剂的发展综述[J].日用化学工业,2005,35(4):248-251.

[24]王腾凤,王新权,梁晓宇,等.祛痘化妆品祛痘功效评价方法的研究[J].日用化学品科学,2004,27(12):21-24.

[25]赵晓斌,钱红.超氧化物歧化酶人工细胞(AC-SOD)在化妆品中的应用研究[J].日用化学工业,1995(5):6-8.

[26]王兆梅,李琳,郭祀远,等.生物活性多糖在化妆品中的应用[J].日用化学工业,2004,34(4):245-248.

[27]薛虹宇,印桂琪,G. Su Evelyn(中狮化学功效性评价实验室).防腐剂的作用及有效性评价方法概述[J].日用化学品科学,2004(7):41-44.

[28]裘炳毅.乳化作用及其在化妆品工业的应用(二)[J].日用化学工业,

1999(2):48 - 53.

[29]郑伟.芦荟的妙用[J].牙膏工业,2003(1):31 - 32.

[30]刘宇红,董银卯,焦玉英,等.芦荟原汁及芦荟化妆品防腐体系研究[J].日用化学工业,2000,30(2):13 - 14.

[31]李敏,李艺,付利明.中药在化妆品领域中的应用[J].中华实用医学,2002,4(16):44.

[32]尹贝立.21世纪化妆品开发热点[J].日用化学品科学,2001,24(3):27 - 29.

[33]徐燕莉.表面活性剂的功能[M].北京:化学工业出版社,2000.

[34]闫世翔.化妆品科学(上、下册)[M].北京:科学文献出版社,1995.

[35]裘炳毅.化妆品化学与工艺技术大全(上、下册)[M].北京:中国轻工业出版社,1997.

[36]王培义.化妆品—原理·配方·生产工艺[M].北京:化学工业出版社,1999.

[37]童俐俐,冯兰宾.化妆品工艺学(修订版)[M].北京:中国轻工业出版社,1999.

[38]光井武夫.新化妆品学[M].张宝旭译.北京:中国轻工业出版社,1996.

[39]汪昌国,金抒,李华山.皮肤美白剂进展[J].日用化学工业,2002,32(4):56 - 64.

[40]肖子英.化妆品学[M].天津:天津教育出版社,1988.

[41]余克全,等.抗衰老化妆品原料[J].日用化学工业,1999(4):62 - 63.

[42]徐良,步平.美白祛斑化妆品及其未来发展[J].日用化学工业,2001(2):42 - 45.

[43]毛培坤.新机能化妆品和洗涤剂[M].北京:中国轻工业出版社,1993.

[44]李东光.实用化妆品生产技术手册[M].北京:中国轻工业出版社,1998.

[45]张殿义.中国化妆品工业发展趋势[J].日用化学品科学,2001,24(2):1 - 2.

[46] Flick E W. Cosmetic and Toiletry Formulation,1984.

[47] 王艳萍,赵虎山. 化妆品微生物学[M]. 北京:中国轻工业出版社,2002.

[48] 王建新. 天然活性化妆品[M]. 北京:中国轻工业出版社,1997.

[49] Birdi K S. Handbook of Surface and Colloid Chemistry[M]. New York: CRC Press, 1997.

[50] 周洁,张海州. 防晒产品中防晒剂的配比研究和优化方法[J]. 日用化学工业,2002(1):26-28.

[51] Knowlton J, et al. Handbook of Cosmetic Science and Technology, Elsevier Advanced Technology, Oxford, 1993:397-434.

[52] 毛培坤. 化妆品功能性评价和分析方法[M]. 北京:中国轻工业出版社,1998.

[53] 贾爱群,孙洋,王建新,等. 美白剂的发展状况与其黑色素抑制机理的研究进展[J]. 日用化学工业,2001, 31(2):41-44.

[54] 张复强. 中国化妆品行业的现状与未来[J], 日用化学品科学, 2001, 24(2): 5-7.

[55] 周欣初. 中草药与化妆品[M]. 天津: 天津科技出版社, 1987.

[56] 方春阳. 千金美容方[M]. 北京: 中医古籍出版社,1986.

[57] 黎碧娜, 杨辉荣, 陆乾生. 化工最新配方与生产技术[M]. 广东: 广东科技出版社, 2001.

[58] 李安良, 杨淑珍, 郭秀茹. 熊果苷的研究进展[J]. 日用化学工业, 2000,30(4):62-65.

[59] 李东光. 实用洗涤剂配方手册[M]. 北京:化学工业出版社,2000.

[60] 孙宝国. 香精概论[M]. 北京: 化学工业出版社, 1996.

[61] Dupuis J, et al. Quality and legistration, in Chemistry and Technology of the Cosmetics and Toiletries Industry, Williams, D. F. eds, Blackies Academic & Professional, London, 1992: 302-314.

[62] 孙爱兰, 谭天伟, 朱中伟. 谷胱甘肽和壳聚糖美白活性的研究[J]. 日用化学工业,2004(4):270-272.

[63] 汪昌国,金抒,李华山. 皮肤美白剂进展[J]. 日用化学工业,2002(4):56-60.

[64] 朱卫,蔺国敬,张贵民. 个人洗护用品配方原理及应用技术(Ⅰ)——洗发香波的配方原理及其性能评价[J]. 日用化学工业,2004(5):323-326.

[65] 张丽卿. 化妆品检验[M]. 北京:中国纺织出版社,1999.

[66] 白景瑞,腾进. 化妆品配方设计及应用实例[M]. 北京:中国石化出版社,2001.

[67] 董银卯. 化妆品[M]. 北京:中国石化出版社,2000.

[68] 陆晔,周名权,等. 特殊用途化妆品的功效评价[J]. 环境与健康杂志,2001,18(2):121-124.

[69] 李明阳. 化妆品化学[M],北京:科学出版社,2002.

[70] 虞苏幸. 日用化工新产品与新技术[M]. 南京:江苏科学技术出版社,2001.

书目：化工类

书名	作者	定价(元)
【精细化学品配方与生产工艺丛书】		
涂料实用配方与生产工艺	韩长日	35.00
胶黏剂实用配方与生产工艺	韩长日	35.00
洗涤剂实用配方与生产工艺	韩长日	35.00
【实用化工配方与制备丛书】		
实用化工产品配方与制备(一)	李东光	32.00
实用化工产品配方与制备(二)	李东光	32.00
实用化工产品配方与制备(三)	李东光	32.00
实用化工产品配方与制备(四)	李东光	32.00
实用化工产品配方与制备(五)	李东光	32.00
【精细化学品实用配方精选】		
水处理剂配方	张光华	28.00
轻化工助剂配方	黄玉媛	35.00
小化工产品配方	黄玉媛	38.00
化妆品配方	黄玉媛	42.00
清洗剂配方	黄玉媛	32.00
涂料配方	黄玉媛	38.00
表面处理用化学品配方	黄玉媛	32.00
粘合剂配方	黄玉媛	36.00
【精细化工产品配制技术丛书】		
涂料实用生产技术 500 例	宋小平	39.80
洗涤剂实用生产技术 500 例	宋小平	38.00
胶黏剂实用生产技术 500 例	宋小平	36.00
【化学品实用技术丛书】		
特种表面活性剂	王军	29.80
化妆品实用配方与生产工艺	董银卯	38.00
荧光增白剂实用技术	董仲生	42.00
染整助剂应用测试	刘国良	32.00
合成洗涤剂及其应用	唐育民	34.00